U0149996

有机-无机杂化纳米材料

Organic – Inorganic Hybrid Nanomaterials

[印] 苏希尔·卡利亚(Susheel Kalia)
尤瓦拉吉·哈尔多赖(Yuvaraj Haldorai) 编著

杭祖圣 王经逸 谈玲华 等译

国防工业出版社

·北京·

著作权合同登记　图字:01 - 2023 - 1585 号

图书在版编目(CIP)数据

有机 - 无机杂化纳米材料/(印)苏希尔·卡利亚(Susheel Kalia),(印)尤瓦拉吉·哈尔多赖(Yuvaraj Haldorai)编著;杭祖圣,王经逸,谈玲华译. —北京:国防工业出版社,2023.7

书名原文:Organic - Inorganic Hybrid Nanomaterials

ISBN 978 - 7 - 118 - 12897 - 0

Ⅰ.①有… Ⅱ.①苏… ②尤… ③杭… ④王… ⑤谈… Ⅲ.①有机材料 - 纳米材料 - 杂化②无机材料 - 纳米材料 - 杂化 Ⅳ.①TB383

中国国家版本馆 CIP 数据核字(2023)第 130424 号

※

国防工业出版社出版发行
(北京市海淀区紫竹院南路 23 号　邮政编码 100048)
三河市腾飞印务有限公司印刷
新华书店经售

*

开本 710 × 1000　1/16　**印张** 22¾　**字数** 418 千字
2023 年 7 月第 1 版第 1 次印刷　**印数** 1—1500 册　**定价** 158.00 元

国防书店:(010)88540777　　书店传真:(010)88540776
发行业务:(010)88540717　　发行传真:(010)88540762

序

由无机纳米粒子和有机聚合物组成的无机/有机杂化纳米[①]材料代表了一类新的材料,其性能比各自组分的性能都有所提高。这些杂化材料在一种材料中结合了有机和无机组分的独特性质,可用于传感器、光催化、抗菌、电子器件以及生物医学应用。由于无机纳米粒子具有形成团聚体的强烈倾向,因此,为了提高无机纳米粒子与有机溶剂或聚合物基体的相容性和分散性,无机纳米粒子的表面应通过接枝聚合物或吸附硅烷偶联剂等小分子进行改性。表面改性改善了无机纳米粒子与聚合物基体之间的界面相互作用,甚至是低填充量的无机增强材料,也可使其具有优异的力学性能及光电等性能。本书提供了有关杂化纳米材料的制备、无机纳米粒子的表面功能化以及无机/有机纳米复合材料在各个领域应用的完整信息。

本书中的各章都是由来自世界各地工业界、学术界和研究实验室的杰出研究人员提供的。对于本科生和研究生、科学家、学者、研究人员、材料工程师以及工业界来说,这本有趣的书将是非常有用的工具。本书涵盖了杂化纳米材料领域的以下主题。

在第 1 章"无机纳米粒子在聚合物基体中的分散:问题和解决方案"中,对纳米粒子的合成、性质和应用、表面改性以及无机/聚合物纳米复合材料的制备进行了详细的综述。第 2 章"纤维状黏土基纳米复合材料研究进展"回顾了由纤维黏土硅酸盐海泡石和坡缕石与不同类型的聚合物复合而成的纳米复合材料的最新研究成果,这些聚合物包括典型的热塑性塑料及多糖、蛋白质、脂类和核酸等生物聚合物。第 3 章"静电纺丝纳米杂化材料"重点介绍了利用静电纺丝技术生产杂化纳米纤维的最新进展和存在的问题。在第 4 章"陶瓷/聚合物纳米杂化材料"中讨论了基于陶瓷/聚合物的杂化纳米材料。书中还介绍了陶瓷/聚合物杂化纳米材料的一些先进应用,并与相应的聚合物材料基体进行了比较。

具有新型无机/有机网络结构的软质纳米杂化材料,如纳米水凝胶、软纳米复合材料及其衍生物,在第 5 章"由黏土/聚合物网络的软质纳米杂化材料"中

---

① 译者注:本书原著本书名为"有机-无机杂化纳米材料",出版于 2018 年,而根据我国的复合材料命名规则,应将增强体材料名称放在前面,基体材料名称放在后面,用"/"分隔。本书后续按此规则表述。

作了描述。在第 6 章“金属氧化物/聚合物杂化纳米复合材料的制备”中讨论了基于金属氧化物纳米粒子的聚合物杂化材料的合成。该章还讨论了这些杂化纳米复合材料的一些性能和应用。

第 7 章“半导体/聚合物杂化材料”中介绍了半导体纳米粒子和半导体聚合物纳米复合材料的合成、性能和应用。详细讨论了熔融共混法和原位聚合法制备半导体/聚合物纳米复合材料,并对这些纳米复合材料的性能和应用进行了讨论。第 8 章“形状记忆无机/聚合物杂化纳米复合材料”讨论了制备形状记忆无机/聚合物纳米复合材料的方法,以及填料对纳米复合材料的生物、电磁和力学性能的影响。第 9 章“自组装制备低维纳米结构杂化材料的纳米制造前沿进展”回顾了基于杂化材料的定向自组装法制备一维纳米结构的不同概念,这些内容描述了不同类型的自组装有机相如何驱动无机分子的单向组装。

作者们对本书的所有撰稿人表示感谢,感谢他们做出的杰出的贡献。

Sushel Kalia 感谢他的学生们在本书编辑整理过程中提供的帮助,最后,我们诚挚地感谢多个出版源对受版权保护材料的复制许可。

Shimla Hills, India　　Susheel Kalia
Gyeongsan, Republic of Korea　　Yuvaraj Haldorai

译　者　序

目前,我国正处于全面建成小康社会、实现第一个百年奋斗目标之后,全面建设社会主义现代化国家,向第二个百年奋斗目标进军的发展阶段。在发展路径上,根据“十四五”规划的要求,要聚焦新一代新材料等战略性新兴产业,加快关键核心技术创新应用,增强要素保障能力,培育壮大产业发展新动能。

前沿的新材料是新一代材料的重点发展方向。由无机纳米粒子和有机聚合物组成的无机/有机杂化纳米材料综合无机和有机组分的各自的特性,能够实现“1 +1 >2”的效果。无机/有机杂化纳米材料既是复合材料领域的重要分支,也是纳米材料走向工业应用的重要手段,在传感器、光催化、抗菌、电子和生物医学等领域都具有广泛的应用前景,是前沿新材料的重要组成部分,深度契合了我国着眼于抢占未来产业发展先机,培育先导性和支柱性产业,推动战略性新兴产业融合化、生态化的发展规划。

本书汇集了各国学术界、工业界研究者在无机/有机杂化纳米材料的科技研究成果。书中介绍了有关杂化纳米材料的制备、无机纳米粒子的表面功能化以及无机/有机纳米复合材料在各个领域的应用等当今研究的趋势、相关技术与未来发展方向。无机纳米粒子具有强烈的团聚倾向,为了提高无机纳米粒子与有机基体的相容性和分散性,本书以“无机纳米粒子在聚合物基体中的分散:问题和解决方案”开篇,以黏土、陶瓷、半导体、金属氧化物等不同的无机纳米材料为提纲,详细探讨它们与不同有机聚合物组成的无机/有机杂化纳米材料的制备、性能及应用,并将静电纺丝和自组装 2 种重要的无机/有机杂化纳米材料构建手段独立成章,此外,还单独详述了形状记忆聚合物基体与不同无机纳米材料的复合。本书涉及的学科范围广,是材料、化学、物理、生物等学科的基础理论研究与应用技术的前沿集成反映。

本书主要作为高等院校材料、化学化工等有关专业本科生、研究生及相关材料科技工作站和企业界从业者的参考书籍。

本书由南京工程学院杭祖圣教授和黎明职业大学王经逸教授主译,其中,第1章、第 3 章和第 9 章由杭祖圣翻译,第 2 章、第 5 章和第 8 章由王经逸翻译,第 4 章、第 6 章和第 7 章由南京理工大学谈玲华教授翻译。全书由杭祖圣教授统稿、定稿。在翻译过程中，我们最大限度地保留了原文的内容和风格，将原文中所有的英文缩写表进行了整合并统一了学术术语的表达方式，保证了内容的完整性和知识的精准性。

译者对本书的所有参考文献的撰稿人表示感谢，感谢他们做出的杰出的贡献。译者们感谢他们的学生们：葛萍、苗琪、刘丽、柳童、阮伏茂、徐德安等，对其翻译和编辑工作的帮助，诚挚地感谢多个出版源对受版权保护材料的复制许可。

本书涉及的学科内容较为广泛，尽管在翻译过程中力图正确与准确，限于译者水平，书中难免有不妥之处，诚挚地希望读者批评指正。

译者

2022 年 11 月

英文缩略语与中文含义解释

1D	一维
ABS	丙烯腈－丁二烯－苯乙烯共聚物
Ac	醋酸盐
ALD	原子层沉积
AOT	磺基琥珀酸二辛酯钠
APTES	(3－氨基丙基)三乙氧基硅烷
APTES	氨基丙基三乙氧基硅烷
ATO	掺锑氧化锡
ATRP	原子转移自由基聚合
AuCd	金镉合金
BADCy	双酚 A 二氰酸酯[2,2－双(4－氰基苯基)异丙基]
BFN	$BaFe_{0.5}Nb_{0.5}O_3$
BMA	甲基丙烯酸丁酯
BMP	骨形成蛋白
BNNT	氮化硼纳米管
BSA	牛血清蛋白
BST	$Ba_xSr_{1-x}TiO_3$
BSTO	草酸钛锶钡[$Ba_{1-x}Sr_xTiO(C_2O_4)_2-4H_2O$]
BTESPTS	1,4－双(三乙氧基硅烷)丙烷四硫
CA	醋酸纤维素
CB	炭黑
CE	氰酸酯
CNF	碳纳米纤维
CNT	碳纳米管
Con－A	刀豆球蛋白 A
COS	壳聚糖低聚物

Ct	邻苯二酚
CTAB	十六烷基三甲基溴化铵
DBP	邻苯二甲酸二丁酯
DMA	动态力学分析
DMF	N,N－二甲基甲酰胺
DSC	差示扫描量热仪
EPDM	三元乙丙橡胶
FA	蚁酸
Fe_2O_3	三氧化二铁
Fe_3O_4	四氧化三铁
FESEM	场发射扫描电镜
FF	铁磁流体
FTIR	傅里叶变换红外光谱
GMA	甲基丙烯酸缩水甘油酯
HA	羟磷灰石
h－$BaTiO_3$	羟基化钛酸钡
HBP	超支化芳香族聚酰胺
HEMA	甲基丙烯酸 2－羟基乙酯
HFIP	1,1,3,3,3－六氟－2－丙醇
HSA	12－羟基硬脂酸
IAAT	异丙基三(N－氨基－乙基氨基乙基)钛酸酯
iPP	等规聚丙烯
KH550	γ－氨基丙基三乙氧基硅烷
KH570	γ－(甲基丙烯酰氧基)丙基三甲氧基硅烷
LbL	叠层
LPD	液相沉积
MAA	甲基丙烯酸
MAH	顺丁烯二酸酐,马来酸酐
MEH－PPV	聚[2－甲氧基－5(2－乙基)己氧]－苯乙炔
MF	磁流体
MMA	甲基丙烯酸甲酯
MMT	蒙脱土
MPS	3－(三甲氧基硅基)－甲基丙烯酸丙酯

MPTMS	(3－巯基)三甲氧基硅烷
MRF	磁流变液
MWCNT	多壁碳纳米管
NEC	神经微血管内皮细胞
NIR	近红外
NP	纳米粒
P(LA－co－CL)	聚乳酸－己内酯
P(VDF－co－CTFE)	聚偏氟乙烯－共氯三氟乙烯
P2ClAn	聚2－氯苯胺
PA	聚酰胺
PA6	尼龙6
PAA	聚丙烯酸
PAI	聚酰亚胺
PAN	聚丙烯腈
PANI	聚苯胺
PC	聚碳酸酯
PCL	聚ε－己内酯
PE	聚乙烯
PEDOT:PSS	聚3,4－乙基二氧噻吩:聚4－苯乙烯磺酸
PEEK	聚醚醚酮
PEG	聚乙二醇
PEO	聚环氧乙烷
PET	聚对苯二甲酸乙二醇酯
PHB	聚3－羟基丁酸
PHEMA	聚2－甲基丙烯酸羟乙酯
PI	聚酰亚胺
PLA	聚乳酸
PLGA	聚丙乳酸
PLLA	聚L－乳酸
PMMA	聚甲基丙烯酸甲酯
PMMA－g－TiO_2	聚甲基丙烯酸甲酯接枝二氧化钛
POSS－NH_3^+	8－氨丙基多面体低聚倍半硅氧烷离子
PP	聚丙烯

PP - g - MA	聚丙烯接枝马来酸酐共聚物
PP - g - SiO_2	纳米 SiO_2 接枝端羟基聚丙烯
PPhe - GlyP	以苯丙氨酸乙酯和甘氨酸乙酯为共取代基的聚磷腈
PPS	聚苯硫醚
PPV	聚对苯乙烯
PPy	多吡咯
PS	聚苯乙烯
PSEI	聚二甲基硅氧烷 - b - 醚酰亚胺
PSU	聚砜
PTFE	聚四氟乙烯
PTMSP	聚(1 - 三甲基硅基 - 1 - 丙炔)
PU	聚氨酯
PVA	聚乙烯醇
PVAc	聚醋酸乙烯酯
PVC	聚氯乙烯
PVDF	聚偏氟乙烯
PVDF - HFP	偏氟乙烯 - 六氟丙烯共聚物
PVP	聚乙烯吡咯烷酮
PVPL	聚乙烯吡咯烷酮
QD	量子点
Rh - B	罗丹明 B
RT	室温
SEM	扫描电子显微镜
SERS	表面增强拉曼散射
sPPEK	磺化聚邻苯二嗪醚酮
SWNT	单壁碳纳米管
TBP	磷酸三丁酯
TEM	透射电子显微镜
TEOS	正硅酸乙酯
TESPSA	(3 - 三乙氧基硅丙基)琥珀酸酐
TESPT	双(三乙氧基硅丙基)四硫化物
TG	热重分析
T_g	玻璃化转变温度

TMOS	四甲氧基硅烷、四甲基正硅酸
Triton X - 100	4(1,1,3,3 - 四甲基丁基)苯基聚乙二醇
UV	紫外光
VA	乙烯醇
Vis	可见光
XPS	X 射线光电子能谱
XRD	X 射线衍射法
$ZnFe_2O_4$	锌铁酸
β - TCP	β - 磷酸三钙

目　　录

第1章 无机纳米粒子在聚合物基体中的分散:问题和解决方案

R. Y. Hong 和 Q. Chen

摘要:近年来,由于具有优异的物理和化学性质,纳米粒子引起了人们的广泛关注,多种技术也被发展用来合成纳米粒子。在有机聚合物中加入纳米粒子,可以有效提高聚合物的电导率、力学性能、热稳定性、阻燃性和耐化学试剂性等。聚合物复合材料的性能取决于这些加入的纳米粒子性质,包括纳米粒子的大小、形状、浓度以及纳米粒子与聚合物基体之间的相互作用。但无机粒子与聚合物基体之间的相容性不足,限制了纳米粒子在复合材料中的应用。由于两者不相容,导致合成的无机纳米粒子在聚合物基体中的分散非常困难,且这些具有特定表面积和体积效应的粒子在聚合物基体中会形成团聚。因此,有必要对粒子进行改性,以克服其聚集倾向,提高其在聚合物基体中的分散性。对无机粒子表面进行改性的方法有两种:表面化学处理改性和表面高分子接枝改性。通过对纳米粒子的表面改性,可提高无机纳米粒子在有机溶剂和聚合物基体中的分散性。

关键词:纳米粒子;无机/有机纳米复合材料;表面改性

1.1 引　　言

近年来,由于具有独特的性能以及在现代技术中的大量应用,聚合物基纳米复合材料已经尤为重要。聚合物复合材料的性能主要是无机填料与聚合物基体性能的简单结合。通过加入一定量的填料,即可提高传统聚合物的导电性能、介电性能、力学性能、热稳定性、阻燃性和耐化学试剂性能等。

然而,由于无机填料与聚合物基体之间相容性差,导致无机填料在聚合物基体中难以均匀分散,纳米粒子与聚合物基体之间没有化学键合,因此限制了纳米复合材料在许多领域的应用。为了充分利用纳米粒子的特性,必须对纳米粒子表面进行改性。表面改性不仅可以改善纳米粒子的固有特性,还可以制备出自然界中不存在的复合材料。也就是,通过表面改性可以得到具有优异整体性能和良好界面作用的无机填料/聚合物复合材料。这些改性纳米粒子/聚合物纳米复合材料具有良好的物理和化学性能。此外,表面改性还可以减少昂贵主体粒子的消耗量,降低制造成本。例如,由于纤维的亲水性往往导致其与疏水性聚合物基体的相容性差等问题,因此,有必要对纳米粒子表面进行修饰,提高纳米粒子与聚合物基体之间的结合效果。针对改性纤维/聚合物复合材料的研究正走向深入,前途光明,其潜在应用范围在不断扩大,包括纳米复合材料、纸张和纸板添加剂、生物医学应用和吸附剂等[1-4]。

纳米粒子的表面改性,传统上可分为化学处理和聚合物接枝两种。后者包括"grafting - from"和"grafting - to"两种方法,可得到具有均匀表面聚合物层的纳米粒子。传统技术目前已成功应用于纳米粒子的改性,其显著的优势是纳米粒子表面的亲水性基团与有机长链分子或聚合物发生化学反应,形成了共价键。

改性技术涵盖了多个研究领域(包括化学工程、物理、化学、材料科学和工程学)和复杂的过程。尽管在该领域已有诸多报道,但是仍然缺乏系统性研究。综合运用化学工程、物理和化学等理论,对现有的改性技术进行系统总结,拓宽其应用范围,对化学工程和材料科学而言,是一个崭新的研究领域。对改性技术进行整理介绍,有助于进一步促进对纳米复合材料的研究并拓宽其应用。

在本章中,我们结合自身的研究经验,拟向读者介绍纳米粒子/聚合物复合材料。为了更全面地描述纳米粒子/聚合物复合材料,我们将讨论纳米粒子的合成、改性以及纳米粒子/聚合物基复合材料的制备、表征和应用。

1.2 纳米粒子的合成

目前纳米粒子可以采用多种技术制备,如固相法[5-14]、熔盐法[15-21]、水热法[22-29]、溶胶 - 凝胶法[30-36]、共沉淀法[37-46]、热蒸发法[47-50]、等离子体法[51-54]、化学气相沉积法[55-60]、脉冲激光沉积法[61-66]和磁控溅射法[67-72]等。

1.2.1 固相法

固相法具有成本低、操作简单等优点。Wu 等[73]采用固相法,通过加热原料 $BaCO_3$、$SrCO_3$ 和 TiO_2,制备了 $Ba_xSr_{1-x}TiO_3$(BST)纳米粒子(陶瓷),介电测试表明,该 BST 陶瓷在低频率和微波频率(2GHz)下均表现出优异的介电性能。Shao 等[74]通过固相法制备出高压电系数的 $BaTiO_3$ 陶瓷,该陶瓷具有良好的介电性能。

然而,传统的球磨方法存在较多缺点,例如:化学成分不均匀、形成的粒子尺寸较大、球磨时间过长(球磨时间通常需要 12h 以上)和热处理温度很高。

1.2.2 熔盐法

与传统烧结法相比,熔盐法是控制粒子形貌,并能在较短时间内、低温条件下获得单一相高活性纳米粒子的最简单方法之一。这主要是因为熔盐在低温下能够促进纳米粒子的成核反应。

Zhou 等[75]在摩尔比为 1∶1 的 NaCl - KCl 熔盐(650℃)中,反应 2h,成功制备了 $Ba_5Nb_4O_{15}$纳米粒子。这主要是因为跟固相法相比,在氯化物熔盐液相中,反应成分的扩散系数更高。此外,前驱体和 NaCl - KCl 的比例对 $Ba_5Nb_4O_{15}$的晶型结构的形成没有影响。

有文献报道,在 650 ~ 900℃ 的低温下,通过 Na_2CO_3 - K_2CO_3 熔盐,制备出 $K_xNa_{1-x}NbO_3$ 纳米粒子[76],其形态受烧结温度以及前驱体 - 熔盐比例的影响。由于熔盐相的存在,晶粒生长的驱动力增加,起始氧化物在熔盐中的扩散和传输率提高,使粒子尺寸随着焙烧温度的升高而增大。随着熔盐 - 氧化物前驱体的比例增加,熔盐足以把单个长大的晶粒分开,从而减少了晶粒的团聚。另外,大量的熔盐促进了粒子的溶解和粒子之间的交换速率,这使得粒子具有了较大的生长空间。由此可得,纳米粒子的平均粒径增大。

与传统的方法相比,采用熔盐法制备的陶瓷具有更好的介电性能。Tawichai 等[77]在 700℃下使用熔盐法制备了 $BaFe_{0.5}Nb_{0.5}O_3$(BFN)陶瓷。结果表明,熔盐法制备的陶瓷密度(6.12g/cm^3)比传统烧结法制备的陶瓷粉末密度(4.60g/cm^3)高,得到的陶瓷介电常数高,介电损耗小。

熔盐的类型对纳米粒子晶型的构成和形貌也有至关重要的影响。例如,Chen 和 Zhang[78]分别在熔盐 Na_2SO_4 - K_2SO_4 和 NaCl - KCl 中加热前驱体氧化物 $CaCO_3$、CuO 和 TiO_2,合成了 $CaCu_3Ti_4O_{12}$陶瓷纳米粒子,并讨论了不同熔盐对粒子的晶型、形貌和介电性能的影响。

有文献指出,在低温 850℃ 的 NaCl - KCl 熔盐中,采用熔盐法可以合成纯钙钛矿 $Ba_{0.7}Sr_{0.3}TiO_3$(BST)纳米粒子,该熔盐加速了 BST 纳米粒子的形成,同时烧结温度对 BST 纳米粒子形貌的形成发挥着重要作用[79]。

Li 等[80]用 NaCl - KCl 熔盐法,在 700℃ 下分别采用亚微米和纳米级原料 TiO_2 粉体,制备 $SrTiO_3$ 亚微米晶粒和纳米晶,研究发现,原料 TiO_2 粉体的形貌、粒径和晶型结构对制备的 $SrTiO_3$ 的形貌和粒径有着重要影响。

1.2.3 溶胶 - 凝胶法

由于湿化学法可以制备出分布均匀、微观形貌规整、性能优异的纳米粒子,因此越来越受人们的关注。采用湿化学法,可以成功地制备出纳米级、分散性好的 BST 纳米粒子。

溶胶-凝胶法适用于 BST 纳米粒子的制备。Fuentes 等[81]利用水热法辅助溶胶-凝胶法,制备了 $Ba_{1-x}Sr_xTiO_3$ 纳米粒子,并研究了 Ba 和 Sr 的比例对纳米粒子的结构、形貌和介电性能的影响。Chen 等[82]采用溶胶-凝胶法合成了化学成分均一、比表面积高的 $Ba_{0.75}Sr_{0.25}Ti_{0.95}Zr_{0.05}O_3$ 纳米粒子。Maensir 等[83]用溶胶-凝胶法和电纺技术成功制备了 $Ba_{0.6}Sr_{0.4}TiO_3$ 纳米粒子。

1.2.4 水热法

溶胶-凝胶法的原料价格昂贵且容易水解,而且工艺复杂,得到的粉末通常是无定形的。相反,水热法成本低,可以在低温条件下制得 BST 纳米粒子,减少粒子的团聚。但是,该方法得到的粒子化学计量难以控制。

Razak 等[84]采用水热法制备了 $Ba_xSr_{1-x}TiO_3$ 纳米粒子,并讨论了 Ba 与 Sr 的比例、(Ba + Sr)与 TiO_2 的比例以及反应时间等因素对产物的影响。此外,Deshpande 和 Khollam[85]采用微波水热法合成 $Ba_{0.75}Sr_{0.25}TiO_3$ 纳米粒子,与常规水热法相比,合成速度快、合成时间短、粒子的纯度高。

1.2.5 共沉淀法

水热法的不足之处在于需要大量含 Ba、Sr 的前驱体以及较低的纳米粒子产出率,而简单的共沉淀法可以解决上述问题。Khollam 等[86]用简单的一步阳离子交换反应,制备了草酸钛酸锶钡($Ba_{1-x}Sr_xTiO(C_2O_4)_2-4H_2O$,BSTO)前驱体粉末,然后将该前驱体在 730℃ 下空气气氛中煅烧 4h,得到 BST 纳米粒子。同时,他们将该前驱体在 1300℃ 下烧结 4h,制备了 BST 陶瓷片,该 BST 陶瓷片的介电常数为 9500,介电损耗为 0.0015(测试频率 1kHz)。

Zuo 等[87]采用共沉淀法(以柠檬酸盐为金属盐,硝酸铵为沉淀剂),在 650℃ 较低的合成温度下,制备出了均匀分布的粒径为 60~90nm 的 $Ba_{0.6}Sr_{0.4}TiO_3$ 纳米粒子。

1.2.6 热蒸发法

大多数纳米粒子的合成方法都存在杂质含量高、原料昂贵、条件特殊、工艺烦琐、反应时间长和污染环境等缺点,这显然限制了纳米粒子的商业用途;然而,合成步骤简单、价格低廉的热蒸发法克服了这些不利因素。Pan 等[88]将 SiO_2 粉末在 1350℃ 下热蒸发 5h,制备出在较宽温度范围(890~1320℃)内,具有不同颜色、形貌和微观结构的硅基纳米结构。

1.2.7 等离子体法

近几年来，在工程材料领域，利用等离子体法制备和改性无机纳米粒子，越发呈现出其重要性。等离子可以通过辉光放电法产生，即通过激发带电气体，形成含有正负离子的带电粒子的集合，以及充满高能粒子的区域，如电子、自由基和活化原子。等离子气体，如氩、氦、氧、氮和氢，可用于制备具有独特表面形貌的纳米粒子，得到的粒子可应用于各种领域[89-92]。

1991 年，Iijima 在电弧放电法的烟尘中发现了碳纳米管（CNT）[93]。由于具有广泛的应用前景，由放电等离子制备的碳纳米管在理论和实验上都受到了广泛的关注[94-97]。与此同时，等离子体法还制备了碳纳米粒子[98]、类金刚石碳薄膜[99]、碳纳米纤维[100]和碳纳米洋葱[95,101]等其他碳纳米材料。然而，传统的等离子体法是一种非连续的过程，这是其工业化进程中的严重缺陷。在所有的碳材料中，只有炭黑已经实现工业化生产。炭黑生产过程可分为碳氢化合物热分解和不完全燃烧两种途径。虽然炉法生产炭黑已有几十年的历史，但其产量低，造成的环境问题严重。等离子技术应运而生，研究者们致力于提高炭黑的导电性，实现电弧放电过程的连续性和清洁化。Liu 等[102]报道，可以通过调节电流稳定交流电弧，可以增大炭黑粒子的粒径，延长反应时间。

1.2.8 其他方法

其他方法包括化学气相沉积法、脉冲激光沉积法和磁控溅射法。其中，化学气相沉积法的优点是能够大规模、高质量地生产厚度可控的石墨烯。此外，它还可为各种应用设计不同的空间结构[103]。脉冲激光沉积法是一种在高氧分压下的高速沉积过程[104]，是生长高质量氧化锌等氧化物最有前景的方法。磁控溅射法中沉积条件容易调控，能够更好地控制薄膜的结构和性能[105]。

1.3 纳米粒子的改性

无机纳米粒子具有许多优异的物理性能，通过在聚合物基体中加入少量功能化纳米粒子，即可得到新型的聚合物/无机纳米复合材料。但是，由于无机纳米粒子与聚合物基体的相容性差，纳米粒子在复合材料中的均匀分散是一个难题。单个的纳米粒子易于团聚，同时它们的疏油性会导致纳米功能复合材料性能的降低。因此，当在聚合物中大量填充纳米粒子时，保持纳米粒子在复合材料中的均匀分散，使复合材料基体具有良好的加工流动性，并使填充的纳米粒子性能得到有效发挥，是制备复合材料的关键之处。在上述体系中，存在着粒子－粒子相互作用、粒子－基体相互作用和基体－基体相互作用，这三者之间必须得到平衡。由上可知，必须对纳米粒子进行改性，以避免粒子在聚合物纳米复合材料中形成团聚。对无机粒子的表面改性有利于无机填料和聚合物基体之间的结合，改善两者间的界面，是一种被广泛使用的技术[106]。

纳米粒子表面改性的方法主要有两种：①化学处理改性无机粒子表面；②将功能高分子链段接枝到粒子表面的羟基上。经过这两种方法改性，原本由于大比表面积和高表面能而产生的纳米粒子团聚的现象得到了减轻，提高了纳米粒子在聚合物基体中的分散稳定性。此外，等离子还具有很强的反应能力，可以对粒子表面进行修饰。因此，经过等离子的改性后，粒子表面或多或少变得润湿、更硬、更粗糙，甚至更有利于聚合物的黏附。

1.3.1 化学处理

在化学处理中，通常采用不同的硅烷偶联剂，如 3－氨基丙基三乙氧基硅烷（KH550）和 γ－甲基丙烯酰丙基三甲氧基硅烷（KH570）。硅烷偶联剂分子可以通过水解过程，与具有酸酐基团的无机粒子发生反应，形成紧密的结合。当有机基团引入到粒子上时，这些接枝大分子的空间位阻效应能够减少纳米粒子的团聚，同时使改性纳米粒子在聚合物基体中具有更好的分散性。

Dang 等[107]采用 KH550 作为高介电材料 $BaTiO_3$ 纳米粒子与聚偏氟乙烯（PVDF）的桥联活化剂。KH550 的引入提高了 $BaTiO_3$ 纳米粒子在 $BaTiO_3$/PVDF 纳米复合材料中的分散稳定性。另外，KH550 改性 $BaTiO_3$/PVDF 复合材料的介电性能优于未改性的复合材料。Ma 等[108]成功使用 KH550 对廉价的水镁石进行了表面改性，使水镁石与聚丙烯（PP）的相容性得到提高。相比于未改性的水镁石/PP 纳米复合材料，改性后的纳米复合材料耐火性、拉伸强度和冲击强度均有明显提高。

Wang[109]首先使用 KH570 改性了凹凸棒，接着采用原位聚合法使丙烯酸丁酯在改性基础上进行接枝聚合，得到有机凹凸棒。由于硅烷偶联剂与凹凸棒表面的羟基发生反应，因此提高了无机粒子在聚烯烃基体中的分散效果。

钛酸酯偶联剂的偶联机理与硅烷偶联剂相似，其包含的可水解烷基与硅烷偶联剂中的效果相同。但是，采用钛酸酯偶联剂使无机粒子与热塑性聚合物基体间的耦合效果更好，从而使这类复合材料的屈服应力和弯曲强度性能更加优异。Bose 和 Mahanwar[110]采用钛酸酯偶联剂（钛酸四异丙酯）对煤燃烧的副产物煤灰进行了表面改性，发现煤灰在尼龙 6（PA6）中的分散性得到了提高。

1.3.2 接枝功能高分子

通过将功能高分子接枝到纳米材料表面对纳米粒子进行表面改性，是克服有机-无机纳米复合材料组分不相容性的又一重要途径。与物理包覆不同的是，接枝通过强共价键将不同的分子链键合到纳米粒子表面。改性后的纳米粒子具有疏水性，以此提高了纳米粒子与聚合物的相容性。聚合物可渗透到粒子中，得益于聚合物的空间位阻，纳米粒子将进一步分散隔离。

将聚合物链接枝到纳米粒子表面的方法可分为两类："grafting - from"法和"grafting - to"法。在前一种方法中，通过分子与粒子之间的反应，对纳米粒子表面进行官能团修饰，然后通过自由基、阳离子或阴离子聚合开始聚合过程。在后一种方法中，预制聚合物末端的基团与纳米粒子表面发生反应。

1. "grafting - from"法

这种表面接枝聚合方法通常包括两个步骤：表面活化和接枝聚合。纳米粒子表面的反应位先被高能电子、等离子处理或化学反应等激活，接着进行接枝聚合过程。

Hong 等[111]通过在粒子表面接枝聚苯乙烯(PS)来改性 ZnO 纳米粒子。该过程包括两个步骤：第一步，用 KH570 活化纳米 ZnO 表面；第二步，通过典型的溶液聚合，将 PS 接枝到表面活化的 ZnO 纳米粒子上。Hong 等[112]进一步将功能性双键引入到 ZnO 粒子表面，通过自由基聚合将甲基丙烯酸甲酯(MMA)接枝到 ZnO 表面。

2. "grafting - to"法

"grafting - to"法不涉及复杂的聚合反应，主要是通过已(端基)功能化的聚合物与纳米粒子表面的反应基团进行反应接枝。该聚合物可以通过可控的自由基、阴离子或其他反应过程聚合而成。与其他聚合物附着技术相比，(端基)功能化聚合物可以通过各种化学和物理方法进行细致地表征。该方法的主要缺点是纳米粒子表面的聚合物层厚度难以控制[113]。

Qin 等[114]用"grafting - to"法将 PS 接枝到单壁碳纳米管(SWNT)，形成功能化 SWNT。结果表明，PS 以共价键方式键合在 SWNT 的侧壁上。用甲基丙烯酸缩水甘油酯(GMA)通过原子转移自由基聚合(ATRP)对聚偏氟乙烯-六氟丙烯(PVDF - HFP)进行功能化，同时用氨基封端的硅烷分子对 $BaTiO_3$ 纳米粒子进行改性。然后，采用"接枝法"将上述聚合物接枝到改性纳米粒子表面，可制备高介电常数、高导热系数的纳米复合材料[115]。

3. 等离子表面改性

等离子体法也常用于纳米粒子的表面处理。这种处理方法的主要优点是能够优化纳米粒子表面的物理化学结构，同时不影响纳米粒子的原有性能。然而，等离子改性的主要局限在于，实验需要一个相对复杂的真空环境。目前，低压等离子和大气压低温等离子体法越来越引起人们的兴趣[116-117]。常压等离子体法不需要昂贵的真空设备,而且系统简单、高效、操作方便。大气压放电主要包括放电喷射、射频放电和介质阻挡放电[118]。与传统的酸氧化和聚合物包覆等改性方法相比,等离子体法对环境友好,易于工业化和商业应用[119]。总而言之,等离子处理是目前应用最广泛的表面处理技术,不同材料的表面都可以用等离子进行快速有效的改性[120-121]。在高分子材料的实际应用中,利用等离子技术对纳米粒子表面进行改性主要有三种方法:等离子表面处理、接枝共聚和高分子聚合[122-123]。研究人员已经把等离子技术用于活性炭、碳纤维和碳纳米管等碳基材料的表面处理[124-126]。

1.4 纳米复合材料的制备方法

纳米复合材料的制备方法对复合材料的性能有很大的影响。溶液共混、熔融共混和原位聚合是制备纳米复合材料的主要方法。

1.4.1 溶液共混

溶液共混是将基体树脂溶解于溶剂中,加入纳米粒子搅拌,得到均匀的悬浮液,然后除去溶剂或聚合单体,制备得到纳米复合材料。

Manchado 等[127]通过溶液共混制备了层状硅酸盐/天然橡胶纳米复合材料。研究表明,通过溶液共混,无机填料与聚合物具有良好的相容性。添加一定量的偶联剂双-[3-(三乙氧基硅)丙基]-四硫化物(TESPT),能提高无机填料对弹性体的黏附性。

Chae 和 Kim[128]研究发现,通过溶液共混,亲水性 ZnO 纳米粒子可以均匀分散在疏水性的 PS 基体中。

Wu 等[129]采用溶液共混法制备了可生物降解的有机改性蒙脱土(m-MMT)/聚乳酸(PLA)纳米复合材料,其中最关键的是对蒙脱土的改性。首先用十六烷基三甲基溴化铵(CTAB)处理 MMT,然后用生物相容、可生物降解的壳聚糖对 MMT 进行改性得到 m-MMT。随着 m-MMT 和 PLA 之间的相容性得到改善,m-MMT 在 PLA 基体中的分散性均匀良好。

Shen 等[130]采用溶液共混法制备了马来酸酐接枝膨胀石墨/聚丙烯纳米复合材料。相比于聚丙烯,纳米复合材料的导电性能有明显的提高。

1.4.2 熔融共混

熔融共混和热压工艺是一种制备陶瓷/聚合物复合材料的可行方法,具有较好的重复性、经济性和环保性。与溶液浇铸相比,该工艺可以消除复合材料的孔隙并提高其均匀性。通过对陶瓷填料的改性,可以得到致密的复合材料。然而,在操作过程中存在烫伤的危险。

Thomas 等[131]采用了熔融共混和热压工艺制备出钛酸铜钙($CaCu_3T_{i4}O_{12}$)/PVDF 纳米复合材料。当复合材料中 $CaCu_3T_{i4}O_{12}$的体积分数为 50%,PVDF 的体积分数为 50%,在 1kHz 时,纳米复合材料的介电常数高达 740。Yang 等[132]通过熔融-热压法,研究了纳米级和微米级钛酸铜钙纳米粒子对复合材料介电性能的影响。Chanmal 和 Jog[133]采用简单的熔融共混法制备了 $BaTiO_3$/PVDF 纳米复合材料,其中 $BaTiO_3$ 质量分数为 10%~30%,并进一步研究了纳米复合材料中的分子弛豫。

通过熔融共混制备的纳米粒子/聚合物复合材料中,由于纳米粒子的强范德瓦耳斯力作用,纳米粒子易于团聚,因此纳米粒子难以在基体中均匀分散。不同的制备条件(如温度、转速和熔融时间)对纳米粒子的分散性有影响,进一步影响复合材料的力学性能。

Pötschke 等[134]通过熔融共混法制备了填料用量不同的多壁碳纳米管(MWNT)/聚碳酸酯(PC)纳米复合材料,并研究了熔融共混条件,包括螺杆转速、共混时间等因素对共混效果的影响。结果表明,在长时间混合(15min)和低螺杆转速(50r/min)的条件下,MWNT 均匀分散在 PC 基体中,不会出现明显的团聚或聚集现象。Villmow 等[135]用熔融共混法制备了 MWNT/聚 ε-己内酯(PCL)复合材料,研究表明,在选定的加工温度和共混时间内,当复合材料填充 0.5% 质量分数的 MWCT,螺杆转速在 75r/min 时,MWNT 在 PCL 中的分散效果最好,电阻率最低,复合材料的物理和力学性能最佳。Z. Spitalsky 采用“grafting to”法对碳纳米管进行处理,随后制备了 MWNT/PMMA 纳米复合材料,该复合材料的界面强度高,力学性能得到明显提高[136]。

Haggenmueller 等[137]用两步熔融共混法制备了 SWNT/PMMA 复合材料。通过溶剂浇铸和熔融混合相结合的方法,SWNT 纳米粒子均匀分布在 PMMA 基体中。

为提高纳米粒子与聚合物的相容性,改善纳米复合材料的力学性能,通常采用硅烷偶联剂对纳米粒子表面进行改性。用熔融共混法制备纳米复合材料,得到的结果往往是理想的。Bikiaris 等[138]添加马来酸酐接枝聚丙烯共聚物(PP-g-MA)作为增容剂(质量分数为 0.6% 的马来酸酐),研究表明 SiO_2 在等规聚丙烯(iPP)基体中呈现出更好的分散性。这种现象可归结于马来酸酐与 SiO_2 表面羟基的反应,使纳米粒子团聚降低。扫描电子显微镜(SEM)、透射电镜(TEM)和力学分析也证实了这一结论。

热塑性聚合物聚苯硫醚(PPS)与不同含量的 BST 通过熔融共混制备 BST/

PPS 纳米复合材料。通过使用双螺杆挤出机，将 BST 纳米粒子均匀分散在 PPS 基体中。当 BST 质量分数为 70% 时，复合材料在 1GHz 下的介电常数为 13.5，介电损耗为 0.0025[139]。Li 等[140]通过熔融共混将 $Ba_{0.6}Sr_{0.4}TiO_3$/Ag 核－壳纳米粒子加入 PVDF 基体中。Ag 包覆的 $Ba_{0.6}Sr_{0.4}TiO_3$/PVDF 纳米复合材料的介电常数比未改性的 BST/PVDF 纳米复合材料高 73%。另外，当 $Ba_{0.6}Sr_{0.4}TiO_3$/Ag 体积分数为 55% 时，介电损耗仍较低（小于 0.2）。

Chao 和 Liang[141]研究了不同质量分数 KH550 对 $BaTiO_3$ 和 $BaTiO_3$/双酚 A 二氰酸[2,2－双(4－氰基苯基)异丙基]（BADCy）纳米复合材料的影响，并讨论了不同频率下 $BaTiO_3$/BADCy 复合材料的介电性能。Wu 等[142]采用重力沉降法制备了 MCNT/氰酸酯树脂（CE）介电梯度复合材料。与未改性的纳米管相比，表面改性的纳米管与 CE 具有良好的相容性。可知，与未改性的 MCNT/CE 复合材料相比，表面改性的 MCNT/CE 复合材料具有更低的介电损耗。

Sui 等[143]用双螺杆挤出机，在 PP 熔融状态下，对碳纳米纤维（CNF）和 PP 进行高剪切共混，研究了 CNF 在 PP 基体中的均匀分散性。此外，结果还表明，含有 5% 质量分数 CNF 的 CNF/PP 纳米复合材料在较宽的频率范围内表现出惊人的高介电常数和低介电损耗。

1.4.3 原位聚合

与其他方法相比，原位聚合法使复合材料体系具有更好的相容性，复合材料呈现出良好的分散效果和力学性能。

Potts 等[144]采用原位聚合法制备了聚甲基丙烯酸甲酯（PMMA）和化学改性石墨烯纳米复合材料，研究了该复合材料的形貌和热机械性能。通过将己内酰胺单体加入到氧化石墨烯中进行原位聚合，制备出石墨烯/PA6 复合材料。实验表明，当石墨烯含量很低时，复合材料的弹性模量和拉伸强度都有明显的提高[145]。

1.5 无机粒子/聚合物纳米复合材料的制备

由于铁电陶瓷具有高介电常数、低介电损耗和良好的热稳定性，因此在滤波器、变容器、移相器和相控阵天线等可调谐器件中有着广泛的应用[146]。但是，由于传统的高介电常数陶瓷材料存在击穿强度低、脆性大、加工困难等问题；而聚合物基体具有柔韧性高、击穿强度大、加工性好和机械强度大等优点，但介电常数极低，小于 10。因此，介电陶瓷/聚合物复合材料是将介电陶瓷和聚合物基体的优点相结合的新型复合材料，受到了人们的广泛关注。

在实际应用中，需要将 50% 以上的陶瓷粉末添加到聚合物基体中，陶瓷粉末的添加量过高会降低复合材料的优异性能。此外，在陶瓷填料浓度较高的情况下，由于无机填料与有机基体界面特性的差异，陶瓷填料难以均匀地分散在聚合物基体中，纳米粒子在基体中的团聚是不可避免的。因此，所制备的复合材料具有介电损耗高、介电常数低等缺点，导致能量密度低、能量效率低。因为这些缺陷对纳米复合材料的介电性能产生了不利的影响，所以有必要对纳米粒子进行改性，以克服纳米粒子在聚合物基体中的团聚现象，提高纳米粒子在聚合物基体中的分散性[147]。在制备均匀陶瓷/聚合物纳米复合材料方面，人们提出了许多有用的方法。

Luo 等[148]研究了 $Ba_{0.95}Ca_{0.05}Zr_{0.15}Ti_{0.85}O_3$/PVDF 复合膜，以多巴胺为偶联剂对 $Ba_{0.95}Ca_{0.05}Zr_{0.15}Ti_{0.85}O_3$ 纳米粒子进行表面改性，研究了复合材料的微观结构和介电性能。

Yu 等[149]采用溶液共混法制备了以 $BaTiO_3$ 为填料（PVP 作表面改性剂）和以 PVDF 聚合物为基体的均匀陶瓷/聚合物复合材料。结果表明，当 $BaTiO_3$ 体积分数为 55% 时，复合材料的介电常数为 77（1kHz）；当 $BaTiO_3$ 体积分数低至 10% 时，$BaTiO_3$/PVDF 复合材料的击穿强度明显增强。

Wang 等[150]研究了三（N－氨基乙酯）钛酸异丙酯（IAAT）对 $BaTiO_3$/聚醚砜复合材料介电性能的影响。当 $BaTiO_3$ 体积分数为 50% 时，复合材料的介电常数为 22.6，在 100kHz 下介电损耗为 0.018。此外，该复合材料具有较高的热稳定性，这是因为改性后 $BaTiO_3$ 粒子与聚醚砜基体之间的相互作用增强，从而限制了聚合物基体的链段运动。

Xie 等[151]提出了一种用于制备复合材料的核－壳法，该法采用两步聚合法。首先在 $BaTiO_3$ 核上接枝超支化芳香聚酰胺（HBP），然后通过 ATRP，从 HBP 活性基团中生长 PMMA 壳。与传统溶液共混的 $BaTiO_3$/PMMA 复合材料相比，$BaTiO_3$/HBP/PMMA 复合材料具有更高的介电常数、更低的介电损耗和更高的能量密度。

Yu 等[152]通过 $BaTiO_3$ 粒子与四氟取代酸的表面功能化，制备了 $BaTiO_3$/PVDF 复合材料。由于 $BaTiO_3$ 填料表面形成了钝化层，提高了填料与聚合物基体的相容性，制备得到的复合材料具有较高击穿强度、高能量密度和低介电损耗。

Zhou 等[153]研究了表面羟基化 $BaTiO_3$，h－$BaTiO_3$/PVDF 复合材料的介电性能。与纯 $BaTiO_3$/PVDF 复合材料相比，h－$BaTiO_3$/PVDF 复合材料具有较低的损耗因子、较高的介电强度和较弱的温度和频率依赖性。由于 h－$BaTiO_3$ 填料与 PVDF 基体的强烈相互作用，因此复合材料的介电性能得到了提高。

Tang 和 Sodano[154]开发了一种新的快速放电合成方法,用于制备由高长径比的 $Ba_{0.2}Sr_{0.8}TiO_3$ 纳米线和 PVDF 组成的纳米复合材料。当纳米线的含量为 7.5% 时,在冰水中淬火得到的复合材料具有最高的击穿强度(>450MV/m)和最大能量密度(14.8J/cc)。

Sonoda 等[155]通过在 BST 表面引入脂肪族羧酸,提高了 BST/聚合物复合材料的相对介电常数。其结果进一步表明,用较长羧基链改性的纳米粒子与聚合物基体具有更好的相容性,并且不会对复合材料的力学性能产生影响。

1.6 纳米粒子的合成、表征及应用

纳米粒子被广泛应用于光学、共振、电气学和磁学领域,小尺寸效应、大表面效应和量子隧道效应是纳米粒子独特的性质,为了适应纳米技术和纳米材料的发展,有必要对纳米粒子的制备技术进行研究。本节介绍了作者团队实验室进行的工作,包括几种纳米粒子和纳米复合材料的合成以及对它们性能的研究。

1.6.1 磁悬浮体

磁悬浮体作为一种智能型磁性材料,可分为两大类[156]:①磁流体(MF)或铁流体(FF),它是由磁性纳米粒子(尺寸为 1 ~ 15nm)悬浮在非磁性液体(基液)中形成的悬浮体;②磁流变液(MRF),它是由软磁性微米级粒子(尺寸为1 ~ 20μm)和磁性纳米粒子(尺寸为 1 ~ 15nm)在基液中形成的悬浮液。由于粒子尺寸的显著性差异,MF 和 MRF 在外加磁场中表现出具有各自特点的流变行为[157]。

1. 磁性液及其生物应用

由于在强磁场作用下,MF 的黏度变化不大,不产生屈服应力。因此,MF 只限于低磁 - 黏响应的应用中。

图 1 - 1 和图 1 - 2 分别是煤油基和硅油基的 MF 照片。这类 MF 可用于润滑、冷却和阻尼领域。以高沸点烃为基液的 MF 已经应用在扬声器中。

近年来,由于功能性磁性纳米粒子(MNP)在生物应用中具有多种用途,包括磁 - 热治疗、磁分离、药物释放和体内医学成像等,因此,MNP 的制备引起了研究人员的兴趣。其中,由氧化铁核和聚合物壳组成的复合微球因其独特的磁响应性、良好的稳定性和表面可化学修饰性而受到人们的关注。聚合物壳可以保护裸露的 MNP 不受氧化,并能磁隔离单个粒子;同时表面具有丰富官能团(如氨基、羟基、羧基和硫醇基)的聚合物壳能够通过各种生物分子的附着而实现进一步的功能化[158]。

图 1-1　煤油基磁流体照片

图 1-2　硅油基磁流体照片

2. 磁流变液

磁流变液能够可逆地由液体变为黏弹性固体,并且随着磁场的变化,黏度能够在毫秒内发生几个数量级的变化,这一现象也被称为磁流变效应[159]。由于MRF具有优异的流变特性,例如,高的屈服应力和剪切黏度等,通过调节外加磁场可以改变MRF的流变特性。因此,磁流变复合材料有着广泛的技术应用领域,主要用于半主动阻尼装置、磁流变抛光、机械密封和航空航天材料。MRF还显示出在生物技术和医学方面的潜在应用价值,如药物输送和癌症治疗。

良好的MRF应具有某些特性,包括高磁饱和度、粒子的抗沉降和抗团聚性、耐腐蚀性能和温度稳定性。高磁饱和度主要取决于磁流变液中分散的磁性粒子。与其他合金和金属氧化物粉末相比,羰基铁粒子由于具有较高饱和磁化强度(2.1T/212.7emu/g①)和低的成本更常用于 MRF。MRF 的温度稳定性与基液密切相关,通常石油基油、硅油、矿物油、聚酯、聚醚和水都可以作为基液。

1.6.2 锌铁氧体纳米粒子

锌铁氧体($ZnFe_2O_4$)由于其优异的磁性[160]、电学[161]和光学性能[162],引起了研究人员的兴趣。这些特性使其成为一种适用于高密度磁记录、磁流体和高温煤气脱硫的材料。此外,$ZnFe_2O_4$是窄禁带半导体(1.92eV),八面体的 $ZnFe_2O_4$纳米粒子晶面的光催化活性显著[110],可作为很有前途的可见光催化剂[163]。

在作者的实验室中,采用简易共沉淀法合成了粒径约为 50~150nm 的八面体 $ZnFe_2O_4$纳米粒子。用 X 射线粉末衍射(XRD)和透射电镜等技术测定了样品的晶型和形貌。图 1-3 为不同温度下煅烧的 $ZnFe_2O_4$的 XRD 图谱,表明 $ZnFe_2O_4$在 800℃煅烧时晶化完全。光催化性能则通过在罗丹明-B 溶液中加入 $ZnFe_2O_4$纳米粒子后,罗丹明-B 的降解速率来表示。图 1-4 为添加$ZnFe_2O_4$纳米粒子后的纯罗丹明-B 溶液和未添加纳米粒子的纯罗丹明-B 溶液的紫外-可见光吸收谱图,结果表明,800℃煅烧的 $ZnFe_2O_4$纳米粒子对罗丹明-B 的催化降解速率最好。

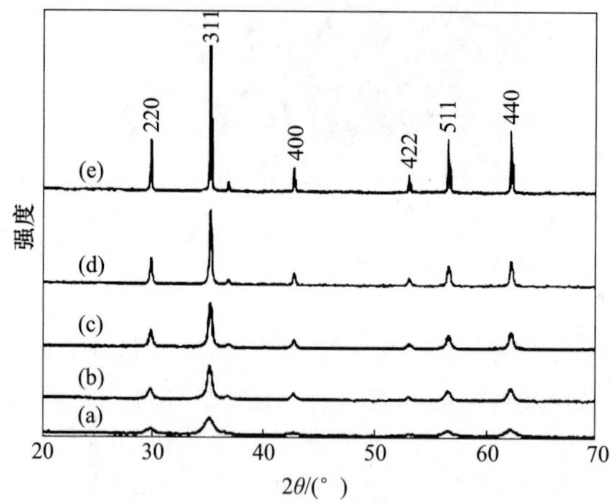

图 1-3 在不同煅烧温度下得到的 $ZnFe_2O_4$的 X 射线衍射图

(a)400℃;(b)500℃;(c)600℃;(d)700℃;(e)800℃。

① emu/g 表示磁化强度,1emu/cm^3 对应 1000A/m。

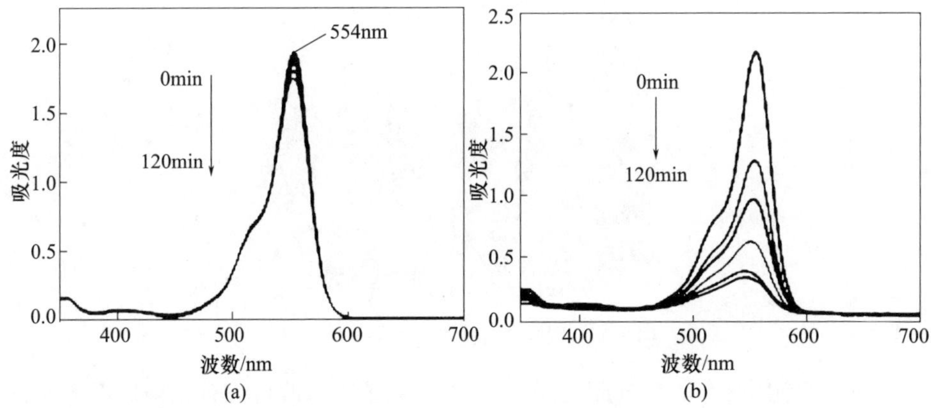

图 1-4 不含锌铁氧体的罗明丹-B(a)和加入 10mg 800℃煅烧的锌铁氧体(b)经过 120min 光催化反应前后的紫外-可见吸收光谱

1.6.3 BST 纳米粒子

1. BST 纳米粒子的合成

采用 $TiOCl_2$、Ba^{2+} 和 Sr^{2+}，通过共沉淀法制备了 $Ba_{1-x}SrxTiO_3$ 前驱体。以 NaOH 和 Na_2CO_3 为沉淀剂，将 pH 调至 9，以廉价 $TiOSO_4$ 作 Ti 源，当反应 180min 后，用酒精清洗一次沉淀物，然后在 100℃的烤箱中干燥约 12h，制得前驱体的干燥粉末，接着在 950℃下煅烧 4h，用去离子水洗涤残渣固体，在 100℃空气中干燥 12h，得到 $Ba_{0.5}Sr_{0.5}TiO_3$ 粉体。具体反应如下：

$$BaCl_2 + SrCl_2 + TiOCl_2 + NaOH + Na_2CO_3 \longrightarrow (Ba,Sr)CO_3\downarrow + TiO(OH)_2\downarrow + NaCl$$

在煅烧阶段，当温度在 800℃左右时，沉淀物中的 NaCl 熔融，提高了反应的局部温度，加快了反应速度，促进了 $Ba_{0.5}Sr_{0.5}TiO_3$ 相的形成。

用热重分析(TG)、傅里叶变换红外光谱(FTIR)、透射电镜、X 射线衍射和扫描电镜对所得的 $Ba_{1-x}Sr_xTiO_3$ 纳米粒子进行了表征。煅烧后处理温度为 950℃，比常规固相法低 200℃左右。XRD 表明，$(Ba,Sr)CO_3$ 在 950℃空气中煅烧 4h，得到的 $Ba_{0.5}Sr_{0.5}TiO_3$ 纳米粒子结晶最好，晶化参数 α 大(即晶胞体积大，平均晶粒尺寸大)。图 1-5 为煅烧后纳米粒子的 SEM 照片，这表明熔盐(熔融 NaCl)的生成能促进 $Ba_{1-x}Sr_xTiO_3$ 粉末形成分散的立方形貌。

2. BST 纳米粒子的改性

对于 BST 纳米粒子来说，其与聚合物基体之间的相容性较差，这使它在聚合物基体中的分布难以均匀。因此，有必要对 BST 纳米粒子进行改性，以减少纳米粒子在聚合物基体中的团聚，提高纳米粒子在聚合物基体中的分散性。

图 1-5　$Ba_{0.5}Sr_{0.5}TiO_3$ 粉末的 SEM 图

可以采用"grafting-from"法对 BST 纳米粒子进行改性。首先采用丙烯酸将纳米粒子活化,通过纳米粒子与丙烯酸分子的反应,在其表面形成了活性官能团。接着,苯乙烯通过自由基聚合开始进行聚合,并接枝到 $Ba_{0.5}Sr_{0.5}TiO_3$ 纳米粒子上。PS 接枝 $Ba_{0.5}Sr_{0.5}TiO_3$ 纳米粒子的制备方式如图 1-6 所示。

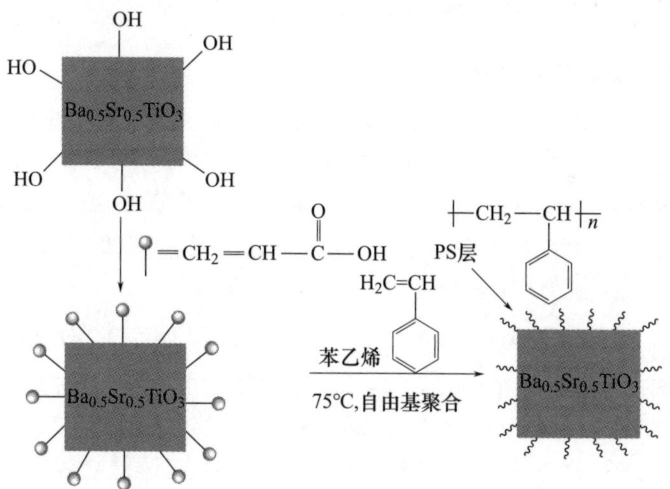

图 1-6　制备改性 BST 的可能反应机理

3. BST/PS 纳米复合材料的制备

对于 BST/PS 纳米复合材料,可以采用溶液共混的方法,将 BST 粉末加入 PS 基体中得到。将 PS 树脂溶解在四氢呋喃中,加入改性 BST 粉末,得到悬浮液;接着在 20℃超声振荡下,将得到的悬浮液搅拌 2h;最后将溶剂完全去除,得到 BST/PS 纳米复合材料。纳米复合材料的 SEM 照片如图 1-7 所示。由于改性 $Ba_{0.5}Sr_{0.5}TiO_3$ 与 PS 基体的相容性较好,复合材料断面上呈现出来的孔隙较少。此外,PS 接枝 $Ba_{0.5}Sr_{0.5}TiO_3$ 在 PS 基体中分布均匀性较好。

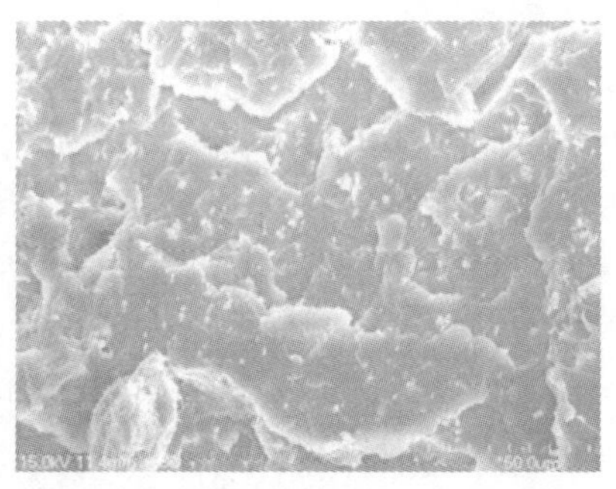

图 1-7　质量分数为 20% 的 BST 粉末复合材料 SEM 图

1.6.4　ZnO 纳米粒子

1. ZnO 纳米粒子的合成

可以采用简单的化学共沉淀法[112]制备 ZnO 前驱体，接着对其进行煅烧，即可得到 ZnO 纳米粒子。首先，将聚乙二醇（PEG）溶液注入三颈烧瓶中，然后将 $Zn(CH_3COO)_2 \cdot 2H_2O$和$(NH_4)_2CO_3$ 水溶液滴入烧瓶中，同时高速搅拌。室温反应 2h 后，反应得到的沉淀物用氨水溶液（pH = 9）和无水乙醇多次洗涤、过滤，然后在真空下干燥 12h，得到 ZnO 前驱体。最后，将得到的前驱体在 450℃ 的烘箱中煅烧 3h，研磨得到 ZnO 纳米粒子。图 1-8 为所制备的 ZnO 纳米粒子的 TEM 照片。

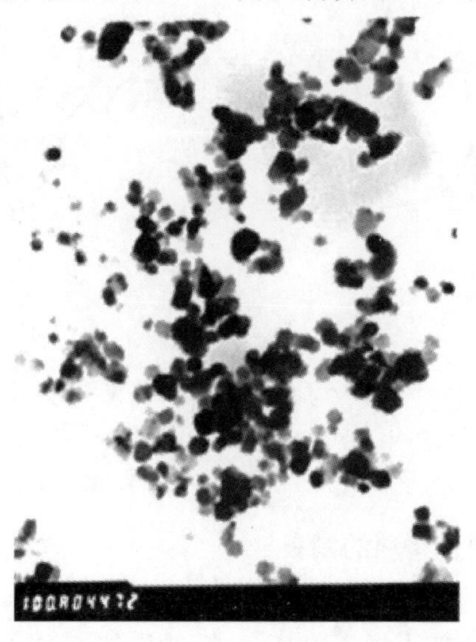

图 1-8　合成的 ZnO 纳米粒子的 TEM 照片

（转载自 Hong 等的成果[112]，2006 年发表，经 Elsevier 许可。）

2. ZnO 纳米粒子的表面改性

通过 KH570 与纳米 ZnO 表面羟基的反应,能够在纳米 ZnO 表面引入反应官能团。与苯乙烯单体接枝聚合到 KH570 改性的纳米 ZnO 表面相似[111],同样可以用 MMA 单体[112]对 KH570 改性的纳米 ZnO 进行接枝聚合改性。图 1-9 为 PMMA 接枝 ZnO 纳米粒子的热重分析图。结果表明,PMMA 接枝 ZnO 纳米粒子与 ZnO 纳米粒子和 PMMA 的混合物在热稳定性上存在显著差异,即 PMMA 接枝纳米 ZnO 比单纯的 PMMA 和 ZnO 的混合物具有更高的热稳定性,进一步证实了接枝 PMMA 与 ZnO 纳米粒子之间存在着强相互作用。

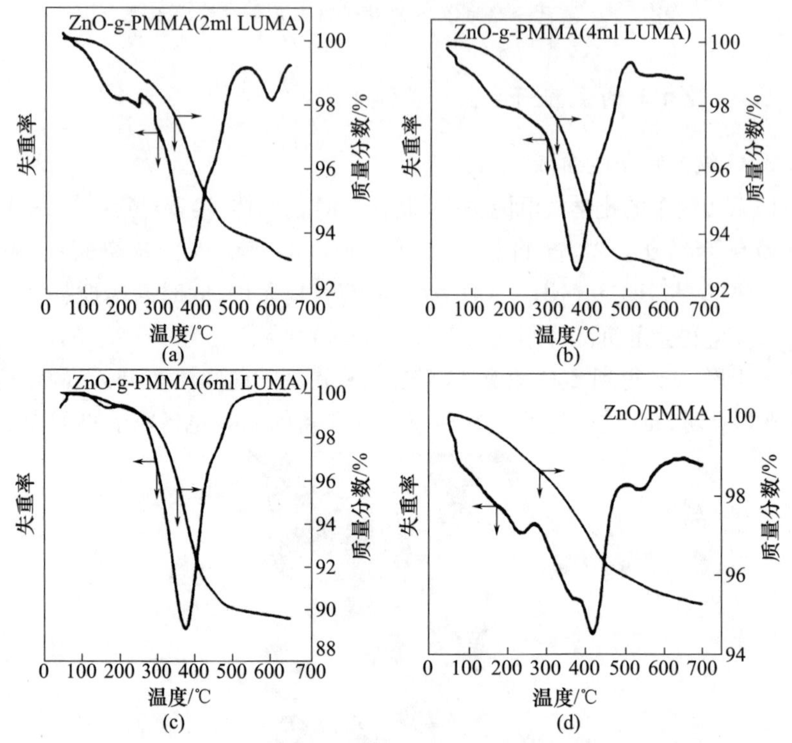

图 1-9 PMMA 接枝 ZnO 纳米粒子的热重图:(a)2mL MMA,(b)4mL MMA,(c)6mL MMA 和(d)ZnO 纳米粒子与 PMMA 的混合物。(转载自 Hong 等的成果[112],2006 年发表,经 Elsevier 许可。)

3. ZnO/PS 纳米复合材料的制备

ZnO/PS 纳米复合材料的制备方法如下[112]:首先,将 110mg 纯 ZnO 或 110mg PMMA 接枝 ZnO 加入到三口烧瓶中,然后加入 10mL 苯乙烯,超声振荡搅拌,使 ZnO 粒子在苯乙烯中均匀分散。接着,在反应器中加入 36mg 偶氮二异丁腈(AIBN)作为引发剂,升温至85℃进行聚合反应2.5h。反应得到的复合材料在真空下干燥24h。图1-10为纯PS、ZnO(纯)/PS和ZnO(PMMA接枝)/PS的DSC加热曲线。图1-10(a)的曲线表明,PS(纯)的玻璃化转变温度T_g(87.7℃)低于ZnO(纯)/PS的T_g(97.9℃)和ZnO(PMMA接枝)/PS的T_g(95.3℃)。该结果主要是因为纳米粒子能够在聚合物中限制聚合物链段的运动所致。ZnO纳米粒子在DSC加热扫描过程中能够限制PS聚合物链段的运动,从而导致PS的玻璃化转变温度升高。

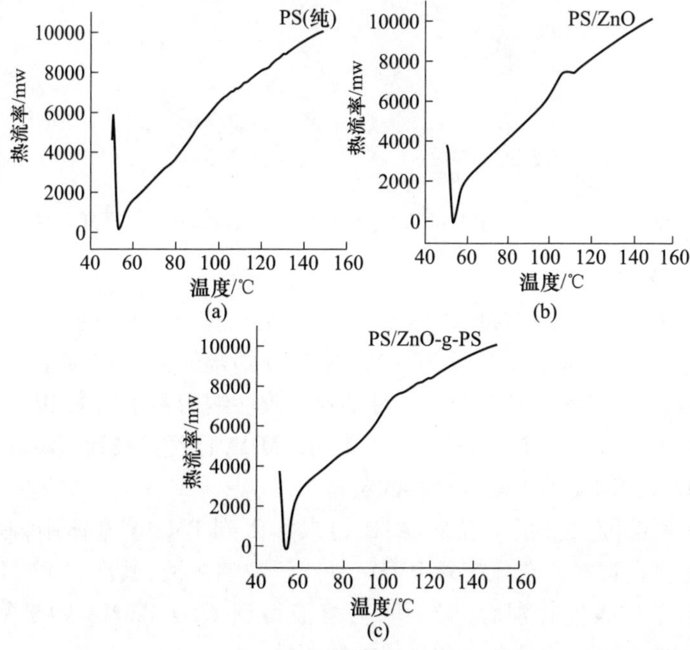

图1-10 DSC加热曲线(a)PS(纯)、(b)ZnO(纯)/PS和(c)ZnO(PMMA接枝)/PS①
(转载自Hong等[112],2006年发表,经Elsevier许可。)

1.6.5 锑掺杂氧化锡

1. 锑掺杂氧化锡的合成

采用非水合偏硅酸钠和氯化钠共沉淀法可以制备四方金红石结构的掺锑氧化锡(ATO)[164]。结果表明,随着Sb掺杂浓度的增加,ATO纳米棒数量减少,棒材长度变短,但纳米棒的直径变化不大。此外,加入少量Sb后,ATO的电阻率明显

① 译者注:原文图错误,与参考文献不符,已改正。

降低。图 1－11 为物质的量分数 1.5% 的 Sb 掺杂的 ATO 纳米棒 TEM 照片。

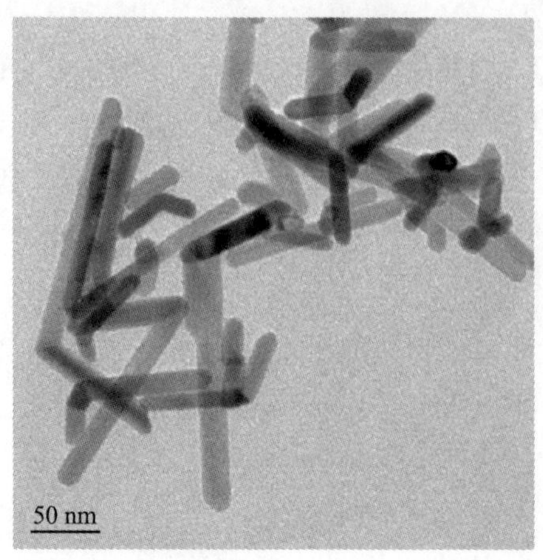

图 1－11　物质的量分数为 1.5% 的 Sb 的 ATO 纳米棒 TEM 图像

2. ATO 表面改性

可以采用“grafting－from”法对 ATO 的表面进行改性，具体步骤如下：首先用 KH550 活化含 5% 物质的量分数 Sb 掺杂的 ATO 纳米粒子，接着通过自由基聚合将 PMMA 接枝到 ATO 纳米粒子上。对得到的改性纳米粒子用 FTIR、TG、沉降试验、SEM 和 XRD 等手段进行表征。结果表明，PMMA 已经接枝到 ATO 表面。

3. ATO/PMMA 纳米复合材料的制备

可以采用溶液共混的方法将 ATO 粉末加入到 PMMA 基体中，制备 ATO/PMMA 纳米复合材料。首先配置 PMMA－四氢呋喃溶液，其次将 PMMA 接枝的 ATO 纳米粒子加入搅拌混合，最后除去溶液得到 ATO/PMMA 纳米复合材料。该复合材料具有较高的导电性和良好的透明性。

1.6.6　SiO_2 纳米粒子

1. SiO_2 纳米粒子的合成

以廉价的 $SiCl_4$ 为原料，通过简易共沉淀法，可以制备 SiO_2 纳米粒子。$SiCl_4$ 在碱性溶液中的水解反应如下：

$$SiCl_4(g) + 6OH^- \longrightarrow SiO_3^{2-} + 4Cl + 3H_2O$$

$$SiO_3^{2-} + 2H^+ \longrightarrow SiO_2 + H_2O$$

与普通化学气相沉积法相比，该方法具有原料便宜、环境友好和生产能力大等优点。

Luo 等[165]研究了碱种类、碱浓度、反应时间、表面活性剂和后处理对 SiO_2 纳米粒子性能的影响。TEM 研究表明，影响 SiO_2 形貌和粒径的主要因素是碱种类和碱浓度。此外，影响 SiO_2 收率的主要因素是反应时间，而影响 SiO_2 纳米粒子粒径分布和邻苯二甲酸二丁酯（DBP）吸收值的主要因素是 PEG 浓度。实验表明，SiO_2 纳米粒子的最佳制备条件：Na_2CO_3 浓度为 10%，PEG 浓度为 2.5%；反应时间为 2h，设备采用共沸蒸馏器。在该最佳条件下制备的 SiO_2 纳米粒子如图 1－12 所示。

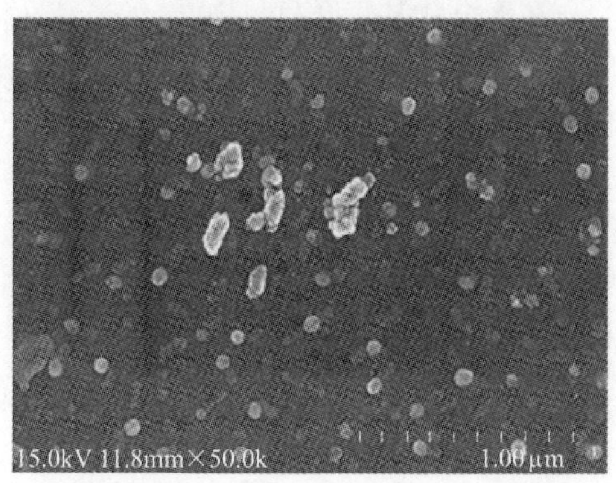

图 1－12　在最佳条件下制备的纳米 SiO_2 纳米粒子 SEM 照片

（转载自 Luo 等的成果[165]，2012 年发表，经 Elsevier 许可。）

2. SiO_2 纳米粒子的表面改性和应用

用钛偶联剂对 SiO_2 纳米粒子进行改性，并采用高能球磨机搅拌分散 3h。改性后用溶液共混法制备 SiO_2/聚氨酯（PU）复合材料。SiO_2 纳米粒子的加入提高了聚氨酯薄膜的力学性能。图 1－13 为 SiO_2 含量不同的 SiO_2/PU 薄膜的力学

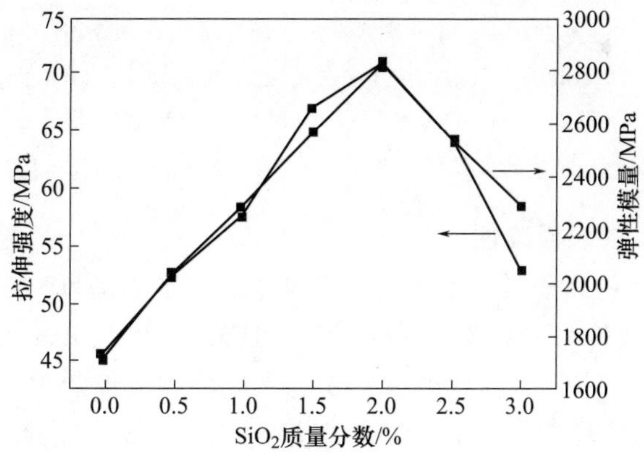

图 1－13　不同 SiO_2 含量的 SiO_2/PU 薄膜的力学数据

（转载自 Luo 等的成果[165]，2012 年发表，经 Elsevier 许可。）

数据。结果表明，最佳 SiO_2 质量分数为 2%，当填充该质量分数的 SiO_2 时，SiO_2/PU 薄膜的拉伸强度和弹性模量分别提高至 64.2MPa 和 2535.9MPa。

1.6.7 多壁碳纳米管

碳纳米管被发现后，由于其具有大的长径比、独特的力学、电学和热性能，迅速引起了人们的关注。在聚合物基复合材料中，碳纳米管在机械补强、电子传输和储能等方面有着广泛的应用前景。将碳纳米管直接与聚合物基体共混，是制备 CNT/聚合物复合材料的最直接方法之一。然而，碳纳米管很容易团聚在一起，导致其在聚合物基体中分散不均。因此，要提高碳纳米管的分散性和相容性，就必须对碳纳米管进行改性。碳纳米管的表面改性可分为两类：（Ⅰ）氧化酸化学处理；（Ⅱ）等离子 - 化学处理。与传统的化学处理相比，等离子改性碳纳米管是一种简单和无环境污染的改性方法。尽管如此，等离子作为材料表面处理的介质，目前研究得比较少。图 1 - 14 为等离子处理装置[166]。

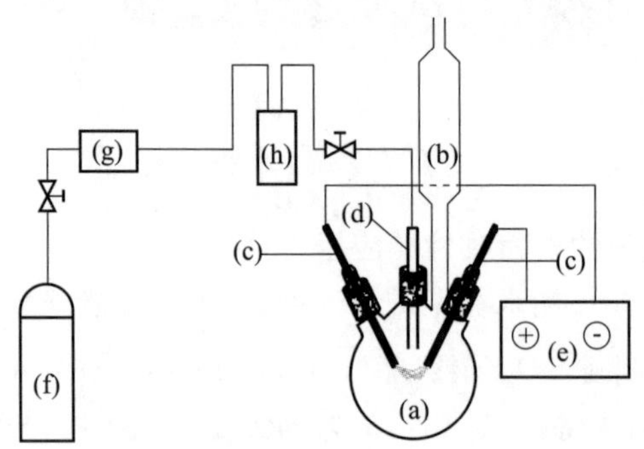

图 1 - 14 用于等离子处理的设备设计示意图
(a)四口烧瓶；(b)定制流化床反应器；(c)电极；(d)喷嘴；
(e)电源；(f)氩气瓶；(g)单体罐；(h)浪涌槽。
（转载自 Luo 等的成果[166]，2012 年发表，经 Wiley 期刊公司许可。）

1. MWCNT 的表面改性

Luo 等[166]用等离子聚合法将苯乙烯单体聚合接枝在 MWCNT 表面，实现对 MWCNT 的表面改性，采用 FTIR、分散测试、TEM、SEM 和 Raman 分析等手段对改性后的 MWCNT 进行表征。图 1 - 15 为未改性和改性的 MWCNT 的 TEM 照片。等离子引发接枝聚合后，MWCNT 缠绕结构较少，这表明接枝聚苯乙烯分子有效地促进了 MWCNT 的分散。

2. MWCNT/PP 纳米复合材料的制备

采用熔融共混法，在密炼机中，温度为 200℃，转子转速为 60r/min 时，制备

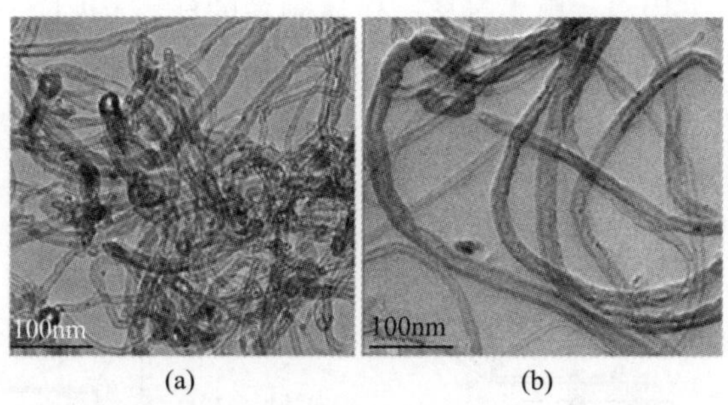

图 1-15　(a)未处理的 MWCNT 和(b)PS 接枝 MWCNT 在甲苯中分散的 TEM 图像
(转载自 Luo 等的成果[166],2012 年发表,经 Wiley 期刊公司许可。)

MWCNT/PP 纳米复合材料。复合材料 SEM 断口形貌表明,PS 接枝 MWCNTs 在 PP 基体中分散良好,功能化的 MWCNT 与 PP 基体之间的界面结合较强,复合材料的力学性能得到了改善[166]。相比之下,在未改性 MWCNT/PP 纳米复合材料的断面 SEM 照片中(图 1-16),能明显观察到 MWCNT 的团聚现象。未改性 MWCNT 与 PP 基体之间的附着效果差,导致了大量孔洞的出现,复合材料力学性能下降。

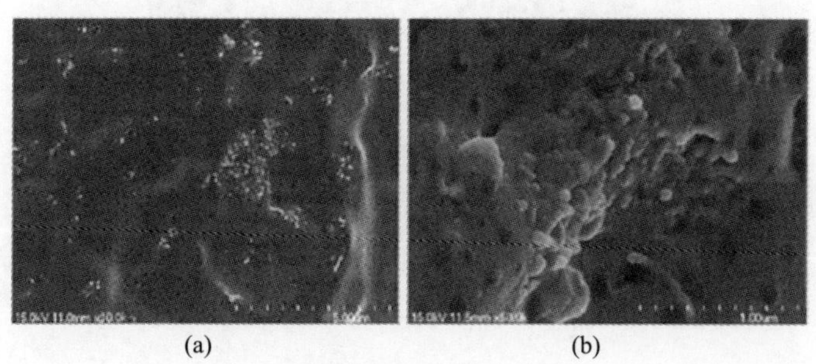

图 1-16　含有 1% 质量分数未改性 MWCNT 复合材料的断口形貌 SEM 照片:
(a)10000 和(b)50000(白点为 MWCNT)
(转载自 Luo 等的成果[166],2012 年发表,经 Wiley 期刊公司许可。)

1.6.8　炭黑纳米粒子

1. 炭黑纳米粒子的合成

传统的炭黑(CB)生产方法存在产率低、污染物排放量大和反应温度受限等缺点。在本节中,我们讨论了制备 CB 的环境友好等离子生产工艺,并研究了氩气流量、丙烷气体流量和电流大小对炭黑纳米粒子形貌的影响[167]。图 1-17 为等离子装置示意图。将制备的 CB 用 SEM 观察并分析了其粒子的微观结构和尺寸。结果表明,采用滑动电弧等离子体法制备的球形 CB 粒子(图 1-18),呈现出粒径分布窄、平均直径 50nm 和吸油数高(1.14mL/g)的特点。

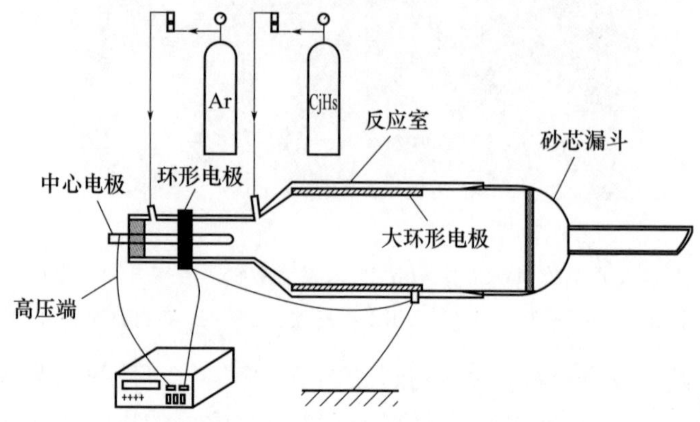

图 1-17 等离子装置示意图

(转载自 Yuan 等的成果[167],2014 年发表,经 Elsevier 许可。)

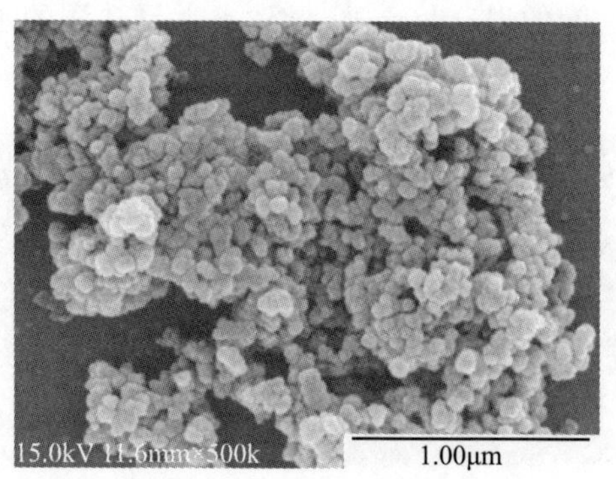

图 1-18 球状 CB 的 SEM 照片

(转载自 Yuan 等的成果[167],2014 年发表,经 Elsevier 许可。)

2. 炭黑纳米粒子的表面改性

上述制备的 CB 具有疏水性,易于团聚,在水中的分散性能差。因此,在水相体系中,改性 CB 表面是 CB 获得更好性能的一种好方法。文献报道了 CB 表面改性的方法,包括氧化、接枝、等离子处理和包覆改性等。在这些方法中,酸性氧化法得到了极大的关注。在 CB 表面引入含氧官能团,不仅给纳米粒子表面带来了所需的亲水性,还可以利用官能团的锚定点作用,实现纳米粒子额外的功能化效果。

在碱性条件下,用甲醛溶液处理 CB,可以在 CB 表面引入了羟甲基基团[167]。在 pH≈10 时,将 CB 与 10% 的 HCHO 水溶液混合,在 50℃下搅拌 3h。反应结束后,过滤、反复洗涤至中性,在真空干燥炉中干燥,得到羟甲基化 CB。

3. 打印油墨的制备

Yuan 等[167]以聚乙烯吡咯烷酮(PVP)改性的 CB 纳米粒子为颜料,制备了水性喷墨油墨。所制备的油墨的物理性能与市面上购买的油墨相似。其印刷质量也进行了验证,打印结果良好,如图 1-19 所示。

UNTO A FULL GROWN MAN　　UNTO A FULL GROWN MAN

(a)　　(b)

图 1-19 (a)自制油墨和(b)购买油墨的印刷品质
(转载自 Yuan 等的成果[167],2014 年发表,经 Elsevier 许可。)

1.6.9 炭黑填充 ABS/EPDM 复合材料

丙烯腈-丁二烯-苯乙烯共聚物(ABS)是一种重要的合成工程塑料,具有优良的耐冲击性能、耐热性和耐化学性,且易于制造,成品尺寸稳定,表面光泽度好。因此,ABS 在机械、车辆和电气产品等领域有着广泛的应用。

Wang 等[168]用马来酸酐(MAH)对 ABS 进行改性,并采用乙烯-丙烯-二烯橡胶(EPDM)作为增容剂用以改善 ABS 的力学性能。为了实现与 ABS-g-MAH 基体良好相容性,EPDM 也用 MAH 进行处理。在上述复合材料中加入 CB 粒子作为导电填料,以期在保持良好力学性能的同时,获得较高的导电性。图 1-20为复合材料的断面 SEM 照片。结果表明,ABS-g-MAH 作为一种优良的相容剂,使 EPDM-g-MAH 和 ABS 两相出现混溶。因此,与不含 ABS-g-MAH 的共混物相比,ABS-g-MAH 的加入提高了复合材料的拉伸强度、冲击强度和断裂伸长率(表 1-1)。此外,当 ABS 被 MAH 功能化时,电阻率显著下降了 4 个数量级(图 1-21)。

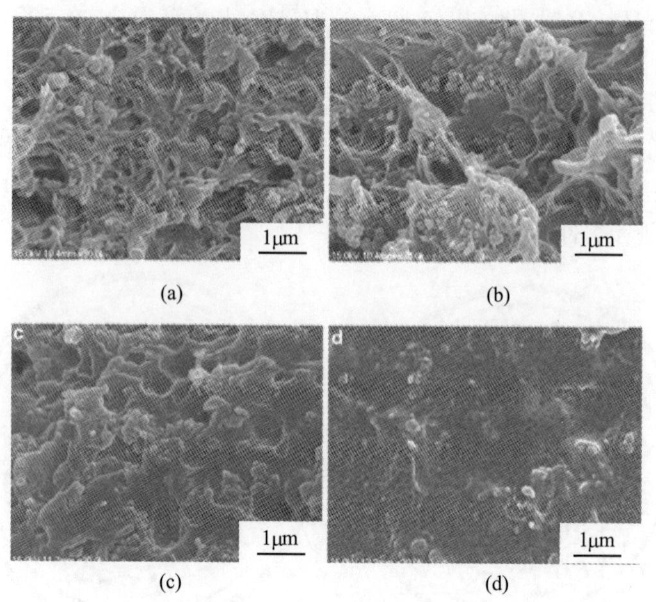

图 1-20　不同 ABS 共混物的 SEM 照片
(a)85% ABS 和 15% CB;(b)47% ABS,38% ABS-g-MAH 和 15% CB;
(c)65% ABS,11% ABS-g-MAH,9% EPDM-g-MAH 和 15% CB;
(d)47% ABS-g-MAH,38% EPDM-g-MAH 和 15% CB。
(转载自 Wang 等的成果[168],2014 年发表,经 Elsevier 许可。)

表 1-1　不同 ABS 共混物的力学性能

样品	ABS 质量分数/%	ABS-g-MAH 质量分数/%	EPDM-g-MAH 质量分数/%	CB 质量分数/%	拉伸强度/MPa	冲击强度/(kJ/m^2)
1	100	—	—	—	27.42	81.18
2	85	—	—	15	17.89	40.31
3	—	47	38	15	5.52	179.38
4	47	—	38	15	17.56	95.03
5	63	11	9	17	18.76	30.74
6	65	11	9	15	21.74	44.20
7	68	11	9	12	27.37	60.13
8	71	11	9	9	26.51	67.19

注:转载自 Wang 等[168],2014 年发表,经 Elsevier 许可。

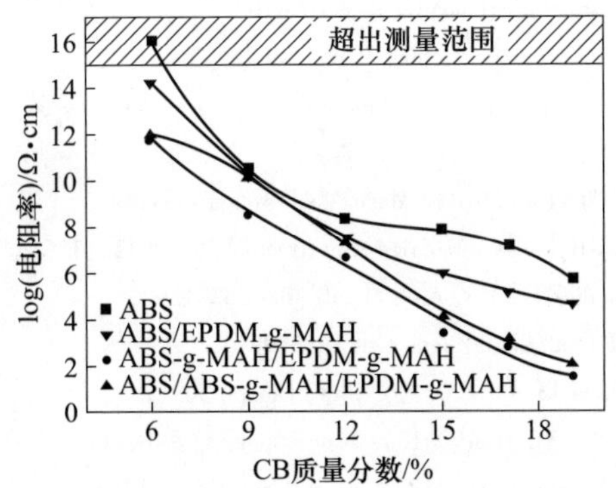

图 1-21 改性与未改性 ABS 的电阻率与炭黑含量的关系

（转载自 Wang 等的成果[168]，2014 年发表，经 Elsevier 许可。）

1.7 小 结

无机/有机纳米复合材料不仅呈现出有机聚合物优异的性能，还综合了无机纳米粒子的独特性能。然而，由于无机纳米粒子有很强的团聚倾向和亲水性。因此，为了提高无机纳米粒子的分散稳定性和与有机溶剂或聚合物基体的相容性，纳米粒子的表面改性是必不可少的。表面改性改善了纳米粒子与聚合物基体之间的界面相互作用，并能形成具有独特力学、光学、电、介电等性能的高性能复合材料。纳米复合材料的发展前景十分诱人，在过去的十年中，许多复合材料已经作为原型或作为商业产品出现了。功能性纳米复合材料的研究得到了化学、物理学、生物学和材料学等多学科研究人员的支持，他们希望充分利用这一机会，创造出基于无机、有机和生物这三个领域的智能材料。生物启发策略被研究人员用来“模仿”在生物矿化过程中发生的生长过程，从而用于设计具有创新的多尺度结构（从纳米级到毫米级）的杂化材料，该杂化材料在结构和功能上具备层次组织结构。几个“商业化杂化材料”的例子已经在本综述中进行了讨论，但这只是冰山一角，依然还有许多工作要做。例如，纳米粒子的大规模合成难以实现，限制了纳米粒子在工业上的应用。而控制合成纳米粒子的特性，将使制备具有特定性能的无机/聚合物纳米复合材料成为可能。总而言之，为实现纳米粒子的实际应用，还需要科研人员做出大量的工作。

参考文献

[1] Huang ZM, Zhang YZ, Kotaki M et al(2003) Compos Sci Technol 63:2223

[2] Thakur VK, Thakur MK(2014) Carbohydr Polym 109:102

[3] Kalia S, Boufi S, Celli A et al(2014) Colloid Polym Sci 292:5

[4] Kalia S, Kaith BS, Inderjeet K(eds)(2011) Cellulose fibers: bio – and nano – polymer composites. Springer, Heidelberg

[5] Babu B, Aswani T, Rao GT et al(2014) J Magn Magn Mater 355:76

[6] Umadevi M, Parimaladevi R, Sangari M(2014) Spectrochim ActaA 120:365

[7] Nogas – Cwikiel E, Suchanicz J(2013) Arch Metall Mater 58:1397

[8] Choi D, Wang D, Bae IT et al(2010) Nano Lett 10:2799

[9] Hsiang HI, Chang YL, Fang JS et al(2011) J Alloys Compd 509:7632

[10] Chang CY, Huang CY, Wu YC et al(2010) J Alloys Compd 95:108

[11] Siddiqui MA, Chandel VS, Azam A(2012) Appl Surf Sci 258:7354

[12] Lee JH, Kim YJ(2008) Mater Sci Eng B 146:99

[13] Li D, Sasaki Y, Kageyama M et al(2005) J Power Sources 148:85

[14] Tan ETH, Ho GW, Wong ASW et al(2008) Nanotechnology 19:1

[15] Yoon KH, Cho YS, Lee DH et al(1993) J Am Ceram Soc 76:1373

[16] Wang X, Gao L, Zhou F et al(2004) J Cryst Growth 265:220

[17] Yang Z, Chang Y, Li H(2005) Mater Res Bull 40:2110

[18] Nie J, Xu G, Yang Y, Cheng C(2009) Mater Chem Phys 115:400

[19] Chiu CC, Li CC, Desu SB(1991) J Am Ceram Soc 74:38

[20] Reddy MV, Subba Rao GV, Chowdari BVR(2007) J Chem Phys C 111:11712

[21] Kan Y, Jin X, Wang P et al(2003) Mater Res Bull 38:567

[22] Thirumal M, Jain P, Ganguli AK(2001) Mater Chem Phys 70:7

[23] Ohshima E, Ogino H, Niikura I et al(2004) J Cryst Growth 260:166

[24] Tam KH, Cheung CK, Leung YH et al(2006) J Chem Phys C 110:20865

[25] Kolen'ko YV, Churagulov BR, Kunst M et al(2004) Appl Catal B 54:51

[26] Liu J, Ye X, Wang H et al(2003) Ceram Int 29:629

[27] Kajiyoshi K, Ishizawa N, Yoshimura M(1991) J Am Ceram Soc 74:369

[28] Xu H, Gao L, Guo J(2002) J Eur Ceram Soc 22:1163

[29] Ishizawa N, Banno H, Hayashi M et al(1990) Jpn J Appl Phys 29:2467

[30] Hu Y, Gu H, Sun X et al(2006) Appl Phys Lett 88:193210

[31] Antonelli DM, Ying J(1995) Angew Chem Int Ed 34:2014

[32] Lee JH, Ko KH, Park BO(2003) J Cryst Growth 247:119

[33] Wang W, Serp P, Kalck P et al(2005) J Mol Catal A 235:194

[34] Gu F, Wang SF, LüMK et al(2004) J Chem Phys C 108:8119

[35] Tahar RBH, Ban T, Ohya Y et al(1997) Appl Phys Lett 82:865

[36] Ahmed MA, El – Katori EE, Gharni ZH(2013) J Alloys Compd 553:19

[37] Kotobuki M, Koishi M(2014) Ceram Int 40:5043

[38] Ding Y, Jiang Y, Xu F et al(2010) Electrochem Commun 12:10

[39] Petcharoen K, Sirivat A(2012) Mater Sci Eng B 177:421

[40] Muthukumaran S, Gopalakrishnan R(2012) Opt Mater 34:1946

[41] Kripal R, Gupta AK, Srivastava RK et al(2011) Spectrochim Acta A 79:1605
[42] Senthilkumar V, Senthil K, Vickraman P(2012) Mater Res Bull 47:1051
[43] Kumar AP, Kumar BP, Kumar ABV et al(2013) Appl Surf Sci 265:500
[44] Zhang M, Sheng G, Fu J et al(2005) Mater Lett 59:3641
[45] Mahmoodi NM(2011) Desalination 279:332
[46] Kripal R, Gupta AK, Mishra SK(2010) Spectrochim Acta A 76:52
[47] Yang MR, Ke WH, Wu SH(2005) J Power Sources 146:539
[48] Lin JM, Chen YC, Lin CP(2013) J Nanomater 2013:1
[49] Dai ZR, Pan ZW, Wang ZL(2003) Adv Funct Mater 13:9
[50] Chen Y, Li J, Dai J(2001) Chem Phys Lett 344:450
[51] Cantalini C, Wlodarski W, Li Y et al(2000) Sens Actuators B 64:182
[52] Kuai P, Liu C, Huo P(2009) Catal Lett 129:493
[53] Yu B, Liu C(2012) Plasma Chem Plasma Process 32:201
[54] Lin Y, Tang Z, Zhang Z et al(2000) J Am Ceram Soc 83:2869
[55] Reina A, Jia X, Ho J et al(2009) Nano Lett 9:30
[56] Chhowalla M, Teo KBK, Ducati C et al(2001) J Appl Phys 90:5308
[57] Xia Y, Mokaya R(2004) Adv Mater 16:1553
[58] Kumar M, Ando Y(2010) J Nanosci Nanotechnol 10:3739
[59] Mattevi C, Kim H, Chhowalla M(2011) J Chem Phys 21:3324
[60] Kim D, Yun I, Kim H(2010) Curr Appl Phys 10:5459
[61] Sun L, He J, Kong H et al(2011) Sol Energ Mater Sol Cell 95:290
[62] Vinodkumar R, Lethy KJ, Beena D et al(2010) Sol Energ Mater Sol Cell 94:68
[63] Bdikin IK, Gracio J, Ayouchi R et al(2010) Nanotechnology 21:1
[64] Gaur A, Singh P, Choudhary N et al(2011) Physica B 406:1877
[65] Orlianges JC, Champeaux C, Dutheil P et al(2011) Thin Solid Films 519:7611
[66] Scullin ML, Ravichandran J, Yu C et al(2010) Acta Mater 58:457
[67] Hakoda T, Yamamoto S, Kawaguchi K et al(2010) Appl Surf Sci 257:1556
[68] Cho HJ, Lee SU, Hong B et al(2010) Thin Solid Films 518:2941
[69] Nam E, Kang YH, Jung D et al(2010) Thin Solid Films 518:6245
[70] Wang X, Zeng X, Huang D et al(2013) J Mater Sci 23:1580
[71] Sarakinos K, Alami J, Konstantinidis S(2010) Surf Coat Technol 204:1661
[72] You ZZ, Hua GJ(2012) J Alloys Compd 530:11
[73] Wu L, Chen YC, Chen LJ et al(1999) Jpn J Appl Phys 138:5612
[74] Shao S, Zhang J, Zhang Z et al(2008) J Phys D 41:1
[75] Zhou H, Chen X, Fang L et al(2010) J Mater Sci 21:939
[76] Li Y, Wang J, Liao R et al(2010) J Alloys Compd 496:282
[77] Tawichai N, Sittiyot W, Eitssayeam S et al(2012) Ceram Int 38S:S121
[78] Chen K, Zhang X(2010) Ceram Int 36:1523
[79] Mao C, Wang G, Dong X et al(2007) Mater Chem Phys 106:164
[80] Li HL, Du ZN, Wang GL et al(2010) Mater Lett 64:431

[81] Fuentes S, Cha'vez E, Padilla – Campos L et al(2013) Ceram Int 39:8823
[82] Chen CF, Reagor DW, Russell SJ et al(2011) J Am Ceram Soc 94:3727
[83] Maensiri S, Nuansing W, Klinkaewnarong J et al(2006) J Colloid Interface Sci 297:578
[84] Razak KA, Asadov A, Gao W(2007) Ceram Int 33:1495
[85] Deshpande SB, Khollam YB(2005) Mater Lett 59:293
[86] Khollam YB, Deshpande SB, Potdar HS et al(2005) Mater Charact 54:63
[87] Zuo XH, Deng XY, Chen Y et al(2010) Mater Lett 64:1150
[88] Pan ZW, Dai ZR, Xu L et al(2001) J Phys Chem 105:2507
[89] Choi S, Lee MS, Park DW(2014) Curr Appl Phys 14:433
[90] Neamt,u BV, Marinca TF, Chicinas, I et al(2014) J Alloys Compd 600:1 – 7
[91] Chaturvedi V, Ananthapadmanabhan PV, Chakravarthy Y et al(2014) Ceram Int 40:8273
[92] Yuming W, Junjie H, Yanwei S(2013) Rare Metal Mater Eng 42:1810
[93] Iijima S(1991) Nature 354:56
[94] Anazawa K, Shimotani K, Manabe C et al(2002) Appl Phys Lett 81:739
[95] Imasaka K, Kanatake Y, Ohshiro Y et al(2006) Thin Solid Films 506 – 507:250
[96] Cui S, Scharff P, Siegmund C et al(2004) Carbon 42:931
[97] Jong Lee S, Koo Baik H, Yoo J et al(2002) Diamond Relat Mater 11:914
[98] Zhao S, Hong R, Luo Z et al(2011) J Nanomater 2011:6
[99] Baba K, Hatada R, Flege S et al(2011) Adv Mater Sci Eng 2012:1
[100] Liew PJ, Yan J, Kuriyagawa T(2013) J Mater Process Technol 213:1076
[101] Borgohain R, Yang J, Selegue JP et al(2014) Carbon 66:272
[102] Liu XY, Hong RY, Feng WG et al(2014) Powder Technol 256:158
[103] Mattevi C, Kim H, Chhowalla M(2011) J Mater Chem 21:3324
[104] Vinod Kumar R, Lethy KJ, Beena D et al(2010) Sol Energ Mater Sol Cell 94:68
[105] Yu X, Shen Z(2011) Vacuum 85:1026
[106] Kango S, Kalia S, Celli A et al(2013) Prog Polym Sci 38:1232
[107] Dang ZM, Xu HP, Wang HY(2007) Appl Phys Lett 90:012901
[108] Ma Z, Wang JH, Zhang XY(2008) J Appl Polym Sci 107:1000
[109] Wang HL(2005) Polymer 46:6243
[110] Bose S, Mahanwar PA(2006) J Appl Polym Sci 99:266
[111] Hong RY, Li JH, Chen LL et al(2009) Powder Technol 189:426
[112] Hong RY, Qian JZ, Cao JX(2006) Powder Technol 163:160
[113] Zdyrko B, Luzinov I(2011) Macromol Rapid Commun 32:859
[114] Qin S, Qin D, Ford WT et al(2004) Macromolecules 37:752
[115] Xie L, Huang X, Yang K et al(2014) J Mater Chem A 2:5244
[116] Baier M, Go¨rgen M, Ehlbeck J et al(2014) Innovat Food Sci Emerg Technol 22:147
[117] Ehlbeck J, Schnabel U, Polak M et al(2011) J Phys D 44:1
[118] Okpalugo TIT, Papakonstantinou P, Murphy H et al(2005) Carbon 43:153
[119] Yoon OJ, Lee HJ, Jang YM et al(2011) Appl Surf Sci 257:8535
[120] Leroux F, Campagne C, Perwuelz A et al(2008) Appl Surf Sci 254:3902

[121] Takada T,Nakahara M,Kumagai H et al(1996)Carbon 34:1087
[122] Park JM,Matienzo LJ,Spencer DF(1991)J Adhes Sci Technol 5:153
[123] Morent R,De Geyter N,Desmet T et al(2011)Plasma Process Polym 8:171
[124] Yin CY,Aroua MK,Daud WMAW(2007)Se Purif Technol 52:403
[125] Tashima D,Sakamoto A,Taniguchi M et al(2008)Vacuum 83:695
[126] Xu T,Yang J,Liu J et al(2007)Appl Surf Sci 253:8945
[127] Lo'pez – Manchado MA,Herrero B,Arroyo M(2004)Polym Int 53:1766
[128] Chae DW,Kim BC(2005)Polym Adv Technol 16:846
[129] Wu TM,Wu CY(2006)Polym Degrad Stab 91:2198
[130] Shen JW,Chen XM,Huang WY(2003)J Appl Polym Sci 88:1864
[131] Thomas P,Varughese KT,Dwarakanath K et al(2010)Compos Sci Technol 70:539
[132] Yang W,Yu S,Sun R et al(2011)Acta Mater 59:5593
[133] Chanmal CV,Jog JP(2008)Express Polym Lett 2:294
[134] Po¨tschke P,Bhattacharyya AR,Janke A(2004)Carbon 42:965
[135] Villmow T,Kretzschmar B,Pötschke P(2010)Compos Sci Technol 70:2045
[136] Spitalsky Z,Tasis D,Papagelis K et al(2010)Prog Polym Sci 35:357
[137] Haggenmueller R,Gommans HH,Rinzler AG et al(2000)Chem Phys Lett 330:219
[138] Bikiaris DN,Vassiliou A,Pavlidou E et al(2005)Eur Polym J 41:1965
[139] Hu T,Juuti J,Jantunen H(2009)J Eur Ceram Soc 27:2923
[140] Li K,Wang H,Xiang F et al(2009)Appl Phys Lett 95:202904
[141] Chao F,Liang G(2009)J Mater Sci 20:560
[142] Wu H,Gu A,Liang G et al(2011)J Mater Chem 21:14838
[143] Sui G,Jana S,Zhong WH et al(2008)Acta Mater 56:2381
[144] Potts JR,Lee SH,Alam TM et al(2011)Carbon 49:2615
[145] Xu Z,Gao C(2010)Macromolecules 43:6716
[146] Cava RJ(2001)J Mater Chem 11:54
[147] Balazs AC,Emrick T,Russell TP(2006)Science 314:1107
[148] Luo B,Wang X,Wang Y et al(2014)J Mater Chem 2:510
[149] Yu K,Niu Y,Zhou Y et al(2013)J Am Ceram Soc 96:2519
[150] Wang FJ,Li W,Xue MS et al(2011)Compos B 42:87
[151] Xie L,Huang X,Huang Y et al(2013)J Phys Chem C 117:22525
[152] Yu K,Niu Y,Xiang F et al(2003)Appl Phys Lett 114:174107
[153] Zhou T,Zha JW,Hou Y et al(2011)ACS Appl Mater Interfaces 3:2184
[154] Tang H,Sodano HA(2013)Nano Lett 13:1373
[155] Sonoda K,Juuti J,Moriya Y et al(2010)Compos Struct 92:1052
[156] Ve'ka's L(2008)Adv Sci Technol 54:127
[157] Hong RY(2009)Nanoparticles and magnetic fluid:preparation and application. Chem. Ind. Press,China
[158] Liu XY,Zheng SW,Hong RY et al(2014)Colloids Surf A 443:425
[159] Kordonsky WI(1993)J Magn Magn Mater 122:395
[160] Hong RY,Li JH,Zheng SW et al(2009)J Alloys Compd 480:947

[161] Hong R, Pan T, Qian J et al(2006) Chem Eng J 119:71
[162] Xu Y, Liang YT, Jiang LJ et al(2011) J Nanomater 1:1
[163] Zhou ZH, Xue JM, Chan HSO et al(2002) Mater Chem Phys 75:181
[164] Lu HF, Hong RY, Wang LS et al(2012) Mater Lett 68:237
[165] Luo Z, Cai X, Hong RY et al(2012) Chem Eng J 187:357
[166] Luo Z, Cai X, Hong RY et al(2013) J Appl Polym Sci 1:4756
[167] Yuan JJ, Hong RY, Wang YQ, Feng WG(2014) Chem Eng J 253:107 - 120
[168] Wang F, Hong RY, Feng WG et al(2014) Mater Lett 125:48

第2章　纤维状黏土纳米复合材料研究进展

Eduardo Ruiz – Hitzky, Margarita Darder,
Ana C. S. Alcântara, Bernd Wicklein 和 Pilar Aranda

摘要：本章综述了纤维状黏土硅酸盐（海泡石和坡缕石）/多种类型聚合物纳米复合材料的最新研究成果，其中聚合物可以为典型的热塑性塑料，也可以为生物高分子，如多糖、蛋白质、脂类和核酸等。本章先介绍了这两种硅酸盐的主要特征，特别是结构和纹理特征。这些特征决定了硅酸盐与有机化合物，尤其是与聚合物的相互作用机制，从而决定了复合材料的最终性质。其中，重点讨论了黏土－硅酸盐界面对纳米复合材料最终性能的决定性作用。接着，本章叙述并探讨了获得不同构造的纳米复合材料（粉末、薄膜、柱、泡沫等）所采用的不同实验步骤和制备方法，并在某些情况下与由层状黏土而不是海泡石或坡缕石制备的类似材料进行了比较。一些纤维状黏土纳米复合材料的例子被选用讨论，用以展示这些材料在结构材料、导电纳米复合材料、生物材料、环境修复和传感器设备等应用领域的广泛用途。

关键词：生物纳米复合材料；生物塑料；生物聚合物；黏土；DNA；纳米复合材料；有机黏土；坡缕石；磷脂；聚合物；多糖；蛋白质；海泡石

2.1　引　　言

1987年，丰田研发中心的Fukushima和其他研究人员首次在层状黏土与聚酰胺（尼龙6）共混中，发现黏土分层现象，这拉开了黏土/聚合物纳米复合材料时代的帷幕[1-2]。自这项开创性的工作以来，这一研究领域已经取得了令人瞩目的进展，据ISI Web of Science数据显示，目前已发表超过12000份关于黏土/聚合物纳米复合材料的文章。这些文章中绝大部分涉及的黏土都是层状结构的黏土，主要是蒙脱石，如蒙脱土和其他2∶1带电的膨胀天然矿物（贝得石、皂石、锂蒙脱石等）或合成材料（如锂皂石和氟硅酸盐）。多篇杰出文献综述了上述这些纳米复合材料，这使得研究人员可以从理论研究和制备方面去考虑当前纳米复合材料的应用(见参考文献[3]~[10])。

海泡石和坡缕石(又称凹凸棒石)等是纤维状黏土,目前已经被应用在聚合物复合材料中[7,11-15]。与蒙脱石相比,尽管纤维状黏土的应用较少,但是他们的重要性并不比蒙脱石小。这类硅酸盐纤维的长径比大(一般可达100),有利于对聚合物基体的机械补强。用原子力显微镜(AFM)对单个海泡石纳米纤维的弹性特性进行了测试(图2-1)。结果表明,在弯曲模式下,纳米纤维的模量值约为8GPa,这说明了纤维状黏土作为聚合物基体补强材料的潜力[16]。

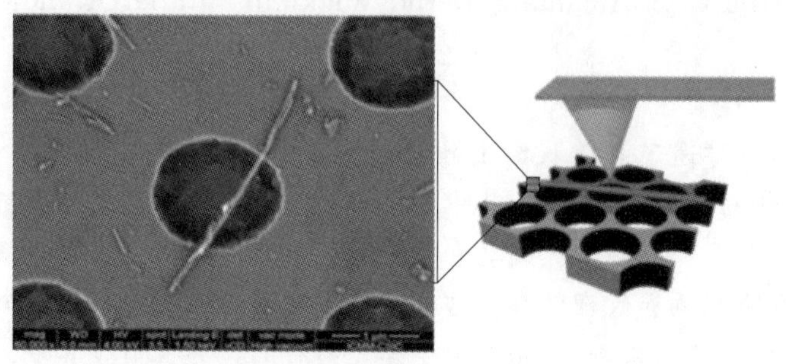

图2-1 用原子力显微镜测量单个黏土海泡石纳米纤维弹性性能的照片及示意图
(转载自文献[16],经RSC许可。)

同样,通过氮吸附等温线测量得知,海泡石和坡缕石具有较高的比表面积,BET值分别为300m^2/g和200m^2/g[17]。这个特性对黏土表面与聚合物基体间的相互作用具有潜在的重要性。在包含层状硅酸盐的“常规”黏土/聚合物纳米复合材料中,考虑到蒙脱石和其他蒙脱石类材料的(内外)总表面,理论上硅酸盐与聚合物相互作用的最大比表面积约为750m^2/g[18]。这个数值比纤维状黏土呈现出的最大面积值大得多。因此,初看上去,层状黏土中的相互作用程度应更大。然而,蒙脱石类的剥离程度实际上是相当有限的,在蒙脱石类/聚合物纳米复合材料中只有部分的层状黏土被剥离。

由于与蒙脱石类相比,纤维状黏土是不溶胀的材料,因此不容易被聚合物插入分层。海泡石和坡缕石黏土以微纤维聚集体的形式自然存在,该聚集体成棒束形状,可对其进行解离处理得到细微粉末,该粉末被包括补强聚合物在内的多个应用领域所关注[13]。目前,由“解离海泡石”组成的商用干凝胶,如西班牙TOLSA集团推出的Pangel和Pansil,可以在不同的聚合物基体中实现纳米粒子的高度分散[13]。这类包含纤维状黏土的复合材料,其聚合物可以是天然聚合物(绿色聚合物),如聚乳酸(PLA)和明胶,还有大量的多糖和其他生物聚合物[11,12,19-21]。

本节中,我们拟介绍关于海泡石和坡缕石纤维硅酸盐黏土/聚合物纳米复合材料的最新研究。我们将先讨论黏土表面与聚合物基体之间的界面层的作用。因为黏土的表面被羟基(主要是硅烷基(≡Si－OH)[17,22])所覆盖,所以该黏土具有明显的亲水性,与多种极性聚合物相容性好。然而,在低极性基体中,则可能需要对黏土表面进行化学改性,以调整其与聚合物的相容性,促进黏土的分散。改性方式类似于蒙脱石类黏土的表面活性剂处理,如十六烷基三甲基溴化铵(CTAB)和其他烷基铵盐。

2.2 纤维状黏土与有机化合物的相互作用机理

海泡石和坡缕石是自然存在的纤维状黏土,其晶体结构由与纤维方向(c轴)平行排列的滑石状条带组成。它可以被理解为不连续的层状硅酸盐层,由沿c轴方向生长的结构腔(通道)与结构块交替构成(图2－2)。这些结构块含有两层硅氧四面体,与中心的一个镁八面体层通过氧原子相连,八面体位置可以被三价阳离子(主要是 Al^{3+})同晶取代,这在坡缕石矿物中尤为重要[23-24]。正如沉积在西班牙Taxus盆地的海泡石那样,通常八面体层中的一小部分结构羟基会被氟取代[25]。海泡石和坡缕石内的通道尺寸均在纳米范围内,横截面积分别为1.06nm×0.37nm和0.64nm×0.37nm[17]。

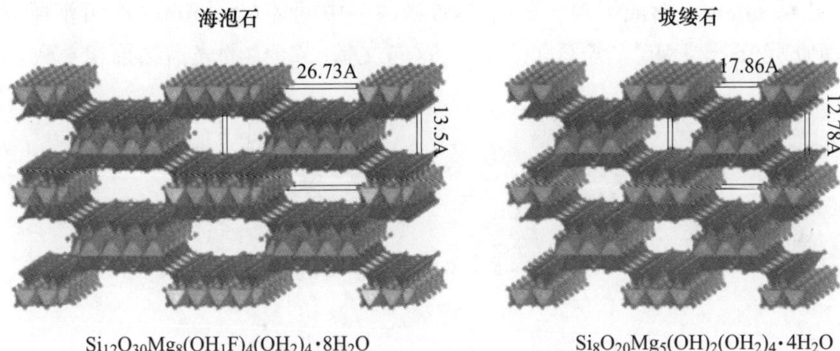

图2－2　海泡石和坡缕石纤维黏土的结构模型和理想化学式[26]

通常,Taxus盆地沉积的海泡石纤维长度尺寸在微米范围内(1～5μm),直径在50～100nm之间[13]。显然,与这些尺寸的纤维接触并不意味着有任何健康风险。然而,不同来源、更长的海泡石和坡缕石纤维被怀疑是各种肺和胸膜疾病的潜在威胁[27]。国际癌症研究机构(IARC)的报告表明,长度低于5μm的海泡石纤维对动物和人类的致癌性测定“证据不足”,而对于较长的海泡石纤维,存在着“有限证据”证实其对实验动物有致癌作用[28]。

纤维状黏土存在一个值得注意的特点是，它们的外表面被硅醇基（≡Si－OH）所覆盖，因此，这意味可进行硅化学反应，即可通过这些基团制备这些硅酸盐的有机衍生物。通过硅化学反应，海泡石的表面就可以很容易地通过与有机硅烷和其他试剂，如环氧化合物和异氰酸酯反应而得到改性[29]。与2∶1带电的层状硅酸盐相似，由同晶取代而产生的负电荷，可通过吸附阳离子来补偿。而经过溶液中烷基铵盐处理后，可以实现阳离子交换。通过这种方法，可以制备出海泡石和坡缕石的有机黏土，使其与低聚物基体具有相容性。

纤维状黏土结构中存在着固有的通道，并且微晶结构中存在着缺陷，使得水、甲醇、丙酮和吡啶等小分子能够进入。水分子位于晶体内部，填充在结构通道中，称为“沸石水”，这种水可通过加热或抽真空可逆地吸附和解吸。另一种类型的水（“配位水”）位于结构块的边界，与通道对面的镁离子配位。后一种类型的水只有在高温加热（>250℃）下才能被去除，并且其完全重新水化是极其缓慢的，被认为是一个不可逆的过程。小的极性分子如氨、甲醇、丙酮、乙二醇和吡啶等，能渗透到结构通道中，与配位水分子相互作用，在实验条件下，水分子能被小分子完全取代[17,30－34]。例如，吡啶被吸附在海泡石和坡缕石的微孔通道中，形成高稳定性的吡啶－黏土纳米杂化材料。根据图2－3中的示意，吡啶的氮杂原子首先通过氢键与配位 H_2O 相互作用，该 H_2O 分子与结构块（“滑石状带”）边缘的 Mg^{2+} 形成了离子配位。加热这一中间体（>150℃）即可消除水分子，使吡啶分子与 Mg^{2+} 离子直接配位，这与文献[32]中的光谱结果相一致。

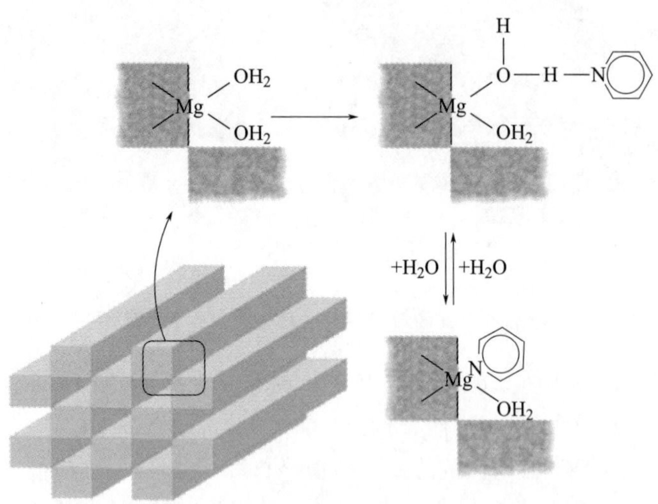

图2－3　纤维状黏土通道和通道中吡啶与配位水的相互作用机理

适当尺寸的分子染料也能渗透到海泡石和坡缕石的结构腔中。典型例子就是玛雅蓝(几个世纪前 Yucatan 半岛和中美洲地区制备的一种颜料),是由坡缕石和靛蓝组成的一种非常稳定的复合物[35]。即使经历很长时间的风化暴露和微生物降解,这种无机/有机杂化材料依然保持了它的蓝色,展示了显著的稳定性。不同学者声称,这是由于染料被包覆在黏土通道内,从而实现了对染料的保护。然而,由于靛蓝分子似乎太大,无法进入到结构通道(尽管有许多学者提出靛蓝是部分渗透到这种黏土中[37]的),因此对于靛蓝在坡缕石中的渗透行为是有争论的[36]。靛蓝分子很可能仍然紧密地聚集在通道口,避免了其他物质的进一步渗透[38-39]。其他染料也有相似情况,如亚甲基蓝在海泡石中的吸附呈现为等温吸附,两者具有很高的亲和力,形成了黏土/染料纳米杂化材料[40-41]。从光谱技术和微量吸附量热实验可以观察到,海泡石吸附亚甲基蓝的过程中存在着阻碍染料分子进一步进入海泡石内部的现象,由此可以推断,这种染料有部分渗透到海泡石通道中或在通道入口发生堵塞[17]。将海泡石/染料纳米杂化材料加入到聚合物基体中使这些胶囊化颜料被引入,从而使聚合物颜色保持稳定,不受阳光照射的影响,实现了古玛雅技术的新应用[42-43]。

小尺寸单体,如异戊二烯[44]、乙烯和丙烯①[45]以及丙烯腈[46]也可以渗透到海泡石的通道中,单体可以进一步聚合。某些聚合物,如聚环氧乙烷(PEO),可以直接插入,至少部分穿透海泡石的纳米孔[17]。然而,最常见的情况是纤维状黏土与其表面的聚合物发生相互作用。黏土表面的硅醇基团是非常有效的吸附中心,可以通过氢键与极性聚合物发生强相互作用。另外,海泡石和坡缕石在纤维(通道)外表面的孔道中含有配位的水分子,它们也可作为吸附中心(通过氢键和/或水分子桥)。

综上所述,海泡石和坡缕石的亲水性可通过控制外表面的硅醇基团与有机亲核基团的接枝反应来调节。另外,使用中性或阳离子表面活性剂(如长链烷基铵盐)[47-48]处理,形成分子覆盖层,可使这种纳米粒子与低极性聚合物基体相容。新的表面改性方法包括在水凝胶中用烷氧基硅烷和功能化硅烷处理海泡石[49]。最近,Wicklein 等[50]通过天然磷脂对海泡石表面进行包覆,形成生物有机黏土,开发了生物杂化材料,该材料被认为是环境友好的无毒材料。

2.3 纤维状黏土/聚合物纳米复合材料的制备

纤维状黏土具有长径比高、比表面积大的优点,对热塑性塑料和其他传统聚合物而言,是一种极具吸引力的纳米补强材料,当取代层状黏土作为补强材料

① 译者注:此处作者应是笔误,写成了聚乙烯,已改正为文献原文中为丙烯。

时，可能有利于聚合物某些性能的改善。在与聚合物（如聚乙烯、聚丙烯等）复合时，高亲水性是纤维状黏土的主要缺点，为了提高其与聚合物基体的相容性，使纤维均匀分散在基体中，需要采用多种手段。在过去10年中，研究人员对此做了大量的工作，以海泡石和坡缕石为纳米粒子的报道越来越多（如Ruiz - Hitzky等[13-14]发表的综述）。大量文献集中在对黏土进行改性，以实现其与聚合物的相容，或是改性黏土使其与单体结合，以便于参与后续的聚合反应。应该指出的是，在多数情况下，复合材料的制备方法必须适当调整，以便将聚合物的大规模生产工艺纳入其中。近年来，研究人员试图解决其他令人感兴趣的问题，例如，在各类聚合物的纳米复合材料中使用纤维状黏土，或与其他纳米粒子（如碳纳米管、磁性纳米粒子）并存使用，以期得到新的应用。

2.3.1 纤维状黏土/热塑性聚合物纳米复合材料

典型的热塑性聚合物，如聚乙烯、聚丙烯、聚丁烯、聚苯乙烯、聚甲基丙烯酸甲酯、聚氯乙烯、聚对苯二甲酸乙二醇酯、聚四氟乙烯和聚酰胺（如尼龙），都是高疏水性聚合物。在制备上述聚合物基纳米复合材料时，需要先将纳米粒子功能化，获得足够的相容性，以实现粒子在聚合物连续相中的良好分散。而在调节坡缕石和海泡石与聚合物之间相容性的方法中，通过有机改性，在粒子中引入有机或特殊性官能团的方法相对简单。因此，一系列的有机改性黏土被用于制备纳米复合材料，研究表明，纤维状黏土的存在提高了复合材料的热稳定性和力学性能[13-14]。目前研究主要集中在改善纳米复合材料中成分间相容性的方法，以及制备纳米复合材料的新工艺。而将其他纳米粒子单独或与纤维状黏土复合后加入到聚合物中，则为开发新型功能塑料开辟了新道路。在本节中，将综述这些工作的最新进展。

在聚酰胺中，特别是PA6中，已将海泡石和坡缕石用作纳米填料。目前主要有两种制备方法：在有机改性黏土存在下，原位聚合得到聚酰胺复合材料[51]；直接将纯黏土[52]或者适当有机硅氧烷改性纳米黏土[53]，分散在聚合物基体中。文献报道，用N - β - 氨基乙基 - 氨基丙基三甲氧基硅烷偶联剂对坡缕石进行改性，可以提高黏土与PA6的相容性，使得复合材料能够用于熔融纺丝。通过控制实验条件，可使得纳米粒子和PA6分子链沿拉伸方向获得良好的取向，从而提高拉伸性能[54]。

在聚乙烯中加入海泡石和坡缕石，可以提高聚乙烯的力学性能和热稳定性，降低聚合物的热氧化[55]。研究还发现，制备方法对纳米复合材料的最终性能有一定的影响。例如，与传统的注射成型相比，动态保压注射成型中，纳米粒子的分散性更好。在坡缕石/高密度聚乙烯（HDPE）复合材料成型中，使用动态保压注射成型工艺,复合材料具有更好的无机-有机界面成核效应,以及由剪切诱导形成的聚合物链结晶取向[56]。文献[57]比较了纳米粒子的改性方法对复合材料性能的影响,例如,乙烯基三乙氧基硅烷改性海泡石,预改性(非原位改性)和熔融共混时改性(原位改性)相比,后者得到纳米复合材料具有较高的热稳定性、更高的拉伸强度和模量以及较低的断裂伸长率。采用原位共混和乙烯原位聚合相结合,制备海泡石/低密度聚乙烯(LDPE)纳米复合材料中,纳米粒子可用作聚合过程的催化剂载体[58]。当聚乙烯中加入一定的阻燃剂(如氢氧化镁),并以乙烯基三乙氧基硅烷作为交联剂时,往基体中加入黏土海泡石,能够产生协同效应,提高了复合材料的交联密度,从而提高了聚乙烯纳米复合材料的阻燃性、热稳定性和力学性能[59]。将得到的氢氧化镁/海泡石/PE 纳米复合材料用 γ 射线进行处理,减少了体系中的 OH 官能团,进一步改善了复合材料的力学性能[60]。将负载有 Au 或 Ag 纳米粒子的海泡石用于注射成型或模压成型的 PE 基或 PS 基纳米复合材料中,可以制备出等离子体塑料,(图 2-4),这将成为这类塑料新的功能化应用[61]。

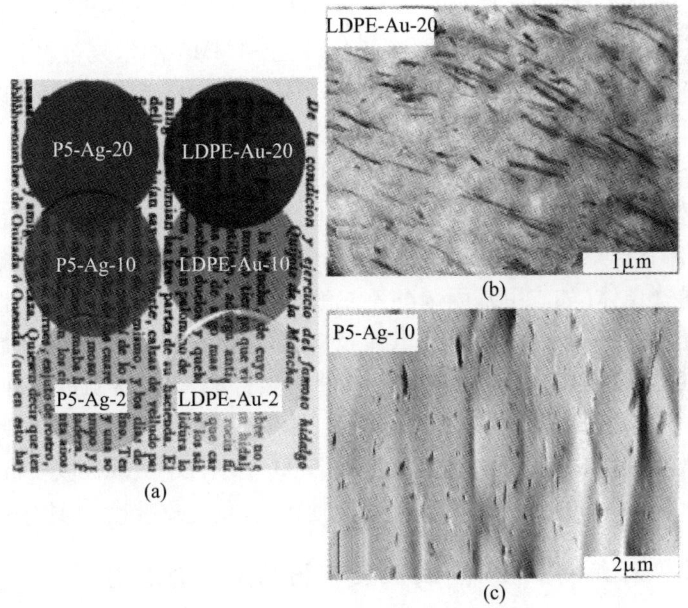

图 2-4 (a)含有 Ag 和 Au 纳米粒子改性的海泡石的低密度聚乙烯和聚苯乙烯纳米复合薄膜的照片;(b)~(c)这些纳米复合材料的 TEM 照片(转载自文献[61]并经 RSC 许可。)

将坡缕石与阳离子表面活性剂丙烯酸十八酯和无规聚丙烯进行接枝,接枝后的坡缕石与 PP 相容性得到改善,使纳米复合材料的力学性能提高,与纯 PP

相比，纳米复合材料的冲击强度和拉伸强度分别提高 123% 和 23%[62]。据报道，在聚乙烯纳米复合材料中，纤维状黏土与阻燃剂的并用可以使得该三元体系的性能得到提高，在其他聚烯烃体系中也观察到该现象。例如，用十六烷基三甲基铵和硼酸锌改性海泡石，改性后海泡石对 PP 纳米复合材料的阻燃性能产生协同效应[63]。同样，加入纯海泡石和多壁碳纳米管（MWCNT）有利于焦炭的形成，使得 PP 纳米复合材料表现出更好的热降解性能和燃烧性能[64]。

如上所述，将负载有 Au 和 Ag 纳米粒子的海泡石加入到 PS 基体中，可以用简单易于放大的方法制备具有等离子体性质的塑料[61]。同样，将负载有 FeCo 纳米粒子的海泡石用甲基三甲氧基硅烷进行改性，用作 PS 的纳米填料，可制备出具有法拉第磁致旋光效应的高透明纳米复合薄膜[65]。同样，将坡缕石用磁铁矿纳米粒子进行改性，改性后加入苯乙烯进行原位聚合，可制备出磁性 PS 纳米复合材料，其中黏土中的磁性纳米粒子能阻止黏土的团聚[66]。

PMMA 是一种传统的热塑性聚合物，在制备纤维状黏土/PMMA 纳米复合材料中，黏土要用有机改性黏土。通过对黏土的原位改性，例如用甲苯 - 2,4 - 二异氰酸酯处理坡缕石，能显著改善黏土与 PMMA 的相容性，使纳米复合材料的力学性能和热性能得到改善[67]。熔融共混制备黏土/PMMA 纳米复合材料中，同样也要求用有机黏土，当这类有机黏土分散在 PMMA 熔体中，会在一定程度上起到交联剂的作用，减少聚合物链段运动，改善纳米复合材料的热稳定性[68]。在有机坡缕石存在下，使甲基丙烯酸甲酯进行无皂乳液聚合，将纤维状黏土包覆其中，形成聚合物基体[69]。在上述体系中，加入 Fe（Ⅲ），有利于实现紫外光引发的聚合反应，可用于制备形态可控的串珠状纳米复合材料[70]。采用具有两个聚合位点的甲基丙烯酸酯类单体（如二甲基丙烯酸乙二醇酯），与有机黏土一起，可形成疏水性聚合物网络，可用于吸油[71]。采用共聚反应，可将多种甲基丙烯酸酯类单体聚合形成多种功能性材料。例如，采用自由基原位聚合法，在坡缕石的存在下，将 2 - (2 - 甲氧基乙氧基）甲基丙烯酸乙酯、聚乙二醇甲基丙烯酸乙酯和丙烯酸进行共聚，制备了刺激响应型纳米复合水凝胶[72]。将 Fe_3O_4 纳米粒子负载在坡缕石上，由此聚合得到的水凝胶具有良好的力学性能，对温度和 pH 值变化敏感，并具有磁性[73-74]。

2.3.2 纤维状黏土/热固性聚合物纳米复合材料

由于环氧树脂、聚氨酯和其他热固树脂[75]在航空和建筑等不同领域具有显著的技术价值，因此，对这些多用途材料进行补强，对改善机械性能和实现轻量化特性具有重要意义。因为纤维状黏土可以作为交联剂，降低聚合物链段的运动，所以海泡石和坡缕石纳米填料可以提高聚合物复合材料的力学性能和热性能，具有双重作用[13]。

将商用有机海泡石加入到双酚 A 基环氧树脂中,实验表明,黏土在环氧树脂基体中具有良好的分散性,树脂的弯曲模量提高,但热稳定性仅略有改善[76]。事实上,有机改性(如缩水甘油硅烷)纳米填料也可能会提高复合材料的韧性,但是当用量超过一定量时,黏土发生团聚,影响力学性能[77]。为了改善纤维状黏土与聚合物基体之间的相容性,研究人员对各种类型的有机改性剂进行了测试,包括环氧功能化的天然表面活性剂。这类表面活性剂能够进一步接枝环氧单体,从而改善相容性,提高聚合物纳米复合材料的性能[78]。尽管有机改性海泡石纳米填料能够促进物理凝胶的形成,强烈影响着聚合物纳米复合材料体系的流变性[79],但是,实际上未改性海泡石也能用作纳米填料。没有界面改性剂,纳米填料与基体之间的相互作用较弱,例如,文献[80]将 SiO_2 通过溶胶-凝胶法负载在海泡石上,将该海泡石进一步热处理,除去表面残留的前驱体-硅烷表面活性剂,并将其加入到环氧基体中,相比之下,没有热处理工艺的改性海泡石-聚合物中的分散相(填料)和连续相(聚合物)之间黏附效果更好。同样的,文献[81]对纯坡缕石填充环氧树脂和有机改性坡缕石填充环氧树脂进行了系统研究,其中有机改性采用的是表面活性剂(十六烷基三甲基铵)或接枝基团(3-氨基丙基三乙氧基硅烷,APTES)改性,结果表明,有机改性坡缕石在聚合物中具有更好的分布和较强的界面强度。这导致了纳米复合材料力学性能和热性能的提高。当添加氨基接枝改性坡缕石时,最佳添加量仅约 2%(质量分数)。相比之下,表面活性剂改性坡缕石则可以大量添加,复合材料的力学性能没有严重的下降。文献[82]在超声作用下,制备了高分散的坡缕石/氧化石墨纳米粒子/环氧纳米复合材料。结果显示,这两种纳米粒子的复配使得纳米复合材料的性能高于单一纳米粒子/环氧纳米复合材料的性能。

由于建筑行业是聚氨酯纳米复合材料的主要应用领域之一,该行业对聚氨酯的热性能有着严苛的规定,因此提高聚氨酯纳米复合材料的热性能,是聚氨酯研究中的主要议题之一。使用海泡石和坡缕石作为纳米填料同样可以改善纳米复合材料的拉伸强度和其他力学性能[83-87]。与溶剂型聚氨酯(PU)相比,尽管水性聚氨酯(WPU)不溶于水,热稳定性和力学性能较低,但是 WPU 无毒、不易燃、不污染空气,正逐渐受到人们的关注。因此,填充纯坡缕石[88]或者坡缕石与炭黑并用引入电性能[89]的 WPU 纳米复合材料已经见诸报道。

2.3.3 纤维状黏土/水凝胶聚合物纳米复合材料

亲水性聚合物如聚乙烯醇(PVA),通过与纤维状黏土外表面的硅醇基团的相互作用,使得聚合物对海泡石和坡缕石具有较高的亲和力。由此可知,可以通过将这两种成分简单混合,即可得到相应的纳米复合材料[90]。文献[91]采用冷冻干燥技术去除 PVA－海泡石悬浮液中的溶剂，并与聚丙烯酸等其他生物相容性聚合物交联形成了大孔纳米复合材料，可以作为组织再生支架潜在材料。

在丙烯酸（AA）和（或）丙烯酰胺（AM）和其他相关单体聚合（或共聚）形成的水凝胶中，加入海泡石和坡缕石，将形成新一代低成本的超吸附材料，这些材料在农业和园艺、卫生用品、给药系统和水体修复等领域有着广泛的应用前景。由于海泡石和坡缕石含有硅醇基团，加上体系中的交联剂（如 N，N－亚甲基双丙烯酰胺）和引发剂（如过硫酸铵），这使得单体 AA 或 AM 在黏土上聚合增长，从而形成了超吸附材料[92－93]。在 AA/AM 共聚体系中，黏土用量、交联剂用量、引发剂用量、单体性质以及单体配比等参数都会影响吸附材料在纯水、盐水溶液或混合溶剂中的吸水性能[93－94]。

最近，人们提出了制备这类纳米复合材料的替代路线，例如利用冻融－挤压循环来改善黏土在聚合物中的分散性，从而使黏土的添加量增加[95]。有文献[96]报道了能使水凝胶中能够加入更多黏土（大约 90%）的方法。在该法中，采用 APTES 改性坡缕石，以该黏土杂化物为引发剂，并以 3－（甲基丙烯酰氧）丙基三甲氧基硅烷（APTMS）改性坡缕石为交联剂，在该体系中聚合 AA 得到水凝胶复合材料[96]。其他研究员提出的制备路线为首先将坡缕石用 APTMS 改性，接着在石蜡和乳化剂的存在下，采用“一锅法”反相悬浮自由基聚合 AA，从而形成微凝胶[97]。文献[98]中将乙烯基接枝到坡缕石，并与 2－丙烯酰胺－2－甲基丙磺酸进行共聚，制备含有纳米复合网络的、力学性能较好的水凝胶。在该网络中，对丙烯酰胺进行聚合，会形成双网络水凝胶[98]。

聚丙烯酰胺基纳米复合材料的应用实例主要是涉及吸水能力大于 1000g H_2O/g 的改进型超吸水材料[92]。这类材料有其他用途，包括去除污染物，如 Pb（Ⅱ）和 Cu（Ⅱ）[97－99]、亚甲基蓝（图 2－5）和其他染料[100]。与环境应用有关的其他例子见本

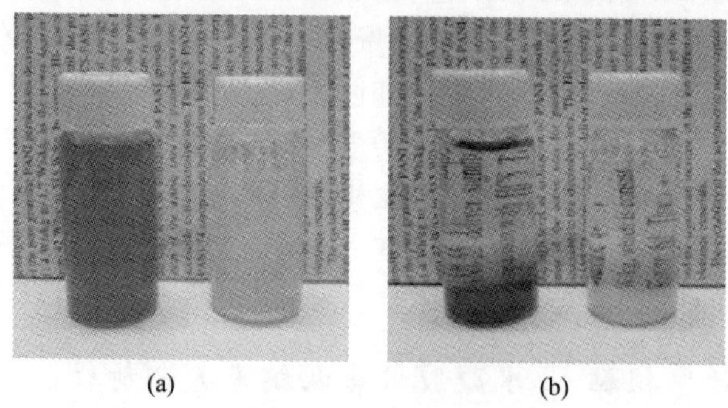

(a)　　(b)

图 2－5　（a）、（b）坡缕石/聚丙烯酸水凝胶在自由沉淀前（a）后（b）与亚甲基蓝染料结合（左）或不含亚甲基蓝染料（右）的水分散体图像

（转载自文献[96]，2014 年发表，经 ACS 许可。）

章4.2.2部分,因为纳米复合材料也可能含有生物基聚合物,如木耳胶[101]。

2.4 纤维状黏土/生物聚合物纳米复合材料

生物基纳米复合材料是基于可再生的生物降解聚合物,是传统石油衍生聚合物基纳米复合材料的生态替代品。生物质是淀粉和纤维素等天然聚合物的来源,也是化学合成聚乳酸(PLA)等聚合物的单体来源。其他生物聚合物,如黄原胶和聚羟基脂肪酸酯,都是由微生物产生的。尽管在文献报道中,大部分生物纳米复合材料都基于层状黏土,但是采用纤维状黏土制备新型生物纳米复合材料的报道迅速增多。

例如,在文献报道了在不同类型的水溶性多糖(淀粉、壳聚糖和海藻酸钠①等)、蛋白质(明胶、胶原蛋白和小麦面筋等)和其他生物分子中,加入海泡石和坡缕石,制备生物纳米复合材料[15],以及开发以纤维状黏土为载体,磷脂为生物固定基质的仿生界面[50,102]。这些生物纳米复合材料通常采用溶剂浇铸成膜或通过冷冻干燥成分层的多孔结构(蜂窝状结构)。在某些情况下,与层状硅酸盐类复合材料相比,这些材料具有更高的力学性能。这些性能可使上述材料被应用在例如隔热、隔音、包装行业等相关领域。

2.4.1 聚乳酸和其他可生物降解聚酯

聚乳酸是由农业副产品发酵而来的,可通过堆肥实现生物降解,在包装工业中是传统聚合物的替代品,具有可持续性。但是,与其他生物聚合物一样,PLA的脆性、结晶速率慢和透气性高等特性限制了其在生物塑料生产中的应用。为了克服上述缺陷,同时避免影响PLA的某些固有性能,纳米黏土被广泛应用在PLA中[103]。顺着这个思路,人们将海泡石作为这种聚合物的补强剂。结果显示,海泡石与PLA基体的相容性好,容易分散在PLA中,不需要额外添加有机改性剂或增容剂,并且最终制得的生物纳米复合材料具有较好的热机械性能[11]。此外,最近海泡石被发现可以改变聚乳酸的结晶度,从而影响纳米复合膜的气体阻隔性能和力学性能[104]。另外,Jiang[105]等研究指出,经熔融共混法制备的PLA-坡缕石生物纳米复合材料是一种很有前途的农业包装材料。在该研究中,傅里叶变换红外光谱和X射线光电子能谱的测试表明,纤维状黏土与PLA之间有很强的氢键相互作用;SEM和TEM结果表明,坡缕石纤维很好地嵌入到PLA基体中,这可能是复合材料拉伸性能显著提高的原因。

① 译者注:原文献中此类海藻盐特指海藻酸钠。

另一种生物降解聚酯——聚已内酯(PCL),也被用作海泡石增强薄膜的树脂基体,并得到了相应的成果[11,106]。在报道中,作者对海泡石对 PLA 和 PCL 膜生物降解速率的影响进行了研究,结果表明,在 40℃下堆肥的 PLA 膜和 PCL 膜的降解程度显著,35 天后有侵蚀迹象。与纯 PLA 膜相比,添加海泡石的 PLA 膜的生物降解性能发生了明显变化。在这种情况下,假设使用海泡石作为填料会限制聚合物链段的移动性和/或降低 PLA/酶的相容性,从而可能对生物纳米复合膜的降解产生阻碍作用。但是,事实情况相反,海泡石/PCL 纳米复合材料的降解机理为优先表面降解,也就是说纤维状硅酸盐对 PCL 的降解没有明显影响。Fukushima 等[107]还对海泡石/PLA 薄膜在 pH = 7.0 的磷酸盐缓冲液中的水解降解进行了研究。结果表明,在 37℃时,海泡石有利于延迟降解,这可能是由于海泡石增加了 PLA 的结晶所致。

其他的生物降解聚酯也用于与海泡石或坡缕石共混,以提高聚合物的某些性能。例如,聚 3-羟基丁酸-co-3-羟基戊酸酯(PHBV)是一种广泛应用于一次性产品的聚酯,将其与有机坡缕石共混,使 PHBV 性能发生显著变化[108]。在本研究中,所有的坡缕石/PHBV 薄膜的结晶能力都得到提高,这是因为在非等温结晶过程中,黏土在聚合物基体中起到成核剂作用。然而,与纯聚合物相比,有机坡缕石的加入使 PHBV 的热稳定性下降,这很可能与黏土中的有机改性剂季铵盐有关。

文献报道以 1,2-辛二醇为共聚单体,合成支链型 PBS 共聚物,并将纯坡缕石用作 PBS 的成核剂和填料[109]。由于各组分间的氢键作用,坡缕石均匀分散在 PBS 基体中;当含质量分数为 3% 坡缕石时,支链型 PBS 的断裂伸长率达 550%。此外,坡缕石纤维作为成核剂发挥了重要作用,提高了 PBS 基体的热稳定性和结晶温度,使这些纳米复合材料在用作增强型生物塑料时,具有较大的优势。

2.4.2 多糖

多糖是由长链糖单元组成的聚合碳水化合物,其中糖单元由糖苷键连接。这是自然界中最丰富的一类天然聚合物,在开发生物降解纳米复合材料(生物纳米复合材料)中,可以取代合成聚合物,有着明显效益,如低廉的成本和积极的生态影响。

1. 生物塑料

一般来说,多糖具有成膜能力和可塑性[110]。然而,这些生物高分子材料的力学性能差、阻隔性能差和水溶性高,限制了它们的广泛应用。因而黏土等无机固体被广泛用于改善这些多糖的某些性质。在这方面,值得一提的是,Lynch

等[111]首先报道了坡缕石的存在使土壤微生物对纤维素糊精－坡缕石复合材料的降解能力下降。至此，大量关于纤维状黏土与多糖复合的研究被报道[13,15,112－114]。研究人员开始利用中性或带电多糖与海泡石和坡缕石进行复合，制备功能增强的生物纳米复合材料。

Darder 等[113]用带正电荷的壳聚糖（一种主要从虾等甲壳动物壳中提取的线性多糖），与海泡石黏土组装，制备了具有独特结构和功能特性的自支撑生物纳米复合膜。研究发现，与未改性的生物膜相比，加入海泡石后壳聚糖膜的力学性能提高了三倍，同时复合膜具有特殊的功能性，使得其在电化学器件中的应用成为可能。这是因为壳聚糖的质子化氨基与黏土表面的硅醇基团之间存在着强烈的静电相互作用。不仅如此，这类海泡石/壳聚糖膜可作为 N_2 分离膜，具有较大的前景，这进一步扩大了其应用范围[115]。

最近，有研究人员将海泡石[116]和坡缕石[117]分别加入到壳聚糖/聚乙烯醇基体中，制备出高透明的生物纳米复合膜。结果表明，发现在上述体系中，与纯聚合物共混膜相比，纤维状黏土提高了共混膜的阻隔性能和力学性能。这主要是因为聚合物基体中羟基与黏土之间具有良好的氢键相互作用，以及纤维状黏土很好的分散并嵌合在聚合物基体。

除壳聚糖外，纤维素等丰富的多糖也是制备纤维状黏土生物纳米复合材料的理想树脂基体。然而，由于分子间氢键和分子内氢键的大量存在，纤维素分子链呈紧密而坚硬的排列，使纤维素在水中的溶解度较低，限制了其应用。为了克服这一问题，研究人员提出了一种新的方法，以离子液体作为主要溶剂来制备纤维素材料[118－119]。离子液体具有毒性低、化学稳定性好、热稳定性好、基本不挥发性和可循环利用等优点，在合成生物纳米复合材料中具有良好的环保性能。因此，文献[120]中，采用离子液体 1－丁基－3－甲基咪唑氯化铵（BMIMCl）为“绿色”溶剂，制备了微纤维海泡石增强再生纤维素膜。由于黏土与纤维素间的强相互作用和良好的亲和性，得到的纳米纤维素膜的热性能、机械性能和吸水率比纯纤维素膜高。此外，该纳米复合膜对 O_2 具有明显阻隔效果，随着海泡石含量的增加，复合膜的渗透系数逐渐降低，当加入 8% 黏土时，透气性降至 56%。由于纤维素－海泡石膜的特殊性能，以及离子液体为溶剂的简易制备方法，因此纳米纤维素复合膜在生物材料、生物医药、膜加工、食品包装等领域具有重要的应用潜力。

在纤维素衍生物中，有一类木聚糖类半纤维素，它们是农业副产品中含量最丰富的多糖。在过去的几年里，该纤维素在食品包装和其他领域的应用大幅度增多[121]。半纤维素，如阿拉伯木聚糖是一种亲水性多糖，它的膜制品具有高吸水率，这是食品包装中的一大缺陷。为了同时提高力学性能和阻隔性能，

Sárossy[122]等将海泡石作为潜在填料加入由黑麦阿拉伯木聚糖中，采用浇铸法制备了生物复合膜。除具有均匀性和透明性外，复合膜中，海泡石纤维分布良好，这表明海泡石与该多糖基体具有较好的相容性。这良好的相容性也反映在膜的力学性能上，即加入海泡石后膜的弹性模量和拉伸强度提高了一倍，比文献中报道的蒙脱土/木聚糖的力学强度高[123]。然而，在 Sárossy[122]等的报道中，加入海泡石后，多糖基体的水蒸气或氧气的透过率并没有下降，这需要对复合膜体系进行进一步优化，以确保复合膜在特定应用中具有更好的水和气体阻隔性能。

Chivrac 等[114]研究了纤维状黏土对其他碳水化合物的补强效果。作者将生物有机海泡石(阳离子淀粉改性)作为填料加入到可塑性淀粉中，得到海泡石/淀粉纳米复合材料。与蒙脱石相比，改性海泡石除了与聚合物基体有良好的亲和性外，还可以使复合材料的弹性模量提高近 2.5 倍。这可能是因为改性纤维状黏土表面的阳离子淀粉与多糖基体之间具有高相容性，提高了复合材料的结晶度，最终导致力学性能的提升。

多糖基纳米复合材料也可用于绝缘和缓冲材料，这类应用通常要求材料呈蜂窝状结构[124]。相分离－乳液冷冻干燥技术、溶剂浇铸－颗粒沥滤技术、气体发泡技术和纤维编织等技术都可用于制备这类多孔固体[124]。由于纤维状黏土/多聚糖材料一般都为水悬浮液，因此冷冻干燥是制备低密度泡沫的最常用技术[125]。在该过程中，生长的冰晶将水悬浮液中的组分推向相邻冰晶之间，接着冰晶在真空中升华，从而形成多孔结构。在某些条件下，这个过程可以通过单向冻结来进行，通过控制悬浮液浸没于液氮浴的速度，可以获得沿冻结方向上排列规整的微孔结构，例如，文献[126]中采用 TEOS 通过溶胶凝胶法制备出二氧化硅凝胶，并将其添加到海泡石悬浮液中，加入二氧化钛纳米粒子悬浮液，将该共混悬浮液进行单向冻结，即可得到微孔规整排列的纳米复合材料。有文献报道了通过冻干法制备质量超轻的纤维状黏土/多聚糖纳米复合泡沫[127-128]，得到的材料密度很低，表观密度在 $0.20g/cm^3$ 以下，但是力学性能优异，当海泡石质量分数在 50%~75% 时，压缩模量可达 40MPa[129]。除了提高多糖基体的力学性能外，纤维状黏土的加入也有助于提高材料的阻燃性。例如，当黏土含量超过25% 时，海泡石/多聚糖泡沫塑料是一种自熄材料，可用作建筑材料[129]。这类复合泡沫材料还可以用作生物种的附着材料，例如微藻可以附着在海泡石/壳聚糖泡沫材料上聚集成微藻泡沫[130]。还有其他技术，如超临界 CO_2 干燥[131]或加热加压下的发泡剂发泡技术[132]，目前已经被用在蒙脱土基生物复合泡沫的制备中，这两种技术也将进一步应用到纤维状黏土基体系中。

2. 环境修复

多糖及其衍生的生物纳米复合材料作为低成本的生物吸附剂,用以替代常用有机黏土,在污染物的去除方面也得到了广泛的应用[133]。在这类生物纳米复合材料中,纤维状黏土基复合材料结合了无机组分和生物组分的吸附和吸收特性,在某些情况下表现出独特的性能。因此,最近这类材料是环境修复应用中的一个研究热点,其中大量的相关报道都涉及了多糖壳聚糖。该类多糖与海泡石和坡缕石的组装主要是通过硅酸纤维外表面的硅醇基团与多糖链上羟基之间的氢键作用进行的,有部分是通过壳聚糖上质子化的氨基而产生的静电作用进行的[113]。由于这些纤维状黏土的阳离子交换能力远低于蒙脱土,壳聚糖-海泡石和壳聚糖-坡缕石生物纳米复合材料通常会出现自由质子化基团,使其对阴离子物质有着良好的吸附性能。例如,利用这种特性将阴离子染料固定在坡缕石/壳聚糖体系中,用做防治害虫的微生物菌剂(如白僵菌的真菌分生孢子)的光保护剂[134]。这些吸附特性也被用来去除如单宁酸(饮用水处理的关键[135])这样的有机污染物。在上述案例中,吸附过程是由于单宁酸分子与生物纳米复合材料的质子化氨基之间的静电相互作用,以及氢键和范德瓦耳斯力,后两个相互作用是由单宁酸与无电荷的生物聚合物链之间形成的[135]。坡缕石/壳聚糖生物纳米复合材料也被用于从水溶液中去除铀[136]。在这种情况下,吸附机理归因于 U(Ⅵ)阳离子与壳聚糖的—OH 和—NH_2 基团的相互作用。在 pH 值为 5.5 时,吸附作用有所增强,在低 pH 条件下,质子与碳酸盐和碳酸氢盐离子在高 pH 条件下的竞争效应被最小化。同样,坡缕石/壳聚糖材料也能从水溶液中去除 Fe(Ⅲ)和 Cr(Ⅲ)离子,其吸附量高于单独使用的组分[137]。

海泡石/壳聚糖材料也可用于废水处理,通过凝结和絮凝相结合的手段,可以净化橄榄油厂和酿酒厂的废水[138]。在酿酒厂废水中,净化的原因是含有高电荷纳米复合物的胶体被中和;在橄榄油厂废水中,特定的有机胶体与低电荷纳米复合材料中,壳聚糖的葡糖胺单元范德瓦耳斯力或-OH 相互作用可能是废水净化的主要原因。其优异的性能与海泡石/壳聚糖絮凝剂的高度多孔结构有关[138]。在另一个有趣的应用实例中,Pan 等[139]建议使用壳聚糖改性的土壤絮凝和去除太湖有害的微藻细胞。上述研究中,研究人员在实验室内,采用海泡石/壳聚糖生物纳米复合材料作用絮凝剂,结果表明,海泡石/壳聚糖复合材料具有较好的去除效果,降低了腐殖酸的竞争作用。

在上述材料中,壳聚糖直接吸附在硅酸盐纤维上,而将多糖接枝到黏土上,也可用于制备这类生物纳米复合材料。Peng 等[140]先用 3-氨基丙基三乙氧基硅烷对海泡石纤维进行改性,然后用戊二醛作偶联剂接枝上壳聚糖链,得到海泡石/壳聚糖接枝纳米复合材料。该复合材料用于活性黄 3RS 活性染料的吸附,与未改性海泡石相比，具有较高的吸附能力。在相关体系中，壳聚糖先与Co(Ⅱ)盐溶液混合，生成一种离子印迹材料，进而用γ-缩水甘油丙基三甲氧基硅烷作为交联剂桥接壳聚糖和坡缕石，从而得到Co(Ⅱ)离子的选择性萃取剂[141]。同样，在乳化坡缕石/壳聚糖悬浮液中使用甲醛和戊二醛等作为交联剂，可以生产出粒径均匀的微球，该微球成功地用于单宁酸的去除[142]。

除壳聚糖外，其他多糖(如海藻酸钠、黄原胶、羧甲基纤维素(CMC)、羟丙基甲基纤维素(HPMC)、果胶和淀粉)，也与纤维黏土结合，被用于环境修复[143]。这类复合材料在水中具有更高的稳定性，对水溶液中铜和铅等重金属离子的吸收效果良好。微球状的坡缕石/海藻酸钠生物纳米复合材料的另一种用途是用于有机磷农药(毒死蜱)的控制释放，目的是促进农药的安全处理，减少对环境的不良影响[144]。"Sacran"是最近从蓝藻中提取的一种阴离子型大分子多糖，同样被用于生物吸附材料的开发，它被用于与海泡石结合，探究其对稀土离子的络合能力[145]。通过控制生物纳米复合材料的组成成分及其制备条件，能够促进蔗糖链以液晶的形式排列在复合材料中。与其他镧系离子相比，"Sacran"这类材料对钕离子具有较高的吸附能力(图2-6)，这可能是由于材料中存在着晶畴所致。

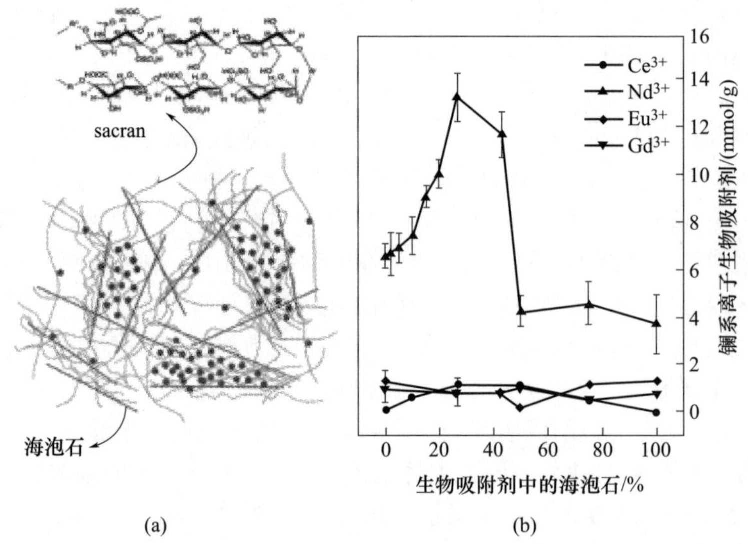

图2-6 (a)复合材料中形成晶畴的蔗糖链的排列示意图及其对镧系离子(Ⅲ)的吸收示意图；(b)不同海泡石含量的复合材料对多种镧系离子的吸收性能

利用磁性纳米粒子对硅酸盐纤维进行改性，可以制备超顺磁多糖纤维状黏土材料。最新的研究表明，将壳聚糖和半胱氨酸改性的β-环糊精逐层沉积在

Fe_3O_4纳米粒子改性的坡缕石纤维上，得到的黏土材料在贵金属离子回收中对 Ag^+ 和 Pd^{2+} 比 Pt^{4+} 有着更高的选择吸附效果[146]。在类似材料中，壳聚糖通过静电相互作用，将 Au 纳米粒子与 Fe_3O_4改性坡缕石纤维桥接起来[147]。该材料具有催化活性，可用于刚果红溶液的快速脱色。在上述两类情况中，超顺磁性生物纳米复合材料可以通过磁铁方便地将其从反应介质中分离出来，这是这类材料的另一个优点。

其他复杂体系，包括纤维状黏土/多糖材料与聚丙烯酸（PAA）或聚丙烯酰胺（PAM）等聚合物结合的，通常作为环境友好和可生物降解的高吸水性树脂，用在不同的领域。这些材料中大多数被用于农业和园艺，这是因为材料具有很高的吸水性，并且经过多次循环使用后，依然保持良好的吸水性能；当然这些材料也有其他特殊的应用，例如用于控制博物馆或画廊等场地的相对湿度，这一类复合材料主要是由海泡石、CMC 和 PAA 与 PAM 共聚物构成的复合体系[149]。另外，含有羧酸、磺酸基团的多糖也使这类复合材料能够应用在环境修复领域中。例如，坡缕石/CMC - g - PAA 生物纳米复合材料，可用于重金属离子如 Pb（Ⅱ）的吸附[150]；海泡石/κ - 卡拉胶 - g - PAM 水凝胶可去除水中的结晶紫染料[151]；坡缕石/壳聚糖 - g - PAA 系列材料可去除铵氮（NH_4^+ - N）（水质的主要指标[152]）、亚甲基蓝等染料[153]或重金属离子如 Hg（Ⅱ）[154]。还值得一提的是，这类材料可能用于肥料的缓慢释放，这有助于减少过度使用肥料造成的环境污染。例如将海藻酸钠与坡缕石、尿素和 KH_2PO_4进行混合，接着用海藻酸钠 - g - 聚丙烯酸 - 丙烯酰胺/腐殖酸体系对其上述混合物进行包覆，从而制备出缓慢释放型的肥料颗粒[155]。

3. 生物医学应用

纳米粒子具有大的比表面积，对药物分子具有高的负载能力，并且纳米粒子具备被引导到所需位置的可能性，因此纳米粒子在药物传递应用领域形成了研究热点[156-158]。将黏土等纳米材料与生物聚合物（如多糖）复合，能实现以下几个优点：①实现药物释放的控制；②控制载体组装及其微观结构；③改善生物相容性和生物吸收[159-160]。在上述研究背景下，Wang 等以纤维状黏土 - 坡缕石为研究对象，制备了以坡缕石/壳聚糖为载体的口服双氯芬酸钠（DS）生物纳米复合材料[161-163]。他们将坡缕石/壳聚糖用戊二醛或 Ca^{2+} 进行交联，采用喷雾干燥法，制备出粒径分布较窄、粒径约 5μm 的 pH 敏感微球。添加的活性组分（即药物 DS）被包覆在交联网络中，并可通过改变介质的 pH 来实现释放。这些确保避免 DS 在胃液（酸性 pH）中的释放，而在肠液中（中性 pH）则可通过添加黏土使微球的等电点增加，进而实现 DS 的完全及可控释放。文献进一步表明坡缕石有利于制备小而均匀的微球，并对该体系的溶胀能力（药物释放载体的敏感特征）有着重要影响。

对于具有药物释放能力的生物纳米复合材料，伤口敷料是其另一类有趣的应用。这是因为该类纳米材料具有如高吸水率、非细胞毒性以及可能的黏膜黏附性（特殊定制的生物纳米复合材料）等特殊性能。在此背景下，Salcedo 等将蒙脱土/壳聚糖纳米复合材料作为伤口敷料[160]，对其进行了评估，结果表明，该材料具有生物相容性和促进细胞增殖以及伤口愈合的能力。这些前瞻研究将会指引未来纤维状黏土在生物纳米复合材料中的应用。

出于对易用和低风险疫苗给药的需求，无针鼻腔给药受到了人们的关注与研究[164]。由于纤维状黏土和多糖组成的生物纳米复合材料能改善抗原物质的传递性能，因此，这类复合材料可能能用作一种适用于鼻腔给药的新型疫苗佐剂。在这方面，RuizHitzky 等以生物聚合物黄原胶表面改性海泡石为基，开发了一种流感疫苗，这种疫苗能够控制 H1N1 流感病毒的固定过程，在小鼠体内呈现出高的血清保护水平[165]。选择这种生物高分子，是因为它模拟了流感病毒进入有机体时的自然吸附点——鼻黏膜表面。通过表面电荷、保水能力和功能化糖基团等方面模拟出的鼻黏膜环境，能促进载体与病毒的相互作用，从而决定着抗原免疫原性。与之相反，在未经修饰的无机载体上，高极性的表面带来强的静电相互作用，会导致抗原蛋白质结构发生吸附 - 诱导变化，从而降低抗原的免疫原性，正如在纯海泡石实验中[165]所观察到的那样，有时甚至在含标准铝佐剂[166-167]的情况下也是如此。使用海泡石等微纤维状黏土作为疫苗佐剂的另一原因与其针状结构有关，而针状结构被认为能增强由纤维刺激鼻黏膜引起的黏膜免疫反应[165]。这有助于提高疫苗接种的效力，从而减少免疫所需的剂量。

2.4.3 蛋白质

与多糖相比，蛋白质虽然研究较少，但是被用作常规原料应用在非食品领域，如黏合剂、胶、油漆、纺织纤维、纸张涂料和各种成型塑料。蛋白质可根据其形状和溶解度分为纤维蛋白、球状蛋白质或膜蛋白，其可能的来源包括植物、动物和细菌[168]。

1. 生物塑料

由于蛋白质具有可再生和可生物降解的特性，以及在某些情况下具有良好的成膜能力，因此蛋白质在合成生物纳米复合材料中具有很好的应用前景。然而，与多糖类似，蛋白质基材料具有较高的水敏性和较低的力学性能。为了改善这些性质，人们探索了各种合成途径和策略，包括在蛋白质基质中加入海泡石和坡缕石等黏土。在此背景下，不少研究工作报道了通过结构蛋白（如明胶或胶原）与纤维状黏土之间的相互作用，改善了蛋白质基材料的性能[169-171]。

Fernandes等在海泡石增强明胶薄膜中观察到基体和填料之间存在上述的协同作用[169-170]，其中再生明胶的三螺旋结构紧密贴合在海泡石孔道的外表面，使得最终的生物纳米复合材料的力学性能显著提高，在黏土填充量为50%（w/w）时，复合材料的弹性模量提高了250%。类似地，文献[171]研究了坡缕石纤维对Ⅰ型胶原膜的影响[171]。在该实验中，尽管荧光光谱和FTIR的分析表明了纤维状黏土的存在促进了胶原链的收缩和聚集，但是在复合材料的整个制备过程中，蛋白质的三螺旋骨架被保存下来。另外，与纯胶原相比，胶原－坡缕石膜具有更高的热稳定性，增加坡缕石的含量有助于制备出热性能更好的生物纳米复合膜。

最近，Gimenez 等[172]研究了在含有丁香精油的明胶－蛋清复合膜中，海泡石纤维对复合膜生物活性物释放的作用。实验表明，在蛋白质基质中加入海泡石，会提高复合材料薄膜的杨氏模量，而断裂伸长率和水蒸气通透性（WVP）的增加则受丁香精油的影响（丁香精油主要起到增塑剂的作用）。此外，纤维状纳米黏土的加入有利于蛋白质组分和丁香酚从基体中的释放，促进了膜的抗氧化性和抗菌活性。

从储藏蛋白的角度来看，小麦面筋蛋白是一种多组分农产品，常被用作包装薄膜或可食用的涂层材料[173]。Yuan 等详细研究了坡缕石增强小麦面筋薄膜的结构和生物降解性能[174]。结果表明，薄膜的黏弹性能和力学性能得到了提高（7%（w/w）的黏土加入量时性能最好），这表明了坡缕石纤维在小麦面筋中分散良好。此外，坡缕石会提高小麦面筋/坡缕石薄膜的降解性能，在掩埋15天后，薄膜发生崩解和减少。

玉米醇溶蛋白是一种从玉米中提取的储藏蛋白，其结构中存在非极性氨基酸残基，具有疏水性。除了零毒性外，高疏水性的玉米醇溶蛋白可作为阻隔水分和氧气的屏障，被用于相关材料的制备。在此背景下，为了绿色替代常规的烷基铵类有机黏土，Alcantara 等[175-177]将醇溶蛋白与海泡石和坡缕石黏土复合，开发生物有机黏土。结果发现，将纤维状黏土/醇溶蛋白作为生物填料加入到水溶性多糖中，提高了这些亲水性基质的耐水性，降低了膜的吸水率和透水性（图2－7）。该现象可能与生物填料中的蛋白质有关，蛋白质具有疏水性，使水分子难以结合，从而导致水的吸附能力下降、阻隔性能增加。事实上，纤维状黏土/醇溶蛋白增强的生物纳米复合膜具有均匀、透明和适当的力学性能，在食品包装中具有潜在的应用前景。

2. 生物医学应用

Carretero 和 Pozo[178-179]指出，生物医学应用领域对纤维状黏土具有极大兴趣。近来，有篇文献报道了纯坡缕石在大鼠皮肤伤口愈合中的效用，文献认为这

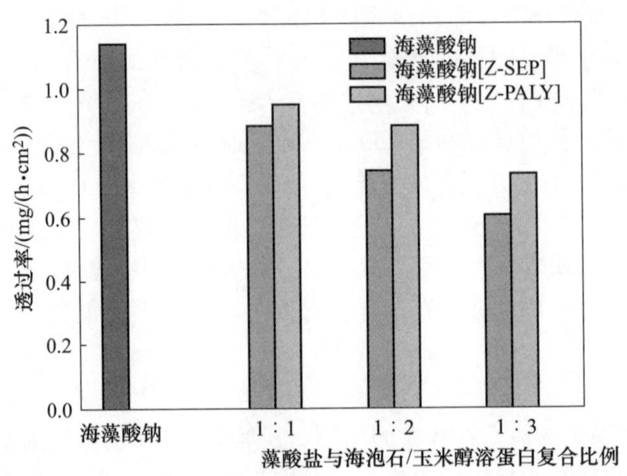

图 2-7　海泡石(Z-SEP)/醇溶蛋白和坡缕石(Z-PALY)/醇溶蛋白生物有机黏土复合膜在不同载荷下的水蒸气透过率

种硅酸盐似乎提供了更好的补液和局部抗炎作用[180]。同时,近年来大量文献报道了纤维状黏土/蛋白质生物复合材料在生物医学中的应用,如药物传递或修复医学方面,这些工作通常涉及胶原或明胶等结构蛋白。这方面最早的工作是在 20 世纪 80 年代和 90 年代进行的,研究的重点是胶原-海泡石复合材料,这些复合材料在体外实验中显示出生物相容性,使成纤细胞发生黏附和增殖[181-182]。在此基础上,研究人员继续进行了体内实验,将这些生物纳米复合材料植入大鼠的颅骨缺损处(通过手术)[183]。有趣的是,植入的材料并没有产生任何毒性,并被大鼠完全吸收,使缺损处通过骨再生进行愈合。为减缓皮下植入后的吸收速率,他们采用 1% 的戊二醛对海泡石/胶原复合材料进行交联,并对其进行研究[184]。在上述条件下,交联植入体在吸收前几个月内表现出 100% 的持久性,这与植入后几天就开始吸收的未改性材料形成鲜明对比。综上所述,近年来开展了新的研究,目的是了解胶原及其衍生物明胶如何与纤维状黏土[170-171]复合,以及将这类材料加工成分级组织的多孔支架。例如,文献[185]用冷冻干燥法制备海泡石/明胶复合材料,得到了孔隙率为 98%、力学性能良好的大孔泡沫,其中当海泡石质量分数为 9.1% 时,泡沫的弹性模量接近 6MPa。这些初步工作可作为生物纳米复合泡沫(由结构蛋白和纤维状黏土组成)在相关生物医学用途研究(包括组织再生、伤口敷料或药物传递应用)的基础。

当其应用在药物传递系统时,黏土/生物聚合物纳米复合材料展现出令人关注的性能(如溶胀、生物黏附和细胞吸收)[159],这些性能有助于在整个治疗过程中,在治疗剂量内维持恒定剂量的药物。尽管大多数用于药物传递的蛋白质基生物纳米复合材料涉及的黏土都是层状硅酸盐,但是最近的一项工作证实纤维状黏土也可用于该领域。文献[186]中将丝素蛋白(一种由蜘蛛、家蚕幼虫和许多其他昆虫产生的天然蛋白质)包覆在坡缕石的外表面,形成核壳结构。结果表明,与纯黏土相比,该生物纳米复合材料对双氯芬酸的释放速度降低了约 50% 。

3. 生物催化应用

酶是一种球状蛋白质,它与不同的硅酸盐和其他无机固体结合在一起,被用于生物传感器和生物反应器的研究。多项工作报道了纤维状黏土在该研究领域的适用性,这是因为纤维状黏土可提供保护性支持,防止蛋白质三级结构的展开。例如,海泡石和坡缕石适用于固定米黑根毛霉和柱状假丝酵母脂肪酶,这种固定通过酶蛋白质表面的正电荷基团和黏土表面硅醇基团的离子吸附组装而成[187]。在这种情况下,与层状硅酸盐/脂肪酶复合材料相比,含纤维状硅酸盐的复合材料对羧酸乙酯的水解速率更高。在类似的例子中,海泡石/转化酶体系被成功应用在填充床反应器中,这是因为黏土载体提高了体系的抗洗涤能力和热稳定性[188]。将酶固定在黏土载体上(如过氧化氢酶固定在海泡石[189]上或乙醇脱氢酶固定在坡缕石上[190]),通常能提高酶的热稳定性和储存稳定性,这使载体可回收并能连续循环的重复使用。然而,在某些情况下,酶的固定会引起酶活性的部分丧失,例如将猪胰脂肪酶负载在海泡石上[191]。与游离酶相比,负载后酶活性降低了 42% ,这是由吸附反应后负载脂肪酶的位阻效应和(或)由于组装而使酶活性位点失活所致。尽管如此,海泡石负载酶的高稳定性和易于回收利用,使其在向日葵油生物燃料的连续生产中得到了应用[191]。为了避免酶变性,纤维状黏土的表面可以先用生物相容分子(如磷脂[102])进行修饰,详见下一节。

黏土负载酶在电化学生物传感器的构建中也很重要作用。坡缕石以其优异的成膜能力,被作为多种酶的固定床(如酪氨酸酶[192]和葡萄糖氧化酶[193]),且广泛应用于电极表面。在上述两种情况下,酶都保留了它们的生物活性,就酪氨酸酶[192]而言,可以开发用于检测苯酚的电化学生物传感器;对于葡萄糖氧化酶[193],则可开发用于检测血液和尿液中的葡萄糖的生物传感器。与这些表面修饰电极不同,最近有研究报道了一种基于过氧化物酶的体修饰生物传感器,该酶是从原产于南美洲的水果中提取的,然后再将其固定在海泡石上[194]。文献中,黏土负载的酶被分散在由石墨粉、MWCNT、矿物油和 Nafion 全氟化树脂所组成的混合物中,形成一种生物掺杂材料,作为生物传感器的传感相和导电相(图 2-8),成功地应用于商品沙拉酱中食品添加剂——叔丁基对苯二酚(TBHQ)的测定(该添加剂具有抗氧化性能)。

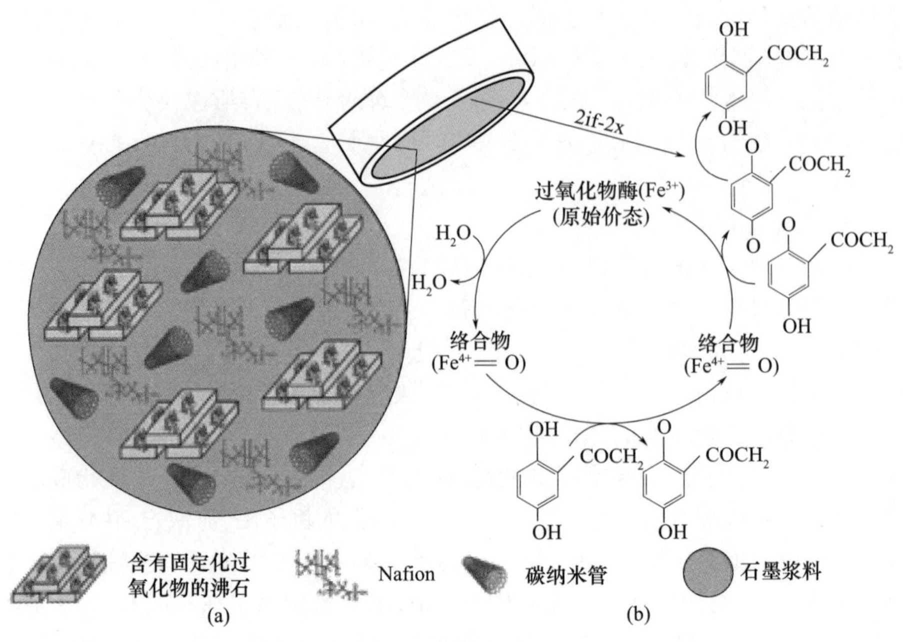

图2-8 (a)海泡石固定化过氧化物酶和石墨糊中的碳纳米管和Nafion；(b)用过氧化物酶生物传感器电催化测定叔丁基对苯二酚(TBHQ)(转载自文献[194]并获RSC许可。)

2.4.4 脂类

通过吸附季铵盐等表面活性剂分子在黏土表面形成有机单层和多层膜已经有几十年的历史[7,195]。由于由此形成的所谓的有机黏土具有疏水性，因此在与多种聚合物和树脂的混合中相容性好，并作为增稠剂或纳米填料等实现了应用。但是这类有机黏土有一大缺点，即多种季铵盐组分具有毒性，这使它们的应用很难扩展到生物领域[196]。由于上述特点，人们越来越关注生物表面活性剂，用它们做生物相容、环境友好的替代物[197-198]。天然存在的生物表面活性剂有糖脂、脂肪酸、磷脂、脂肽和高分子生物表面活性剂[198]。也有越来越多的合成生物表面活性剂，如糖基表面活性剂、DNA表面活性剂，或全肽表面活性剂[199-201]。从该分子库中，可以通过自组装路线[202]制备具有某些仿生特征的界面，并在生物医学或其他生物技术领域中找到潜在的应用[203-205]。

Wicklein等在海泡石表面通过自组装，形成不同的脂质结构，研究了海泡石负载脂质生物膜的可能性[50,206]。脂质沉积是通过从水性介质中吸附脂质体或从有机介质中通过分子吸附来实现的[207]。在这两种情况下，吸附等温线上呈现出形成单层膜和双层膜的特征形状，这与平衡磷脂酰胆碱（PC）的浓度成函数关系，该研究还表明，脂质体沉积在这一特定体系中对脂质膜的形成更为有效。其原因是 PC 在水介质中以聚集体（即双层脂质体）的形式吸附在黏土上；而在乙醇中，PC 以单分子形式吸附在黏土上。实验采用红外光谱和核磁共振谱，研究了脂质的头部基团与黏土表面的分子相互作用。研究表明，脂质的酯基和磷脂基与位于海泡石表面的硅醇基团之间存在氢键[50]。海泡石表面吸附的磷脂对海泡石表面亲水性也有明显的影响，浇铸成膜的海泡石 - PC 膜的接触角测量证明了这一点。初始亲水的海泡石随着第一层膜的形成而变得更加疏水，这与材料表面存在烃链是一致的。随着脂质分子的沉积，亲水性脂质头部基团在黏土的外表面逐渐积累，接触角逐渐减小。

自组装还能用于制备混合脂质膜，得到更多种类的、具有不同功能的脂质膜，可被用于不同的技术领域[208]。这些杂化层由不同分子的单个膜小叶组成[209-211]。这种杂化界面由内层和外层膜小叶组成，并被组装在海泡石上，其中内层膜小叶为单层磷脂酰胆碱（ML - PC），外层膜小叶为 n - 正辛醇 - β - D - 半乳糖苷（OGal），该层由相应的生物表面活性剂溶液中的单层沉积而成[102]。文献推测，PC 单层可通过烃链之间的疏水相互作用，成为 OGal 外膜小叶生长的成核位点[212]。这一假设也得到了 Persson 及其同事们的支持，他们研究了 n - 十二烷基 - β - D - 麦芽糖苷在硅烷疏水表面的吸附，并得出结论：糖基表面活性剂的烷基链插入疏水硅烷层是一种锚定机制[213]。OGal 分子的吸附导致了最终材料的表面亲水性发生倒置（水吸附等温线证明了这一点）[102]。由于非离子糖基表面活性剂（SBS）具有某些特性，如较好的防污性能[214-215]或蛋白质稳定能力[216-218]，因此 SBS 尤其适合加入到这些杂化层中。

由于具有生物相容性，黏土/脂质杂化材料（如霉菌毒素的肠道吸收剂）是有望在生物体内应用的材料。真菌毒素（真菌产生的有毒化合物）对农作物和食品的侵扰是几千年来的严重威胁，偶尔对动物和人类的生命和健康造成灾难性后果[219]。从动物营养中消除这些化合物的方便而有效的方法是通过黏土和土壤矿物等食品添加剂在体内将其吸附和螯合（即肠吸附）[220]。由于这些真菌毒素中有许多是疏水的（如黄曲霉毒素），因此使用有机吸附剂会增加它们的滞留过程。事实上，由于海泡石/脂质杂化材料等生物有机黏土对黄曲霉毒素 B1 的体外螯合效率高于纯黏土[50]，因此有望成为体内应用的候选材料。

这些杂化材料在体内的另一个应用是用作疫苗佐剂，即作为抗原载体，例如可作为 A 型流感（即整个病毒颗粒、血凝素蛋白）抗原的载体[167]。负载在海泡石纤维上的双层脂质膜可作为这些抗原的调节位点来限制抗原的免疫原性，该限制过程是通过调和载体 - 抗原间相互作用来实现（这种相互作用常见于无机疫苗佐剂[166])。对小鼠的功能研究显示，与标准的氢氧化铝佐剂不同，以海泡石/脂质为基础的流感疫苗诱导出高滴度的特异性抗体，其 Th1 谱通常与病毒感染的有效清除有关[221]。

黏土负载的脂质界面的仿生特性也有利于某些蛋白质的固定化，特别是膜结合酶的固定化。这些酶的催化活性对周围环境非常敏感，容易受到蛋白质结构变形的影响。例如，电化学测试表明，胆固醇氧化酶(COx)负载在海泡石－双层脂质膜时，仍保持其催化活性[102]。然而，在含有十六烷基三甲基铵或杂化脂/辛烷基－半乳糖苷层的海泡石杂化材料上固定化后，COx 的活性大大降低，这说明仿生界面(如双层脂质膜)对这类酶的稳定具有重要影响。这种特性为制备选择性生物催化剂[222]和敏感生物传感器[102]提供了可能性，即将酶作为活性点，固定在海泡石/脂质杂化材料上。

2.4.5 核酸

纤维状黏土可以作为非病毒载体，在基因转染方面也有很大的作用。硅酸盐纤维会与负电荷的核酸组装，其组装机理是受负电荷的核酸与硅酸盐表面硅醇基团通过氢键发生相互作用。短链 DNA 分子与海泡石有很高的亲和力，它们自发地聚集在硅酸盐表面[206]。与其他类型黏土(如蒙脱土[223])相似，DNA 链被吸附在海泡石上，能够防止脱氧核糖核酸(DNase)酶对其的降解作用[206]。

有趣的是，使用负载型海泡石/DNA 系统进行非病毒基因转染，可以很容易地进行，方法非常简单：将 DNA 修饰的矿物纳米纤维的胶体分散液与琼脂板上的细菌简单混合，这个混合过程会使两组分产生界面滑动摩擦刺激，随后细菌吸收纳米纤维。简而言之，这就是所谓的 Yoshida 效应[224]，被吸收的矿物纳米纤维上的转染 DNA 将在细胞内进行接种，进而核酸可以转移其中[225-226]。文献[226]采用这种方法，利用直径在 50nm 左右的海泡石，将外源质粒 DNA 转移到大肠杆菌等细菌细胞中[226]。而后，Wilharm 等[227]验证了 Yoshida 的观察结果，并优化这个方法，用于转染大肠杆菌、小肠结肠炎耶尔森氏菌和鲍曼不动杆菌。他们建立了用户友好的转染方案，其中使用到了一种西班牙沉积物海泡石，与其他来源的海泡石相比，这种海泡石显然没有致癌潜力，生物活性也较低[228]。这种方法是否也适用于涉及真核细胞的基因转染，这将是个有趣的验证过程。

2.5 导电纤维状黏土纳米复合材料

导电纤维状黏土纳米复合材料，可以通过设计并组装导电聚合物与纤维状黏土，或组装导电聚合物与海泡石、坡缕石和导电碳材料的混合物两种方法来制备。可以预期的是，这一领域今后的研究将会考虑将这两种方法结合起来，以优化纳米复合材料的力学性能和其他性能，包括适当的离子和/或电子导电性能。

2.5.1 导电纤维状黏土/聚合物纳米复合材料

与蒙脱土和其他能插层的层状黏土相比，在导电聚合物中加入坡缕石和海泡石鲜见报道。在某些情况下，当上述层状黏土与典型的电子导电聚合物如聚苯胺（PANI）、聚吡咯（PPy）和聚（3,4－乙基二氧噻吩）（PEDOT）和离子导电聚合物（PEO）组装时，会产生分层过程[229-238]。将导电聚合物与层状黏土进行组装的好处有通过黏土层的封装效果，改善导电聚合物的稳定性；通过聚合物基体中二维黏土的分布，实现导电性能的各向异性；复合材料具有反离子效应，因为蒙脱土可以作为负电荷物质，补偿离子导电纳米复合材料中的阳离子电荷，所以对负电荷传输数的贡献几乎为零（$t \approx 0$）[237,239]。

图2－9 （a）、（b）海泡石（a）和海泡石/聚吡咯纳米复合材料（b）的SEM（顶部）和TEM（底部）图像
（转载自文献[241]，2014年发表，经ACS许可。）

如上所述，不饱和单体如吡咯、噻吩和异戊二烯可被吸附在海泡石的通道内，并进一步聚合[31,44]。基于这个有趣的特点，可以将纤维状黏土的通道作为模板，用以制备多不饱和度导电聚合物。例如，文献［240］中，电子顺磁共振（EPR）信号和UV－Vis光谱证明了，在碘存在下，吡咯的原位聚合使I_2掺杂海泡石/PPy纳米复合材料具有极化子和双极化子的导电特性。最近，Chang等还提出了利用原位氧化聚合法制备一维核壳导电海泡石/PPy 纳米复合材料(图 2 -9),并用包括电化学阻抗谱(EIS)在内的多种技术对其进行表征[241]。Chang 等强调了 PPy 与海泡石之间的界面相容性,即用烷基铵基表面活性剂(如 CTAB)对这一无机基质进行改性后,与纯 PPy 电极相比,PPy 纳米复合材料具有良好的双层电容性能,比电容高、电阻小等优点,在超级电容器器件中具有广阔的应用前景[241]。

与海泡石一样,坡缕石也被报道可用于制备 PPy 纳米复合材料,尽管报道中并没有列举出坡缕石通道内部聚合的证据。Wang 等在吡咯的原位氧化聚合中,加入罗丹明 - B(Rh - B)作为添加剂,诱导生成 RhB - 坡缕石/PPy 纳米复合材料,与不掺入 RhB 染料相比,该复合材料具有更高的电导率和更好的电化学性能。Wang 等认为该现象是由于 RhB 分子与吡咯环之间存在 $\pi - \pi$ 相互作用和堆叠。我们认为,涉及 PPy 和 PANI 海泡石和坡缕石纳米复合材料中不同生色基体的相关实验可为开发新型光电导体材料开辟道路。有趣的是,纤维状黏土/聚吡咯纳米复合材料的另一个潜在应用是从工业废水中去除阴离子污染物,这归因于与硅酸盐载体组装的 PPy^+X^- 固有的离子交换能力[243]。以这种方式,文献[243]报道了将坡缕石/PPy 纳米复合材料作为铬酸盐的有效收集器,从水溶液中以单层吸附形式收集吸附铬酸盐阴离子污染物。

以类似的方式,PANI 可以与坡缕石和海泡石[244-245]组装,尽管在这些情况下,聚合物似乎仍然完全组装在硅酸盐骨架的外部表面。纳米复合材料中组分间的界面作用对材料的最终性能具有重要影响,例如,先将坡缕石用酸性处理以增加表面的硅醇基团,接着用 APTES 处理,处理后硅酸盐骨架上接枝的 APTES 偶联剂有利于其与 PANI 的组装。经过这样处理,该导电聚合物在索氏提取器中,不能被无水乙醇抽提,而未经 APTES 处理的样品则在索氏提取器中被完全抽提[244]。坡缕石基/聚苯胺纳米复合材料的电导率可以达到比纯 PANI 更好的电导率(如 2. 21S/cm),这是因为与纯 PANI 相比,与硅酸盐网络组装的聚合物形成了更有利的构象和更多的延伸链。由此可知,聚合物的共轭长度增加,电荷载流子的自由运动提高,提高了纳米复合材料的导电性[244]。另外,采用浆液聚合法制备的海泡石/聚苯胺纳米复合材料能使聚苯胺纳米粒子更好地附着在海泡石表面,当含有 50% 导电聚合物时,复合材料展现出有趣的电流变性能[245]。

某些可能用作离子导体的聚合物,如 PEO(曾被大量应用在层状黏土纳米复合材料中[229,232-235,237]),也可以与海泡石进行组装。PEO 与海泡石的组装,可以在乙腈溶液中,也可以在微波辐射的熔体中进行,从而形成纳米复合材料,其中聚合物链部分渗透到海泡石的通道内[17,237]。在最近的研究中,重点关注通过加入聚乙烯醇和其他添加剂来控制调节硅酸盐的界面,改变海泡石/PEO 复合材料的物理特性[246]。然而,据我们所知,迄今为止还没有任何将纤维状黏土/PEO 复合材料用作聚合物电解质导电体系的研究。

基于纤维状黏土纳米复合材料的燃料电池用质子导电膜已经被开发出来。在该研究中,与纯聚合物相比,加入海泡石或含磺酸基团的海泡石后,Nafion 可以被加工成性能更好的膜,特别是在高温和低相对湿度条件下,膜的性能更好[247]。同样,也有报道称,以磷钨酸和坡缕石为变量,以磺化聚醚砜为基体制备的质子导电膜可用于直接甲醇燃料电池(DMFC)中[248]。虽然坡缕石含量 >5% 时,膜的拉伸强度下降,但即使添加量到达 15%,其力学性能仍能满足膜的应用需求;当加入 10% 坡缕石时,膜的质子电导率可达 3×10^{-2}S/cm,约为纯 Nafion 膜的 60%,而甲醇渗透率仅为纯 Nafion 膜的 25%[248]。

2.5.2 导电纤维状黏土/碳纳米复合材料

将碳纳米材料组装到海泡石和坡缕石上的策略基于两种方法:①将吸附在纤维状黏土上的有机前驱体制成碳质材料;②将碳纳米管与纤维状黏土直接组装。

将丙烯腈分子吸附在海泡石通道内,并进行原位聚合,可以制备得到位于海泡石通道内的聚丙烯腈(PAN)[46,249]。在惰性气体氛围中,将 PAN－海泡石纳米复合材料在高于 500℃ 的温度下进行碳化,得到碳－海泡石纳米复合材料,该纳米材料具有导电性能,这可能是因为 PAN 在海泡石载体上碳化形成了类石墨烯的碳物质。文献[237,250]对上述材料进行了研究,研究其在各种电化学装置中的适用性,如二次电池电极和超级电容器,以及离子感应电极。

多糖和蛋白质与不同的多孔固体(包括纤维状黏土)进行组装,可作为石墨烯基材料的前驱体,在 700～800℃ 完全无氧(例如在氮气流量下)热处理后,形成石墨烯基材料[251-252]。例如,蔗糖和海泡石混合物通过常规或微波加热处理后形成海泡石－焦糖纳米复合材料,并在约 800℃ 下进一步转化为所海泡石/石墨烯材料,该材料室温下电导率在 10^{-2}～1S/cm 范围内(图 2－10),活化能较低(0.15eV),这说明其电子特性与拉曼光谱结果(单位:sp^2,G 带)[252-253]一致。考虑到碳含量仅为 1/3,其余为绝缘硅酸盐骨架,因此,材料的电导率仍有上升空间。用坡缕石代替海泡石,也可使硅酸盐/焦糖前驱体形成类似石墨烯的物质(Zatile 等的尚未发表的成果)。

提高硅酸盐载体的比表面积,可以使石墨烯－海泡石材料在储能装置中具有更好的应用价值,可用作比容量约为 400mAh/g 的可充电锂电池的电极,并且具有良好的循环性能[253-254]。初步试验表明,该材料作为双层超级电容器电极,其比容量值较低(约为 30F/g),因此有必要进一步优化以满足作为检测器件

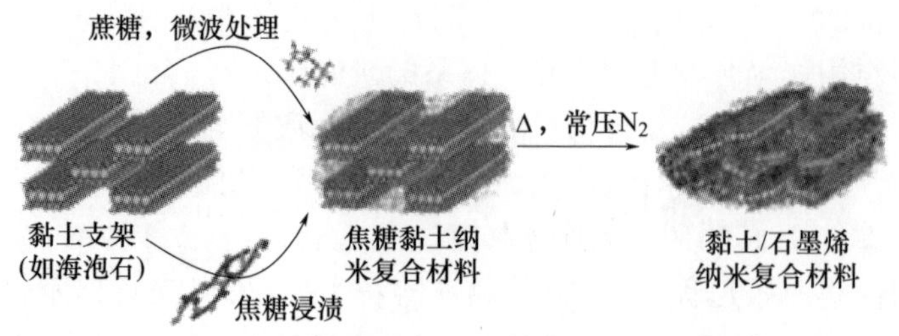

图 2-10　以蔗糖或焦糖为前驱体生成海泡石/石墨烯纳米复合材料
（转载自文献[252]并获 RSC 许可。）

的要求[254]。在这类硅酸盐/石墨烯材料中,石墨烯类化合物提供固有导电性,硅酸盐骨架的存在使其能进一步与功能化有机硅烷进行接枝反应,这使利用这类材料制备选择性检测电极成为可能,用以检测溶液中各种离子[255]。尽管这些课题需要进行进一步优化和更深入的研究,但是现有的这些结果都表明,上述黏土/碳材料适合于开发低成本、高效率的电化学器件组件。

其他纤维状黏土/聚合物体系,如明胶和海泡石混合的生物纳米复合材料也是有效的前驱体,可在相对较低的温度下,类似于制备海泡石/焦糖材料的条件中,转化为负载型碳材料[251]。冷冻干燥使得海泡石/明胶生物纳米复合材料形成泡沫,泡沫进一步碳化,形成具有导电性的大孔材料,其电导率在 10^{-2}S/cm 左右,可作用电催化剂、生物传感器和生物反应器[256]。

赋予纤维状黏土电导性的另一种方法是将其与碳纳米管组装在一起。众所周知,碳纳米管是纳米材料结构增强的典范,具有已知的最高弹性模量(0 ~ 1TPa)、显著的电子电导率和高长径比[257]。Bilotti 等将 MWCNT 和海泡石加入到热塑性聚氨酯基纳米复合材料中,改善了三元体系的电渗流性能。改性后的聚合物纳米复合材料,挤出成复合长丝后,可制备多功能应变传感器,用于智能纺织品的开发和其他功能应用领域[258]。

碳纳米管的表面化学性能差,与水和大部分的液体介质的极端不溶性,影响了其在聚合物纳米复合材料领域的广泛应用。近年来,Fernandes 和 Ruiz - Hitzky[259] 研究了碳纳米管和海泡石纳米纤维的共分散组装,其机理类似于空间稳定化过程。在该专利的制备过程中,将纤维状黏土和 MWCNT 分散在水介质中,进行超声辐射,实现两者的混合[260]。由于海泡石纳米纤维的存在阻止了 MWCNT 的再聚集,使其在稳定的水悬浮液中保持较长的时间(>1 年)。将这些海泡石/MWCNT 水分散体系进行过滤,得到了自支撑膜。以前由表面活性剂分散 MWCNT 制备的自支撑膜被称为巴基纸(Buckypaper),将由上述方法称为杂化巴基纸以示区分,其渗滤阈值约为 1%(图 2-11)。杂化巴基纸由海泡石和 MWCNT 的自支撑网构成,其中碳纳米管的含量可在0%~16%变化[259]。巴基纸以及杂化巴基纸在补强环氧树脂和其他连续性基体中,具有巨大的潜力[261-262]。例如,在PVA溶液存在下,将海泡石和MWCNT进行混合并浇铸成型,形成均匀的纳米复合材料。当PVA中含有10%海泡石和0.8%的MWCNT时,纳米复合材料的弹性模量达最大值(2.2GPa),与纯PVA相比增加了280%。

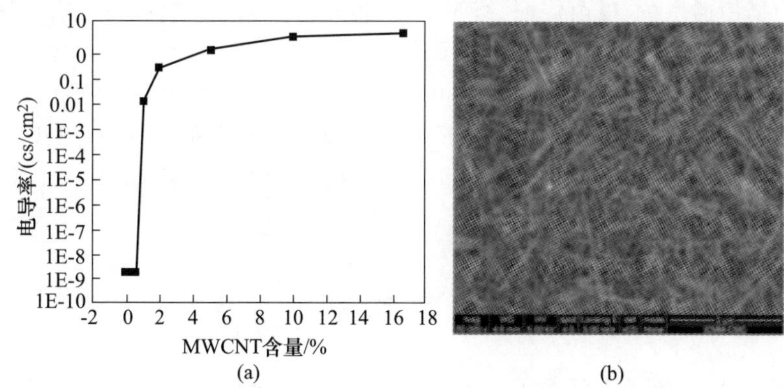

图2-11 海泡石/多壁碳纳米管杂化巴基纸:(a)电导率与MWCNT含量的关系;(b)含有近6:1(w/w)海泡石/碳纳米管的巴基纸的场发射SEM图像
(转载自文献[259],2014年发表,经Elsevier许可。)

有趣的是,海泡石/MWCNT杂化巴基纸结合了纤维状硅酸盐的吸附特性和碳纳米管的导电性,不仅如此,海泡石外表面的硅醇基团还能进一步反应,实现更多的功能化。在此基础上,文献[259]开发了一种新型的安培生物传感器,该传感器是将辣根过氧化物酶(HRP)固定在海泡石/MWCNT材料上得到的。

总之,这一项创新举动为碳纳米管在水性介质中的使用开辟了一条简单的途径,而无须采用表面活性剂或常规的氧化处理(氧化处理会对碳纳米管外壁造成严重损害)。这也为具有导电性能的纤维状黏土材料提供了可替代的制备方法,使其在用作各种聚合物基质的纳米填料时具有很大的吸引力。

2.6 小　结

本章介绍了一类由微纤维状硅酸盐、海泡石和坡缕石与聚合物组装成的纳米复合材料的主要特性。黏土/聚合物纳米复合材料是纳米材料中的一个突出代表,其中无机组分与聚合物基体的协同作用是这类杂化材料优异性能和衍生应用的关键。这两者之间的界面作用直接关系到黏土矿物族层状硅酸盐(蒙脱石、锂皂石和皂石等)的分层能力。坡缕石也属于黏土,但与传统(层状)黏土相比，具有不同的结构排列和形态，使其能够形成具有独特结构和功能的纳米复合材料，具有高的性能和潜在的应用价值。纤维状黏土硅酸盐表面含有硅醇基，以及其表面电荷都对合成聚合物和生物聚合物（如多糖、蛋白质、脂质和核酸等）的界面相互作用起着决定性的作用。本章进一步介绍并讨论了近年来海泡石基和坡缕石基纳米复合材料的研究及其在热塑性塑料、导电聚合物、生物塑料、杂化膜、药物传递系统、疫苗佐剂、组织工程、传感器装置、生物反应器、石墨烯和碳纳米管复合材料中的应用等方面的研究。

致谢：这项工作得到了西班牙 CICYT 资质（项目号：MAT2012 - 31759）和欧盟 COST Action MP1202 的支持。Bernd Wicklein 对瑞典战略基金（SSF）（项目号：RMA11 - 0065）表示感谢，Ana C. S. Alcântara 对巴西国家战略基金（项目号：406184/2013 - 5）表示感谢。

参考文献

[1] Fukushima Y, Inagaki S(1987) Synthesis of an intercalated compound of montmorillonite and 6 - polyamide. J Inclusion Phenom 5:473 - 482

[2] Fukushima Y, Okada A, Kawasumi M, Kurauchi T, Kamigaito O(1988) Swelling behavior of montmorillonite by poly - 6 - amide. Clay Miner 23:27 - 34

[3] LeBaron PC, Wang Z, Pinnavaia TJ(1999) Polymer - layered silicate nanocomposites: an overview. Appl Clay Sci 15:11 - 29

[4] Pinnavaia TJ, Beall G(2000) Polymer - clay nanocomposites. Wiley, New York

[5] Alexandre M, Dubois P(2000) Polymer - layered silicate nanocomposites: preparation, properties and uses of a new class of materials. Mat Sci Eng R 28:1 - 63

[6] Ray SS, Okamoto M(2003) Polymer/layered silicate nanocomposites: a review from preparation to processing. Prog Polym Sci 28:1539 - 1641

[7] Ruiz - Hitzky E, Van Meerbeek A(2006) Clay mineral - and organoclay - polymer nanocomposite. In: Bergaya F, Theng BKG, Lagaly G(eds) Handbook of clay science. Development in clay science. Elsevier, Amsterdam, pp 583 - 621

[8] Paul DR, Robeson LM(2008) Polymer nanotechnology: nanocomposites. Polymer 49:3187 - 3204

[9] Pavlidou S, Papaspyrides CD(2008) A review on polymer - layered silicate nanocomposites. Prog Polym Sci 33:1119 - 1198

[10] Lambert J - F, Bergaya F(2013) Smectite - polymer nanocomposites(CPN). In: Bergaya F, Lagaly G(eds) Handbook of clay science, 2nd edn. Elsevier, Amsterdam, pp 679 - 706

[11] Fukushima K, Tabuani D, Camino G(2009) Nanocomposites of PLA and PCL based on montmorillonite and sepiolite. Mater Sci Eng C Biomimetic Supramol Syst 29:1433 - 1441

[12] Darder M, Aranda P, Ruiz - Hitzky E(2007) Bionanocomposites: a new concept of ecological, bioinspired, and functional hybrid materials. Adv Mater 19:1309 - 1319

[13] Ruiz - Hitzky E, Aranda P, Alvarez A, Santare'n J, Esteban - Cubillo A(2011) Advanced materials and new

applications of sepiolite and palygorskite. In:Gala'n E,Singer A(eds)Developments in palygorskite - sepiolite research. A new outlook on these nanomaterials. Elsevier, Oxford, pp 393 - 452

[14] Ruiz - Hitzky E, Aranda P, Darder M, Fernandes FM (2013) Fibrous clay mineral - polymer nanocomposites. In: Bergaya F, Lagaly G(eds) Handbook of clay science. Part A: fundamentals, 2nd edn. Elsevier, Amsterdam, pp 721 - 741

[15] Ruiz - Hitzky E, Darder M, Fernandes FM, Wicklein B, Alcantara ACS, Aranda P(2013) Fibrous clays based bionanocomposites. Prog Polym Sci 38:1392 - 1414

[16] Fernandes FM, Vazquez L, Ruiz - Hitzky E, Carnicero A, Castro M(2014) Elastic properties of natural single nanofibres. RSC Adv 4:11225 - 11231

[17] Ruiz - Hitzky E(2001) Molecular access to intracrystalline tunnels of sepiolite. J Mater Chem 11:86 - 91

[18] Van Olphen H(1977) In: An introduction to clay colloid chemistry. For clay technologists, geologists and soil scientists, 2nd edn. Wiley, New York, pp 254 - 259

[19] Ruiz - Hitzky E, Darder M, Aranda P(2008) An introduction to bio - nanohybrid materials. In: Ruiz - Hitzky E, Ariga K, Lvov YM(eds) Bio - inorganic hybrid nanomaterials, strategies, syntheses, characterization and applications. Wiley - VCH, Weinheim, pp 1 - 40

[20] Ruiz - Hitzky E, Aranda P, Darder M, Rytwo G(2010) Hybrid materials based on clays for environmental and biomedical applications. J Mater Chem 20:9306 - 9321

[21] Fernandes FM, Darder M, Ruiz AI, Aranda P, Ruiz - Hitzky E(2011) Gelatine - based bio - nanocomposites. In: Mittal V (ed) Nanocomposites with biodegradable polymers. Synthesis, properties, and future perspectives. Oxford University Press, New York, pp 209 - 233

[22] Ahlrichs JL, Serna C, Serratosa JM(1975) Structural hydroxyls in sepiolites. Clays Clay Miner 23:119 - 124

[23] Brauner K, Pressinger A(1956) Struktur und entstehung des sepioliths. Miner Petrol 6:120 - 140

[24] Bradley WF(1940) The structural scheme of attapulgite. Am Miner 25:405 - 410

[25] Santare'n J, Sanz J, Ruiz - Hitzky E(1990) Structural fluorine in sepiolite. Clay Miner 38:63 - 68

[26] Momma K, Izumi F(2011) VESTA 3 for three - dimensional visualization of crystal, volumetric and morphology data. J Appl Crystallogr 44:1272 - 1276

[27] Lo'pez - Galindo A, Viseras C, Aguzzi C, Cerezo P(2011) Pharmaceutical and cosmetic uses of fibrous clays. In: Galan E, Singer A(eds) Developments in palygorskite - sepiolite research. A new outlook on these nanomaterials. Elsevier, Oxford, pp 299 - 324

[28] International Agency for Research on Cancer(1997) Coal dust and para - aramid fibrils. In: IARC monographs on the evaluation of carcinogenic risks to humans, silica, some silicates, vol 68. World Health Organization, Lyon, pp 267 - 282

[29] Ruiz - Hitzky E(2004) Organic - Inorganic materials: from intercalation chemistry to devices. In: Go'mez - Romero P, Sanchez C(eds) Functional hybrid materials. Wiley - VCH, Weinheim, pp 15 - 49

[30] Vanscoyoc GE, Serna CJ, Ahlrichs JL(1979) Structural - changes in palygorskite during dehydration and dehydroxylation. Am Miner 64:215 - 223

[31] Inagaki S, Fukushima Y, Doi H, Kamigaito O(1990) Pore - size distribution and adsorption selectivity of sepiolite. Clay Miner 25:99 - 105

[32] Kuang WX, Facey GA, Detellier C, Casal B, Serratosa JM, Ruiz - Hitzky E(2003) Nanostructured hybrid materials formed by sequestration of pyridine molecules in the tunnels of sepiolite. Chem Mater 15:

4956 -4967

[33] Kuang WX, Facey GA, Detellier C(2006) Organo - mineral nanohybrids. Incorporation, coordination and structuration role of acetone molecules in the tunnels of sepiolite. J Mater Chem 16:179 -185

[34] Ruiz - Hitzky E, Aranda P, Serratosa JM(2004) Clay - organic interactions: organoclay complexes and polymer clay nanocomposites. In: Auerbach SM, Carrado KA, Dutta PK(eds) Handbook of layered materials. Marcel Dekker, New York, pp 91 -154

[35] Sa'nchez del R1'o M, Dome'nech A, Dome'nech - Carbo'MT, Va'zquez de Agredos Pascual ML, Sua'rez M, Garc1'a - Romero E(2011) The Maya blue pigment. In: Gala'n E, Singer A(eds) Developments in palygorskite - sepiolite research. A new outlook on these nanomaterials. Elsevier, Oxford, pp 453 -481

[36] van Olphen H(1966) Maya blue - a clay - organic pigment. Science 154:645 -646

[37] Kleber R, Masschelein - Kleiner L, Thissen J(1967) E'tude et identification du 'Bleu Maya'. Stud Conserv 12:41 -56

[38] Hubbard B, Kuang WX, Moser A, Facey GA, Detellier C(2003) Structural study of Maya Blue: textural, thermal and solid state multinuclear magnetic resonance characterization of the palygorskite - indigo and sepiolite - indigo adducts. Clays Clay Miner 51:318 -326

[39] Sanchez del Rio M, Boccaleri E, Milanesio M, Croce G, van Beek W, Tsiantos C, Chyssikos GD, Gionis V, Kacandes GH, Suarez M, Garcia - Romero E(2009) A combined synchrotron powder diffraction and vibrational study of the thermal treatment of palygorskite - indigo to produce Maya blue. J Mater Sci 44: 5524 -5536

[40] Aznar AJ, Casal B, Ruiz - Hitzky E, Lopez - Arbeloa I, Lopez - Arbeloa F, Santaren J, Alvarez A(1992) Adsorption of methylene - blue on sepiolite gels - spectroscopic and rheological studies. Clay Miner 27: 101 -108

[41] Rytwo G, Nir S, Margulies L, Casal B, Merino J, Ruiz - Hitzky E, Serratosa JM(1998) Adsorption of monovalent organic cations on sepiolite: experimental results and model calculations. Clays Clay Miner 46: 340 -348

[42] Ga'ndara F, Miyagawa K, Aranda P, Ruiz - Hitzky E, Camblor M(2009) On the Mayas' track: confinement of organic dyes into inorganic solids. In: Ruiz - Hitzky EPA(ed) Jornada Cient1'fica Conmemorativa 50 Aniversario de la SEA. FER Fotocomposicio'n S. A., Madrid, pp 72 -73

[43] Volle N, Challier L, Burr A, Giulieri F, Pagnotta S, Chaze A - M(2011) Maya Blue as natural coloring fillers in a multi - scale polymer - clay nanocomposite. Compos Sci Technol 71:1685 -1691

[44] Inagaki S, Fukushima Y, Miyata M(1995) Inclusion polymerization of isoprene in the channels of sepiolite. Res Chem Intermed 21:167 -180

[45] Sandi G, Carrado KA, Winans RE, Johnson CS, Csencsits R(1999) Carbons for lithium battery applications prepared using sepiolite as an inorganic template. J Electrochem Soc 146:3644 -3648

[46] Ferna'ndez - Saavedra R, Aranda P, Ruiz - Hitzky E(2004) Templated synthesis of carbon nanofibers from polyacrylonitrile using sepiolite. Adv Funct Mater 14:77 -82

[47] Alvarez A, Santaren J, Perez - Castells R, Casal B, Ruiz - Hitzky E, Levitz P(1987) Surfactant adsorption and rheological behavior of surface modified sepiolite. In: Schultz LG, van Olphen H, Mumpton FA(eds) Proceedings of the international clay conference Denver, 1985. The Clay Minerals Society, Bloomington, pp 370 -374

[48] Li ZH, Willms CA, Kniola K(2003) Removal of anionic contaminants using surfactantmodified palygorskite and sepiolite. Clays Clay Miner 51:445 – 451

[49] Garcl'a N, Guzma'n J, Benito E, Esteban – Cubillo A, Aguilar E, Santare'n J, Tiemblo P(2011) Surface modification of sepiolite in aqueous gels by using methoxysilanes and its impact on the nanofiber dispersion ability. Langmuir 27:3952 – 3959

[50] Wicklein B, Darder M, Aranda P, Ruiz – Hitzky E(2010) Bio – organoclays based on phospholipids as immobilization hosts for biological species. Langmuir 26:5217 – 5225

[51] Shen L, Lin YJ, Du QG, Zhong W, Yang YL(2005) Preparation and rheology of polyamide – 6/attapulgite nanocomposites and studies on their percolated structure. Polymer 46:5758 – 5766

[52] Xie SB, Zhang SM, Wang FS, Yang MS, Seguela R, Lefebvre JM(2007) Preparation, structure and thermomechanical properties of nylon – 6 nanocomposites withlamella – type and fiber – type sepiolite. Compos Sci Technol 67:2334 – 2341

[53] Garcl'a – Lo'pez D, Ferna'ndez JF, Merino JC, Pastor JM(2013) Influence of organic modifier characteristic on the mechanical properties of polyamide 6/organosepiolite nanocomposites. Compos Part B Eng 45:459 – 465

[54] Tsai FC, Li P, Liu ZW, Feng G, Zhu P, Wang CK, Chen KN, Huang CY, Yeh JT(2012) Drawing and ultimate tenacity properties of polyamide 6/attapulgite composite fibers. J Appl Polym Sci 126:1906 – 1916

[55] Garcl'a N, Hoyos M, Guzma'n J, Tiemblo P(2009) Comparing the effect of nanofillers as thermal stabilizers in low density polyethylene. Polym Degrad Stab 94:39 – 48

[56] Gao J, Zhang Q, Wang K, Fu Q, Chen Y, Chen H, Huang H, Rego JM(2012) Effect of shearing on the orientation, crystallization and mechanical properties of HDPE/attapulgite nanocomposites. Compos Part A Appl S 43:562 – 569

[57] Shafiq M, Yasin T, Saeed S(2012) Synthesis and characterization of linear low – density polyethylene/sepiolite nanocomposites. J Appl Polym Sci 123:1718 – 1723

[58] Carrero A, van Grieken R, Suarez I, Paredes B(2012) Development of a new synthetic method based on in situ strategies for polyethylene/clay composites. J Appl Polym Sci 126:987 – 997

[59] Gul R, Islam A, Yasin T, Mir S(2011) Flame – retardant synergism of sepiolite and magnesium hydroxide in a linear low – density polyethylene composite. J Appl Polym Sci 121:2772 – 2777

[60] Shafiq M, Yasin T(2012) Effect of gamma irradiation on linear low density polyethylene/magnesium hydroxide/sepiolite composite. Radiat Phys Chem 81:52 – 56

[61] Tiemblo P, Benito E, Garcia N, Esteban – Cubillo A, Pina – Zapardiel R, Pecharroman C(2012) Multiscale gold and silver plasmonic plastics by melt compounding. RSC Adv 2:915 – 919

[62] Chen J, Chen J, Zhu S, Cao Y, Li H(2011) Mechanical properties, morphology, and crystal structure of polypropylene/chemically modified attapulgite nanocomposites. J Appl Polym Sci 121:899 – 908

[63] He M, Cao WC, Wang LJ, Wilkie CA(2013) Synergistic effects of organo – sepiolite and zinc borate on the fire retardancy of polypropylene. Polym Adv Technol 24:1081 – 1088

[64] Hapuarachchi TD, Peijs T, Bilotti E(2013) Thermal degradation and flammability behavior of polypropylene/clay/carbon nanotube composite systems. Polym Adv Technol 24:331 – 338

[65] Ferna'ndez – Garcl'a L, Pecharroma'n C, Esteban – Cubillo A, Tiemblo P, Garcl'a N, Mene'ndez JL (2013) Magneto – optical Faraday activity in transparent FeCo – sepiolite/polystyrene nanocomposites. J

Nanopart Res 15:1 -6

[66] Zhong W, Liu P, Wang A(2012) Facile approach to magnetic attapulgite - Fe3O4 /polystyrene tri - component nanocomposite. Mater Lett 85:11 - 13

[67] Chen F, Lou D, Yang J, Zhong M(2011) Mechanical and thermal properties of attapulgite clay reinforced polymethylmethacrylate nanocomposites. Polym Adv Technol 22:1912 - 1918

[68] Huang N, Chen Z, Liu H, Wang J(2012) Thermal stability and degradation kinetics of poly(methyl methacrylate)/sepiolite nanocomposites by direct melt compounding. J Macromol Sci Part B 52:521 - 529

[69] Liu Y, Liu P, Su Z(2008) Morphological characterization of attapulgite/poly(methyl methacrylate) particles prepared by soapless emulsion polymerization. Polym Int 57:306 - 310

[70] Zhang H, Li C, Zang L, Luo J, Guo J(2012) Preparation of bead - string shaped attapulgite/poly(methyl methacrylate) particles by soapless emulsion polymerization based on uv irradiation in the presence of iron (III). J Macromol Sci Part A 49:154 - 159

[71] Wang J, Wang Q, Zheng Y, Wang A(2013) Synthesis and oil absorption of poly(butylmethacrylate)/organo - attapulgite nanocomposite by suspended emulsion polymerization. Polym Compos 34:274 - 281

[72] Wang Y, Chen D(2012) Preparation and characterization of a novel stimuli - responsive nanocomposite hydrogel with improved mechanical properties. J Colloid Interface Sci 372:245 - 251

[73] Wang Y, Dong A, Yuan Z, Chen D(2012) Fabrication and characterization of temperature - , pH - and magnetic - field - sensitive organic/inorganic hybrid poly(ethylene glycol) - based hydrogels. Colloid Surf A 415:68 - 76

[74] Yuan Z, Wang Y, Chen D(2014) Preparation and characterization of thermo - , pH - , and magnetic - field - responsive organic/inorganic hybrid microgels based on poly (ethylene gly - col). J Mater Sci 49: 3287 - 3296

[75] Zhao L, Liu P, Liang G, Gu A, Yuan L, Guan Q(2014) The origin of the curing behavior, mechanical and thermal properties of surface functionalized attapulgite/bismaleimide/diallylbisphenol composites. Appl Surf Sci 288:435 - 443

[76] Nohales A, Solar L, Porcar I, Vallo CI, Gomez CM(2006) Morphology, flexural, and thermal properties of sepiolite modified epoxy resins with different curing agents. Eur Polym J 42:3093 - 3101

[77] Foix D, Rodrl'guez MT, Ferrando F, Ramis X, Serra A(2012) Combined use of sepiolite and a hyperbranched polyester in the modification of epoxy/anhydride coatings: a study of the curing process and the final properties. Prog Org Coat 75:364 - 372

[78] Verge P, Fouquet T, Barre`re C, Toniazzo V, Ruch D, Bomfim JAS(2013) Organomodification of sepiolite clay using bio - sourced surfactants: compatibilization and dispersion into epoxy thermosets for properties enhancement. Compos Sci Technol 79:126 - 132Recent Advances on Fibrous Clay - Based Nanocomposites 77

[79] Nohales A, Lo'pez D, Culebras M, Go'mez CM(2013) Rheological study of gel phenomena during epoxide network formation in the presence of sepiolite. Polym Int 62:397 - 405

[80] Gomez - Aviles A, Aranda P, Fernandes FM, Belver C, Ruiz - Hitzky E(2013) Silica - sepiolite nanoarchitectures. J Nanosci Nanotechnol 13:2897 - 2907

[81] Wang R, Li Z, Wang Y, Liu W, Deng L, Jiao W, Yang F(2013) Effects of modified attapulgite on the properties of attapulgite/epoxy nanocomposites. Polym Compos 34:22 - 31

[82] Wang R, Li Z, Liu W, Jiao W, Hao L, Yang F(2013) Attapulgite - graphene oxide hybrids as thermal and

mechanical reinforcements for epoxy composites. Compos Sci Technol 87:29 – 35

[83] Chen H, Zheng M, Sun H, Jia Q(2007) Characterization and properties of sepiolite/polyure – thane nanocomposites. Mater Sci Eng a – Struct Mater Propert Microstruct Process 445:725 – 730

[84] Wang C – H, Auad ML, Marcovich NE, Nutt S(2008) Synthesis and characterization of organically modified attapulgite/polyurethane nanocomposites. J Appl Polym Sci109:2562 – 2570

[85] Lei Z, Yang Q, Wu S, Song X(2009) Reinforcement of polyurethane/epoxyinterpenetrating network nanocomposites with an organically modified palygorskite. J Appl Polym Sci111:3150 – 3162

[86] Xu B, Huang WM, Pei YT, Chen ZG, Kraft A, Reuben R, De Hosson JTM, Fu YQ(2009) Mechanical properties of attapulgite clay reinforced polyurethane shape – memory nanocomposites. Eur Polym J 45: 1904 – 1911

[87] Chen H, Lu H, Zhou Y, Zheng M, Ke C, Zeng D(2012) Study on thermal properties of polyurethane nanocomposites based on organo – sepiolite. Polym Degrad Stab 97:242 – 247

[88] Peng L, Zhou L, Li Y, Pan F, Zhang S(2011) Synthesis and properties of waterborne polyurethane/attapulgite nanocomposites. Compos Sci Technol 71:1280 – 1285

[89] Bao Y, Li Q, Xue P, Wang J, Wu C(2012) Effect of electrostatic heterocoagulation of PVM/MA grafted carbon black and attapulgite nanorods on electrical and mechanical behaviors of waterborne polyurethane nanocomposites. Colloid Polym Sci 290:1527 – 1536

[90] Alkan M, Benlikaya R(2009) Poly(vinyl alcohol) nanocomposites with sepiolite and heat – treated sepiolites. J Appl Polym Sci 112:3764 – 3774

[91] Killeen D, Frydrych M, Chen B(2012) Porous poly(vinyl alcohol)/sepiolite bone scaffolds: preparation, structure and mechanical properties. Mater Sci Eng C Biomimetic Supramol Syst 32:749 – 757

[92] Li A, Wang AQ, Chen JM(2004) Studies on poly(acrylic acid)/attapulgite superabsorbent composite. I. Synthesis and characterization. J Appl Polym Sci 92:1596 – 1603

[93] Zhang FQ, Guo ZJ, Gao H, Li YC, Ren L, Shi L, Wang LX(2005) Synthesis and properties of sepiolite/poly(acrylic acid – co – acrylamide) nanocomposites. Polym Bull 55:419 – 428

[94] Li A, Wang A, Chen J(2004) Studies on poly(acrylic acid)/attapulgite superabsorbent composites. II. Swelling behaviors of superabsorbent composites in saline solutions and hydrophilic solvent – water mixtures. J Appl Polym Sci 94:1869 – 1876

[95] Chen J, Ding S, Jin Y, Wu J(2013) Semidry synthesis of the poly(acrylic acid)/palygorskite superabsorbent with high – percentage clay via a freeze – thaw – extrusion process. J Appl Polym Sci 128:1779 – 1784

[96] Zhu L, Liu P, Wang A(2014) High clay – content attapulgite/poly(acrylic acid) nanocomposite hydrogel via surface – initiated redox radical polymerization with modified attapulgite nanorods as initiator and cross – linker. Ind Eng Chem Res 53:2067 – 2071

[97] Liu P, Jiang L, Zhu L, Wang A(2014) Novel approach for attapulgite/poly(acrylic acid)(ATP/PAA) nanocomposite microgels as selective adsorbent for Pb(II) ion. React Funct Polym 74:72 – 80

[98] Gao G, Du G, Cheng Y, Fu J(2014) Tough nanocomposite double network hydrogels reinforced with clay nanorods through covalent bonding and reversible chain adsorption. J Mater Chem B 2:1539 – 1548

[99] Liu P, Jiang L, Zhu L, Wang A(2014) Novel covalently cross – linked attapulgite/poly(acrylic acid – co – acrylamide) hybrid hydrogels by inverse suspension polymerization: Synthesis optimization and evaluation as adsorbents for toxic heavy metals. Ind Eng Chem Res 53:4277 – 4285

[100] Ekici S,Isikver Y,Saraydin D(2006)Poly(acrylamide – sepiolite)composite hydrogels:preparation,swelling and dye adsorption properties. Polym Bull 57:231 –241

[101] An J,Wang W,Wang A(2012)Preparation and swelling behavior of a pH – responsive psyllium – g – poly (acrylic acid)/attapulgite superabsorbent nanocomposite. Int J Polym Mater Polymeric Biomater 61:906 – 918

[102] Wicklein B,Darder M,Aranda P,Ruiz – Hitzky E(2011)Phospholipid – sepiolite biomimetic interfaces for the immobilization of enzymes. ACS Appl Mater Interfaces 3:4339 –4348

[103] Ojijo V,Ray SS(2013)Processing strategies in bionanocomposites. Prog Polym Sci38:1543 –1589

[104] Russo P,Cammarano S,Bilotti E,Peijs T,Cerruti P,Acierno D(2014)Physical properties of poly lactic acid/clay nanocomposite films:effect of filler content and annealing treatment. J Appl Polym Sci 131. doi: 10. 1002/app. 39798

[105] Jiang Y,Han S,Zhang S,Li J,Huang G,Bi Y,Chai Q(2014)Improved properties by hydrogen bonding interaction of poly(lactic acid)/palygorskite nanocomposites for agricultural products packaging. Polym Compos 35:468 –476

[106] Fukushima K,Tabuani D,Abbate C,Arena M,Ferreri L(2010)Effect of sepiolite on the biodegradation of poly(lactic acid)and polycaprolactone. Polym Degrad Stab 95:2049 –2056

[107] Fukushima K,Tabuani D,Dottori M,Armentano I,Kenny JM,Camino G(2011)Effect of temperature and nanoparticle type on hydrolytic degradation of poly(lactic acid)nanocomposites. Polym Degrad Stab 96: 2120 –2129

[108] da Silva Moreira Thire RM,Arruda LC,Barreto LS(2011)Morphology and thermal properties of poly(3 – hydroxybutyrate – co –3 – hydroxyvalerate)/attapulgite nanocomposites. Mater Res Ibero Am J Mater 14: 340 –344

[109] Qi Z,Ye H,Xu J,Peng J,Chen J,Guo B(2013)Synthesis and characterizations of attapulgite reinforced branched poly(butylene succinate)nanocomposites. Colloid Surf A 436:26 –33

[110] Sozer N,Kokini JL(2009)Nanotechnology and its applications in the food sector. Trends Biotechnol 27: 82 –89

[111] Lynch DL,Wright LM,Cotnoir LJ(1957)Breakdown of cellulose dextrin and gelatin in presence of an attapulgite. Nature 179:1131

[112] ChangSH,Ryan ME,Gupta RK(1991)Competitive adsorptionof water – soluble polymers on attapulgite clay. J Appl Polym Sci 43:1293 –1299

[113] Darder M,Lopez – Blanco M,Aranda P,Aznar AJ,Bravo J,Ruiz – Hitzky E(2006)Microfibrous chitosan – sepiolite nanocomposites. Chem Mater 18:1602 –1610

[114] Chivrac F,Pollet E,Schmutz M,Averous L(2010)Starch nano – biocomposites based on needle – like sepiolite clays. Carbohydr Polym 80:145 –153

[115] Martl'nez – Frl'as P(2008)Estudio de la viabilidad del bio – nanocomposite quitosano – sepiolita como membrana para procesos de separacio'n de gases. Thesis,Autonomous University of Madrid,Madrid

[116] Huang D,Mu B,Wang A(2012)Preparation and properties of chitosan/poly(vinyl alcohol)nanocomposite films reinforced with rod – like sepiolite. Mater Lett 86:69 –72

[117] Huang D,Wang W,Xu J,Wang A(2012)Mechanical and water resistance properties of chitosan/poly(vinyl alcohol)films reinforced with attapulgite dispersed by high – pressure homogenization. Chem Eng J

210:166 - 172

[118] Kosan B, Michels C, Meister F(2008) Dissolution and forming of cellulose with ionic liquids. Cellulose 15: 59 - 66

[119] Lan W, Liu C - F, Yue F - X, Sun R - C, Kennedy JF(2011) Ultrasound - assisted dissolution of cellulose in ionic liquid. Carbohydr Polym 86:672 - 677 Recent Advances on Fibrous Clay - Based Nanocomposites 79

[120] Soheilmoghaddam M, Wahit MU, Yussuf AA, Al - Saleh MA, Whye WT(2014) Characterization of bio regenerated cellulose/sepiolite nanocomposite films prepared via ionic liquid. Polym Test 33:121 - 130

[121] Ebringerova' A, Heinze T (2000) Xylan and xylan derivatives - biopolymers with valuable properties, 1. Naturally occurring xylans structures, isolation procedures and properties. Macromol Rapid Commun 21: 542 - 556

[122] Sa'rossy Z, Blomfeldt TOJ, Hedenqvist MS, Koch CB, Ray SS, Plackett D(2012) Composite films of arabinoxylan and fibrous sepiolite: morphological, mechanical, and barrier properties. ACS Appl Mater Interfaces 4:3378 - 3386

[123] U¨nlu¨CH, Gu¨nister E, At1c1O(2009) Synthesis and characterization of NaMt biocomposites with corn cob xylan in aqueous media. Carbohydr Polym 76:585 - 592

[124] Gibson LJ, Ashby MF (1997) Cellular solids: structure and properties, 2nd edn. Cambridge University Press, Cambridge

[125] Deville S, Saiz E, Nalla RK, Tomsia AP(2006) Freezing as a path to build complex composites. Science 311:515 - 518

[126] Nieto - Suarez M, Palmisano G, Ferrer ML, Concepcion Gutierrez M, Yurdakal S, Augugliaro V, Pagliaro M, del Monte F(2009) Self - assembled titania - silica - sepiolite based nanocomposites for water decontamination. J Mater Chem 19:2070 - 2075

[127] Ruiz - Hitzky E, Aranda P, Darder M, Fernandes FM, Matos CRS(2010) Espumas rigidas detipo composite basadas en biopol1'meros combinados con arcillas fibrosas y su me'todo depreparacio'n. Patent WO 2010081918 A1

[128] Darder M, Aranda P, Ferrer ML, Gutie'rrez MC, del Monte F, Ruiz - Hitzky E(2011) Progress in bionanocomposite and bioinspired foams. Adv Mater 23:5262 - 5267

[129] Darder M, Matos CRS, Aranda P, Ruiz - Hitzky E(2010) Sepiolite - based nanocomposites foams. In: Proceedings of the SEA - CSSJ - CMS trilateral meeting on clays. Sevilla, pp 357 - 358. (http://www. sea - arcillas. es/publicaciones/2010% 20SEA - CSSJ - CMS% 20Trilateral% 20Meeting% 20on% 20Clays. pdf)

[130] Ruiz - Hitzky E, Darder M, Aranda P, Ariga K(2010) Advances in biomimetic and nano - structured biohybrid materials. Adv Mater 22:323 - 336

[131] Okamoto M(2008) Biodegradable polymer - based nanocomposites: nanostructure control and nanocomposite foaming with the aim of producing nano - cellular plastics. In: Ruiz - HitzkyE, ArigaK, Lvov YM(eds) Bio - inorganic hybridnanomaterials. Strategies, syntheses, characterization and applications. Wiley - VCH, Weinheim, pp 271 - 312

[132] Chen M, Chen BQ, Evans JRG(2005) Novel thermoplastic starch - clay nanocomposite foams. Nanotechnology 16:2334 - 2337

[133] Gupta VK, Suhas(2009) Application of low - cost adsorbents for dye removal - a review. J Environment Manag 90:2313 - 2342

[134] Cohen E, Joseph T(2009) Photostabilization of Beauveria bassiana conidia using anionic dyes. Appl Clay Sci 42:569 – 574

[135] Deng Y, Wang L, Hu X, Liu B, Wei Z, Yang S, Sun C(2012) Highly efficient removal of tannic acid from aqueous solution by chitosan – coated attapulgite. Chem Eng J 181:300 – 306

[136] Pang C, Liu Y, Cao X, Hua R, Wang C, Li C(2010) Adsorptive removal of uranium from aqueous solution using chitosan – coated attapulgite. J Radioanal Nucl Chem 286:185 – 193

[137] Zou X, Pan J, Ou H, Wang X, Guan W, Li C, Yan Y, Duan Y(2011) Adsorptive removal of Cr(III) and Fe(III) from aqueous solution by chitosan/attapulgite composites: equilibrium, thermodynamics and kinetics. Chem Eng J 167:112 – 121

[138] Rytwo G, Lavi R, Rytwo Y, Monchase H, Dultz S, Koenig TN(2013) Clarification of olive mill and winery wastewater by means of clay – polymer nanocomposites. Sci Total Environ 442:134 – 142

[139] Pan G, Zou H, Chen H, Yuan XZ(2006) Removal of harmful cyanobacterial blooms in Taihu Lake using local soils. III. Factors affecting the removal efficiency and an in situ field experiment using chitosan – modified local soils. Environ Pollution 141:206 – 212 80 E. Ruiz – Hitzky et al.

[140] Peng Y, Chen D, Ji J, Kong Y, Wan H, Yao C(2013) Chitosan – modified palygorskite: preparation, characterization and reactive dye removal. Appl Clay Sci 74:81 – 86

[141] Li C, Pan J, Zou X, Gao J, Xie J, Yongsheng Y(2011) Synthesis and applications of novel attapulgite – supported Co(II) – imprinted polymers for selective solid – phase extraction of cobalt(II) from aqueous solutions. Int J Environ Anal Chem 91:1035 – 1049

[142] Wu J, Chen J(2013) Adsorption characteristics of tannic acid onto the novel protonated palygorskite/chitosan resin microspheres. J Appl Polym Sci 127:1765 – 1771

[143] Alca ntara ACS, Darder M, Aranda P, Ruiz – Hitzky E(2014) Polysaccharide – fibrous clay bionanocomposites. Appl Clay Sci(in press) doi:10. 1016/j. clay. 2014. 02. 018

[144] Zhou X, Liu Q, Ying G, Cui Y(2012) Chlorpyrifos – loaded attapulgite/sodium alginate hybrid microsphere and its release properties. In: Ji HB, Chen Y, Chen SZ(eds) Advanced materials and processes II, Advance materials research, vol 557 – 559. Trans Tech Publications, Zurich, pp 1528 – 1532

[145] Alcantara ACS, Darder M, Aranda P, Tateyama S, Okajima MK, Kaneko T, Ogawa M, Ruiz – Hitzky E (2014) Clay – bionanocomposites with sacran megamolecules for the selective uptake of neodymium. J Mater Chem A 2:1391 – 1399

[146] Mu B, Kang Y, Wang A(2013) Preparation of a polyelectrolyte – coated magnetic attapulgite composite for the adsorption of precious metals. J Mater Chem A 1:4804 – 4811

[147] Wang W, Wang F, Kang Y, Wang A(2013) Facile self – assembly of Au nanoparticles on a magnetic attapulgite/Fe 3 O 4 composite for fast catalytic decoloration of dye. RSC Adv3:11515 – 11520

[148] Wang W, Zheng Y, Wang A(2008) Syntheses and properties of superabsorbent composites based on natural guar gum and attapulgite. Polym Adv Technol 19:1852 – 1859

[149] Yang H, Peng Z, Zhou Y, Zhao F, Zhang J, Cao X, Hu Z(2011) Preparation and performances of a novel intelligent humidity control composite material. Energy Build 43:386 – 392

[150] Liu Y, Wang WB, Wang AG(2010) Adsorption of lead ions from aqueous solution by using carboxymethyl cellulose – g – poly(acrylic acid)/attapulgite hydrogel composites. Desalination259:258 – 264

[151] Mahdavinia GR, Asgari A(2013) Synthesis of kappa – carrageenan – g – poly(acrylamide)/sepi – olite

nanocomposite hydrogels and adsorption of cationic dye. Polym Bull 70:2451 –2470

[152] Zheng Y, Zhang J, Wang A(2009) Fast removal of ammonium nitrogen from aqueous solution using chitosan – g – poly(acrylic acid)/attapulgite composite. Chem Eng J 155:215 –222

[153] Wang L, Zhang J, Wang A(2011) Fast removal of methylene blue from aqueous solution by adsorption onto chitosan – g – poly(acrylic acid)/attapulgite composite. Desalination 266:33 –39

[154] Wang X, Wang A(2010) Adsorption characteristics of chitosan – g – poly(acrylic acid)/attapulgite hydrogel composite for Hg(II) ions from aqueous solution. Sep Sci Technol45:2086 –2094

[155] Ni B, Liu M, Lue S, Xie L, Wang Y(2010) Multifunctional slow – release organic – inorganic compound fertilizer. J Agric Food Chem 58:12373 –12378

[156] Kievit FM, Zhang M(2011) Cancer therapy: cancer nanotheranostics: improving imaging and therapy by targeted delivery across biological barriers. Adv Mater 23:H217 – H247

[157] Doane TL, Burda C(2012) The unique role of nanoparticles in nanomedicine: imaging, drug delivery and therapy. Chem Soc Rev 41:2885 –2911

[158] Venkataraman S, Hedrick JL, Ong ZY, Yang C, Ee PLR, Hammond PT, Yang YY(2011) The effects of polymeric nanostructure shape on drug delivery. Adv Drug Deliv Rev63:1228 –1246

[159] Viseras C, Aguzzi C, Cerezo P, Bedmar MC(2008) Biopolymer – clay nanocomposites for controlled drug delivery. Mater Sci Technol 24:1020 –1026

[160] Salcedo I, Aguzzi C, Sandri G, Bonferoni MC, Mori M, Cerezo P, Sanchez R, Viseras C, Caramella C(2012) In vitro biocompatibility and mucoadhesion of montmorillonite chitosan nanocomposite: a new drug delivery. Appl Clay Sci 55:131 –137 Recent Advances on Fibrous Clay – Based Nanocomposites 81

[161] Wang Q, Zhang JP, Wang AQ(2009) Preparation and characterization of a novel pH – sensitive chitosan – g – poly(acrylic acid)/attapulgite/sodium alginate composite hydrogel bead for controlled release of diclofenac sodium. Carbohydr Polym 78:731 –737

[162] Wang Q, Wu J, Wang W, Wang A(2011) Preparation, characterization and drug – release behaviors of crosslinked chitosan/attapulgite hybrid microspheres by a facile spray – drying technique. J Biomater Nanobiotechnol 2:250 –257

[163] Wang Q, Wang W, Wu J, Wang A(2012) Effect of attapulgite contents on release behaviors of a pH sensitive carboxymethyl cellulose – g – poly(acrylic acid)/attapulgite/sodium alginate composite hydrogel bead containing diclofenac. J Appl Polym Sci 124:4424 –4432

[164] Amorij J – P, Hinrichs WLJ, Frijlink HW, Wilschut JC, Huckriede A(2010) Needle – free influenza vaccination. Lancet Infect Dis 10:699 –711

[165] Ruiz – Hitzky E, Darder M, Aranda P, Martin del Burgo MA', del Real G(2009) Bionanocomposites as new carriers for influenza vaccines. Adv Mater 21:4167 –4171

[166] Clapp T, Siebert P, Chen D, Jones Braun L(2011) Vaccines with aluminum – containing adjuvants: optimizing vaccine efficacy and thermal stability. J Pharm Sci 100:388 –401

[167] Wicklein B, Martl'n del Burgo MA', Yuste M, Darder M, Escrig Llavata C, Aranda P, Ortl'n J, del Real G, Ruiz – Hitzky E(2012) Lipid – based bio – nanohybrids for functional stabilisation of influenza vaccines. Eur J Inorg Chem 2012:5186 –5191

[168] Ave'rous L, Pollet E(2012) Green nano – biocomposites. In: Ave'rous L, Pollet E(eds) Environmental silicate nano – biocomposites. Springer, London, pp 1 –11

[169] Fernandes FM, Ruiz AI, Darder M, Aranda P, Ruiz – Hitzky E(2009) Gelatin – clay bio – nanocomposites: structural and functional properties as advanced materials. J Nanosci Nanotechnol 9:221 –229

[170] Fernandes FM, Manjubala I, Ruiz – Hitzky E(2011) Gelatin renaturation and the interfacial role of fillers in bionanocomposites. PCCP 13:4901 –4910

[171] Su D, Wang C, Cai S, Mu C, Li D, Lin W(2012) Influence of palygorskite on the structure and thermal stability of collagen. Appl Clay Sci 62 –63:41 –46

[172] Gimenez B, Gomez – Guillen MC, Lopez – Caballero ME, Gomez – Estaca J, Montero P(2012) Role of sepiolite in the release of active compounds from gelatin – egg white films. Food Hydrocoll 27:475 –486

[173] Mangavel C, Rossignol N, Perronnet A, Barbot J, Popineau Y, Gueguen J(2004) Properties and microstructure of thermo – pressed wheat gluten films: a comparison with cast films. Biomacromolecules 5: 1596 –1601

[174] Yuan Q, Lu W, Pan Y(2010) Structure and properties of biodegradable wheat gluten/attapulgite nanocomposite sheets. Polym Degrad Stab 95:1581 –1587

[175] Ruiz Hitzky E, Aranda P, Darder M, and Alca ˆntara ACS(2010) Materiales composites basados en biohl′ bridos zel′na – arcilla, su procedimiento de obtencio′n y usos de estos materiales. Patent WO 2010146216 A1

[176] Alca ˆntara ACS, Darder M, Aranda P, Ruiz Hitzky E(2012) Zein – fibrous clays biohybrid materials. Eur J Inorg Chem 2012:5216 –5224

[177] Alcantara ACS, Aranda P, Darder M, Ruiz – Hitzky E(2011) Zein – clay biohybrids as nanofillers of alginate based bionanocomposites. Abstr Pap Am Chem Soc 241:114 –115

[178] Carretero MI, Pozo M (2009) Clay and non – clay minerals in the pharmaceutical industry: Part I. Excipients and medical applications. Appl Clay Sci 46:73 –80

[179] Carretero MI, Pozo M(2010) Clay and non – clay minerals in the pharmaceutical and cosmetic industries: part II. Active ingredients. Appl Clay Sci 47:171 –181

[180] da Silva MLD, Fortes AC, Tome AD, da Silva EC, de Freitas RM, Soares – Sobrinho JL, Leite CMD, Soares MFD(2013) The effect of natural and organophilic palygorskite on skin wound healing in rats. Braz J Pharm Sci 49:729 –736

[181] Perez – Castells R, Alvarez A, Gavilanes J, Lizarbe MA, Martinez Del Pozo A, Olmo N, Santaren J(1987) Adsorption of collagen by sepiolite. In: Schultz LG, van Olphen H, Mumpton FA(eds) Proceedings of the international clay conference Denver, 1985. The Clay Minerals Society, Bloomington, pp 359 –362 82 E. Ruiz – Hitzky et al.

[182] Lizarbe MA, Olmo N, Gavilanes JG(1987) Adhesion and spreading of fibroblasts on sepiolite collagen complexes. J Biomed Mater Res 21:137 –144

[183] Herrera JI, Olmo N, Turnay J, Sicilia A, Bascones A, Gavilanes JG, Lizarbe MA(1995) Implantation of sepiolite – collagen complexes in surgically created rat calvaria defects. Biomaterials 16:625 –631

[184] Olmo N, Turnay J, Herrera JI, Gavilanes JG, Lizarbe MA(1996) Kinetics of in vivo degradation of sepiolite – collagen complexes: effect of glutaraldehyde treatment. J Biomed Mater Res 30:77 –84

[185] Frydrych M, Wan C, Stengler R, O' Kelly KU, Chen B(2011) Structure and mechanical properties of gelatin/sepiolite nanocomposite foams. J Mater Chem 21:9103 –9111

[186] Li W –Z, Li G –F, Wang J –L(2013) Core – shell assembly of natural polymers for adjusting release performance of diclofenac. Int J Polym Mater Polym Biomater 62:358 –361

[187] de Fuentes IE, Viseras CA, Ubiali D, Terreni M, Alca'ntara AR(2001) Different phyllosilicates as supports for lipase immobilisation. J Mol Catal B Enzym 11:657 – 663

[188] Prodanovic RM, Simic MB, Vujcic ZM(2003) Immobilization of periodate oxidized invertase by adsorption on sepiolite. J Serb Chem Soc 68:819 – 824

[189] Cengiz S, C, avas, L, Yurdakoc, K(2012) Bentonite and sepiolite as supporting media: immobilization of catalase. Appl Clay Sci 65 – 66:114 – 120

[190] Zhao Q, Hou Y, Gong G – H, Yu M – A, Jiang L, Liao F(2010) Characterization of alcohol dehydrogenase from permeabilized Brewer's yeast cells immobilized on the derived attapulgite nanofibers. Appl Biochem Biotechnol 160:2287 – 2299

[191] Caballero V, Bautista FM, Campelo JM, Luna D, Marinas JM, Romero AA, Hidalgo JM, Luque R, Macario A, Giordano G(2009) Sustainable preparation of a novel glycerol – free biofuel by using pig pancreatic lipase: partial 1,3 – regiospecific alcoholysis of sunflower oil. Process Biochem 44:334 – 342

[192] Chen J, Jin Y(2010) Sensitive phenol determination based on co – modifying tyrosinase and palygorskite on glassy carbon electrode. Microchim Acta 169:249 – 254

[193] Xu J, Han W, Yin Q, Song J, Zhong H(2009) Direct electron transfer of glucose oxidase and glucose biosensor based on nano – structural attapulgite clay matrix. Chin J Chem 27:2197 – 2202

[194] Regina de Oliveira T, Grawe GF, Moccelini SK, Terezo AJ, Castilho M(2014) Enzymatic biosensors based on inga – cipo peroxidase immobilised on sepiolite for TBHQ quantification. Analyst 139:2214 – 2220

[195] Lagaly G(1986) Interaction of alkylamines with different types of layered compounds. Solid State Ionics 22:43 – 51

[196] Abbate C, Arena M, Baglieri A, Gennari M(2009) Effects of organoclays on soil eubacterial community assessed by molecular approaches. J Hazard Mater 168:466 – 472

[197] Lang S(2002) Biological amphiphiles(microbial biosurfactants). Curr Opin Colloid Interface Sci 7:12 – 20

[198] Pacwa – Plociniczak M, Plaza GA, Piotrowska – Seget Z, Cameotra SS(2011) Environmental applications of biosurfactants: recent advances. Int J Mol Sci 12:633 – 654

[199] Lu JR, Zhao XB, Yaseen M(2007) Biomimetic amphiphiles: biosurfactants. Curr Opin Colloid Interface Sci 12:60 – 67

[200] Carnero Ruiz C(ed) (2008) Sugar – based surfactants. Fundamentals and applications. Surfactant Science, vol 143. CRC/Taylor & Francis, Boca Raton

[201] Koutsopoulos S, Kaiser L, Eriksson HM, Zhang S(2012) Designer peptide surfactants stabilize diverse functional membrane proteins. Chem Soc Rev 41:1721 – 1728

[202] Ariga K, Hill JP, Lee MV, Vinu A, Charvet R, and Acharya S(2008) Challenges and breakthroughs in recent research on self – assembly. Sci Technol Adv Mater 9:1 – 96

[203] Sun T, Qing G(2011) Biomimetic smart interface materials for biological applications. Adv Mater 23: H57 – H77

[204] Zhang X, Zhao N, Liang S, Lu X, Li X, Xie Q, Zhang X, Xu J(2008) Facile creation of biomimetic systems at the interface and in bulk. Adv Mater 20:2938 – 2946 Recent Advances on Fibrous Clay – Based Nanocomposites 83

[205] Mark K, Park J, Bauer S, Schmuki P(2010) Nanoscale engineering of biomimetic surfaces: cues from the extracellular matrix. Cell Tissue Res 339:131 – 153

[206] Ruiz – Hitzky E, Darder M, Wicklein B, Fernandes FM, Castro – Smirnov FA, del Burgo MAM, del Real G, and Aranda P(2012) Advanced biohybrid materials based on nanoclays for biomedical applications. In: Choi SH, Choy JH, Lee U, Varadan VK(eds) Nanosystems in engineering and medicine, vol 8548. SPIE – Int Soc Optical Engineering, Bellingham

[207] Wicklein B(2011) Bio – nanohybrid materials based on clays and phospholipids. Thesis, Autonomous University of Madrid, Madrid

[208] Plant AL(1999) Supported hybrid bilayer membranes as rugged cell membrane mimics. Langmuir 15: 5128 – 5135

[209] Hubbard JB, Silin V, Plant AL(1998) Self assembly driven by hydrophobic interactions at alkanethiol monolayers: mechanism of formation of hybrid bilayer membranes. Biophys Chem 75:163 – 176

[210] Hosseini A, Barile CJ, Devadoss A, Eberspacher TA, Decreau RA, Collman JP(2011) Hybrid bilayer membrane: a platform to study the role of proton flux on the efficiency of oxygen reduction by a molecular electrocatalyst. J Am Chem Soc 133:11100 – 11102

[211] Xie H, Jiang K, Zhan W(2011) A modular molecular photovoltaic system based on phospholipid/alkanethiol hybrid bilayers: photocurrent generation and modulation. PCCP13:17712 – 17721

[212] Zhou Q, Somasundaran P(2009) Synergistic adsorption of mixtures of cationic gemini and nonionic sugar – based surfactant on silica. J Colloid Interface Sci 331:288 – 294

[213] Persson CM, Claesson PM, Lunkenheimer K(2002) Interfacial behavior of n – decyl – β – D – maltopyranoside on hydrophobic interfaces and the effect of small amounts of surface – active impurities. J Colloid Interface Sci 251:182 – 192

[214] Hederos M, Konradsson P, Liedberg B(2005) Synthesis and self – assembly of galactose – terminated alkanethiols and their ability to resist proteins. Langmuir 21:2971 – 2980

[215] Fyrner T, Lee H – H, Mangone A, Ekblad T, Pettitt ME, Callow ME, Callow JA, Conlan SL, Mutton R, Clare AS, Konradsson P, Liedberg B, Ederth T(2011) Saccharide – functionalized alkanethiols for fouling – resistant self – assembled monolayers: synthesis, monolayer properties, and antifouling behavior. Langmuir 27: 15034 – 15047

[216] Stubbs GW, Smith HG, Litman BJ(1976) Alkyl glucosides as effective solubilizing agents for bovine rhodopsin – comparison with several commonly used detergents. Biochim Biophys Acta 426:46 – 56

[217] Prive'GG(2007) Detergents for the stabilization and crystallization of membrane proteins. Methods 41: 388 – 397

[218] Mukherjee D, May M, Khomami B(2011) Detergent – protein interactions in aqueous buffer suspensions of Photosystem I(PS I). J Colloid Interface Sci 358:477 – 484

[219] Goldblatt L(1977) Mycotoxins – past, present and future. J Am Oil Chem Soc 54:A302 – A309

[220] Jaynes WF, Zartman RE, Hudnall WH(2007) Aflatoxin B1 adsorption by clays from water and corn meal. Appl Clay Sci 36:197 – 205

[221] Moran TM, Park H, Fernandez – Sesma A, Schulman JL(1999) Th2 responses to inactivated influenza virus can be converted to Th1 responses and facilitate recovery from heterosubtypic virus infection. J Infect Dis 180:579 – 585

[222] Wicklein B, Aranda P, Ruiz – Hitzky E, Darder M(2013) Hierarchically structured bioactive foams based on polyvinyl alcohol – sepiolite nanocomposites. J Mater Chem B 1:2911 – 2920

[223] Paget E, Monrozier LJ, Simonet P(1992) Adsorption of DNA on clay minerals: protection against DNaseI and influence on gene transfer. FEMS Microbiol Lett 97:31 - 39

[224] Yoshida N(2007) Discovery and application of the Yoshida effect: nano - sized acicular materials enable penetration of bacterial cells by sliding friction force. Recent Patents Biotechnol 1:194 - 201

[225] Yoshida N, Ide K(2008) Plasmid DNA is released from nanosized acicular material surface by low molecular weight oligonucleotides: exogenous plasmid acquisition mechanism for 84 E. Ruiz - Hitzky et al. penetration intermediates based on the Yoshida effect. Appl Microbiol Biotechnol 80:813 - 821

[226] Yoshida N, Sato M(2009) Plasmid uptake by bacteria: a comparison of methods and efficiencies. Appl Microbiol Biotechnol 83:791 - 798

[227] Wilharm G, Lepka D, Faber F, Hofmann J, Kerrinnes T, Skiebe E(2010) A simple and rapid method of bacterial transformation. J Microbiol Methods 80:215 - 216

[228] Bellmann B, Muhle H, Ernst H(1997) Investigations on health - related properties of two sepiolite samples. Environ Health Perspect 105:1049 - 1052

[229] Ruiz - Hitzky E, Aranda P(1990) Polymer - salt intercalation complexes in layer silicates. Adv Mater 2: 545 - 547

[230] Mehrotra V, Giannelis EP(1991) Metal - insulator molecular multilayers of electroactive polymers - intercalation of polyaniline in mica - type layered silicates. Solid State Commun77:155 - 158

[231] Mehrotra V, Giannelis EP(1992) Nanometer scale multilayers of electroactive polymers - intercalation of polypyrrole in mica - type silicates. Solid State Ionics 51:115 - 122

[232] Aranda P, Ruiz - Hitzky E(1992) Poly(ethylene oxide) - silicate intercalation materials. Chem Mater 4: 1395 - 1403

[233] Ruiz - Hitzky E(1993) Conducting polymers intercalated in layered solids. Adv Mater 5:334 - 340

[234] Ruiz - Hitzky E, Aranda P, Casal B, Galvan JC(1995) Nanocomposite materials with controlled ion mobility. Adv Mater 7:180 - 184

[235] Vaia RA, Vasudevan S, Krawiec W, Scanlon LG, Giannelis EP(1995) New polymer electrolyte nanocomposites - melt intercalation of poly(ethylene oxide) in mica - type silicates. Adv Mater 7:154 - 156

[236] Giannelis EP(1996) Polymer layered silicate nanocomposites. Adv Mater 8:29 - 35

[237] Aranda P, Darder M, Fernandez - Saavedra R, Lopez - Blanco M, Ruiz - Hitzky E(2006) Relevance of polymer - and biopolymer - clay nanocomposites in electrochemical and electro - analytical applications. Thin Solid Films 495:104 - 112

[238] Letaief S, Aranda P, Fernandez - Saavedra R, Margeson JC, Detellier C, Ruiz - Hitzky E(2008) Poly(3, 4 - ethylenedioxythiophene) - clay nanocomposites. J Mater Chem 18:2227 - 2233

[239] Aranda P, Mosqueda Y, Perez - Cappe E, Ruiz - Hitzky E(2003) Electrical characterization of poly(ethylene oxide) - clay nanocomposites prepared by microwave irradiation. J Polym Sci Part B Polym Phys 41: 3249 - 3263

[240] Kitayama Y, Katoh H, Kodama T, Abe J(1997) Polymerization of pyrrole in intracrystalline tunnels of sepiolite. Appl Surf Sci 121:331 - 334

[241] Chang Y, Liu Z, Fu Z, Wang C, Dai Y, Peng R, Hu X(2014) Preparation and characterization of one - dimensional core - shell sepiolite/polypyrrole nanocomposites and effect of organic modification on the electrochemical properties. Ind Eng Chem Res 53:38 - 47

[242] Wang Y, Liu P, Yang C, Mu B, Wang A(2013) Improving capacitance performance of attapulgite/polypyrrole composites by introducing rhodamine B. Electrochim Acta 89:422 - 428

[243] Yao C, Xu Y, Kong Y, Liu W, Wang W, Wang Z, Wang Y, Ji J(2012) Polypyrrole/palygorskite nanocomposite: a new chromate collector. Appl Clay Sci 67 - 68:32 - 35

[244] Shao L, Qiu J, Lei L, Wu X(2012) Properties and structural investigation of one - dimensional SAM - ATP/PANI nanofibers and nanotubes. Synth Met 162:2322 - 2328

[245] Marins JA, Giulieri F, Soares BG, Bossis G(2013) Hybrid polyaniline - coated sepiolite nanofibers for electrorheological fluid applications. Synth Met 185:9 - 16

[246] Mejia A, Garcia N, Guzman J, Tiemblo P(2013) Confinement and nucleation effects in poly(ethylene oxide) melt - compounded with neat and coated sepiolite nanofibers: modulation of the structure and semicrystalline morphology. Eur Polym J 49:118 - 129

[247] Beauger C, Laine'G, Burr A, Taguet A, Otazaghine B, Rigacci A(2013) Nafion ® - sepiolite composite membranes for improved proton exchange membrane fuel cell performance. J Memb Sci 430:167 - 179 Recent Advances on Fibrous Clay - Based Nanocomposites 85

[248] Wen S, Gong C, Shu Y - C, Tsai F - C, Yeh J - T(2012) Sulfonated poly(ether sulfone)/phosphotungstic acid/attapulgite composite membranes for direct methanol fuel cells. J Appl Polym Sci 123:646 - 656

[249] Fernandez - Saavedra R, Aranda P, Carrado KA, Sandi G, Seifert S, Ruiz - Hitzky E(2009) Template synthesis of nanostructured carbonaceous materials for application in electrochemical devices. Curr Nanosci 5: 506 - 513

[250] Ferna'ndez - Saavedra R, Darder M, Go'mez - Avile's A, Aranda P, Ruiz - Hitzky E(2008) Polymer - clay nanocomposites as precursors of nanostructured carbon materials for electro - chemical devices: templating effect of clays. J Nanosci Nanotechnol 8:1741 - 1750

[251] Ruiz - Hitzky E, Darder M, Fernandes FM, Zatile E, Palomares FJ, Aranda P(2011) Supported graphene from natural resources: easy preparation and applications. Adv Mater 23:5250 - 5255

[252] Ruiz - Garcia C, Darder M, Aranda P, Ruiz - Hitzky E(2014) Toward a green way for the chemical production of supported graphenes using porous solids. J Mater Chem A 2:2009 - 2017

[253] Go'mez - Avile's A, Darder M, Aranda P, Ruiz - Hitzky E(2010) Multifunctional materials based on graphene - like/sepiolite nanocomposites. Appl Clay Sci 47:203 - 211

[254] Ruiz - Garcia C, Jimenez R, Perez - Carvajal J, Berenguer - Murcia A, Darder M, Aranda P, Cazorla - Amoros D, Ruiz - Hitzky E(2014) Graphene - clay based nanomaterials for clean energy storage. Sci Adv Mater 6:151 - 158

[255] Go'mez - Avile's A, Darder M, Aranda P, Ruiz - Hitzky E(2007) Functionalized carbon - silicates from caramel - sepiolite nanocomposites. Angew Chem Int Ed 46:923 - 925

[256] Ruiz - Hitzky E, Fernandes FM(2011) Composicio'n de material carbonoso obtenible por carbonizacio'n de un biopoll'mero soportado sobre arcilla. Patent ES - P201130835

[257] Salvetat JP, Bonard JM, Thomson NH, Kulik AJ, Forro L, Benoit W, Zuppiroli L(1999) Mechanical properties of carbon nanotubes. Appl Phys a - Mater Sci Process 69:255 - 260

[258] Bilotti E, Zhang H, Deng H, Zhang R, Fu Q, Peijs T(2013) Controlling the dynamic percolation of carbon nanotube based conductive polymer composites by addition of secondary nanofillers: the effect on electrical conductivity and tuneable sensing behaviour. Compos Sci Technol 74:85 - 90

[259] Fernandes FM, Ruiz - Hitzky E(2014) Assembling nanotubes and nanofibres: cooperativeness in sepiolite - carbon nanotube materials. Carbon 72:296 - 303

[260] Ruiz - Hitzky E and Fernandes FM(2011) Use of fibrous clays as coadjuvants to improve the dispersion and colloidal stability of filamentous carbon materials in hydrophilic media. Patent WO 2011070208 A1

[261] Wang Z, Liang Z, Wang B, Zhang C, Kramer L(2004) Processing and property investigation of single - walled carbon nanotube(SWNT) buckypaper/epoxy resin matrix nanocomposites. Compos Part A Appl S 35:1225 - 1232

[262] Vohrer U, Kolaric I, Haque MH, Roth S, Detlaff - Weglikowska U(2004) Carbon nanotube sheets for the use as artificial muscles. Carbon 42:1159 - 1164

第 3 章　静电纺丝纳米杂化材料

Chiara Gualandi, Annamaria Celli, Andrea
Zucchelli 和 Maria Letizia Focarete

摘要:由于静电纺丝技术的通用性和高产率,且与其他纳米复合材料的制备技术相比,该技术所制备的纳米材料具有独特性和多样性,因此通过静电纺丝技术获得的无机/有机杂化纳米纤维在过去 10 余年中引起了人们的广泛关注。本章中,我们对通过静电纺丝制备的杂化纳米纤维及其相关应用的最新进展和当前的热点问题进行了分类和综述。文献分类的思路主要是按照不同的制备方法进行。所综述的制备方法是利用静电纺丝技术及其他特殊的合成和加工工艺的组合,并已经用于制备杂化聚合物无机纳米纤维。本章详细讨论了以下工艺和合成技术:①聚合物溶液中无机分散体系的静电纺丝方法;②电纺纤维的后处理工艺;③电纺工艺与溶胶-凝胶工艺的结合;④电纺工艺与结合电喷雾工艺的结合;⑤同轴电纺丝以及⑥杂化聚合物的电纺丝。通过电纺工艺可以获得各种不同的纤维形态、结构和性能。综上,如果希望以一种简单、通用、廉价和可调控的技术制造新型的杂化纳米纤维,那么静电纺丝技术的优势非常明显,由此,静电纺丝成为目前最受关注的纳米复合材料生产技术之一。

关键词:静电纺丝;杂化材料;纳米纤维;无机/有机复合纳米材料;综述

3.1 引　　言

纳米技术的发展使功能无机/有机纳米复合材料的研究成果在过去的 20 多年中呈现爆发式增长,通过纳米技术可以制造出具有诸如超顺磁性、铁磁性、能隙可调和光电子传输等独特性能的纳米结构化合物。

无机/有机纳米复合材料的性能不仅是各相的简单加和,而是有“1 + 1 > 2”的效果。无机/有机纳米复合材料兼具有机材料(如质轻、化学、物理和力学性能可调、制造成本低、易于成型加工等)和无机材料(如高强度、热稳定性、耐化学性及一些特殊性能)的性能优点。值得注意的是,在大多数情况下界面是决定无机/有机纳米复合材料性能的关键因素。

从这个角度来看，无机纳米组分（如纳米粒子）可被视为提高聚合物性能的“添加剂”，也可称为“纳米填料”或“纳米夹杂”。虽然无机/有机纳米复合材料是有机相和无机相在纳米尺度和分子水平上充分混合的纳米杂化材料，但仍被视为复合材料的一种，该材料通常可以通过溶胶－凝胶法进行制备。

在本章的综述中，我们将概括通过静电纺丝技术获得杂化无机/有机纳米纤维这一个活跃的研究领域，但不局限于通过溶胶－凝胶法获得的纳米材料，而是包含了聚合物与无机组分更多的组合形式。

无机/有机杂化纳米复合材料设计中面临的挑战主要有①控制有机和无机相的相容性，以避免不同组分与纤维间的相分离；②控制最终材料的组分或组分梯度；③控制结构和形态。

静电纺丝是一种聚合物加工技术，其利用静电作用，从聚合物溶液或熔体中单轴拉伸出黏弹性射流，产生连续的纳米纤维或微米纤维，最终通常形成无纺布形态[1-3]。该技术在材料设计的合理性、生产工艺参数的可控性，以及成纤设备的创新性等方面具备优势，使该技术的应用潜力巨大。

静电纺丝获得的纤维可以使复合高分子材料的结构性能得到提高[4]。由聚合物及如金属氧化物、碳、陶瓷等复合而成的无机/有机复合体系纳米纤维，也可以通过静电纺丝技术进行制备，产品已被广泛应用于纳米复合材料领域，从而拓宽了电纺材料的应用范围。

利用静电纺丝技术制备杂化纳米材料的最大优势在于①可通过该技术加工获得长且连续的多功能纤维；②可通过该技术控制产品形貌（从纳米尺度到微米尺度）、浓度和不同组成的分布。

静电纺丝工艺可生产出具有以下特征的杂化纳米纤维：①具有高长径比且能够产生和增强各向异性效应的一维杂化纳米纤维；②组分沿纤维轴高度取向的复合纳米纤维；③高比表面积和高孔隙率（甚至高达 90%）的电纺无纺布。电纺纳米纤维在功能性和保护性涂层、催化和光催化系统、传感装置、能量存储系统（燃料电池、锂离子电池、太阳能电池）、光子和微电子应用、生物技术等领域具有潜在的应用价值。

通过高温煅烧杂化纳米纤维去除有机组分，还可以制备纯无机一维纳米结构材料（如纳米纤维、纳米管、纳米棒、纳米线等）。然而，在本章中，我们并没有介绍包含关于纯无机电纺纳米纤维以及负载碳纳米管、石墨和石墨烯的聚合物纤维的设计方面的相关文献，仅侧重于介绍与无机组分复合的聚合物基纤维的相关文献。特别需要强调的是，本章着重介绍的是利用静电纺丝技术结合附加的特殊合成和加工工艺制备具有先进功能纳米杂化材料的不同方法，如图 3－1 所示。

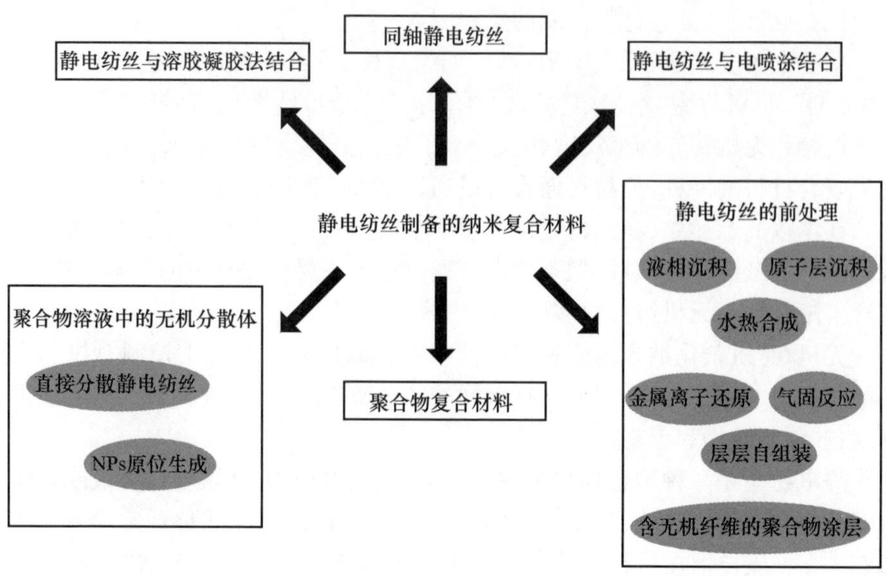

图 3-1　静电纺丝技术制备纳米杂化材料的不同方法

3.2　无机相分散在聚合物溶液中的静电纺丝技术

将静电纺丝技术应用于含有金属盐、金属或金属氧化物纳米粒子、矿物等无机填料的聚合物溶液,可以很方便地制得无机/有机杂化纳米纤维,前提是无机相在聚合物溶液中能够溶解或形成良好分散。静电纺丝前驱液的制备是杂化纤维构建过程中的一个重要环节,值得特别关注。均相无机填料的分散、避免纳米粒子的团聚和窄的粒径分布是实现纳米粒子与聚合物相之间良好相互作用的前提,后面将举例说明实现的不同合成和处理方法。

众所周知,静电纺丝过程的复杂性会随着进料溶液中胶体的形成而进一步增加,原因在于不同相中出现的附加组分产生了更丰富的结构和形貌[1]。

本节中,我们将按无机组分进行分类,对文献展开讨论和分析:

① 金属、金属氧化物和金属氯化物;

② 荧光和发光标记物;

③ 矿物(如羟基磷灰石、黏土、碳酸盐)。

可以通过常规的直接分散方法将无机纳米组分简单地添加到聚合物纺丝溶液中,也可以使用合适的前驱体,通过原位生成方法,以防止或限制粒子的团聚。下面将讨论这两种主要方法。

3.2.1 直接分散的静电纺丝技术

在聚合物纤维中加入无机纳米粒子最直接的方法是在静电纺丝前将其直接分散到聚合物溶液中。最简单的一种方法是在聚合物溶液中加入无机纳米粒子,然后进行搅拌或超声处理,得到一种直接用于电纺的均匀悬浮分散体系。另一种方法,首先通过超声或强力搅拌获得含有无机纳米粒子的悬浮液,其次将其滴加进聚合物溶液中,也可获得杂化无机/有机悬浮分散体系,再进行电纺丝。

然而,当希望获得高纳米粒子含量体系时,简单的直接分散法就会出现问题,如分散体系的黏度很高,纳米粒子出现团聚等,最终导致纤维难以成型。粒子的团聚会引起纤维轴上的珠状缺陷的产生,进而导致复合纤维的不均匀性,使所制得的纳米纤维毡质量低劣、性能不佳。

为了促进无机纳米粒子在聚合物纳米纤维中的均匀分散,通常会使用表面活性剂。文献[5]使用无毒且对细胞友好的表面活性剂 12 - 羟基硬脂酸(HSA)将亲水的陶瓷粉末羟基磷灰石(HA)(其对有机溶剂和疏水性聚合物呈现低亲和力)加入聚乳酸中。表面活性剂能够稳定分散体系,否则体系会在几分钟内发生沉淀。其他典型的表面活性剂有阴离子型的 AOT[6-8]或非离子型的 Triton - X - 100[9]。

1. 金属、金属氧化物和金属氯化物纳米粒子

通过直接分散静电纺丝技术已经成功地将多种金属纳米粒子(NP)(如银(Ag)、金(Au)或钴(Co))与聚合物纤维进行复合。但是,值得注意的是,为了使粒子得到更均匀地分散,金属纳米粒子通常通过原位生成技术进行制备(见本章 2.2 节)。

把 Ag 与聚合物纤维进行复合可以赋予织物抗菌性能,用于生物医学领域的过滤或伤口愈合等。He 等人的一篇论文中介绍,将 Ag 纳米粒子直接分散在聚乙烯醇(PVA)溶液中,进一步通过静电纺丝技术使纤维在拉伸过程中,沿纤维轴向形成有序线性链状结构[10](图 3 - 2(a) ~ (d))。静电纺丝工艺能够使粒子排列方式“冻结”,防止其进一步团聚,进而形成自支撑柔性表面增强拉曼散射(SERS)基片。团聚的范围和团聚的尺度与 PVA 溶液中 Ag 纳米粒子的加入量密切相关,这是决定 SERS 信号增强幅度和检测灵敏度的关键因素。他们研究团队还通过在 PVA 静电纺丝纤维中添加 Au 纳米棒而获得了自支撑 SERS 基片[11]。静电纺丝过程中 Au 纳米棒上产生“乱流”效应和剪切力,使其沿流动方向(纤维轴向)排列(图 3 - 2(e) ~ (h))。

值得注意的是,用纳米棒、纳米线等各向异性纳米结构自组装成可控有序排列是一种挑战,目前在光电、信息存储、催化等功能纳米器件中集成具有独特性质的纳米器件,是化学和材料科学研究的前沿领域。

图 3－2　(a)～(d)不同 PVA/Ag 摩尔比的 Ag/PVA 纳米纤维的 TEM 图像。(a)530：1,(b)530：2,(c)530:3,(d)530:4。照片为相应的 Ag/PVA 纳米纤维毡的照片。(转载自文献[10],2009 年发表,经 ACS 许可。)(e)～(h)Au 和 PVA 纳米纤维合成的 Au 纳米棒的 TEM 图像,Au 浓度分别为(e)50nM、(f)100nM、(g)150nM、(h)200nM。插图为相应的纳米纤维毡的照片(改编自文献[10],2012 年发表,经 ACS 许可。)

Cheng 等[12]在近期的研究中发现,聚乙二醇(PEG)链官能化的 Au 纳米棒和聚乙二醇修饰的 Au 纳米棒都容易嵌入生物可降解和具有生物相容性的聚丙交酯－聚乙交酯(PLGA)和聚乳酸－b－聚乙二醇(PLA－b－PEG)聚合物体系,从而制备出可降解和生物兼容的聚丙交酯－聚乙二醇聚合物(PLGA)薄膜。由于 PEG－Au 纳米棒的光热特性,可以选择性地杀死癌细胞,从而抑制癌细胞的增殖。实际的过程是,Au 纳米棒从膜中释放出来的,接着被癌细胞吸收,癌细胞由于 Au 纳米棒的近红外辐射效应而被杀死。文献[13]成功地制备出一种平均粒径约为 20nm、粒径分布较窄的均匀分散的 Au 纳米粒子/聚乙烯醇吡咯烷酮(PVP)纤维体系。由 PVP 链以及 C—N、C＝O 等分子与 Au 原子的配位键产生的位阻效应[13]使体系良好分散、不团聚。

能够通过直接分散静电纺丝技术与聚合物纳米纤维复合的其他零价纳米粒子主要是过渡金属纳米粒子,比如超顺磁钴等,目前已经获得了含钴纳米粒子的荧光聚甲基丙烯酸甲酯－乙烯蒽共聚物短复合纤维,其可作为神经元的磁力显微操作器[14]。

大量的金属氧化物纳米粒子,如硅、钛、镁、铝、铁、锌和其他混合金属氧化物,也已经被成功地复合到聚合物溶液中以获得无机/有机纳米纤维。

SiO_2 纳米粒子可以通过直接静电纺丝技术与聚丙烯腈(PAN)[15]、聚偏氟乙烯(PVDF)[16]、聚甲基丙烯酸甲酯(PMMA)[17]和聚乙烯醇[18]等聚合物进行复合。SiO_2 纳米粒子嵌入到电纺聚合物纤维中可以改善所得复合膜的力学性能，提高拉伸强度和弹性模量[16]，主要起增强作用。纳米粒子还可以降低聚合物的结晶度，增加锂离子运动的自由体积，适合应用于电池隔膜中[16]。含光致发光 SiO_2 纳米粒子的 PMMA 纤维可以通过在 SiO_2 纳米粒子表面物理吸附或化学结合罗丹明－B 分子进行制备[17]。Jin 等[18]采用不同粒径(143～910nm)的 SiO_2 纳米粒子，通过直接分散静电纺丝技术制备了具有项链状结构 SiO_2/聚乙烯醇电纺毡(图 3－3(a)～(c))。无机/有机组分的质量比(图 3－3(d)～(f))以及 SiO_2 纳米粒子的直径(图 3－3(g)～(i))对所得电纺纤维形貌有影响。

在电纺纤维中加入 SiO_2 纳米粒子，会在纤维表面产生褶皱和纳米尺度的突起，从而改变纤维的表面形貌和粗糙度。这种纤维作为空气过滤介质时具有较好的性能[15]。

图 3－3　(a)～(c)通过去除溶液中的部分水(PVA：SiO_2＝300：700)获得的类项链结构 PVA/SiO_2(910nm)电纺毡；(d)～(f)不同 PVA：SiO_2 体积比的 PVA/SiO_2(265Nm)电纺毡：(d)400：600，(e)600：400，(f)800：200；(g)～(i)不同 SiO_2 直径的 PVA/SiO_2 纤维；(g)143nm，PVA：SiO_2＝500：500，(h)265nm，PVA：SiO_2＝800：200，(i)910nm，PVA：SiO_2＝500：500。

(改编自文献[18]，2010 年发表，经 ACS 许可。)

TiO_2 纳米粒子作为杀菌添加剂，以及作为具有光催化活性的纳米组分，通常用作无机填料，改善聚合物的力学和热性能。工业上，TiO_2 可以作为光催化剂（锐钛矿型）或白色颜料（金红石类），这取决于其晶型（锐钛矿、金红石或板钛矿）。可将 TiO_2 纳米粒子与疏水聚合物（如聚砜[19]、聚己内酯[20]、聚 ε－己内酯[21]）和亲水性聚合物（聚乙烯醇[22]）复合后进行静电纺丝。TiO_2 纳米粒子的引入可以提高聚砜（PSU）膜的拉伸强度，此外，其透气性也通过在纤维表面形成微米尺度和纳米尺度的粗糙度而得到增加[16]。通过静电纺丝技术还制备了聚甲基丙烯酸甲酯－g－TiO_2/聚偏氟乙烯（PVDF）复合纤维，其具有高离子电导率和电化学稳定性。为了提高纳米粒子与 PVDF 的相容性，可采用原子转移自由基聚合（ATRP）将 PMMA 接枝到 TiO_2 纳米粒子表面进行改性[20]。最近，TiO_2 纳米粒子也被用作 PCL 等具生物降解聚合物基体的填料，以提高复合材料的生物活性[21]。

磁铁矿（Fe_3O_4）、Fe_2O_3 或不同的混合铁氧体纳米粒子可以在 PVP[23]、聚 2－羟乙基甲基丙烯酸乙酯（PHEMA）[24]、聚 L－乳酸（PLLA）[24]、聚氨酯[25]和聚偏二氟乙烯[26]溶液中直接分散。在上述情况中，在纤维中都可以获得均匀分散的氧化铁纳米粒子。特别的是，超顺磁聚合物纳米纤维可以通过磁铁矿与具有生物相容性和可生物降解的 PHEMA 和 PLLA 聚合物复合而成，可设计用作药物载体和药物释放系统[24]。含有良好分散的 Mn－Zn－Ni 混合铁氧体的纳米粒子的弹性体 PU 溶液经过静电纺丝后，可得到兼具柔性、弹性和超顺磁性的基布[25]。在 PVDF 纳米纤维中加入铁氧体 $Ni_{0.5}Zn_{0.5}Fe_2O_4$ 纳米粒子，可提高 PVDF 纤维的铁电相（β 和 γ 相）含量[26]。

在聚环氧乙烷（PEO）[27]、聚乙烯醇[28]和聚氨酯[29]聚合物基体中复合氧化锌纳米粒子也可进行电纺无机/有机纳米纤维。利用 ZnO 纳米粒子的杀菌性和抗紫外性能，将 ZnO/PU 纳米纤维沉积在棉织物上，可以赋予织物多种功能[29]。Sui 等[27]研究了 ZnO/PEO 复合电纺纳米纤维在纳米光电子器件中的光致发光特性。他们发现 PEO 的存在增强了 ZnO 的紫外光致发光性。他们认为，考虑到 ZnO 和 PEO 之间的相互作用，由于 PEO 分子富集在 ZnO 纳米粒子表面，因此部分被 PEO 长链所覆盖，这种 ZnO 与 PEO 之间相互作用与 ZnO 纳米粒子之间的相互作用相互竞争。根据 Sui 等提出的模型，溶液中最初形成大的纳米粒子团簇，但在静电纺丝过程中，施加的高电压可以使 ZnO 纳米粒子发生极化和取向，在与 PEO 链的相互作用下，最终嵌入聚合物基体纤维并沿其取向排列[27]。

最近，一类由锌（Ⅱ）八边形酞菁与磁性纳米粒子[30]或与金纳米粒子[31]结合而成的新型纳米填料被成功开发。这类多共轭体系具有多相光催化氧化有机污染物的活性，并对其在偶氮染料 Orange – G 光降解过程中的性能进行了研究。

其他金属氧化物纳米粒子，如 MgO、Al_2O_3、$MgAl_2O_4$、VO_2，也已通过静电纺丝技术与不同的聚合物基体进行复合。MgO 纳米粒子用作无机填料，制备的纳米复合膜（PVC、PVDF、PSU）可用于防护神经类毒剂[32]。

Al_2O_3 是一种耐热陶瓷填料，通常用于防止高温下热变形引起的尺寸变化。以经辛基硅烷处理的 Al_2O_3 粉末为陶瓷填料的 P(VDF – co – CTFE) 纳米复合纤维可用来包覆用作锂离子电池隔膜的 PE 膜[33]。类似地，铝酸镁（$MgAl_2O_4$）被加入到 P(VDF – co – CTFE) 纳米纤维中，以开发锂离子电池用纳米复合纤维聚合物电解质[34]。可将 $Al(OH)_3$ 纳米组分作为阻燃剂加入到 PU 纳米纤维中，用以提高 PU 纤维的热氧化稳定性[35]。

最近二氧化钒杂化纤维毡（VO_2/PVP）首次被制备出来，其漫反射率也正被研究[36]。

氧化铪是一种惰性的无机化合物，具有很好的耐酸碱化学性能，在光学涂层和微电子领域有潜在的应用前景[9]。HfO_2 在与硅接触时具有较高的介电常数和良好的热稳定性，是目前用于场效应晶体管中栅极绝缘子的极有希望的候选材料。Cho 等进行了醋酸根阴离子官能化 HfO_2 纳米粒子的静电纺丝，该纳米粒子在高添加量下仍易分散在 PVA 水溶液中。PVA 与醋酸改性 HfO_2 纳米粒子之间的强氢键优化了体系的可纺性，即使在醋酸改性 HfO_2（质量分数高达 80%）含量很高时，也能产生光滑和无珠串结构的纤维[9]。

在金属氯化物纳米粒子中，$CoCl_2$ 可用于湿度传感和制氢催化等。将 $CoCl_2$ 直接分散到 PVDF[37] 和 PEO 中可电纺出纳米纤维[38]。

2. 荧光和发光标记物

荧光和光致发光纳米填料，如 CdTe、CdSe、CdS 纳米粒子或 ZnS 和 ZnSe 等量子点（QD），以及三价铕离子（Eu^{3+}）的络合物，都是具有光电、热电和光致发光性质的无机材料。在光电器件中作为光学传感器，在有机污染物修复用[39]或制氢[40]作为光催化剂，以及作为荧光生物材料都具有应用前景[41]。

CdS – QD 和量子线（QW）被成功地复合到 PEO[42]、PAN[40]、PMMA[43] 和 Zein[41] 的聚合物纳米纤维中，在大多数情况下，纳米粒子的表面改性（如用有机分子覆盖）可用于防止纳米粒子的聚集，提高其在聚合物溶液中分散的含量[40,42–43]。

油酸包覆的 CdS 量子线复合到电纺 PEO 纳米纤维中时，实现了自支撑量子线的单向排列，这归因于静电纺丝过程开始时的“汇流”（图 3 – 4）。采用静电纺丝法将粒径为 5nm 的羟基包覆 CdS（CdS—OH）纳米粒子复合到 PAN 纳米纤维中，由于 PAN 大分子链与 CdS—OH 的氢键作用，PAN 可对 CdS—OH 纳米粒子形成有效保护,使纳米粒子获得均匀的分散性[40]。

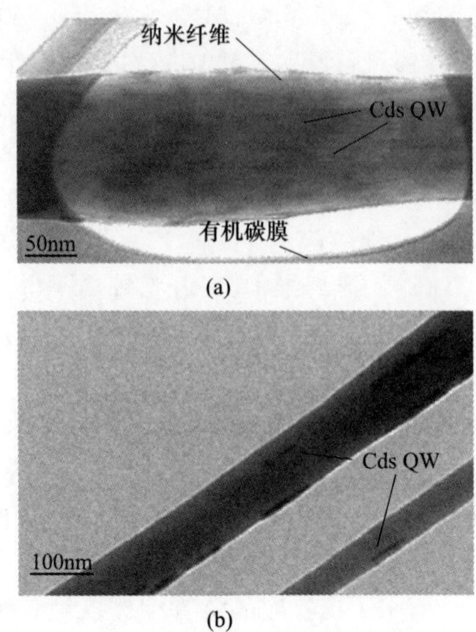

图 3-4 取向 CdS 量子线复合 PEO 聚合物纳米电纺纤维的 TEM 图像
(转载自文献[42],2006 年发表,经 Wiley InterScience 许可。)

CdSe 可与 PVA[44] 和 PMMA[43] 纤维进行复合,其中 CdTe 纳米粒子可成功嵌入到 PVA 纳米纤维中[8,45]。值得注意的是,对于分散在溶液中的纳米粒子,所获得的纳米纤维的光致发光特性发生了变化,这归因于嵌入在纳米纤维中的 CdTe 的量子限制效应[45]。

文献[46]采用直接分散静电纺丝技术将具有优良荧光性能的 ZnS-QD 引入到 PPV 纳米纤维中,QD 分散性好且粒子团聚较少。类似地,也可用 PS 和 PLA 作为聚合物基质将 ZnSe QD 包埋在聚合物纳米纤维中[47]。

铕(Eu)离子是一种发光的稀土离子,在可见光区表现出较高的发光产率,可用 PVA[6]、PMMA[48]、PAN[49,50] 和 PVP[51-53] 等聚合物为基体静电纺丝获得几种含 Eu^{3+} 配合物的复合材料。在某些情况下,也会有其他功能无机粒子进行共复合。例如,图 3-5 是基于 Fe_2O_3 纳米粒子和铕配合物的双功能磁光致发光纳米纤维[52]。

3. 矿物

黏土(如蒙脱土、膨润土等)常用作增强填料,以提高聚合物材料的热稳定性、硬度和拉伸强度。蒙脱石和有机改性蒙脱石(后者在黏土与聚合物大分子之间存在更强的界面相互作用)添加到不同的高分子材料中,如 PU[54]、PCL[55]

和 PVA/壳聚糖等[56]，黏土沿纤维轴向分布、剥离和取向。据报道，在静电纺丝过程中，在纺丝悬浮液中加入蒙脱土，可提高其体系电导率和黏度。另外，施加于悬浮体系的高电压和高伸长力改变了最初制备的纳米复合材料的结构，导致了有机改性蒙脱土黏土层间距的增大[55]。火山灰岩可用于包裹阿莫西林，使其进一步复合到 PLGA 纳米纤维中，在生物医学中应用[57]。

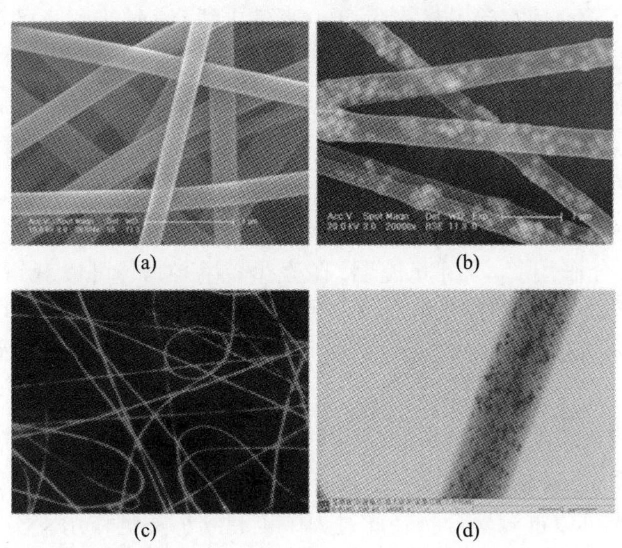

图 3-5　场发射 SEM 图像：(a) PVP 纳米纤维，(b) Fe_2O_3/Eu(DBM)$_3$(Bath)/PVP 复合材料纳米纤维，(c) 荧光显微镜图像，(d) Fe_2O_3/Eu(DBM)$_3$(Bath)/PVP 复合纳米纤维的 TEM 图像。（改编自文献[52]，2010 年发表，经 Elsevier 许可。）

羟基磷灰石纳米粒子是一种具有骨诱导活性的陶瓷材料，能够支持骨细胞的附着和增殖，促进骨缺损的愈合。羟基磷灰石通常加入聚合物纳米纤维中以提高其机械强度。羟基磷灰石通常以针状纳米粒子的形式分散在具有生物相容性和生物降解性的 PLA[5,58-60] 和 PLA-PEG-PLA[61] 中，或分散在天然聚合物，如壳聚糖[62]、胶原[63-64] 以及天然和合成聚合物（如 PVA/壳聚糖[65] 和 PCL/明胶[66]）中。

β-磷酸三钙（β-TCP）填料也被用于 PCL 电纺纤维[65,67] 以获得生物活性纳米复合纤维，应用于骨组织工程领域。碳酸钙（$CaCO_3$）也被加入到 PCL 引导骨再生膜中[68]。

3.2.2　无机纳米粒子的原位生成

第二种制备无机/有机杂化纳米纤维的方法是利用合适的前驱体原位生成

无机纳米粒子。三种主要的合成方法如下：

（1）静电纺丝过程中纳米粒子的原位生成；

（2）静电纺丝工艺前驱体溶液中纳米粒子的原位生成；

（3）杂化无机/有机纳米复合材料的制备后进行溶解、分散并静电纺丝。

下述文献将以上述三种方法为基础讨论。

我们发现了一些在静电纺丝过程中原位生成 Ag 纳米粒子的研究报道，在聚乙烯醇和壳聚糖的存在下，可以从 $AgNO_3$ 溶液中原位生成 Ag 纳米粒子[69]。据报道，在电纺丝过程中，聚合物溶液中存在的 Ag^+ 离子能自发生成 Ag 纳米粒子，但只发生部分转化，出现 Ag 纳米粒子与 Ag^+ 共存的状态，纳米纤维的表面和内部都发现了 Ag 纳米粒子。此外，研究还发现，Ag 纳米粒子的尺寸与溶液中壳聚糖的含量有关。这些结果归因于壳聚糖中氨基和羟基与 Ag^+ 离子的螯合作用[69]。由此说明，在壳聚糖存在下，可以获得良好的纳米粒子分散体系。通过同样的方法，在 PVA/壳聚糖纤维聚合体系中，为提高壳聚糖还原能力，Abdelgawad 等在纺丝液中加入葡萄糖作为还原剂制备了 Ag 纳米粒子[70]。

在 PVP 的 N，N－二甲基甲酰胺（DMF）溶液体系中，$AgNO_3$ 在静电纺丝过程中也转变成了 Ag 纳米粒子[71]。在上述情况下，DMF 溶剂用作还原剂，将 Ag^+ 转化为 Ag。也可以推测聚合物在此过程中也起到了关键作用。实际上，PVP 单体中的氧原子和氮原子对可以与 Ag^+ 形成配位配合物，起稳定作用并降低了其化学势，进而促进它们的还原。综上，PVP 既促进了小尺寸 Ag 纳米粒子的形成，又起了稳定作用，避免了团聚现象[71]。

另一个例子是在静电纺丝过程中，通过流动射流与活性气体氨气反应，在 PEO 纤维表面原位生成氧化铁（Fe_2O_3）纳米粒子[72]。

大量的文献讨论了静电纺丝前驱体溶液中纳米粒子的原位生成问题。其中许多都与 Ag 纳米粒子的制备有关。

在 PVP 乙醇溶液中，360K（温度）下回流 5h，通过乙醇还原 $AgNO_3$ 可原位生成 Ag 纳米粒子[73]。实验结果表明，在不添加任何还原剂的情况下，乙醇可以在回流条件下将 Ag^+ 还原成 Ag。此外，乙醇分子中的氧可以与 Ag^+ 配位，防止纳米粒子团聚，减小粒子尺寸[73]。

在一些精确的研究报道中，在不使用有机溶剂和常温常压下，以高分子量 PEO 为基体可以通过静电纺丝技术一步法原位生成 Ag 纳米粒子[74-75]。室温下将 PEO 和 $AgNO_3$ 溶于去离子水中，该前驱体中金属盐被 PEO 还原，还原后进行静电纺丝。研究表明，$AgNO_3$ 的还原时间对控制 Ag 纳米粒子的大小起着重要作用[74-75]。Saquing 等人的论文首次报道了成纤聚合物在最终的金属纳米粒子溶液中同时用作还原剂和保护剂,他们还提出了包括通过螺旋聚醚与金属离子形成的假冠醚结构在内的 Ag 纳米粒子生成机制(图 3-6)[74]。

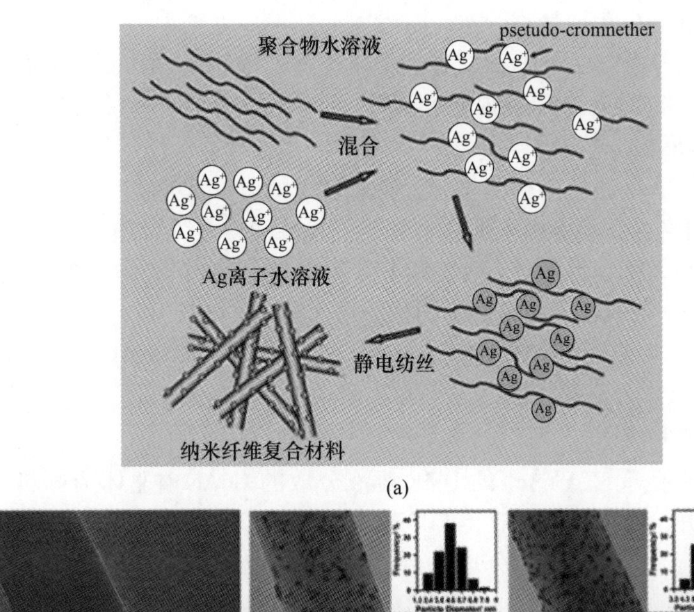

(a)

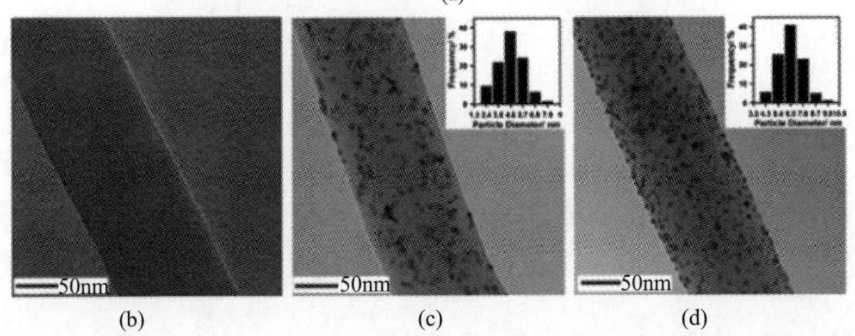

(b) (c) (d)

图 3-6 (a)采用静电纺丝一步法制备 Ag/PEO 纳米粒子复合材料示意图;(b)~(d)$AgNO_3$ 含量分别为(b)0、(c)0.17、(d)0.26% 时与含量为 4% PEO 的产物 TEM 图像
(转载自文献[74],2009 年发表,经 Wiley InterScience 许可。)

以 $NaBH_4$ 为还原剂可以在 $AgNO_3$ 和壳聚糖的醋酸溶液中原位生成 Ag 纳米粒子。在这种情况下,可以通过添加 PEO 提高壳聚糖的可纺性[76]。

在另一篇论文中,尼龙 6 的溶剂甲酸(FA)在纺丝原液的制备过程中也能起着还原剂作用,使 $AgNO_3$ 原位生成 Ag 纳米粒子,从而实现了真正的一步法制备复合纤维[77]。FA 作为还原剂的方法也被 Penchew 等所采用[78],他们以 Ag 纳米粒子/戊二醇胺/聚氧乙烯醚/壳聚糖和 Ag 纳米粒子/戊二醇胺/聚氧乙烯醚/羧乙基壳聚糖为原料,制备了水溶性纳米纤维。该论文阐明了浓缩 FA 的多种作用:①溶解壳聚糖和羧乙基壳聚糖;②温和地将 Ag^+ 还原为 Ag 纳米粒子;③减缓凝胶的形成,从而使交联剂(即戊二醛)存在下进行静电纺丝成为可能。

壳聚糖基体和位于电纺纳米纤维表面的 Ag 纳米粒子的抗菌性能结合在一起，再加上纤维基质在液态环境中的稳定性，使这种新材料在伤口愈合和医学过滤等方面有很好的应用前景[78]。

对 $AgNO_3$/PAN 的 DMF 溶液进行常压等离子体处理，在 5min 内可将 $AgNO_3$ 还原成 Ag 纳米粒子，无需添加化学物质，采用该方法可获得抗菌电纺 Ag/PAN 纳米纤维，其形貌也被表征[79]。

另一个从 Ag^+ 还原原位生成 Ag 纳米粒子的方法是利用 PVA 与羟丙基-β-环糊精的组合。前者由于聚合物骨架上羟基的存在，可以防止 Ag 纳米粒子的团聚进而提高所制得的 Ag 纳米粒子的稳定性，后者作为附加的还原剂和稳定剂来控制 Ag 纳米粒子的粒径和均匀分散[80]。

Ag_2S 纳米粒子具有光电、热电和光致发光性质，可以以 PVP 乙醇溶液分散的 $AgNO_3$ 前驱体为原料，加入 $CS_2$① 在黑暗中搅拌 24h 后获得，即硫化反应在静电纺丝工艺前完成[81]。

以聚醋酸乙烯酯（PVAc）的 DMF 溶液分散的 CdAc 前驱体为原料，通过加入硫化铵并进行剧烈搅拌可获得 CdS 纳米粒子，剧烈搅拌的目的是形成良好的 CdS 纳米粒子[39,82]的胶体细分散体系。研究结果表明，CdS 纳米粒子很好地分散在纤维中，自组装形成了柱状结构，具有特别紧密的堆积，类似于向列相结构[39,82]。类似地，通过加入硫化铵，从 PVAc 的 DMF 溶液中分散的 CDAc 和 PDAc 前驱体也获得 CdS/PDS 合金，所得胶体溶液在电纺丝过程中可形成核-壳结构，原因在于纳米粒子湿粉的重组，该过程类似于一种“乳液”静电纺丝（图 3-7）[39]。

Wang 等报道了从 Fe（Ⅱ）、Fe（Ⅲ）和 PVA 混合溶液出发，采用原位生成结合静电纺丝制备磁铁矿（Fe_3O_4）纳米粒子的方法[83]，图 3-8 为制备过程。简单地说，即在强搅拌条件下，将 NaOH 加入到金属/聚合物混合溶液中，使溶液的 pH 值达到 11，冷却到室温后，再进行透析以去除离子，所得的透析液可用于静电纺丝。

以 $CuCl_2$ 为前驱体，可采用原位还原法成功地将 Cu 纳米粒子与 PVA 纳米纤维进行复合[7]，在静电纺丝纤维中产生了 PVA 包覆的 Cu 纳米粒子和 Cu 纳米线。研究发现，Cu^{2+} 离子与 VA 单体单元的摩尔比对 Cu/PVA 纳米材料的形成起着重要的作用[7]。

Deniz 等提出了一种 Au 纳米粒子复合 PVP 纤维的新方法。将金块体置于 PVP 溶液中，通过透镜将激光投射到圆柱形金块上，在 PVP 溶液中进行 15～

---

① 译者注：原文有误为 C_2S，应为 CS_2。

30min 的激光烧蚀,可产生 Au 纳米粒子。最后,对 PVP/Au 纳米粒子溶液进行了电纺,可得到分散均匀的球形 Au 纳米粒子[84]。

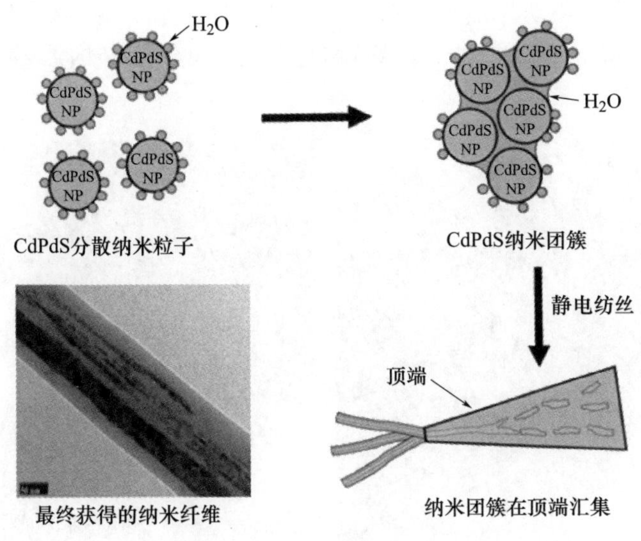

图 3-7 核壳结构的形成机理

(转载自文献[39],2012 年发表,经 Elsevier 许可。)

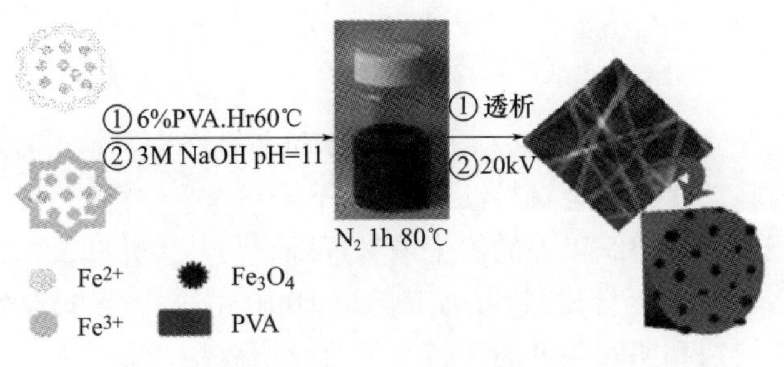

图 3-8 Fe_3O_4/PVA 纳米纤维的制备工艺路线

(转载自文献[39],2010 年发表,经 Elsevier 许可。)

采用原位生成制备无机/有机杂化纳米复合材料的方法,即先进行溶解或分散操作,再进行静电纺丝操作,也可以作为制备无机/有机杂化纳米纤维的一种实用方法。通过将预制的 Ag 纳米粒子/壳聚糖纳米复合材料溶解于乙酸中,形成了凝胶溶液,然后通过电纺丝工艺制备含有 Ag 纳米粒子的电纺明胶/壳聚糖纳米纤维。在此过程中,$AgNO_3$ 首先被微晶壳聚糖还原,经过滤沉淀,洗涤干燥后得到 Ag 纳米粒子/壳聚糖纳米复合材料[85]。

文献[86]将尼龙 6 与蒙脱土在双螺杆挤出机中共混制备了蒙脱土/尼龙

6 复合材料,在 FA 中溶解后可进行静电纺丝。以 1,1,1,3,3,3 - 六氟 - 2 - 丙醇(HFIP)为溶剂,采用类似的方法也可制备蒙脱土/尼龙 6 纳米纤维。研究结果表明,在静电纺丝液中加入少量 DMF,可使分散的蒙脱土层团聚,形成整体的混合形态,这说明溶剂在保持良好的层间分散方面起着微妙的作用(图 3 - 9)[87]。

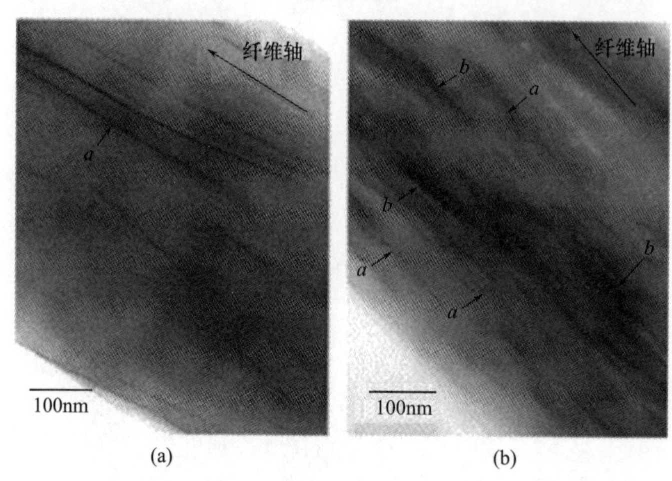

图 3 - 9　尼龙 6/蒙脱土复合纤维(a)纯 HFIP 溶液和(b)95% HFIP 和 5% DMF(a 单片、b 堆叠成片状/团状)溶液的透射电镜(TEM)亮场图像
(转载自文献[39],2002 年发表,经 Elsevier 许可。)

采用湿法化学共沉淀法,以 Ca、P 前驱体和壳聚糖为原料,可制备 HA/壳聚糖纳米复合材料。所得复合材料经过过滤、干燥和真空烘箱储存后,通过静电纺丝工艺制备了用于骨组织工程的仿生纳米纤维[88]。文献[89]采用同样的方法制备了 HA/胶原纳米复合材料,并将其溶于 HFIP 中进行静电纺丝。文献[90]采用化学共沉淀法和明胶共沉淀法制备了 HA/明胶纳米复合材料,将纳米复合材料冻干后溶解形成静电纺丝原液。

Kim 等[91]描述了以无机/有机杂化纳米复合材料的形式,在亚微米 PEO 纤维中构建一维 Au 纳米粒子阵列的研究成果。首先,通过在 PEO 的氯仿溶液中添加以十二烷醇修饰的 Au 粒子的氯仿溶液,制备 Au 纳米粒子/PEO 纳米复合材料。其次,混合物经过搅拌、在玻璃皿上筑膜和溶剂蒸发等过程后,所得到的纳米复合材料可用于制备静电纺丝原液。实验结果表明,在电纺纤维中,Au 纳米粒子以较长的一维类链阵列进行排列。此外,在 PEO 结晶过程中,Au 纳米粒子起成核中心的作用,并对 PEO 分子构象产生影响,使其从螺旋状结构转变为锯齿状结构[91]。

3.3 静电纺丝纤维的后处理技术

本节中，我们总结了一类相关的文献：在无机/有机复合纤维形成过程中，通过对静电纺丝所得纤维进行特定的后处理工艺形成其中的一个或两个相。后处理可以采用：①在聚合物纤维中构建无机相；②用有机相（聚合物涂层）包覆无机纤维。在以下的小节中，描述了最常用的后处理工艺。

3.3.1 液相沉积工艺

关于静电纺丝完成后，通过后处理构建无机相，最终制造复合纤维的首次报道可追溯到 2003 年[92]。作者采用液相沉积（LPD）法对以氧化锡或氧化钛对 PAN 电纺纤维进行了包覆。LPD 法是指将基片浸入反应溶液制备薄氧化膜的过程。金属氧化物是由溶解在水中的金属氟络合物在硼酸或铝金属存在下形成的，该复合体系缓慢水解可生成金属氧化物沉淀，其中硼酸（或铝）起到除氟剂的作用，加速氟配合物的水解，促进相应的氧化物的形成[93]。基于此原理，Drew 等[92]在 $TiF_6(NH)_2$ 和 H_3BO_3 水溶液中制备出 TiO_2 涂层，在 $SnF_6(NH_4)_2$ 和 H_3BO_3 水溶液中制备出 SnO 涂层，希望获得用于催化、传感和光电转换领域的高活性表面新材料。

3.3.2 原子层沉积工艺

原子层沉积（ALD）是指通过在线基片上精确地控制原子层的厚度使聚合物和无机材料共沉积成非常薄的薄膜的方法。ALD 过程基于不同次序的两种分子前驱体与基片反应，从而沉积出二元复合膜。该反应发生在分子气态前驱体被依次排出的腔体内。每个反应都是自限制的，因为只有有限数量的衬底表面位置可以与某种前驱体反应，所以在每个沉积循环中厚度的增加是恒定的。根据分子前驱体的不同，ALD 可以合成多种涂层，如氧化物、氮化物和硫化物[94]。

ALD 法主要用于通过有机纤维为模板在第二步煅烧过程中构建中空管状或核壳结构无机纤维，也有使用这种方法来生产复合纤维的报道。Oldham 等[95]制备了 ZnO 和 Al_2O_3 包覆尼龙 6 纤维，研究表明，ALD 涂层可以调控纤维的润湿性能和耐化学性能。

最近，Kayaci 等[96]使用同样的技术制备了表面包覆均匀的 ZnO 涂层（厚度为 90nm）的不同直径尼龙 6 电纺纤维，并测试了它们对罗丹明 - B 降解的光催化活性。通过控制 ZnO 层厚度不变，结果表明，由于样品的比表面积较高，使用直径较小的纤维时,罗丹明 - B 的降解效果更好(图 3 - 10)。

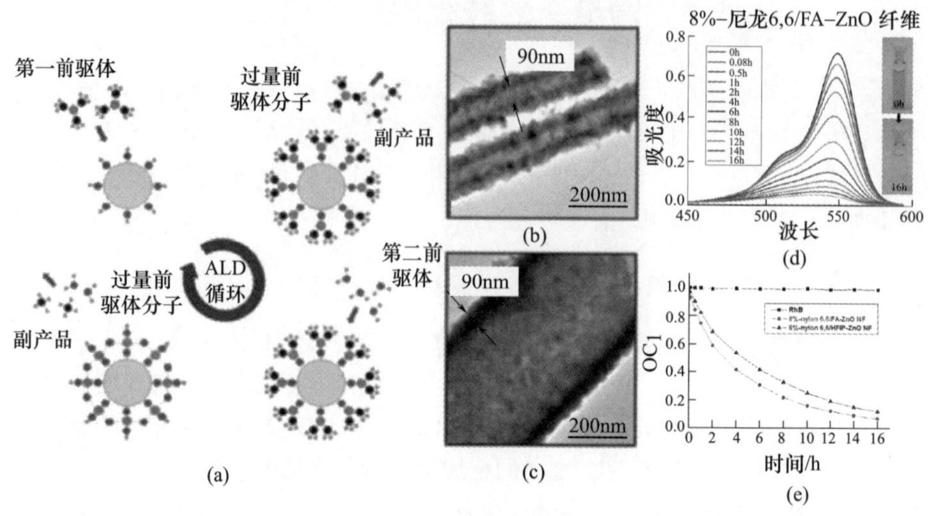

图 3 - 10 (a)原子层沉积(ALD)过程示意图;(b)8% 尼龙 6、6/FA - ZnO 纤维(纤维直径为 80nm)的 TEM 图像;(c)8% 尼龙 6/6/HFIP - ZnO 纤维(纤维直径为 650nm)的 TEM 图像;(d)罗丹明 - B 溶液与 8% 尼龙 6、6/FA - ZnO 核 - 壳结构纤维的紫外 - 可见光谱,以 UV 照射时间为横坐标;(e)在紫外光照射下核 - 壳结构纤维和无核 - 壳结构纤维降解罗丹明 - B 的速率比较

(改编自文献[96],2012 年发表,经 ACS 许可。)

3.3.3 水热合成工艺

水热合成是通过前驱体在水溶液中的化学反应,以及产品在可控的温度和压力条件下溶解度发生变化,生成氧化物或氧化物水合物晶体[97]的方法。由于晶体生长的基材必须耐高温,因此这种合成仅限纺制具有高熔融温度的电纺半结晶纤维或具有高玻璃化转变温度的非晶纤维。

He 等[98]采用水热合成法在 PVDF 纤维表面包覆 TiO_2 粒子,为了优化纤维表面与钛离子的相互作用,在纤维中引入了含羧基的聚(甲基丙烯酸 - 三氟乙基丙烯酸酯)共聚物。静电纺丝后,将纤维浸没在硫酸钛、硫酸和尿素的水溶液后,在纤维表面获得了 TiO_2 纳米晶,其尺寸和密度受反应条件(图 3 - 11(a) ~ (d)的影响,作者还进一步研究了其对亚甲基蓝的光催化活性。

Chang[99]制备了 ZnO 棒包覆的聚酰亚胺(PI)纤维(经聚酰胺酸电纺纤维热亚胺化制得)。作者将纤维毡浸泡在乙酸锌的乙醇溶液,对其进行热处理,得到了 ZnO 纳米粒子包覆聚酰亚胺纳米纤维。ZnO 纳米粒子是水热合成法生成 ZnO

图 3-11 (a)聚甲基丙烯酸-三氟丙烯酸乙酯/聚偏氟乙烯电纺纤维毡的扫描电镜照片；(b)~(d)150℃制备的 TiO_2/氟聚合物纤维纳米复合材料(b)3h,(c)6h,(d)12h(转载自文献[98],2009 年发表,经 Elsevier 许可)；(e)ZnO/尼龙 6 纤维毡与 ZnO 和 Ag 前驱体的 SEM 图像(转载自文献[100],2013 年发表,经 Elsevier 许可)

棒的种子,ZnO 棒的生长发生在 90℃的六水合锌和六亚甲基四胺的混合物中。为了加强 ZnO 棒在纤维表面的附着力,Kim 等[100]将聚合物(尼龙 6)和 ZnO 纳米粒子的胶体溶液,通过静电纺丝法复合,然后在硝酸锌和硝酸银溶液中进行水热合成,实现了具有光催化和抗菌性能的 ZnO 纳米棒和纳米 Ag 的同步生长(图 3-11(e))。

3.3.4 金属离子还原工艺

金属无机相通常通过在聚合物纤维中引入金属离子,经过化学还原处理转化为金属纳米粒子形成。文献中描述了两种实现金属离子插入聚合物纤维的方法:第一种方法包括使用与金属离子具有相互作用的含官能团的纤维,将纤维毡浸入金属盐溶液,接着用还原剂将附着在纤维上的金属离子还原;第二种方法是通过静电纺丝技术处理含有相应金属盐的聚合物溶液,使金属离子与聚合物纤维相结合,与第一种方法类似,进一步通过还原反应生成金属粒子。

Xiao 等采用第一种方法,在 PVA/PAA 共混物的电纺纤维上合成了铁纳米粒子。当纤维毡被浸入 $FeCl_3$ 溶液中时,PAA 赋予纤维固定 Fe^{3+} 的能力,接着 Fe^{3+} 被 $NaBH_4$ 还原[101-102]。作者采用同样的方法将 Ag 纳米粒子固定在 PVA 纤维上[103]。Dong 等[104]制备了 PMMA 和聚(4-乙烯基吡啶)纤维,并将其浸泡在 $NaAuCl_4$ 或 $AgNO_3$ 溶液中,利用吡啶环与相应离子的络合能力,进而通过 $NaBH_4$

还原得到 Au 或 Ag 纳米粒子。Fang 等[105]将 PVA 纤维与支化聚乙烯亚胺共混，利用胺基将 $AuCl^{4-}$ 离子固定在 PVA 纤维表面,在 PVA 表面生成了 Au 纳米粒子。Gardella 等[106]同样利用胺基,将 Pd 纳米粒子固定在含有氨基官能化的硅氧烷分子的 PLA 纤维表面上。

在上述的研究工作中,还原步骤都是发生在离子固定于纤维后。相比之下，Liu[107]和 Son[108]等在电纺丝过程中直接在纤维中加入还原性官能团,还通过将还原分子直接加入到电纺丝溶液[107]中,以及通过适当地改性聚合物以产生氧化还原活性物质[108]。在上述情况下,当离子与纤维接触时,金属离子原位还原,粒子的产率与纤维中的氧化还原基团浓度息息相关。例如,从海洋贻贝的黏附机制中得到灵感,PVA 与邻苯二酚氧化还原基团接枝(PVA - g - ct)有利于贵金属离子的结合和还原[108]。在这种情况下,室温下 Ag^+ 自发还原为固体 Ag;而 Au^+ 和 Pt^+ 离子仅能被邻苯二酚基团部分还原,且需要额外的热处理才能实现完全还原成固体金属纳米结构(图 3 - 12)。

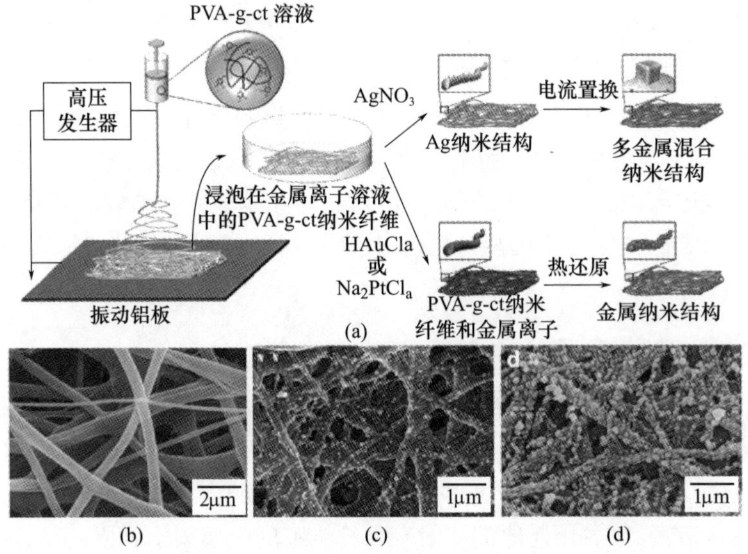

图 3 - 12 (a)在电纺 PVA - g - ct 纳米纤维上采用贻贝模板法合成贵金属纳米结构:
(b)在甲醇中加入 0.2mm $AgNO_3$ 反应 40min 后,PVA 纳米纤维的 SEM 图像;
(c) ~ (d)相同溶液反应 40min 后 PVA - g - ct 纳米纤维的 SEM 图像
(转载自文献[108],2012 年发表,经 ACS 许可。)

在其他工作中,金属离子可在静电纺丝过程中直接与聚合物纤维相结合。例如,Demir 等[109]静电纺丝了丙烯腈、丙烯酸与 $PdCl_2$ 的共聚物,并将纤维毡浸泡在肼溶液生成了 Pd 纳米粒子。研究发现,随着聚合物骨架中丙烯酸含量的增加，Pd 粒子的粒径逐渐增大。为了解释这一结果，他们认为丙烯酸基团与 Pd 阳离子发生相互作用，金属粒子的成核发生在丙烯酸单元周围，丙烯酸单元沿聚合物链的数量和分布调控了粒子的大小和密度[109]。

Han 等[110]静电纺丝了含金盐的 PMMA，随后用 $NaBH_4$ 将其还原成金属金。通过将 PMMA/Au 复合材料浸入含 Au 盐和还原剂的溶液中，证明了初生的 Au 粒子可以作为 Au 进一步生长的种子。研究还表明，金层厚度可通过溶液中金盐浓度进行调节[110]。在醋酸纤维素（CA）[111]和 PAN[112]纤维中也采用了类似的方法生成 Ag 粒子。在上述情况下，电纺含 $AgNO_3$ 的聚合物，将得到的非织造纤维毡进行紫外光照射实现 Ag^+ 的还原。

3.3.5 气固反应

气固反应可应用于电纺纤维制备金属硫化物纳米粒子。合成方法为采用静电纺丝制备含有所需金属盐的聚合物溶液，以及将无纺布纤维毡暴露于作为硫源的硫化氢气体中。

Wang 的团队已经合成并表征了各种含有金属硫化物的聚合物纤维，这些纤维有可能应用于光电子器件中。例如，他们制备了含醋酸镉[113]、乙酸铅[114]及硝酸银[115]的 PVP 纤维，并分别转化成 CdS、PbS 和 Ag_2S，并用 XPS、SEM、TEM 和 FTIR 对材料进行了表征。此外，他们通过在聚合物溶液中同时负载锌和乙酸铜，制备了含铜掺杂硫化锌（ZnS：Cu）的 PVA 纤维。他们制备了不同浓度 Cu 掺杂的 ZnS：Cu/PVA 纳米纤维，以调节复合纤维的发光性能[116]。通过改变 CdS/PEO 的质量比控制 CdS 纳米粒子的粒径[117]，进一步调控含 CdS 的 PEO 纤维的光学性能。

Ye 等提出了一种在纤维表面合成金属硫化物的新方法[118]。他们电纺了聚（甲基丙烯酸甲酯 - 共乙烯基苄基氯）共聚物，通过 ATRP 与二甲基丙烯酸铅反应，用 H_2S 气体处理得到 PbS 粒子。

3.3.6 层层自组装工艺

层层自组装（LBL）是一种从各种材料（如聚电解质、蛋白质、无机粒子、小分子）的固体衬底上生成多层膜的简单而廉价的工艺。LBL 组装主要通过静电相互作用驱动，是将固体衬底浸泡在带反相电荷的高浓度溶液中进行的。后者倾向于中和固体表面的电荷，并被过量吸收，完成电荷转相。多层膜是通过在固体表面上交替沉积相反电荷的物质而产生的，各层制备间歇需要洗涤[119]。

Ding 等[120]应用该技术将 TiO_2 纳米粒子锚固在 CA 纤维表面。它们将带负电荷的 CA 非织造纤维毡浸入带正电荷 TiO_2 纳米粒子的酸性溶液中，再浸入带阴离子的 PAA 水溶液中,反复多次操作。他们通过 X 射线和 FTIR 测试,证实了 TiO_2 和 PAA 成功锚固,并用 SEM 和 TEM 观察了纤维表面新层的出现。

Au 负电粒子也可以锚固在 PS 纤维表面[121]。该过程包括通过磺化,在 PS 纤维上引入负电荷,将改性后的 PS 纤维浸泡于带正电的聚电解质溶液中,然后再浸入 4 - 二甲基氨基吡啶中稳定分散的 Au 纳米粒子体系中。

Lee 等[122]在实施 LBL 工艺之前,引进了等离子体处理工艺。等离子体处理工艺使不同种类的聚合物表面产生酸性基团,进而在水中产生负电荷。作者研究了 PS、PAN、PSEI 以及 PMMA 和 PEO 的混合物。等离子体处理的纤维被带正电荷的 POSS - NH_3^+ 和带负电荷的 TiO_2 纳米粒子交替包覆。由于 POSS - NH_3^+ 的作用,作者制备了具有光催化活性的 TiO_2 修饰聚合物纤维毡,同时纤维毡的热、化学和紫外线降解稳定性也得到提高(图 3 - 13)。

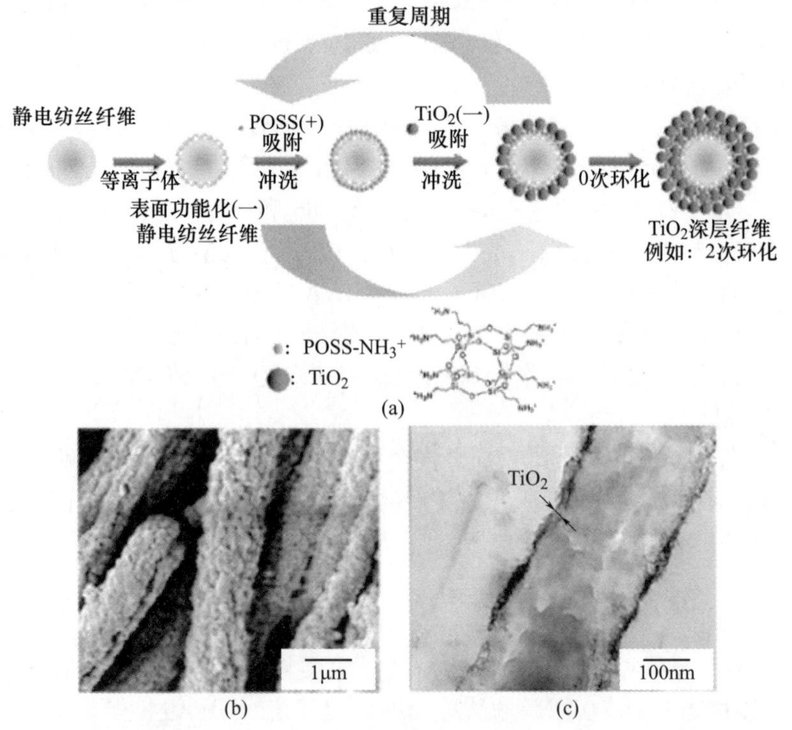

图 3 - 13　(a)采用层层自组装沉积法制备了 TiO_2 包覆的静电纺丝聚合物纤维;(b) TiO_2 包覆的聚(二甲基硅氧烷 - 乙硫酰亚胺)纤维的 SEM 图像;(c)TEM 图像(改编自文献[122],2009 年发表,经 Wilcy Interscience 许可。)

Xiao[123]利用 LBL 组装,第二步通过形成含有 PAA 的聚电解质多层膜,在

CA 纤维表面引入羧基;第二步利用这些化学基团吸附 Fe^{3+} 离子,再用 $NaBH_4$ 还原成金属铁。

3.3.7 无机纤维的聚合物涂层

以上所综述的后处理技术主要是指将有机相附着无机相表面。一些研究工作还报道了将后处理技术应用于无机纤维上,目的是制备出作为无机纤维相涂层的导电有机聚合物相。

第一个例子是 Lu 等[124]的工作,他们制备了 TiO_2/聚吡咯(PPy)同轴纳米材料,将 PPy 的导电性与 TiO_2 的光催化活性结合在一起,可用于电致变色器件、非线性光学系统和光电化学装置。合成步骤包括:①采用溶胶 - 凝胶静电纺丝法并烧结聚合物(PVP,特定条件下)的方法制备 TiO_2 纤维;② Fe^{3+} 氧化剂在 TiO_2 纳米纤维表面的物理吸附;③吡咯(蒸汽)在 TiO_2 纳米纤维表面聚合。

同样,在 TiO_2 纳米纤维表面合成 PANI 可作为 NH_3 传感器[125]。在本案例中,苯胺聚合所需的氧化剂(Mn_3O_4)在静电纺丝过程中与 TiO_2 纤维相结合,其浓度调控着复合纤维中 PANI/TiO_2 的比值,进而调控了传感器对 NH_3 的敏感性。

Zampetti 等[126]开发了用于检测 NO_2 的 PEDOT——PSS 包覆 TiO_2 纳米纤维。制备方法简单,基本原理是①通过溶胶 - 凝胶静电纺丝并烧结 PVP 的方法制备 TiO_2 纤维;②在 PEDOT:PSS 水溶液中浸涂 TiO_2 纤维。

3.4 溶胶 - 凝胶法与静电纺丝技术结合

无机/有机纳米材料的制备中面临的主要挑战是如何控制两相的混合。通过强制两相在接触过程中同时生长或其中第二相在先形成的第一相存在情况下生长的方法,可以避免采用悬浮剂、乳剂或共混物的制备路线带来的某些缺点[127]。该方法能够形成有机和无机成分充分混合的纳米复合材料,其长度从几个 Å 到几十个纳米不等。根据界面的性质(在确定杂化材料性质中起着核心作用),这类材料通常分为两类:在第一类杂化材料中,两相之间存在弱相互作用(如范德瓦耳斯力、氢键或静电力);而在第二类杂化材料中,有机组分和无机组分通过强化学键(即共价键或离子共价键)相连接。

通过静电纺丝技术生产无机/有机杂化纤维的最有效方法是在聚合物中原位合成无机相,使纺丝溶液具有适当的流变性能,以获得连续无珠串结构纤维。为了达到以上目的,使用前驱体(典型的金属或硅烷氧化物 $M(OR)_n$,M = Si、Ti、Zr、Al 等,OR = OC_nH_{2n+1}),通过溶胶 - 凝胶法合成无机相。然后,在温和的温度下，前驱体与水反应生成氢氧化物 $M(OH)_4$，在水或乙醇存在下缩合成 M－O－M 序列结构，构成氧化物骨架。总的来说，这个过程非常复杂，原因是水解和缩合反应同时发生导致溶液中存在许多化学组分。反应首先生成低聚物、聚合物和环状无机化合物，形成稳定的胶体（溶胶），其次在缩合反应中构成一个充满溶剂的连续固体网络（凝胶）。反应动力学受前驱体类型、水－前驱体比、pH 值、温度和溶剂等因素的影响。合成无机材料的溶胶－凝胶法自 20 世纪中期以来就已经被人们熟知，读者可以参考引用的文献以获取更详细的描述[127-130]。

Larsen 等首次将静电纺丝与溶胶－凝胶相结合，设计了纯无机氧化物及无机/有机纳米纤维的囊泡和纳米纤维[131]。在典型的静电纺丝实验中，利用溶胶－凝胶化学辅助制备无机/有机纤维的操作步骤包括：①将分子前驱体与聚合物按所需比例混合制备静电纺丝原液，以获得合适的流变性能，是成功制备直径均匀的静电纺丝纤维的前提；②静电纺丝；③如有需要，对所得纤维进行水热处理。上述方法还适用于纯无机金属氧化物纤维的制备。在这种特殊情况下，经过静电纺丝后，纤维被煅烧以完全去除有机相。用于制备无机纤维的静电纺丝－溶胶/凝胶－有机相煅烧组合的方法的相关文献综述超出了本章的范围，且已被其他作者总结[132-134]。

文献中有描述的用溶胶－凝胶法制备的杂化电纺纤维，大都基于二氧化硅或二氧化钛无机相。可用于静电纺丝的溶胶组成通常可以通过已知的溶胶－凝胶过程的相关知识进行推测。首先，由于 Si 比 Ti 具有更高的电负性，使前者在水解过程中不太容易发生亲核攻击，因此，硅醇氧化物前驱体的反应能力远低于对应的 Ti 前驱体。从实际角度看，Si 和 Ti 的烷氧基前驱体的反应活性差异很大，需要在静电纺丝的溶胶制备阶段使用不同的配方。

3.4.1 SiO_2/聚合物复合纤维的制备

当使用硅醇盐时，通常需要化学计量的水和催化剂以确保 $Si(OR)_4$ 水解为 $Si(OH)_4$，并使最终产物中的 SiO_2 收率高。酸催化导致快速水解和缓慢缩合，使有机相的线性链增长。与之相反，在碱催化的情况下，可观察到较慢的水解和更快的缩聚，导致形成球形胶体粒子。

因为用于静电纺丝的溶胶配方一般含有水和某种酸性催化剂[135-138]，所以乙醇有时被加入到溶液[135]中，提升 $Si(OR)_4$ 和水之间的溶解度。然而，由于乙醇是水解的副产品，因此它的使用并不是获得高 SiO_2 产率所必须的。

考虑到硅前驱体的缓慢反应动力学，可以合理地假设静电纺丝前溶胶老化时间对 SiO_2 产率和杂化纤维形态有一定的影响。Pirzada 等[135]考虑到了这一点，他们在静电纺丝前对 TEOS 溶胶进行不同时间的陈化处理，制备了 PVA 和

SiO_2 杂化纤维。由于他们观察到无论溶液中是否存在 PVA,体系黏度都随时间的增加而逐渐增加。因此他们进一步研究了 TEOS 溶胶陈化时间的影响,陈化时间与混合体系(TEOS 溶胶 + PVA 溶液)的时间系统不是一个概念,而不是陈化 TEOS 溶胶 + PVA 溶液体系时间行为的影响。从 TEOS:PVA 比例相同的电纺溶液出发,所得纤维的直径随溶胶陈化时间的增加而增大(图 3 - 14(a) ~ (d))。另外,虽然所制得的纤维具有相同数量的无机相,但后者的特征是随着溶胶老化时间的增加,Si—O—Si 键数增加,也有利于缩合反应的进行。

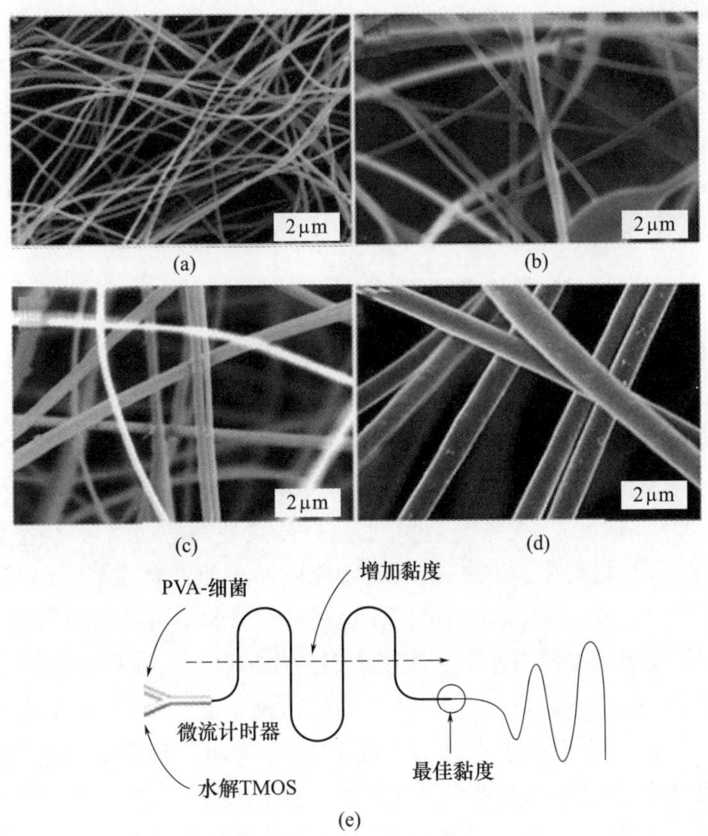

图 3 - 14 用不同时间老化的、含相同量 TEOS 和 PVA 的溶液纺丝
(a)1(d_{fiber} = 150 ± 30nm),(b)2(d_{fiber} = 380 ± 130nm),
(c)3(d_{fiber} = 470 ± 130nm),(d)4h(d_{fiber} = 650 ± 190nm)
(转载自文献[135],2012 年发表,经 ACS 许可),(e)使用微流体定时器形成 SiO_2/PVA 生物催化纳米纤维(转载自文献[139],2013 年发表,经 Elsevier 许可。)

相反,当 Si 前驱体溶胶和 PVA 溶液混合时,Tong 等[139]观察到黏度快速且持续增加，他们将这种行为归因于 PVA 的羟基与硅烷醇基团反应，在无机和有机相之间产生了共价键。Tong 等利用两个注射器分开 TEOS 溶胶和 PVA 水溶液，并通过使用微流体定时器，使两种溶液在电纺丝之前混合一段受控的时间（图 3－14（e）），可以解决系统中溶液性质的变化。以这种方式，研究者能够在整个电纺丝过程中保持最佳溶液黏度，实现可控和连续的过程。

Allo 等[140]也提到了陈化时间的影响，他定性地观察到含有 TEOS 和 PCL 的溶胶在静电纺丝过程中溶液黏度不断增加，这突出了寻找到合适的可纺性操作窗口期的重要性。

当需要生产相应数量的电纺纤维时，反应性溶胶的静电纺丝过程中其性能随时间的变化就成为了一个主要问题。此外，影响溶胶－凝胶过程的因素（如水－前驱体比、催化剂类型、pH 值、温度）还没有在静电纺丝过程中得到系统考虑。目前还没有人系统地研究上述参数对纤维中无机相形态和分布的影响，以及对 SiO_2 产率和结构的影响。

3.4.2 TiO_2/聚合物复合纤维的制备

TiO_2 纳米结构具有良好的光催化性能以及在光电子器件中的应用前景[141－142]。烷氧钛前驱体 $Ti(OR)_4$ 比 $Si(OR)_4$ 具有更高的活性，能被大气和溶剂中的微量水快速水解。由于这种反应速度很快，需要抑制剂来防止多分散 TiO_2 纳米粒子的不可控沉淀。因此，可通过在有机溶剂中溶解前驱体和聚合物，并加入抑制剂（如乙酸、乙酰丙酮、二乙醇胺），使钛醇盐络合，使之以非水解形式稳定[143－147]，最终制得二氧化钛基杂化电纺纤维。显然，当水溶剂用于静电纺丝[143－146]时，使用抑制剂来防止 Ti 烷氧基突然和不可控制的水解是非常必要的。然而，在溶胶中没有水的情况下也需使用抑制剂。在后一种情况下，TiO_2 相的形成只能通过后续水热处理纺得的纤维毡来完成[147－149]（图 3－15）。事实上，Su 等[149]证明，在没有水存在的情况下，仅仅静电纺丝含有 Ti 前驱体、聚合物和抑制剂的溶胶并不能制备出杂化纤维。在他们的工作中，水热处理可以使水解和缩合反应发生。纺丝纤维中所含的 Ti 前驱体被转化成 TiO_2 纳米粒子，通过透射电镜清晰可见，并显示出光催化活性[149]。

在对 Ti 前驱体进行静电纺丝时，Skotak 和同事们认为必须了解溶胶－凝胶过程的化学本质以控制静电纺丝过程[144－145]。他们深入分析了钛醇、乙酸和 PVP 的溶胶，并监测了溶胶性质随时间的变化。他们研究了乙酸和 PVP 浓度、Ti 前驱体种类、共溶剂添加量、化学种类等因素对溶胶性能和稳定性的影响。

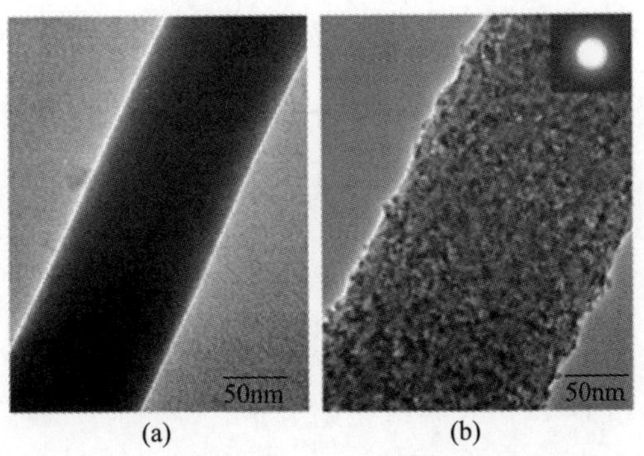

图 3-15　含 TiO_2 前驱体的 PET 纳米纤维水热处理前(a)和处理后(b)的表面形貌，照片为选中区域的电子衍射图
(转载自文献[148]，2009 年发表，经 Elsevier 许可。)

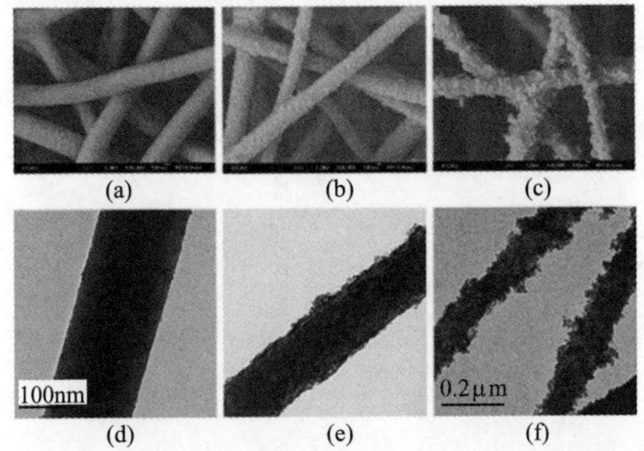

图 3-16　(a)~(c)不同质量比的醋酸锌与 PET 所形成的 ZnO/PET 纳米纤维的 SEM 图像(a)1:7，(b)3:7，(c)1:1，(d)~(f)(a)~(c)纳米纤维对应的 TEM 照片
(转载自文献[158]，2011 年发表，经 Wiley InterScience 许可。)

3.4.3　ZnO/聚合物复合纤维的制备

ZnO 纳米结构在气体传感器、光催化、光学器件等领域广泛应用[150-151]。由于 Zn 的高正电性，通常使用抑制剂来避免金属氢氧化物的快速沉淀，从而形成稳定的溶液。氧化锌可以从硝酸盐、氯化物和醇氧化物等几种 Zn 前驱体中得到，但最常用的是二水合乙酸盐[152]。采用静电纺丝和有机相煅烧的方法制备一维 ZnO 纳米纤维已成为一种稳定的工艺[153-155]。以二水醋酸锌[156-157]为原料可以制备杂化电纺纤维。在所引用的文献中，ZnO 粒子与聚合物纤维的复合可通过在室温下将纺制的纤维毡浸泡在碱性溶液中得，该过程中醋酸锌转化为

ZnO[156-158]。图 3-16 表明,纤维中 ZnO 的最终含量与乙酸锌浓度密切相关。

3.4.4 溶胶-凝胶法电纺复合纤维的性能及应用

在这种纤维中,无机相在有机相中均匀分散,并与其相互作用。这种特殊相分布最直接的优点是聚合物纤维可以负载大量的无机相,避免了相分离和相容性差的问题。

两相的纳米尺度分布对聚合物形态有直接的影响,特别是对分子链形成规则晶相的能力。通过 DSC 和 X 射线衍射分析,Shao 等[138]发现 PVA 晶体相随着 SiO_2 含量的增加而降低(图 3-17(a))。类似地,在仅含有 4% 质量分数 TiO_2 的 PET 纤维的 DSC 曲线中,观察到熔融焓急剧下降,并且发现在较高的 TiO_2 含量下,PET 的结晶被完全抑制(图 3-17(b))[148]。此外,通过在电纺丝纤维中加入 SiO_2 相,PVDF 和 PCL 的结晶能力也会降低[140,159](图 3-17(c))。

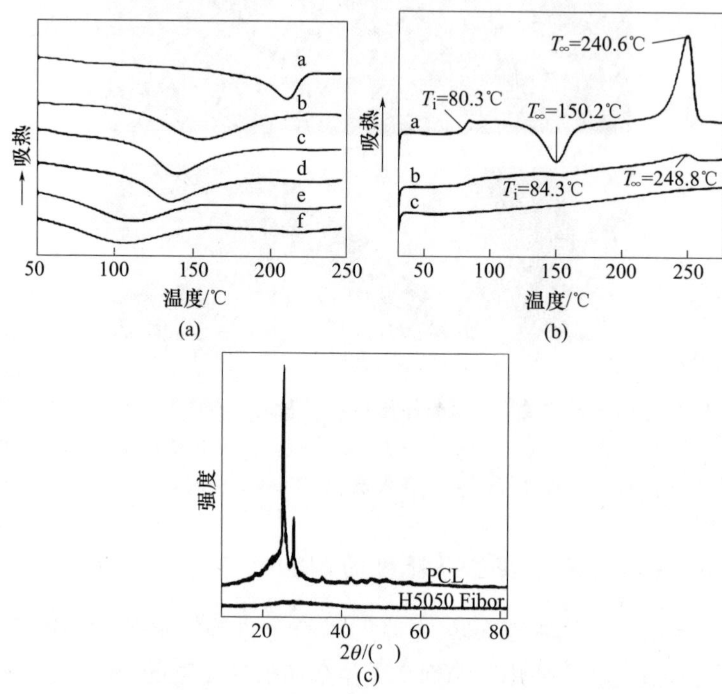

图 3-17 (a)不同 SiO_2 含量的 PVA/SiO_2 纤维的 DSC 曲线:SiO_2 含量(a)0(纯 PVA),(b)22%,(c)34%,(d)40%,(e)49%,(f)59%(转载自文献[138],2003 发表,经 Elsevier 许可),(b)含 0(纯 PET)(a)、4.0(b)和 27.6%(c)TiO_2 的 PET 纳米纤维的 DSC 曲线(转载自文献[148],2009 发表,经 Elsevier 许可),(c)纯 PCL 和含有 50% 生物活性玻璃(H 5050 纤维)的 PCL 纤维的 X 射线衍射图谱(转载自文献[140],2010 年发表,经 ACS 许可)

有机相和无机相之间的强相互作用也可以用来提高有机聚合物相的耐溶剂性，特别是在这种相互作用是基于共价键的情况下。以聚乙烯醇为例，当电纺硅前驱体时，它可以参与硅醇基团的缩合反应。最终，这些与无机相共价结合的链不再溶于水，电纺的非织造材料可以保持纤维形态[135-138]。

有机相和无机相在纳米尺度上的充分混合所产生的优势可以用来制造用于骨组织工程的杂化纳米纤维支架（图 3-18）。在这方面，采用天然的[160-163]和

图 3-18 (a)纯聚 L-乳酸(PLLA)及 SiO_2 含量为(b)20%、(c)40% 和(d)60% 质量分数杂化纳米纤维的透射电镜图像，(e)(f)经 600℃ 热处理 3h 后，PLLA-40% SiO_2 干凝胶电纺纳米纤维的横截面 TEM 图像

（转载自文献[136]，2012 年发表，经 Wiley Interscience 许可。）

合成的可生物降解[137,164]聚合物与 SiO_2 相进行复合,在某些情况下,还可加入钙和磷酸盐离子,以进一步提高支架生物活性[160-162,164]。当使用天然聚合物(如明胶[160-162]或壳聚糖[163])时,有机相和无机相通过有机改性含环氧基的硅醇氧化物发生共价键合(Ⅱ类杂化材料)。在酸性条件下,这个基团可以进攻聚合物链中的亲核单元,如胺和羧酸[161-163]。聚合物链与 SiO_2 相之间共价键的存在限制了聚合物在水中的溶解,进而保持了支架纤维结构[160,162]。PCL 与 SiO_2 相结合时,在界面处可形成具有氢键的Ⅰ类杂化材料[137,164]。在此情况下,通过引入 SiO_2 相,增加纤维亲水性,改善支架的润湿性(图 3-19(a)),也通过提高弹性模量和极限拉伸强度来改善支架的力学性能(图 3-19(b))。

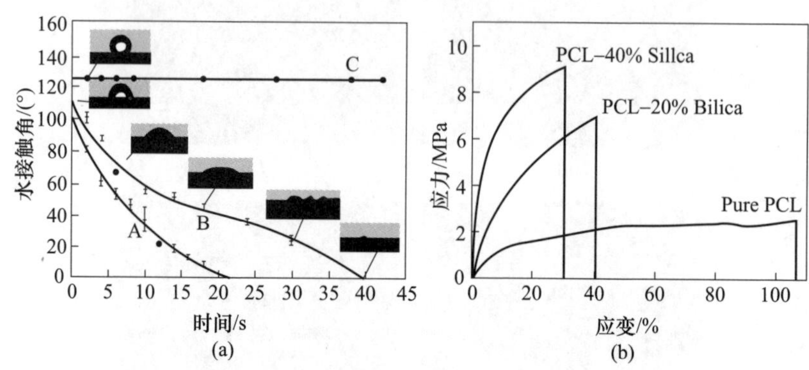

图 3-19 (a)水接触角的测量:(A)电纺 PCL/生物活性玻璃纤维,直径 260±60nm;(B)电纺 PCL/生物活性玻璃纤维,直径 600±166nm;(C)电纺 PCL 控制支架(转载自文献[164],2013 年发表,经 ACS 许可),(b)PCL/SiO_2 电纺膜在不同质量分数组成下的典型应力-应变曲线(转载自文献[137],2010 年发表,经 Elsevier 许可。)

Poologasundarampillai 等[165]采用溶胶-凝胶与双注射器反应静电纺丝相结合的方法,制备了富集 Ca^{2+} 的 SiO_2/PLLA 纤维。为此,他们使用了醇钙前驱体。由于醇钙与水反应活性高,为了避免 CaO 沉淀,作者使用了一种改进的静电纺丝装置,使 Ca 前驱体溶液在泰勒锥形成前才与 SiO_2/PLLA 溶胶接触。与有机相聚合物的类型无关,在纤维中引入均匀分散的 SiO_2 相,可以提高碱性磷酸酶活性和成骨细胞反应[137,160,162-164],提高体内骨导率[137]和支架生物活性,特别是当在起始静电纺丝液[162-164]中添加 Ca^{2+} 后,效果更为明显。

溶胶-凝胶法与静电纺丝相结合被 F. Li 的团队应用于规模化制造功能化的杂化纳米纤维,用于从废水中吸附不同的化学物质[166-171]。制备过程中通常使用致孔剂(如 CTAB)使纤维中形成介孔,目的是增加膜的比表面积,提升吸附能力。以 TEOS 为前驱体,他们制备了 SiO_2 和 PVA 复合纤维,通过在溶胶中添加有机改性的硅醇盐,可以获得具有不同化学功能的纤维。特别的是,他们引入了可吸收 Cu^{2+} 含巯基 MPTMS[171],引入了可去除染料污染物的 β - 环糊精[170]和含可吸附 Hg^{2+} 硫醚官能团的 BTESPTS[169]。他们还利用 PAA 制备了含有巯基[168]或乙烯基[167]的杂化纳米纤维,以吸收染料污染物。他们还进一步证明,膜可以通过酸处理进行再生。但当他们研究水溶性聚合物(即 PVA 和 PAA)时,没有考虑水接触时可能发生的非织造形态的改变。

利用 TiO_2 的光催化性能,TiO_2 纤维被用于生产抗菌伤口敷料[172]和降解苯酚[149]等有毒有机物的薄膜。类似地,ZnO 纤维也被用来测试对罗丹明的光降解效果[157]。

3.5 静电纺丝技术与电喷涂技术结合

文献报道了通过在同一金属收集装置上同时采用电纺聚合物溶液和电喷涂粒子悬浮液制备功能纳米纤维毡的案例。在电喷涂中,当电场大于液体的表面张力时,喷射被雾化成细小的液滴,收集后形成固体粒子。在静电纺丝过程中,由于电斥力不能克服液体中分子间的作用力,因此射流延伸、弯曲并最终到达收集装置,形成固体纤维。由此形成的非织造毡,其由位于纤维表面的纳米粒子和多孔的非织造结构组成(图 3 - 20)。

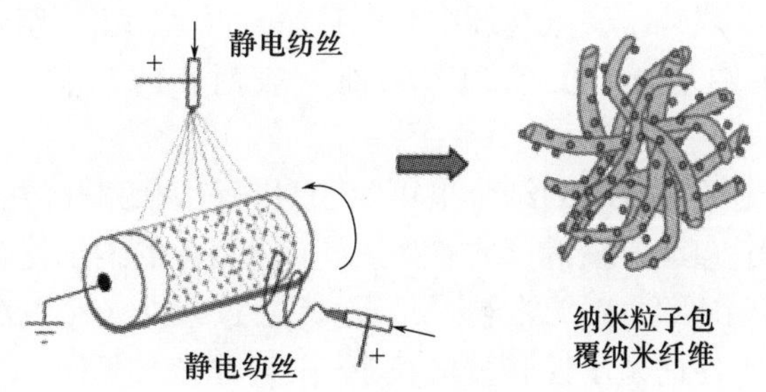

图 3 - 20　静电纺丝结合电喷涂工艺
(转载自文献[173],2013 年发表,经 Elsevier 许可。)

在已综述过的纤维中添加纳米粒子的方法(即静电纺丝含无机分散体的聚合物溶液、后处理和溶胶 - 凝胶法)中,在大多数情况下添加剂在整个纤维截面中都呈现均匀分布状态,当粒子的功能只能在与外部环境接触才能显现时,纤维内部的部分粒子无任何作用;当通过电喷涂将纳米粒子引入非织造结构中时,它们完全且易于与外界发生活性反应。

事实上,所有论述静电纺丝和电喷涂技术结合的论文都是基于杂化表面特性的进一步拓展。

Vitchuli 等[174]利用联用技术,制备了具有抗菌和解毒性能的多功能 ZnO/尼龙 6 纳米纤维毡,用于防护领域。尼龙 6 聚合物溶液和 ZnO 粒子分散体系被置于两个独立的注射器中,并排放置在两个注射器泵上。在所得的材料中,ZnO 粒子附着在纳米纤维表面,分布在整个纤维毡上。

文献[173]采用电喷涂技术,制备了具有抗菌性能的 TiO_2 粒子包覆 PLA 电纺纳米纤维。本案例中,通过对电纺的复合材料毡进行水热处理,使其原位生成了 TiO_2 粒子。特别需要指出的是,TiO_2 前驱体溶胶的电喷雾与另一注射器中的 PLA 溶液的电纺是同时进行的。将包覆后的纳米纤维在 40℃ 干燥,然后在 120℃、15psi(1psi≈0.0069MPa)的条件下置于高压釜中进行水热处理,处理时间不同(30min、60min 和 90min)。杂化材料的 SEM 照片表明,水热处理产生了球状的 TiO_2 粒子(锐钛矿型和板钛矿型),其初始平均尺寸为 0.1 ~ 2μm,随水热时间的增加而逐渐减小。

Korina 等[175]证明,采用静电纺丝和电喷涂技术的结合,通过适当选择分散稳定剂,可以制备所需表面特性和体积特性要求的杂化材料。作者以聚 3 - 羟基丁酸(PHB)为基体,用 Fe_3O_4 和 TiO_2NPs 制备出不同的纳米结构。其中,TiO_2 作为光催化材料,Fe_3O_4 则赋予了纤维毡磁性能。将 PHB、Fe_3O_4/PHB 和 Fe_3O_4/TiO_2/PHB 悬浮液电纺成纤维,同时将 Fe_3O_4/壳聚糖、TiO_2/COS、Fe_3O_4/TiO_2/壳聚糖悬浮液电喷涂成粒子。电纺纤维和电喷涂悬浮液的不同组合产生了不同的非织造材料,其中纳米粒子位于 PHB 纤维的表面和(或)位于 PHB 纤维内部(图 3 - 21)。

静电纺丝和电喷涂技术的结合也可赋予材料可调的润湿性,使其从超疏水性(静态水接触角 >150°)变为亲水性[176]。上述制备的纳米复合纤维毡由疏水 PS 纳米纤维和亲水性 TiO_2 纳米粒子组成,并通过紫外光照射对其润湿性能进行了调控。超疏水性向亲水性转变的机理是,紫外光与 TiO_2 反应生成自由基、Ti^{3+} 和氧空位,这些缺陷部位能够吸附水分子,从而提升纤维毡的亲水性。作者发现,光照时间是控制参数,纤维毡的水接触角可由最大 140°逐渐变化到最小的 26°。

为成功地再生受损组织,在 P(LA - co - CL)/明胶共混物[177]和明胶[178]的电纺纤维上同时电喷涂纳米 HA,制备用于骨组织再生的纳米纤维支架。HA 与聚合物的共混可能降低 HA 的骨诱导性,原因是 HA 颗粒通常完全嵌入在聚合物纤维中。通过电喷涂在纤维表面沉积 HA 纳米粒子,可以提高成骨细胞的骨传导性和骨诱导作用,原因是 HA 纳米粒子完全位于表面,容易与细胞充分接触。

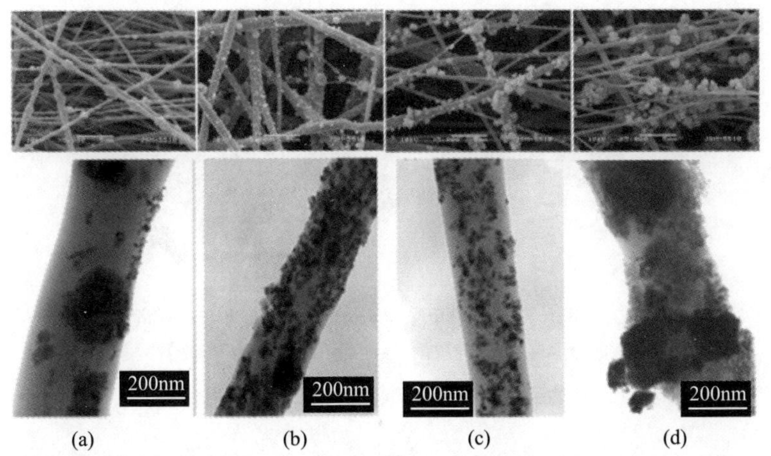

图 3-21 (a)Fe_3O_4/TiO_2-in-PHB、(b)(Fe_3O_4/壳聚糖)-on-PHB、(c)(TiO_2/COS)-on-(Fe_3O_4-in-PHB)和(d)(Fe_3O_4/TiO_2/壳聚糖)-on-PHB 的 SEM(上排)和 TEM(下排)图像
(转载自文献[175],2014 年发表,经 Springer 许可。)

3.6 同轴静电纺丝技术

用于同轴静电纺丝的基础喷丝头是通过将内针或毛细管插入同心的外针中制成的。内针连接到核心流体储层,而外针连接到壳层流体。静电纺丝产生不相容液体同轴射流的技术是 2002 年由 Loscerpacts 等人[179]首次提出的。作者证明,在适当的电势和流量下,复合体系在喷丝板出口处能够构成稳定的泰勒锥,形成液体射流。所形成的复合射流发生曲张破裂,产生单分散的复合液滴,外部液体包裹内部液滴,液滴直径小于微米级。

在后续的一篇研究论文中,Larsen 等[131]报道了将溶胶-凝胶化学与同轴静电纺丝结合,制备出由无机氧化物和杂化(无机/有机)材料构成的囊泡和纤维,直径在微米和亚微米范围内。2004 年,Li 等[180]使用溶胶-凝胶静电纺丝法制备了一种核-壳结构材料,其以 PVP 和 TiO_2 杂化材料为壳层,矿物油为核心。核和壳溶液的完全不混溶使纤维形成了规则的核-壳结构。将矿物油用辛烷浸泡提取后,会形成中空杂化纤维,可用于纳米流体通道等潜在用途(图 3-22)。

YYL. Joo[181-182]将溶胶-凝胶法与同轴电纺丝技术相结合,以 TEOS 为前驱体,将嵌段共聚物聚(苯乙烯-b-异戊二烯)包覆在纤维的核心中,制备了二氧化硅耐热外壳。他们证明,由于嵌段共聚物的自组装(取决于退火条件),纳米尺寸的规则形态可以在纤维内部产生。因此,壳层的耐热性保证了对纤维芯进行退火时不影响纤维的形态[181](图 3 - 23(a) ~ (d))。

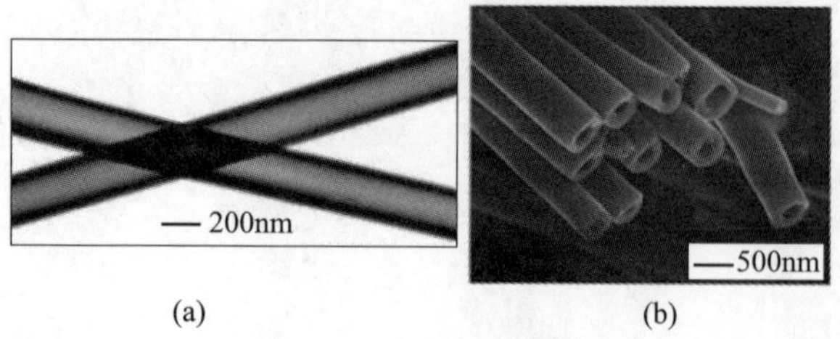

图 3 - 22　用辛烷萃取后中空纤维的(a)TEM 和(b)SEM 图像。管壁是由非晶态 TiO_2 和 PVP 组成的复合材料
(转载自文献[180],2004 年发表,经 ACS 许可。)

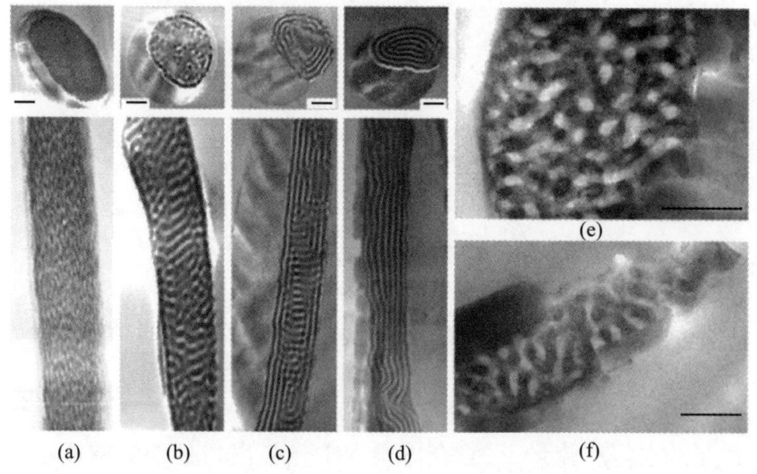

图 3 - 23　(a) ~ (d) SiO_2/聚(苯乙烯 - b - 异戊二烯)核 - 壳纤维的 TEM 图像:(a)纺制的纤维;(b)125℃退火 24h 后堆积的 PS 片状结构;(c)在 175℃退火 24h 后过渡到交替同心圆筒的形貌;(d)在 175℃退火 50h 的平行形貌。分图的上方为垂直于纤维的横截面,下方为平行于纤维轴的横截面(转载自文献[181],copyright2006,经 Wiley InterScience 许可);(e) ~ (f)聚(苯乙烯 - b - 酰亚胺)①/SiO_2 纤维与 10% 的磁铁矿在 175℃退火 50h 后的 SEM 图像:(e)纤维垂直横截面和(f)纤维沿轴线截面。灰色壳区是 SiO_2,在核心区,光区是聚苯乙烯结构,暗区是聚酰亚胺结构,暗点是磁铁矿纳米粒子。所有刻度标尺为 200nm
(转载自文献[182],2008 年发表,经 Wiley Interscience 许可。)

在后续的研究论文[182]中,作者往聚合物核的溶液添加了表面包覆油酸基

---

① 译者注:此处应为酰亚胺,原文有误,写成异戊二烯。

的磁铁矿纳米粒子。通过退火处理，能够实现纳米粒子的层次空间分布，其是由于酰亚胺链段占据了纤维纳米粒子后发生自发迁移导致(图 3－23(e)～(f))。①

许多通过同轴静电纺丝制备复合纤维的论文中，都描述了将纳米粒子添加在纤维芯中，其目的是生产具有潜在应用的一维纳米阵列，主要应用于磁性纳米材料。2002 年，Song 等[183]将 FePt 纳米粒子封装在 PCL 壳中。TEM 图像表明，Song 等获得了沿光纤轴线长达 3000nm 的离散纳米粒子阵列。同样，文献[184]将铁蛋白纳米粒子封装在聚电解质聚合物壳中，从而形成均匀且连续的管状核－壳纳米结构。作者通过控制核的直径，控制铁蛋白的一维阵列的宽度，并实现了将单个铁蛋白粒子的近线性链封装在直径为 40nm 的纳米纤维中(图 3－24)。

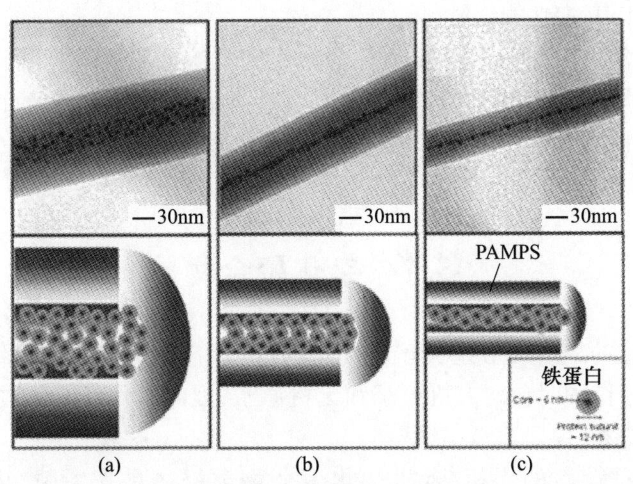

图 3－24 (a)～(c)通过调节聚合物溶液的浓度形成的聚电解质管状纳米结构中不同宽度的铁蛋白一维阵列的 TEM 图像(顶行)。示意图(底行)为铁蛋白一维排列和聚合物管状纳米结构的不同宽度
(转载自文献[184]，2008 年发表，经 Wiley InterScience 许可。)

Sharma 等[185]报道了磁性与纤维排列的相关性。他们制备了复合有 Fe_2O_3 纳米粒子的 PEO 同轴纤维，当以平行纤维的形式收集时，它们表现出垂直的磁各向异性。

Sung 等[186]通过采用 Fe_2O_3 纳米粒子的磁性胶体悬浮液，将 Fe_2O_3 添加到 PET 壳中。利用有机材料包覆纳米粒子，可以限制粒子的团聚，而通过添加矿物油，则使纳米粒子在流体中的流动性得到改善。核－壳形态取决于成核溶

① 译者注：原文为异戊二烯链段，但是所转载的图 3－23(e)～(f)是聚苯乙烯－b－酰亚胺的照片，该引文中分别有聚苯乙烯－聚酰亚胺和聚苯乙烯－聚异戊二烯这两类共聚物体系，因此此处改为酰亚胺。

液中的矿物油含量和相应的溶液进料量，所得纤维在室温时表现出超顺磁性。作者还发现，当磁场存在时，纤维的力学性能有所改善，这是因为磁性纳米粒子在核心流体中具有很高的移动性，导致它们之间有很强的偶极－偶极相互作用。

Medina－Castillo 等[187]用同轴静电纺丝技术制备了一种由三功能核壳纤维制成的新型多功能无纺纤维毡。外壳采用荧光 pH 敏感共聚物，而芯材包含磁性纳米粒子和亲油指示剂染料。由此可知，纤维具有磁性，对 O_2 敏感，并且能够在 pH 变化时改变其光学性质，从而能够原位和实时地通过对 pH 和 O_2 进行光学监控。Ma 等[188]还制备了一种核芯为磁性 Fe_2O_3 纳米粒子，壳层中含有发光铕配合物的 PVP 多功能纤维。

在某些情况下，纳米粒子可事先分散在壳材溶液中。TiO_2 纳米粒子[189]和银纳米粒子[190]就是这种情况。此时，纳米粒子被有意嵌定于纤维的壳层中（即非常接近纤维表面），当它们与将要降解的有机物或细菌直接接触时，其光催化和抗菌性能得到增强。

3.7 杂化聚合物

本章综述的最后一节是关于由无机/有机聚合物组成的杂化纤维的制备。由于起始分子链同时包含有机原子和无机原子，因此所得纤维不具有可区分的有机相和无机相。

一类相对较新的无机/有机杂化聚合物类材料是聚磷腈，由 Allcock 团队[191]首次开发合成的。由于这类复合聚合物含有由交替的磷原子和氮原子组成的无机主链，以及连接到每个磷原子的有机或有机金属侧基（图 3－25）。因此，聚磷腈具有各种不同的化学结构（取决于侧基的性质）和骨架结构（直链、支链、星形、树枝状聚合物、嵌段共聚物等）。

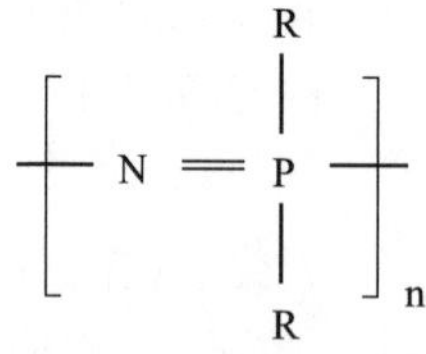

图 3－25　聚磷腈的一般结构

磷—氮主链的存在使这类聚合物具有热氧稳定性、耐火性、极高的扭转迁移率（主链扭曲的低势垒）、高折射率和亲水性。另一方面，聚磷腈中的侧基决定它的其他性质，如溶解度、二级反应化学、热分解和耐水解性等。由于聚磷腈合成的灵活性使其性能可调，因此引起人们对其在多个研究领域中应用的极大兴趣。

这类聚合物由 Nair 等[192]首次电纺，他们研究了工艺参数的影响，例如溶剂的性质、聚合物溶液的浓度、针头直径以及施加的电势对聚[双(对(甲基)苯氧基)磷腈]纤维的直径和形貌的影响。文献[193]将聚[(氨基酸)磷腈]与明胶共混，在相同的电纺纤维毡中结合了这两种聚合物的优点。值得注意的是，纤维的内部结构与明胶与磷腈的比值有关：当复合物中明胶质量分数低于 50% 时，得到的是核壳结构的纤维，当明胶质量分数增加到 70% 和 90% 时，则得到均匀的复合纳米纤维。

Carampin 等[194]合成了以苯丙氨酸乙酯和甘氨酸乙酯(PPHE - GlyP)为共取代基的聚磷腈，这类化合物在生理浓度下可以降解成无毒的产品。对该材料进行静电纺丝可制造出非织造纤维片材和管材(图 3 - 26(a) ~ (b))，其可作为培养神经微血管内皮细胞(NEC)的支架。细胞能够在电纺管材上生长，并在接种后 16 天形成融合的单层细胞(图 3 - 26(c))。NEC 细胞在聚磷腈基质上的黏附力和增殖性都较高，这归因于聚磷腈基质中的苯丙酸乙酯和甘氨酸基。

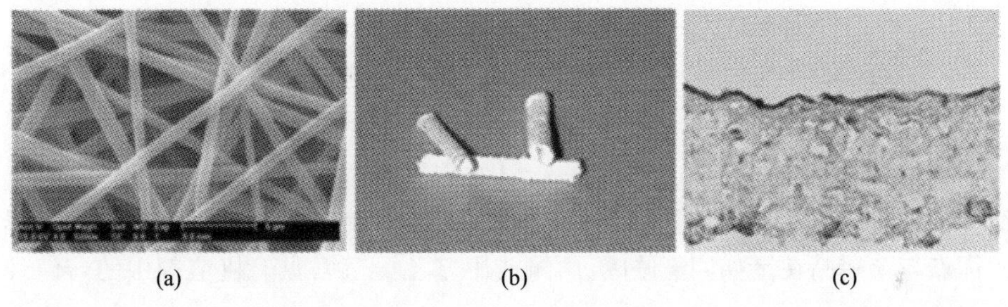

图 3 - 26 (a)静电纺丝法制备的 PPhe - GlyP 膜的 SEM 图像；(b)静电纺丝法制备的 PPhe - GlyP 管材；(c)在电纺丝 PPhe - GlyP 管状基质上接种培养 16 天后的 NEC 细胞，用苏木精染色(放大 400 倍)(改编自文献[194]，2007 年发表，经 Wiley Interscience 许可。)

此外，与 PLGA 混合使用的二肽取代的聚磷腈已被开发出来，可用于骨骼再生的 3D 支架[195]。分子间氢键有利于体系的完全相容。另外，为了复制骨髓腔和骨板的层状结构，用开放的中心腔以同心方式组装了共混纳米纤维基质。

聚磷腈也可以进行化学修饰，以发挥特定的功能。可用“点击”化学方法对聚磷腈纳米纤维进行表面改性[196]。聚[二(丙胺)磷腈]是一种玻璃化转变温度为 -4℃ 的橡胶聚合物，不能形成固体自支撑纤维。采用同轴电纺丝法制备芯材为 PAN，壳材为橡胶型聚磷腈的核 - 壳纤维。通过炔 - 叠氮“点击”化学固定葡萄糖，对纤维表面进行改性(图 3 - 27(a))。作者证明，该膜能选择性地识别刀豆蛋白 A(图 3 -27(b)),但与牛血清白蛋白(BSA)几乎没有结合。

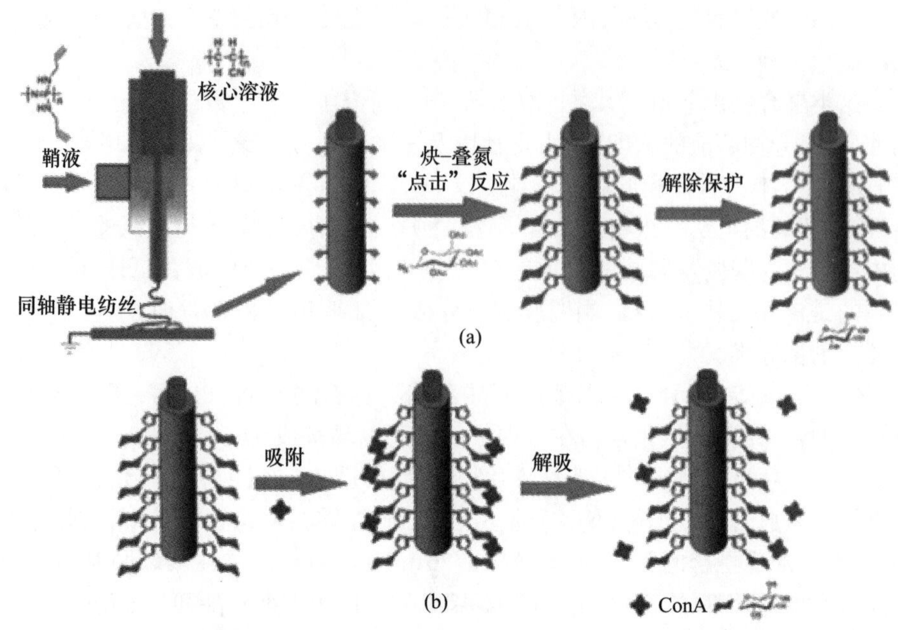

图 3 -27 (a)同轴电纺丝法制备糖化聚磷腈纳米纤维膜;(b)其在蛋白质识别中的应用
(转载自文献[196],2013 年发表,经 Wiley Interscience 许可。)

最后,特殊表面性能的纳米纤维还可以通过具有特殊性质的聚磷腈来制备。例如,对高度氟化磷腈静电纺丝会产生具有高表面疏水性(直至超疏水性)的无纺纤维毡,具体取决于纤维直径和形态[197]。使用氟化磷腈而不是聚四氟乙烯的优点与聚磷腈在诸如四氢呋喃、丙酮或甲基乙酮等常见有机溶剂中的溶解性有关。

Xu 等[198]利用自由基共聚合法合成了一种新型无机/有机杂化共聚物,聚[苯乙烯 - co -3 -(三甲氧基硅基)丙基 - 甲基丙烯酸酯],并采用静电纺丝技术制备了该共聚物的纳米纤维膜。为了获得交联体系,将制备的纤维在盐酸水溶液中浸泡 3 天,目的是使甲氧基硅基水解成硅醇基团,以缩合成可交联的聚硅氧烷。由于制备的膜对不同温度和典型溶剂呈现出高耐受性,因此,这些杂化纤维毡可用于表面化学、药物传递和多功能纺织品等领域。如图 3 -28,Schramm 等[199]报道了通过 TESPSA、APTES 和 PAA 制备 PI 纳米纤维的研究。首先是水解 TESPSA;其次在体系中加入 APTES,形成黏稠的 PAA 溶液,该溶液能够进行静电纺丝;最后,在 110℃和 220℃下对水溶性纤维进行热处理,形成水不溶性无机/有机高分子纤维。

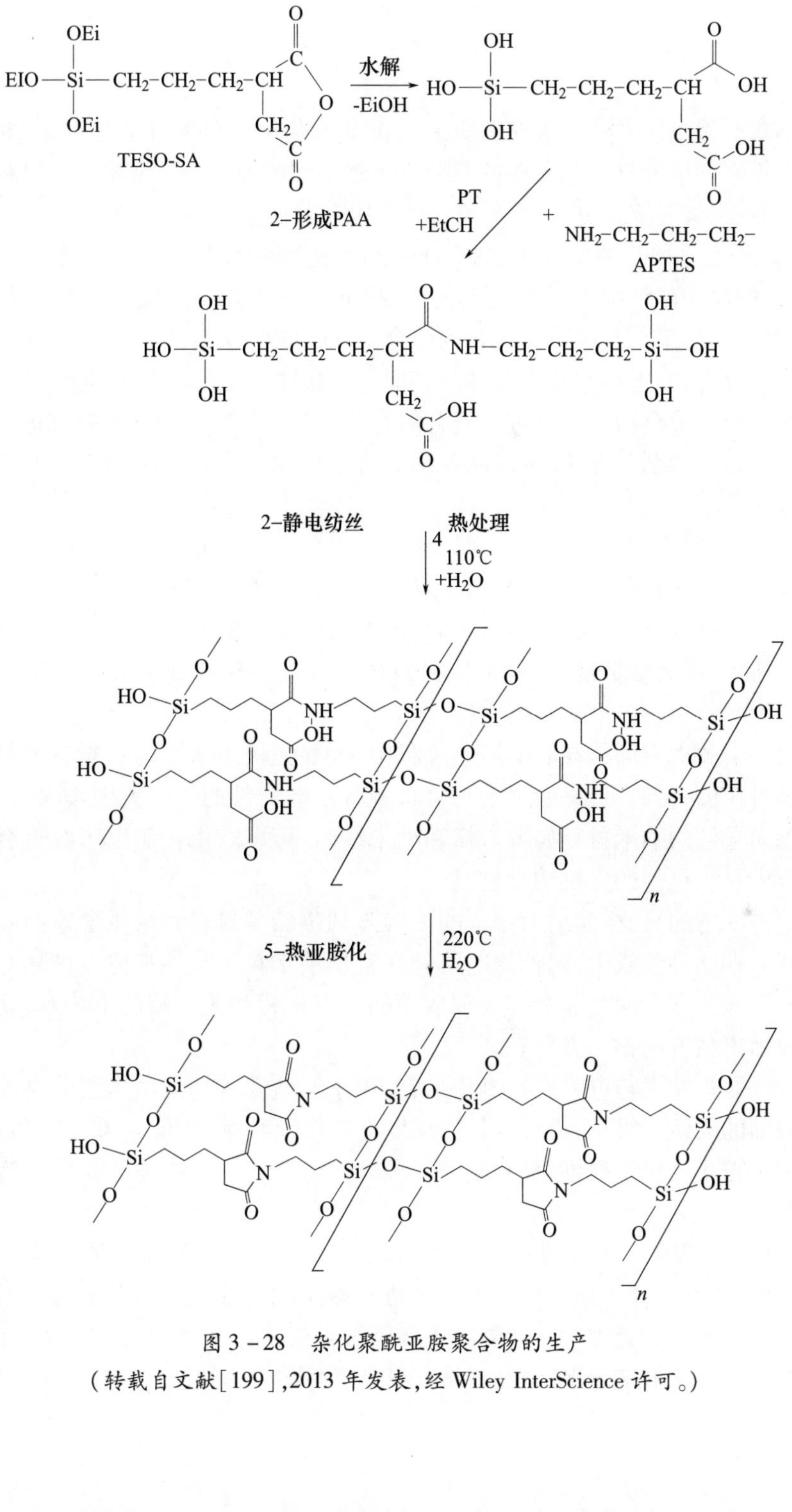

图 3-28 杂化聚酰亚胺聚合物的生产

(转载自文献[199],2013 年发表,经 Wiley InterScience 许可。)

3.8 小　　结

本章对静电纺丝法制备的有机－无机纳米杂化材料进行了分类,并着重介绍了近年来的研究进展和存在的问题。根据不同的静电纺丝纳米杂化材料的结构和功能特点,对文献进行了分类,并对其应用前景进行了评价。特别是,如图3－1所示,主要综述的方法包括:①聚合物溶液中无机分散体系的静电纺丝工艺;②静电纺丝纤维的后处理工艺;③静电纺丝工艺与溶胶－凝胶工艺的结合;④静电纺丝工艺与电喷雾工艺的结合;⑤同轴电纺丝工艺以及⑥杂化聚合物的构建。综上,静电纺丝技术及其与其他合成和加工工艺的组合,是一种能将无机纳米组分与聚合纳米纤维进行复合的有效方法。特别是通过本章综述中描述的不同的合成和制备方法,可以制备出具有不同相分离程度和均匀性的纳米复合纤维。

一方面,因为用静电纺丝技术处理聚合物溶液中的无机分散体系,使在纤维中添加无机纳米粒子、纳米棒或量子点成为可能,这些纳米棒或量子点在静电纺丝过程中保持其原有形态,最重要的是能在最终制备的纤维毡中保持其原有的功能。所以,在大多数情况下,无机材料的特性能够转移到聚合物纳米纤维基材上。

另一个关键方面是在静电纺丝过程中,这些无机纳米结构的制备能够产生有序和可控的排列。这是通过纳米材料制备功能器件的一个关键步骤,特别是使用各向异性的纳米材料如纳米棒和纳米线时,可以获得在亚微米级聚合物纤维材料中一维排列的无机纳米材料。

值得注意的是,构建纳米粒子的一维阵列仍然是材料领域科学家面临的巨大挑战。在这种背景下,同轴静电纺丝在实现纳米粒子或纳米棒在纳米纤维内部形成受限阵列方面是非常有效和成功的。有机相和无机相的不相容,使两者分离显示出独特的核－壳形态。

静电纺丝技术与电喷涂技术相结合,用于制造那些功能纳米组分必须位于纤维表面的无纺纤维毡,通过与外界环境直接接触发挥其功能。事实上,这种方法使纳米粒子仅位于纤维表面,避免了纳米组分复合进有机物体相中并为有机物所覆盖。

使用电纺基布的优势在其高比表面积和极高的孔隙率,而且在大多数情况下,所获得的纳米纤维毡要易于组合成功能器件,要求其具有加工和改性的灵活性。当必须通过后处理工艺才能将无纺纤维毡制成杂化纤维时,这些特性就显得尤为重要。一般情况下,电纺纤维毡具有良好的力学性能,能够抵抗后处理过程中的操作条件，保持其形态和结构。例如，在水热合成无机相过程中施加的高温和高压，ALD 工艺所需的高真空，以及为实现 LBL 组装而采用的大量浸渍和洗涤步骤。

无论是在聚合物纤维的本体中还是在聚合物纤维的表面，除了是一种功能强大的胶囊化纳米目标物的技术外，静电纺丝技术更有趣之处在于其能够结合溶胶－凝胶法制备杂化纤维。静电纺丝技术与溶胶－凝胶法能够结合的原因是这两种工艺都在溶液状态下进行操作。当然，随着时间的推移，静电纺丝的反应溶胶随着时间推移性质发生变化，使工艺过程复杂化，导致最终的纤维形态和结构难以控制。然而，这种方法的巨大好处是制备的杂化纳米纤维中，有机相和无机相的相容程度比其他所讨论的方法所得到的杂化纳米纤维更高。

最后，静电纺丝能够生产由杂化聚合物所制备的纤维，杂化聚合物为在高分子链中同时包含有机主链和无机原子（如 Si、P、Ti）的聚合物。其中有机相和无机相密不可分，从而能达到无机相和有机相最大程度的结合。由于合成方法多样，聚合物的性能可调，因此它们引起了人们对其在多个研究领域中应用的极大兴趣。

大量不同的纤维形态、结构和性能可以通过静电纺丝来实现。如果希望以一种简单、通用、廉价和可调控的技术制造新型的杂化纳米纤维，那么静电纺丝技术的优势非常明显，由于上述原因，静电纺丝成为目前最受关注的纳米复合材料生产技术之一。

参考文献

[1] Crespy D, Friedemann K, Popa AM(2012) Colloid－electrospinning: fabrication of multicom－partment nanofibers by the electrospinning of organic or/and inorganic dispersions and emulsions. Macromol Rapid Commun 33:1978－1995

[2] Agarwal S, Greiner A, Wendorff JH(2013) Functional materials by electrospinning of polymers. Progr Polym Sci 38:963－991

[3] Ramakrishna S, Fujihara K, Teo W－E, Lim T, Ma Z(2005) An introduction to electrospinning and nanofibers. World Scientific, Singapore

[4] Zucchelli A, Focarete ML, Gualandi C, Ramakrishna S(2010) Electrospun nanofibers for enhancing structural performance of composite materials. Polym Adv Technol 22:339－349

[5] Bianco A, Bozzo BM, Del Gaudio C, Cacciotti I, Armentano I, Dottori M, D'Angelo F, Martino S, Orlacchio A, Kenny JM(2011) Poly(L－lactic acid)/calcium－deficient nanohydrox－yapatite electrospun mats for bone marrow stem cell cultures. J Bioactive Compatible Polym26:225－241

[6] Lu X, Liu X, Wang L, Zhang W, Wang C(2006) Fabrication of luminescent hybrid fibres based on the encapsulation of polyoxometalate into polymer matrices. Nanotechnology 17:3048－3053

[7] Li Z, Huang H, Wang C(2006) Electrostatic forces induce poly(vinyl alcohol) – protected copper nanoparticles to form copper/poly (vinyl alcohol) nanocables via electrospinning. Macromol Rapid Commun 27: 152 – 155

[8] Li M, Zhang J, Zhang H, Liu Y, Wang C, Xu X, Tang Y, Yang B(2007) Electrospinning: a facile method to disperse fluorescent quantum dots in nanofibers without forster resonance energy transfer. Adv Funct Mater 17:3650 – 3656

[9] Cho D, Bae WJ, Joo YL, Ober CK, Frey MW(2011) Properties of PVA/HfO2 hybrid electrospun fibers and calcined inorganic HfO2 fibers. J Phys Chem C 115:5535 – 5544

[10] He D, Hu B, Yao QF, Wang K, Yu SH(2009) Large – scale synthesis of flexible free – standing sers substrates with high sensitivity: electrospun PVA nanofibers embedded with controlled alignment of silver nanoparticles. ACS Nano 3:3993 – 4002

[11] Zhang CL, Lv KP, Cong HP, Yu SH(2012) Controlled assemblies of gold nanorods in PVA nanofiber matrix as flexible free – standing SERS substrates by electrospinning. Small 8:648 – 653

[12] Cheng M, Wang H, Zhang Z, Li N, Fang X, Xu S(2014) Gold nanorod – embedded electrospun fibrous membrane as a photothermal therapy platform. ACS Appl Mater Inter – faces 6:1569 – 1575

[13] Wang Y, Li Y, Sun G, Zhang G, Liu H, Du J, Yang S, Bai J, Yang Q(2007) Fabrication of Au/PVP nanofiber composites by electrospinning. J Appl Polym Sci 105:3618 – 3622

[14] Kriha O, Becker M, Lehmann M, Kriha D, Krieglstein J, Yosef M, Schlecht S, Wehrspohn RB, Wendorff JH, Greiner A(2007) Connection of hippocampal neurons by magnetically controlled movement of short electrospun polymer fibers – a route to magnetic micromanipulators. Adv Mater 19:2483 – 2485

[15] Wang N, Si Y, Wang N, Sun G, El – Newehy M, Al – Deyab SS, Ding B(2014) Multilevel structured polyacrylonitrile/silica nanofibrous membranes for high – performance air filtration. Separation Purification Technol 126:44 – 51

[16] Kim YJ, Ahn CH, Lee MB, Choi MS(2011) Characteristics of electrospun PVDF/SiO_2 composite nanofiber membranes as polymer electrolyte. Mater Chem Phys 127:137 – 142

[17] Hsu CY, Liu YL(2010) Rhodamine B – anchored silica nanoparticles displaying white – light photoluminescence and their uses in preparations of photoluminescent polymeric films and nanofibers. J Colloid Interface Sci 350:75 – 82

[18] Jin Y, Yang D, Kang D, Jiang X (2009) Fabrication of necklace – like structures via electrospinning. Langmuir 26:1186 – 1190

[19] Wan H, Wang N, Yang J, Si Y, Chen K, Ding B, Sun G, El – Newehy M, Al – Deyab SS, Yu J(2014) Hierarchically structured polysulfone/titania fibrous membranes with enhanced air filtration performance. J Colloid Interface Sci 417:18 – 26

[20] Cui WW, Tang DY, Gong ZL(2013) Electrospun poly(vinylidene fluoride)/poly(methyl methacrylate) grafted TiO 2 composite nanofibrous membrane as polymer electrolyte for lithium – ion batteries. J Power Sources 223:206 – 213

[21] Gupta KK, Kundan A, Mishra PK, Srivastava P, Mohanty S, Singh NK, Mishra A, Maiti P(2012) Polycaprolactone composites with TiO_2 for potential nanobiomaterials: tunable properties using different phases. Phys Chem Chem Phys 14:12844 – 12853

[22] Ahmadpoor P, Nateri AS, Motaghitalab V(2013) The optical properties of PVA/TiO_2 composite nanofibers. J

Appl Polym Sci 130:78 – 85

[23] Xin Y, Huang ZH, Peng L, Wang DJ(2009) Photoelectric performance of poly(p – phenylene vinylene)/Fe 3 O 4 nanofiber array. J Appl Phys 105:086106

[24] Tan ST, Wendorff JH, Pietzonka C, Jia ZH, Wang GQ (2005) Biocompatible and biodegradable polymer nanofibers displaying superparamagnetic properties. ChemPhysChem 6:1461 – 1465

[25] Gupta P, Asmatulu R, Claus R, Wilkes G(2006) Superparamagnetic flexible substrates based on submicron electrospun Estane ® fibers containing MnZnFe – Ni nanoparticles. J Appl Polym Sci 100:4935 – 4942

[26] Andrew JS, Clarke DR(2008) Enhanced ferroelectric phase content of polyvinylidene difluoride fibers with the addition of magnetic nanoparticles. Langmuir 24:8435 – 8438

[27] Sui X, Shao C, Liu Y (2007) Photoluminescence of polyethylene oxide – ZnO composite electrospun fibers. Polymer 48:1459 – 1463

[28] Sui XM, Shao CL, Liu YC(2005) White – light emission of polyvinyl alcohol/ZnO hybrid nanofibers prepared by electrospinning. Appl Phys Lett 87:113115

[29] Lee S (2009) Multifunctionality of layered fabric systems based on electrospun polyurethane/zinc oxide nanocomposite fibers. J Appl Polym Sci 114:3652 – 3658

[30] Modisha P, Nyokong T(2014) Fabrication of phthalocyanine – magnetic nanoparticles hybrid nanofibers for degradation of Orange – G. J Mol Catal A Chem 381:132 – 137

[31] Tombe S, Antunes E, Nyokong T(2013) Electrospun fibers functionalized with phthalocyanine – gold nanoparticle conjugates for photocatalytic applications. J Mol Catal A Chem 371:125 – 134

[32] Sundarrajan S, Ramakrishna S(2007) Fabrication of nanocomposite membranes from nanofibers and nanoparticles for protection against chemical warfare stimulants. J Mater Sci 42:8400 – 8407

[33] Lee YS, Jeong YB, Kim DW(2010) Cycling performance of lithium – ion batteries assembled with a hybrid composite membrane prepared by an electrospinning method. J Power Sources 195:6197 – 6201

[34] Padmaraj O, Nageswara Rao B, Jena P, Venkateswarlu M, Satyanarayana N(2014) Electro – chemical studies of electrospun organic/inorganic hybrid nanocomposite fibrous polymer electrolyte for lithium battery. Polymer 55:1136 – 1142

[35] Im JS, Bai BC, Bae TS, In SJ, Lee YS(2011) Improved anti – oxidation properties of electrospun polyurethane nanofibers achieved by oxyfluorinated multi – walled carbon nanotubes and aluminum hydroxide. Mater Chem Phys 126:685 – 692

[36] Li S, Li Y, Qian K, JiS, Luo H, Gao Y, JinP(2013) Functional fiber mats with tunable diffuse reflectance composed of electrospun VO2/PVP composite fibers. ACS Appl Mater Interfaces 6:9 – 13

[37] Chinnappan A, Kang HC, Kim H(2011) Preparation of PVDF nanofiber composites for hydrogen generation from sodium borohydride. Energy 36:755 – 759

[38] Abiona AA, Ajao JA, Chigome S, Kana JB, Osinkolu GA, Maaza M(2010) Synthesis and characterization of cobalt chloride/poly(ethylene oxide) electrospun hybrid nanofibers. J Sol Gel Sci Technol 55:235 – 241

[39] Unnithan AR, Barakat NAM, Abadir MF, Yousef A, Kim HY(2012) Novel CdPdS/PVAc core – shell nanofibers as an effective photocatalyst for organic pollutants degradation. J Mol Catal A Chem 363 – 364:186 – 194

[40] Wang Q, Chen Y, Liu R, Liu H, Li Z(2012) Fabrication and characterization of electrospun CdS – OH/polyacrylonitrile hybrid nanofibers. Compos Part A Appl Sci Manuf 43:1869 – 1876

[41] Dhandayuthapani B, Poulose AC, Nagaoka Y, Hasumura T, Yoshida Y, Maekawa T, Kumar DS(2012) Biomimetic smart nanocomposite: in vitro biological evaluation of zein electrospun fluorescent nanofiber encapsulated CdS quantum dots. Biofabrication 4:025008

[42] Bashouti M, Salalha W, Brumer M, Zussman E, Lifshitz E(2006) Alignment of colloidal cds nanowires embedded in polymer nanofibers by electrospinning. ChemPhysChem 7:102 – 106

[43] Mthethwa TP, Moloto MJ, De Vries A, Matabola KP(2011) Properties of electrospun CdS and CdSe filled poly(methyl methacrylate) (PMMA) nanofibres. Mater Res Bull 46:569 – 575

[44] Atabey E, Wei S, Zhang X, Gu H, Yan X, Huang Y, Shao L, He Q, Zhu J, Sun L, Kucknoor AS, Wang A, Guo Z(2013) Fluorescent electrospun polyvinyl alcohol/CdSe@ ZnS nanocomposite fibers. J Compos Mater 47:3175 – 3185

[45] Cho K, Kim M, Choi J, Kim K, Kim S(2010) Synthesis and characterization of electrospun polymer nanofibers incorporated with CdTe nanoparticles. Synthetic Met 160:888 – 891

[46] Wang S, Sun Z, Yan E, Sun L, Huang N, Zang W, Ni L, Wang Q, Gao Y(2014) Spectrum – control of poly (p – phenylene vinylene) nanofibers fabricated by electrospinning with highly photoluminescent ZnS quantum dots. Int J Electrochem Sci 9:549 – 561

[47] Schlecht S, Tan S, Yosef M, Dersch R, Wendorff JH, Jia Z, Schaper A(2005) Toward linear arrays of quantum dots via polymer nanofibers and nanorods. Chem Mater 17:809 – 814

[48] Li M, Zhang Z, Cao T, Sun Y, Liang P, Shao C, Liu Y(2012) Electrospinning preparation and photoluminescence properties of poly(methyl methacrylate)/Eu 3 + ions composite nanofibers and nanoribbons. Mater Res Bull 47:321 – 327

[49] Tang S, Shao C, Liu Y, Mu R(2010) Electrospun nanofibers of poly(acrylonitrile)/Eu^{3+} and their photoluminescence properties. J Phys Chem Solids 71:273 – 278

[50] Wang H, Yang Q, Sun L, Zhang C, Li Y, Wang S, Li Y(2009) Improved photoluminescence properties of europium complex/polyacrylonitrile composite fibers prepared by electrospinning. J Alloys Comp 488: 414 – 419

[51] Liu L, Li B, Zhang J, Qin R, Zhao H, Ren X(2009) Electrospinning preparation and characterization of a new kind of composite nanomaterials: one – dimensional composite nanofibers doped with TiO 2 nanoparticles and Ru(II) complex. Mater Res Bull 44:2081 – 2086

[52] Wang H, Li Y, Sun L, Li Y, Wang W, Wang S, Xu S, Yang Q(2010) Electrospun novel bifunctional magnetic – photoluminescent nanofibers based on Fe 2 O 3 nanoparticles and europium complex. J Colloid Interface Sci 350:396 – 401

[53] Zhang H, Song H, Yu H, Bai X, Li S, Pan G, Dai Q, Wang T, Li W, Lu S, Ren X, Zhao H(2007) Electrospinning preparation and photoluminescence properties of rare – earth complex/ polymer composite fibers. J Phys Chem C 111:6524 – 6527

[54] Hong JH, Jeong EH, Lee HS, Baik DH, Seo SW, Youk JH(2005) Electrospinning of polyurethane/organically modified montmorillonite nanocomposites. J Polym Sci B Polym Phys 43:3171 – 3177

[55] Marras SI, Kladi KP, Tsivintzelis I, Zuburtikudis I, Panayiotou C(2008) Biodegradable polymer nanocomposites: the role of nanoclays on the thermomechanical characteristics and the electrospun fibrous structure. Acta Biomaterialia 4:756 – 765

[56] Park J, Lee H, Chae D, Oh W, Yun J, Deng Y, Yeum J(2009) Electrospinning and characterization of poly

(vinyl alcohol)/chitosan oligosaccharide/clay nanocomposite nanofibers in aqueous solutions. Colloid Polym Sci 287:943 – 950

[57] Wang S, Zheng F, Huang Y, Fang Y, Shen M, Zhu M, Shi X(2012) Encapsulation of amoxicillin within laponite – doped poly(lactic – co – glycolic acid) nanofibers: preparation, characterization, and antibacterial activity. ACS Appl Mater Interfaces 4:6393 – 6401

[58] Deng XL, Sui G, Zhao ML, Chen CQ, Yang XP(2007) Poly(L – lactic acid)/hydroxyapatite hybrid nanofibrous scaffolds prepared by electrospinning. J Biomater Sci Polym Ed 18:117 – 130

[59] Jeong SI, Ko EK, Yum J, Jung CH, Lee YM, Shin H(2008) Nanofibrous poly(lactic acid)/ hydroxyapatite composite scaffolds for guided tissue regeneration. Macromol Biosci 8:328 – 338

[60] Sui G, Yang X, Mei F, Hu X, Chen G, Deng X, Ryu S(2007) Poly – L – lactic acid/hydroxyapatite hybrid membrane for bone tissue regeneration. J Biomed Mater Res Part A 82A:445 – 454

[61] Kutikov AB, Song J(2013) An amphiphilic degradable polymer/hydroxyapatite composite with enhanced handling characteristics promotes osteogenic gene expression in bone marrow stromal cells. Acta Biomaterialia 9:8354 – 8364

[62] Shen K, Hu Q, Chen L, Shen J(2010) Preparation of chitosan bicomponent nanofibers filled with hydroxyapatite nanoparticles via electrospinning. J Appl Polym Sci 115:2683 – 2690

[63] Teng SH, Lee EJ, Wang P, Kim HE (2008) Collagen/hydroxyapatite composite nanofibers by electrospinning. Mater Lett 62:3055 – 3058

[64] Stanishevsky A, Chowdhury S, Chinoda P, Thomas V (2008) Hydroxyapatite nanoparticle loaded collagen fiber composites: microarchitecture and nanoindentation study. J Biomed Mater Res Part A 86A:873 – 882

[65] Yang D, Jin Y, Ma G, Chen X, Lu F, Nie J(2008) Fabrication and characterization of chitosan/PVA with hydroxyapatite biocomposite nanoscaffolds. J Appl Polym Sci 110:3328 – 3335

[66] Ba Linh NT, Min YK, Lee BT(2013) Hybrid hydroxyapatite nanoparticles – loaded PCL/GE blend fibers for bone tissue engineering. J Biomater Sci Polym Ed 24:520 – 538

[67] Bianco A, Di Federico E, Cacciotti I(2011) Electrospun poly(e – caprolactone) – based composites using synthesized b – tricalcium phosphate. Polym Adv Technol 22:1832 – 1841

[68] Fujihara K, Kotaki M, Ramakrishna S(2005) Guided bone regeneration membrane made of polycaprolactone/calcium carbonate composite nano – fibers. Biomaterials 26:4139 – 4147

[69] Hang AT, Tae B, Park JS(2010) Non – woven mats of poly(vinyl alcohol)/chitosan blends containing silver nanoparticles: fabrication and characterization. Carbohydr Polym 82:472 – 479

[70] Abdelgawad AM, Hudson SM, Rojas OJ(2014) Antimicrobial wound dressing nanofiber mats from multicomponent(chitosan/silver – NPs/polyvinyl alcohol) systems. Carbohydr Polym 100:166 – 178

[71] Jin WJ, Lee HK, Jeong EH, Park WH, Youk JH(2005) Preparation of polymer nanofibers containing silver nanoparticles by using poly(N – vinylpyrrolidone). Macromol Rapid Commun 26:1903 – 1907

[72] Faridi – Majidi R, Sharifi – Sanjani N(2007) In situ synthesis of iron oxide nanoparticles on poly(ethylene oxide) nanofibers through an electrospinning process. J Appl Polym Sci 105:1351 – 1355

[73] Wang Y, Li Y, Yang S, Zhang G, An D, Wang C, Yang Q, Chen X, Wei Y(2006) A convenient route to polyvinyl pyrrolidone/silver nanocomposite by electrospinning. Nano – technology 17:3304 – 3307

[74] Saquing CD, Manasco JL, Khan SA(2009) Electrospun nanoparticle – nanofiber composites via a one – step synthesis. Small 5:944 – 951

[75] Tijing LD, Ruelo MT, Amarjargal A, Pant HR, Park CH, Kim CS(2012) One – step fabrication of antibacterial(silver nanoparticles/poly(ethylene oxide)) – polyurethane bicomponent hybrid nanofibrous mat by dual – spinneret electrospinning. Mater Chem Phys 134:557 – 561
[76] An J, Zhang H, Zhang J, Zhao Y, Yuan X(2009) Preparation and antibacterial activity of electrospun chitosan/poly (ethylene oxide) membranes containing silver nanoparticles. Col – loid Polym Sci 287: 1425 – 1434
[77] Shi Q, Vitchuli N, Nowak J, Noar J, Caldwell JM, Breidt F, Bourham M, McCord M, Zhang X(2011) One – step synthesis of silver nanoparticle – filled nylon 6 nanofibers and their antibacterial properties. J Mater Chem 21:10330 – 10335
[78] Penchev H, Paneva D, Manolova N, Rashkov I(2009) Electrospun hybrid nanofibers based on chitosan or N – carboxyethylchitosan and silver nanoparticles. Macromol Biosci 9:884 – 894
[79] Shi Q, Vitchuli N, Nowak J, Caldwell JM, Breidt F, Bourham M, Zhang X, McCord M(2011) Durable antibacterial Ag/polyacrylonitrile(Ag/PAN) hybrid nanofibers prepared by atmo – spheric plasma treatment and electrospinning. Eur Polym J 47:1402 – 1409
[80] Celebioglu A, Aytac Z, Umu OCO, Dana A, Tekinay T, Uyar T(2014) One – step synthesis of size – tunable Ag nanoparticles incorporated in electrospun PVA/cyclodextrin nanofibers. Carbohydr Polym 99:808 – 816
[81] Lu X, Li L, Zhang W, Wang C(2005) Preparation and characterization of Ag 2 S nanoparticles embedded in polymer fibre matrices by electrospinning. Nanotechnology 16:2233 – 2237
[82] Afeesh R, Barakat NAM, Al – Deyab SS, Yousef A, Kim HY(2012) Nematic shaped cadmium sulfide doped electrospun nanofiber mat: highly efficient, reusable, solar light photocatalyst. Colloids Surf A Physicochem Eng Asp 409:21 – 29
[83] Wang S, Wang C, Zhang B, Sun Z, Li Z, Jiang X, Bai X(2010) Preparation of Fe3O4/PVA nanofibers via combining in – situ composite with electrospinning. Mat Lett 64:9 – 11
[84] Deniz AE, Vural HA, Ortac B, Uyar T(2011) Gold nanoparticle/polymer nanofibrous composites by laser ablation and electrospinning. Mat Lett 65:2941 – 2943
[85] Zhuang X, Cheng B, Kang W, Xu X(2010) Electrospun chitosan/gelatin nanofibers containing silver nanoparticles. Carbohydr Polym 82:524 – 527
[86] Li L, Bellan LM, Craighead HG, Frey MW(2006) Formation and properties of nylon – 6 and nylon – 6/montmorillonite composite nanofibers. Polymer 47:6208 – 6217
[87] Fong H, Liu W, Wang CS, Vaia RA(2002) Generation of electrospun fibers of nylon 6 and nylon 6 – montmorillonite nanocomposite. Polymer 43:775 – 780
[88] Zhang Y, Venugopal JR, El – Turki A, Ramakrishna S, Su B, Lim CT(2008) Electrospun biomimetic nanocomposite nanofibers of hydroxyapatite/chitosan for bone tissue engineering. Biomaterials 29:4314 – 4322
[89] Song JH, Kim HE, Kim HW(2008) Electrospun fibrous web of collagen – apatite precipitated nanocomposite for bone regeneration. J Mater Sci Mater Med 19:2925 – 2932
[90] Kim HW, Song JH, Kim HE(2005) Nanofiber generation of gelatin – hydroxyapatite biomimetics for guided tissue regeneration. Adv Funct Mater 15:1988 – 1994
[91] Kim GM, Wutzler A, Radusch HJ, Michler GH, Simon P, Sperling RA, Parak WJ(2005) One – dimensional arrangement of gold nanoparticles by electrospinning. Chem Mater 17:4949 – 4957
[92] Drew C, Liu X, Ziegler D, Wang X, Bruno FF, Whitten J, Samuelson LA, Kumar J(2003) Metal oxide – coa-

ted polymer nanofibers. Nano Lett 3:143 – 147

[93] Niesen TP, De Guire MR(2002) Review: deposition of ceramic thin films at low temperatures from aqueous solutions. Solid State Ionics 151:61 – 68

[94] George SM, Ott AW, Klaus JW(1996) Surface chemistry for atomic layer growth. J Phys Chem 100:13121 – 13131

[95] Oldham CJ, Gong B, Spagnola JC, Jur JS, Senecal KJ, Godfrey TA, Parsons GN(2011) Encapsulation and chemical resistance of electrospun nylon nanofibers coated using integrated atomic and molecular layer deposition. J Electrochem Soc 158:D549 – D556

[96] Kayaci F, Ozgit – Akgun C, Donmez I, Biyikli N, Uyar T(2012) Polymer – inorganic core – shell nanofibers by electrospinning and atomic layer deposition: flexible Nylon – ZnO core – shell nanofiber mats and their photocatalytic activity. ACS Appl Mater Interfaces 4:6185 – 6194

[97] Shi W, Song S, Zhang H(2013) Hydrothermal synthetic strategies of inorganic semicon – ducting nanostructures. Chem Soc Rev 42:5714 – 5743

[98] He T, Zhou Z, Xu W, Ren F, Ma H, Wang J(2009) Preparation and photocatalysis of TiO_2 fluoropolymer electrospun fiber nanocomposites. Polymer 50:3031 – 3036

[99] Chang Z(2011) "Firecracker – shaped" ZnO/polyimide hybrid nanofibers viaelectrospinning and hydrothermal process. Chem Commun 47:4427 – 4429

[100] Kim HJ, Pant HR, Amarjargal A, Kim CS(2013) Incorporation of silver – loaded ZnO rods into electrospun nylon – 6 spider – web – like nanofibrous mat using hydrothermal process. Col – loids Surf A Physicochem Eng Asp 434:49 – 55

[101] Xiao S, Shen M, Guo R, Wang S, Shi X(2009) Immobilization of zerovalent iron nanoparticles into electrospun polymer nanofibers: synthesis, characterization, and potential environmental applications. J Phys Chem C 113:18062 – 18068

[102] Xiao S, Shen M, Guo R, Huang Q, Wang S, Shi X(2010) Fabrication of multiwalled carbon nanotube – reinforced electrospun polymer nanofibers containing zero – valent iron nanoparticles for environmental applications. J Mater Chem 20:5700 – 5708

[103] Xiao S, Xu W, Ma H, Fang X(2012) Size – tunable Ag nanoparticles immobilized in electrospun nanofibers: synthesis, characterization, and application for catalytic reduction of 4 – nitrophenol. RSC Adv 2: 319 – 327

[104] Dong H, Fey E, Gandelman A, Jones WE(2006) Synthesis and assembly of metal nanoparticles on electrospun poly(4 – vinylpyridine) fibers and poly(4 – vinylpyridine) composite fibers. Chem Mater 18: 2008 – 2011

[105] Fang X, Ma H, Xiao S, Shen M, Guo R, Cao X, Shi X(2011) Facile immobilization of gold nanoparticles into electrospun polyethyleneimine/polyvinyl alcohol nanofibers for catalytic applications. J Mater Chem 21: 4493 – 4501

[106] Gardella L, Basso A, Prato M, Monticelli O(2013) PLA/POSS nanofibers: a novel system for the immobilization of metal nanoparticles. ACS Appl Mater Interfaces 5:7688 – 7692

[107] Liu Z, Zhou C, Zheng B, Qian L, Mo Y, Luo F, Shi Y, Choi MMF, Xiao D(2011) In situ synthesis of gold nanoparticles on porous polyacrylonitrile nanofibers for sensing applications. Analyst 136:4545 – 4551

[108] Son HY, Ryu JH, Lee H, Nam YS(2013) Bioinspired templating synthesis of metal – polymer hybrid nano-

structures within 3D electrospun nanofibers. ACS Appl Mater Interfaces 5:6381 – 6390

[109] Demir MM, Gulgun MA, Menceloglu YZ, Erman B, Abramchuk SS, Makhaeva EE, Khokhlov AR, Matveeva VG, Sulman MG(2004) Palladium nanoparticles by electrospinning from poly(acrylonitrile – co – acrylic acid) – PdCl 2 solutions. Relations between preparation conditions, particle size, and catalytic activity. Macromolecules 37:1787 – 1792

[110] Han GY, Guo B, Zhang LW, Yang BS(2006) Conductive gold films assembled on electrospun poly(methyl methacrylate) fibrous mats. Adv Mater 18:1709 – 1712

[111] Son WK, Youk JH, Lee TS, Park WH(2004) Preparation of antimicrobial ultrafine cellulose acetate fibers with silver nanoparticles. Macromol Rapid Commun 25:1632 – 1637

[112] Li Z, Huang H, Shang T, Yang F, Zheng W, Wang C, Manohar S(2006) Facile synthesis of single – crystal and controllable sized silver nanoparticles on the surfaces of polyacrylonitrile nanofibres. Nanotechnology 17:917

[113] Lu X, Zhao Y, Wang C, Wei Y(2005) Fabrication of CdS nanorods in PVP fiber matrices by electrospinning. Macromol Rapid Commun 26:1325 – 1329

[114] Lu X, Zhao Y, Wang C(2005) Fabrication of PbS nanoparticles in polymer – fiber matrices by electrospinning. Adv Mater 17:2485 – 2488

[115] Dong F, Li Z, Huang H, Yang F, Zheng W, Wang C(2007) Fabrication of semiconductor nanostructures onthe outer surfaces ofpolyacrylonitrile nanofibers byin – situ electrospinning. Mater Lett 61:2556 – 2559

[116] Wang H, Lu X, Zhao Y, Wang C(2006) Preparation and characterization of ZnS:Cu/PVA composite nanofibers via electrospinning. Mater Lett 60:2480 – 2484

[117] Wang C, Yan E, Sun Z, Jiang Z, Tong Y, Xin Y, Huang Z(2007) Mass ratio of CdS/poly(ethylene oxide) controlled photoluminescence of one – dimensional hybrid fibers by electrospinning. Macromol Mater Eng 292:949 – 955

[118] Ye J, Chen Y, Zhou W, Wang X, Guo Z, Hu Y(2009) Preparation of polymer@ PbS hybrid nanofibers by surface – initiated atom transfer radical polymerization and acidolysis by H_2S. Mater Lett 63:1425 – 1427

[119] Ariga K, Hill JP, Ji Q(2007) Layer – by – layer assembly as a versatile bottom – up nanofabrication technique for exploratory research and realistic application. Phys Chem Chem Phys 9:2319 – 2340

[120] Ding B, Kim J, Kimura E, Shiratori S(2004) Layer – by – layer structured films of TiO_2 nanoparticles and poly(acrylic acid) on electrospun nanofibres. Nanotechnology 15:913

[121] Muller K, Quinn JF, Johnston APR, Becker M, Greiner A, Caruso F(2006) Polyelectrolyte functionalization of electrospun fibers. Chem Mater 18:2397 – 2403

[122] Lee JA, Krogman KC, Ma M, Hill RM, Hammond PT, Rutledge GC(2009) Highly reactive multilayer – assembled TiO_2 coating on electrospun polymer nanofibers. Adv Mater 21:1252 – 1256

[123] Xiao S, Wu S, Shen M, Guo R, Huang Q, Wang S, Shi X(2009) Polyelectrolyte multilayer – assisted immobilization of zero – valent iron nanoparticles onto polymer nanofibers for potential environmental applications. ACS Appl Mater Interfaces 1:2848 – 2855

[124] Lu X, Zhao Q, Liu X, Wang D, Zhang W, Wang C, Wei Y(2006) Preparation and characterization of polypyrrole/TiO_2 coaxial nanocables. Macromol Rapid Commun 27:430 – 434

[125] Li Y, Gong J, He G, Deng Y(2011) Fabrication of polyaniline/titanium dioxide composite nanofibers for gas sensing application. Mater Chem Phys 129:477 – 482

[126] Zampetti E, Macagnano A, Pantalei S, Bearzotti A (2013) PEDOT: PSS coated titania nanofibers for NO_2 detection: study of humidity effects. Sensor Actuator B Chem 179:69 - 73

[127] Kickelbick G(2003) Concepts for the incorporation of inorganic building blocks into organic polymers on a nanoscale. Progr Polym Sci 28:83 - 114

[128] Sanchez C, Julian B, Belleville P, Popall M(2005) Applications of hybrid organic - inorganic nanocomposites. J Mater Chem 15:3559 - 3592

[129] Wen J, Wilkes GL(1996) Organic/inorganic hybrid network materials by the sol - gel approach. Chem Mater 8:1667 - 1681

[130] Hench LL, West JK(1990) The sol - gel process. Chem Rev 90:33 - 72

[131] Larsen G, Velarde - Ortiz R, Minchow K, Barrero A, Loscertales IG(2003) A method for making inorganic and hybrid (organic/inorganic) fibers and vesicles with diameters in the submicrometer andmicrometer range via sol - gel chemistry and electrically forced liquid jets. J Am Chem Soc 125:1154 - 1155

[132] Kim ID, Rothschild A(2011) Nanostructured metal oxide gas sensors prepared by electrospinning. Polym Adv Technol 22:318 - 325

[133] Lu X, Wang C, Wei Y(2009) One - dimensional composite nanomaterials: synthesis by electrospinning and their applications. Small 5:2349 - 2370

[134] Wu H, Pan W, Lin D, Li H(2012) Electrospinning of ceramic nanofibers: fabrication, assembly and applications. J Adv Ceram 1:2 - 23

[135] Pirzada T, Arvidson SA, Saquing CD, Shah SS, Khan SA(2012) Hybrid silica - PVA nanofibers via sol - gel electrospinning. Langmuir 28:5834 - 5844

[136] Jang TS, Lee EJ, Jo JH, Jeon JM, Kim MY, Kim HE, Koh YH(2012) Fibrous membrane of nano - hybrid poly - L - lactic acid/silica xerogel for guided bone regeneration. J Biomed Mater Res 100B:321 - 330

[137] Lee EJ, Teng SH, Jang TS, Wang P, YookSW, Kim HE, Koh YH(2010) Nanostructured poly(e - caprolactone) - silica xerogel fibrous membrane for guided bone regeneration. Acta Biomaterialia 6:3557 - 3565

[138] Shao C, Kim HY, Gong J, Ding B, Lee DR, Park SJ(2003) Fiber mats of poly(vinyl alcohol)/ silica composite via electrospinning. Mater Lett 57:1579 - 1584

[139] Tong HW, Mutlu BR, Wackett LP, Aksan A(2013) Silica/PVA biocatalytic nanofibers. Mater Lett 111: 234 - 237

[140] Allo BA, Rizkalla AS, Mequanint K(2010) Synthesis and electrospinning of e - polycaprolactone - bioactive glass hybrid biomaterials via a sol - gel process. Langmuir 26:18340 - 18348

[141] Rawolle M, Niedermeier MA, Kaune G, Perlich J, Lellig P, Memesa M, Cheng YJ, Gutmann JS, Muller - Buschbaum P(2012) Fabrication and characterization of nanostructured titania films with integrated function from inorganic - organic hybrid materials. Chem Soc Rev 41:5131 - 5142

[142] Gaya UI, Abdullah AH(2008) Heterogeneous photocatalytic degradation of organic contaminants over titanium dioxide: a review of fundamentals, progress and problems. J Photochem Photobiol C Photochem Rev 9:1 - 12

[143] Wu N, Shao D, Wei Q, Cai Y, Gao W(2009) Characterization of PVAc/TiO 2 hybrid nanofibers: from fibrous morphologies to molecular structures. J Appl Polym Sci 112:1481 - 1485

[144] Larsen G, Skotak M(2008) Co - solvent mediated fiber diameter and fiber morphology control in electrospinning of sol - gel formulations. J Non Crystal Solids 354:5547 - 5554

[145] Skotak M, Larsen G(2006) Solution chemistry control to make well defined submicron continuous fibres by electrospinning: the(CH 3 CH 2 CH 2 O)4Ti/AcOH/poly(N – vinylpyr – rolidone) system. J Mater Chem 16:3031 – 3039
[146] Wu N, Chen L, Wei Q, Liu Q, Li J(2011) Nanoscale three – point bending of single polymer/ inorganic composite nanofiber. J Text Inst 103:154 – 158
[147] Hong Y, Li D, Zheng J, Zou G(2006) Sol – gel growth of titania from electrospun polyacry – lonitrile nanofibres. Nanotechnology 17:1986
[148] MengX, Luo N, Cao S, Zhang S, Yang M, Hu X(2009) In – situgrowth of titania nanoparticles in electrospun polymer nanofibers at low temperature. Mater Lett 63:1401 – 1403
[149] Su C, Tong Y, Zhang M, Zhang Y, Shao C(2013) TiO 2 nanoparticles immobilized on polyacrylonitrile nanofibers mats: a flexible and recyclable photocatalyst for phenol degradation. RSC Adv 3:7503 – 7512
[150] Arafat MM, Dinan B, Akbar SA, Haseeb SMA(2012) Gas sensors based on one dimensional nanostructured metal – oxides: a review. Sensors 12:7207 – 7258
[151] Udom I, Ram MK, Stefanakos EK, Hepp AF, Goswami DY(2013) One dimensional – ZnO nanostructures: synthesis, properties and environmental applications. Mater Sci Semicond Process 16:2070 – 2083
[152] Znaidi L(2010) Sol – gel – deposited ZnO thin films: a review. Mater Sci Eng B 174:18 – 30
[153] Liu H, Yang J, Liang J, Huang Y, Tang C(2008) ZnO nanofiber and nanoparticle synthesized through electrospinning and their photocatalytic activity under visible light. J Am Ceram Soc 91:1287 – 1291
[154] Yang X, Shao C, Guan H, Li X, Gong J(2004) Preparation and characterization of ZnO nanofibers by using electrospun PVA/zinc acetate composite fiber as precursor. Inorg Chem Commun 7:176 – 178
[155] Wu H, Pan W(2006) Preparation of zinc oxide nanofibers by electrospinning. J Am Ceram Soc 89: 699 – 701
[156] Hong Y, Li D, Zheng J, Zou G(2006) In situ growth of ZnO nanocrystals from solid electrospun nanofiber matrixes. Langmuir 22:7331 – 7334
[157] Ye S, Zhang D, Liu H, Zhou J(2011) ZnO nanocrystallites/cellulose hybrid nanofibers fabricated by electrospinning and solvothermal techniques and their photocatalytic activity. J Appl Polym Sci 121: 1757 – 1764
[158] Zhang J, Wen B, Wang F, Ding Y, Zhang S, Yang M(2011) In situ synthesis of ZnO nanocrystal/PET hybrid nanofibers via electrospinning. J Polym Sci B Polym Phys 49:1360 – 1368
[159] Park SH, Lee SM, Lim HS, Han JT, Lee DR, Shin HS, Jeong Y, Kim J, Cho JH(2010) Robust superhydrophobic mats based on electrospun crystalline nanofibers combined with a silane precursor. ACS Appl Mater Interfaces 2:658 – 662
[160] Song JH, Yoon BH, Kim HE, Kim HW(2008) Bioactive and degradable hybridized nanofibers of gelatin – siloxane for bone regeneration. J Biomed Mater Res Part A 84A:875 – 884
[161] Ren L, Wang J, Yang FY, Wang L, Wang D, Wang TX, Tian MM(2010) Fabrication of gelatin – siloxane fibrous mats via sol – gel and electrospinning procedure and its application for bone tissue engineering. Mat Sci Eng C 30:437 – 444
[162] Gao C, Gao Q, Li Y, Rahaman MN, Teramoto A, Abe K(2013) In vitro evaluation of electrospun gelatin – bioactive glass hybrid scaffolds for bone regeneration. J Appl Polym Sci 127:2588 – 2599
[163] Toskas G, Cherif C, Hund RD, Laourine E, Mahltig B, Fahmi A, Heinemann C, Hanke T(2013) Chitosan

(PEO)/silica hybrid nanofibers as a potential biomaterial for bone regeneration. Carbohydr Polym 94:713 – 722

[164] Allo BA, Lin S, Mequanint K, Rizkalla AS(2013) Role of bioactive 3D hybrid fibrous scaffolds on mechanical behavior and spatiotemporal osteoblast gene expression. ACS Appl Mater Interfaces 5:7574 – 7583

[165] Poologasundarampillai G, Yu B, Jones JR, Kasuga T(2011) Electrospun silica/PLLA hybrid materials for skeletal regeneration. Soft Matter 7:10241 – 10251

[166] Taha AA, Yn W, Wang H, Li F(2012) Preparation andapplication of functionalized cellulose acetate/silica composite nanofibrous membrane via electrospinning for Cr(VI) ion removal from aqueous solution. J Environ Manag 112:10 – 16

[167] Xu R, Jia M, Zhang Y, Li F(2012) Sorption of malachite green on vinyl – modified mesoporous poly(acrylic acid)/SiO 2 composite nanofiber membranes. Microporous Mesoporous Mater 149:111 – 118

[168] Xu R, Jia M, Li F, Wang H, Zhang B, Qiao J(2012) Preparation of mesoporous poly(acrylic acid)/SiO 2 composite nanofiber membranes having adsorption capacity for indigo carmine dye. Appl Phys A 106:747 – 755

[169] Teng M, Wang H, Li F, Zhang B(2011) Thioether – functionalized mesoporous fiber membranes: sol – gel combined electrospun fabrication and their applications for Hg^{2+} removal. J Colloid Interface Sci 355:23 – 28

[170] Teng M, Li F, Zhang B, Taha AA(2011) Electrospun cyclodextrin – functionalized mesoporous polyvinyl alcohol/SiO 2 nanofiber membranes as a highly efficient adsorbent for indigo carmine dye. Colloids Surf A Physicochem Eng Asp 385:229 – 234

[171] Wu S, Li F, Wu Y, Xu R, Li G(2010) Preparation of novel poly(vinyl alcohol)/SiO_2 composite nanofiber membranes with mesostructure and their application for removal of Cu^{2+} from waste water. Chem Commun 46:1694 – 1696

[172] Yan L, Si S, Chen Y, Yuan T, Fan H, Yao Y, Zhang Q(2011) Electrospun in – situ hybrid polyurethane/nano – TiO_2 as wound dressings. Fibers Polym 12:207 – 213

[173] Gupta KK, Mishra PK, Srivastava P, Gangwar M, Nath G, Maiti P(2013) Hydrothermal in situ preparation of TiO 2 particles onto poly(lactic acid) electrospun nanofibres. Appl Surface Sci 264:375 – 382

[174] Vitchuli N, Shi Q, Nowak J, Kay K, Caldwell JM, Breidt F, Bourham M, McCord M, Zhang X(2011) Multifunctional ZnO/Nylon – 6 nanofiber mats by an electrospinning – electrospraying hybrid process for use in protective applications. Sci Technol Adv Mater 12:055004

[175] Korina E, Stoilova O, Manolova N, Rashkov I(2014) Poly(3 – hydroxybutyrate) – based hybrid materials with photocatalytic and magnetic properties prepared by electrospinning and electrospraying. J Mater Sci 49:2144 – 2153

[176] Lee MW, An S, Joshi B, Latthe SS, Yoon SS(2013) Highly efficient wettability control via three – dimensional(3D) suspension of titania nanoparticles in polystyrene nanofibers. ACS Appl Mater Interfaces 5:1232 – 1239

[177] Gupta D, Venugopal J, Mitra S, Giri Dev VR, Ramakrishna S(2009) Nanostructured biocomposite substrates by electrospinning and electrospraying for the mineralization of osteoblasts. Biomaterials 30:2085 – 2094

[178] Francis L, Venugopal J, Prabhakaran MP, Thavasi V, Marsano E, Ramakrishna S(2010) Simultaneous electrospin – electrosprayed biocomposite nanofibrous scaffolds for bone tissue regeneration. Acta Biomaterialia

6:4100 - 4109
[179] Loscertales IG, Barrero A, Guerrero I, Cortijo R, Marquez M, Ganan - Calvo AM(2002) Micro/nano encapsulation via electrified coaxial liquid jets. Science 295:1695 - 1698
[180] Li D, Xia Y(2004) Direct fabrication of composite and ceramic hollow nanofibers by electrospinning. Nano Lett 4:933 - 938
[181] Kalra V, Mendez S, Lee JH, Nguyen H, Marquez M, Joo YG(2006) Confined assembly in coaxially electrospun block copolymer fibers. Adv Mater 18:3299 - 3303
[182] Kalra V, Lee J, Lee JH, Lee SG, Marquez M, Wiesner U, Joo YL(2008) Controlling nanoparticle location via confined assembly in electrospun block copolymer nanofibers. Small 4:2067 - 2073
[183] Song T, Zhang Y, Zhou T, Lim CT, Ramakrishna S, Liu B(2005) Encapsulation of self - assembled FePt magnetic nanoparticles in PCL nanofibers by coaxial electrospinning. Chem Phys Letts 415:317 - 322
[184] Kim MS, Shin KM, Kim SI, Spinks GM, Kim SJ(2008) Controlled array of ferritin in tubular nanostructure. Macromol Rapid Commun 29:552 - 556
[185] Sharma N, Hassnain Jaffari G, Ismat Shah S, Pochan DJ(2010) Orientation - dependent magnetic behavior in aligned nanoparticle arrays constructed by coaxial electrospinning. Nanotechnology 21:085707
[186] Sung YK, Ahn BW, Kang TJ(2012) Magnetic nanofibers with core(Fe 3 O 4 nanoparticle suspension)/sheath(poly ethylene terephthalate) structure fabricated by coaxial electrospinning. J Magn Magn Mater 324:916 - 922
[187] Medina - Castillo AL, Fernandez - Sanchez JF, Fernandez - Gutierrez A(2011) One - step fabrication of multifunctional core - shell fibres by co - electrospinning. Adv Funct Mater 21:3488 - 3495
[188] Ma Q, Wang J, Dong X, Yu W, Liu G, Xu J(2012) Electrospinning preparation and properties of magnetic - photoluminescent bifunctional coaxial nanofibers. J Mater Chem 22:14438 - 14442
[189] Bedford NM, Steckl AJ(2010) Photocatalytic self cleaning textile fibers by coaxial electrospinning. ACS Appl Mater Interfaces 2:2448 - 2455
[190] Yu DG, Zhou J, Chatterton NP, Li Y, Huang J, Wang X(2012) Polyacrylonitrile nanofibers coated with silver nanoparticles using a modified coaxial electrospinning process. Int J Nanomed 7:5725 - 5732
[191] Allcock HR(2002) Chemistry and applications of polyphosphazenes. Wiley, Hoboken
[192] Nair LS, Bhattacharyya S, Bender JD, Greish YE, Brown PW, Allcock HR, Laurencin CT(2004) Fabrication and optimization of methylphenoxy substituted polyphosphazene nanofibers for biomedical applications. Biomacromolecules 5:2212 - 2220
[193] Lin YJ, Cai Q, Li L, Li QF, Yang XP, Jin RG(2010) Co - electrospun composite nanofibers of blends of poly[(amino acid ester) phosphazene] and gelatin. Polym Int 59:610 - 616
[194] Carampin P, Conconi MT, Lora S, Menti AM, Baiguera S, Bellini S, Grandi C, Parnigotto PP(2007) Electrospun polyphosphazene nanofibers for in vitro rat endothelial cells proliferation. J Biomed Mater Res Part A 80A:661 - 668
[195] Deng M, Kumbar SG, Nair LS, Weikel AL, Allcock HR, Laurencin CT(2011) Biomimetic structures: biological implications of dipeptide - substituted polyphosphazene - polyester blend nanofiber matrices for load - bearing bone regeneration. Adv Funct Mater 21:2641 - 2651
[196] Qian YC, Ren N, Huang XJ, Chen C, Yu AG, Xu ZK(2013) Glycosylation of polyphosphazene nanofibrous membrane by click chemistry for protein recognition. Macromol Chem Phys 214:1852 - 1858

[197] Singh A, Steely L, Allcock HR (2005) Poly[bis(2,2,2 - trifluoroethoxy) phosphazene] superhydrophobic nanofibers. Langmuir 21:11604 - 11607

[198] Xu Y, Wen Y, Yn W, Lin C, Li G (2012) Hybrid nanofibrous mats with remarkable solvent and temperature resistance produced by electrospinning technique. Mater Lett 78:139 - 142

[199] Schramm C, Rinderer B, Tessadri R (2013) Synthesis and characterization of novel ultrathin polyimide fibers via sol - gel process and electrospinning. J Appl Polym Sci 128:1274 - 1281

第4章 陶瓷/聚合物纳米杂化材料

Sarabjeet Kaur，Markus Gallei 和 Emanuel Ionescu

摘要：本章总结了由聚合物基体和分散的纳米尺度的陶瓷相组成的纳米杂化材料，介绍了陶瓷/聚合物纳米杂化材料的制备方法，如共混法、溶胶－凝胶法、原位聚合法和自组装法。选定并重点讨论了具有结构特性和功能特性的陶瓷/聚合物纳米杂化材料，以及其性能与参数之间的相关性，如陶瓷在聚合物基体中的分散均匀性、陶瓷相的粒径、陶瓷/聚合物相界面等。此外，还讨论了陶瓷/聚合物纳米杂化材料的一些先进应用，并与相应的聚合物材料进行了比较。

关键词：功能特性；多功能材料；纳米杂化材料；陶瓷/聚合物相界面；陶瓷/聚合物纳米杂化材料；结构特性；合成方法

4.1 引　言

多功能材料能够同时或有序地提供两个或多个初级功能。例如，多功能结构材料除了有基本的机械强度或刚度（这是结构材料的典型属性）之外，还表现出额外的功能。由此，它们可以设计成具备综合的电气、磁、光学、传感、发电或其他功能，以上功能可以同时显现[1]。

开发多功能材料的基本动机取决于它们能否在只有一种结构的情况下实现若干任务目标，进而能够根据具体的目标应用情况，有针对性地调整其性能和响应。因而，多功能材料是单一结构的材料解决和提供多功能特性的最终解决方案。它们通常是（纳米）复合材料或（纳米）杂化材料，具有几个不同的（吉布斯）相，这些相各自赋予了不同的基础功能。由于多功能材料的优化设计不允许或几乎很少存在"无功能"体积（寄生体积），因此与传统的多组分"模块化"体系相比，多功能材料具有显著的优势：更高的质量和体积效率，在功能和性能方面灵活性很高，并且可能不太容易出现维护问题[2]。

由于杂化材料（如陶瓷/聚合物杂化材料）不仅是两相的物理混合，而且是有机相和无机相紧密结合，因此两相的界面对材料性能起决定作用，决定了界面效应能产生与众不同的特性,也能提升杂化材料的性能[3-11]。与其他杂化材料相比,由柔韧的有机相和刚性/强硬的无机相结合的有机-无机杂化材料引起了人们更广泛的兴趣。根据有机相和无机相之间的键合性质,可以将有机-无机杂化材料分为两类:第一类杂化材料中,相之间的相互作用较弱(范德瓦耳斯力、氢键、弱静电相互作用);第二类杂化材料中,组分之间呈现出强烈的化学相互作用[12]。

本章总结由聚合物有机基体相和纳米陶瓷无机分散相组成的有机-无机纳米杂化材料的研究现状。具体来说,本章将介绍制备陶瓷/聚合物纳米杂化材料的常规方法,并重点阐明杂化材料的特殊性能。此外,陶瓷/聚合物纳米杂化材料各种先进的、有前景的应用将在多功能概念的背景下加以讨论。

4.2 陶瓷/聚合物纳米杂化材料的合成

4.2.1 共混工艺

将纳米陶瓷粒子直接与聚合物基体混合,是一种简单且直接制备陶瓷/聚合物纳米杂化材料的方法。纳米陶瓷粒子可以采用溶胶-凝胶法、共沉淀法、球磨法、水热法、气相法或微乳液法等多种方法合成[13-19]。然而,由于纳米粒子具有强烈的团聚趋势,将纳米粒子均匀分散在聚合物基体中是一项具有挑战性的任务。与传统的微粒/聚合物体系相比,受到纳米粒子的团聚/聚集效应的影响,有时候纳米粒子填充的聚合物性能较差。在某些情况下,有文献已经采用试剂来修饰纳米粒子与聚合物基体之间的界面性质,并显著改善了纳米粒子的分散性[20],例如,如图4-1所示,可采用氨丙基三乙氧基硅烷(APTES)对TiO_2的表面进行处理。

由于表面改性有助于提高杂化材料的性能,因此大量文献报道了SiO_2的表面改性,及其与不同单体的共混后转化的相应聚合物。例如,文献[22-25]报道了分别采用APTES、4,4′-(六氟-异丙基)双(4-苯氧基苯胺)、4,4′-(六氟-异丙基丁烯)双酚A和油酸对SiO_2纳米粒子进行表面改性,制备了SiO_2/聚酰亚胺(PI)杂化材料。

根据共混过程中使用的方法结合聚合物和纳米粒子的特点,共混工艺可以分为3种:

(1)溶液共混法:聚合物和纳米粒子(或其前驱体)都溶解在溶剂中。

(2)乳液或悬浮共混法:用于纳米粒子或聚合物(或两者)不溶于溶剂或它们各自的溶液不互溶的情况[26]。

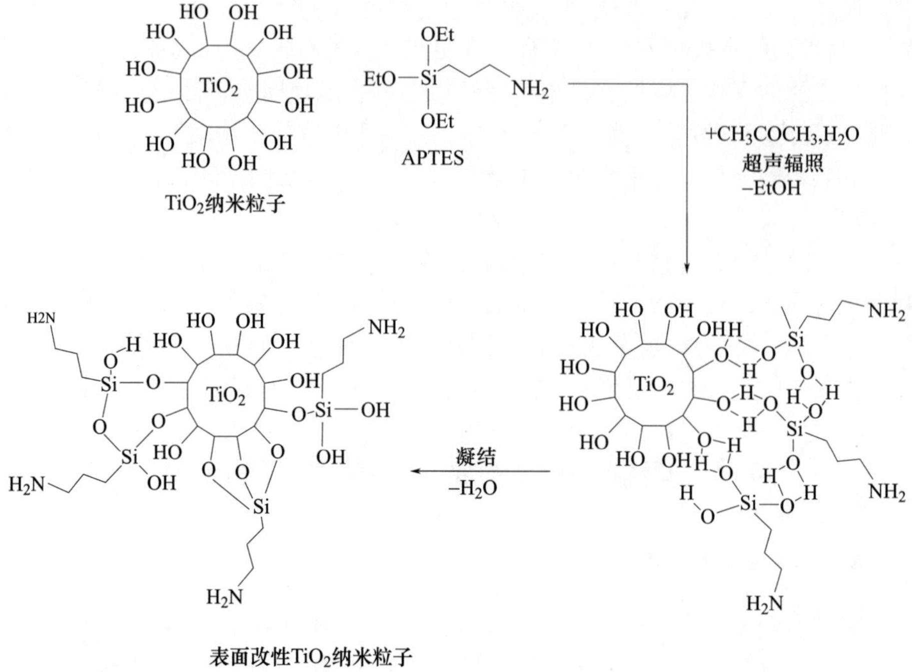

TiO₂纳米粒子

图4-1 以制备 TiO_2/PVA 纳米杂化材料为目的的 TiO_2 纳米粒子表面改性
（改编自文献[21]，经 Elsevier 许可。）

（3）熔融共混法：该法一般包含将聚合物颗粒熔融，形成黏弹性液体，随后将纳米粒子分散其中。在这里，样品可以通过压缩、注射或纤维熔体纺丝成型[27]。熔融共混工艺是最常用的方法，原因是它们有效、容易操作且环境友好。但是，陶瓷纳米粒子在聚合物基体中很难达到均匀分散[28-29]。为了避免纳米粒子的团聚，可以采用辐照接枝法，使接枝纳米粒子在机械混合过程中得到更好的分散[30]。

文献[31-39]报道了高分散的 SiO_2/聚丙烯（PP）杂化材料的制备，其主要利用了对乙烯基苯磺酰肼（一种可聚合的发泡剂）接收的 SiO_2 纳米粒子[40]。文献[41]也报道了采用聚丙烯-马来酸酐共聚物可以使 PP 基体和 SiO_2 纳米粒子之间拥有更高的黏附力。

大量的研究采用了溶液共混来制备 SiO_2 基杂化材料[42-48]。文献[49-50]采用硬脂酸改性 SiO_2，并用熔融共混制备了 SiO_2/聚（乙烯-2,6-萘）杂化材料。SiO_2/熔融法制备聚对苯二甲酸乙二醇酯（PET）[51]、SiO_2/PCL[52-54]、SiO_2/聚（3-羟基丁酸酯-co-3-羟基己酸酯）[55]和 SiO_2/聚L-丙交酯[56]杂化材料也见诸报道。文献[57]报道了用 Si 溶胶与尼龙 6 的甲酸溶液共混制备 SiO_2/PA 杂化材料。

文献[58]采用溶液共混法,将不同量的磺化 SiO_2 纳米粒子(silica - SO_3H)与磺化聚邻苯二嗪醚酮(sPPEK)混合,制备了质子交换膜(PEM)。溶液共混也可以与模压成型结合,例如,将硬脂酸改性的 SiO_2 与聚醚醚酮(PEEK)粉末在乙醇溶液中共混,去除溶剂后,在压力为 60MPa、温度为 400℃条件下,将得到的粉末模压成型,得到了 PEEK 基纳米杂化材料[59]。

文献[60]采用了一种类似的方法,将胶体 SiO_2 溶液与聚苯乙烯溶液用超声分散,制备了 SiO_2/聚苯乙烯纳米杂化材料。同样,将 SiO_2 胶状悬浮液与聚合物纳米胶乳粒子共混,可制备 SiO_2/胶乳纳米杂化膜[61-63]。采用相同的悬浮共混方法,可以将 SiO_2 与聚环氧乙烷(PEO)[64-65]、PVA[66]、PS[67]、PBA[68]或 PMMA[69]等聚合物共混,制备 SiO_2 基纳米杂化体系。

溶液共混是一种液相粉末处理方法,能实现良好的分子水平混合,被广泛应用于材料的制备和加工中。溶液共混技术可用于合成二氧化钛基杂化材料,例如 TiO_2/$LiClO_4$[70]/聚偏氟乙烯(PVDF)TiO_2/PVA[21]。将制备好的 TiO_2 粒子加入 PI[71]、PVA、部分水解聚醋酸乙烯酯(PVAc)、聚乙烯吡咯烷酮(PVPL)和聚 4 - 乙烯基吡啶(PVP)等聚合物溶液中,可制备相应的纳米杂化材料。文献[72]在甲苯中,将 PMMA 与 TiO_2 纳米线粉末进行共混,制备了纳米杂化 TiO_2/PMMA。

文献[73]分别将纳米 TiO_2 直接分散在聚(2 - 甲氧基 - 5(2 - 乙基)己氧) - 苯乙炔(MEH - PPV)的二甲苯溶液中,且将纳米 TiO_2 的二甲苯悬浮液与 MEH - PPV 的二甲苯溶液混合,制备了 TiO_2/MEH - PPV 杂化膜。显然,采用纳米粒子的悬浮液能使纳米粒子在混合膜中拥有更好的分散性。

由于 Al_2O_3 前驱体的活性高,因此很少有关于 Al_2O_3 基杂化体系的报道。通过将丙烯酸树脂和氧化铝溶胶(通过溶胶 - 凝胶法制备)混合,可制备 Al_2O_3/丙烯酸树脂杂化材料,溶液共混的方法使纳米杂化材料的均匀性得到了改善[74]。在间歇熔融混合器中,PET 与纳米 Al_2O_3 在惰性气氛下熔融混合,可制备 Al_2O_3/PET 杂化材料[75]。与之类似,文献[76]通过将 Al_2O_3 与聚合物纳米乳胶粒子混合,制备了 Al_2O_3/胶乳纳米杂化膜。文献中采用甲基丙烯酸丁酯(BMA),在甲基丙烯酸(MAA)存在下进行半间歇乳液聚合,制备了纳米胶乳,再与 Al_2O_3 溶胶进行混合。为了使聚合物颗粒的表面与无机相有较好的相互作用,乳液中加入少量的丙烯酸。

4.2.2 溶胶 - 凝胶工艺

在合成无机/有机杂化材料时,需要在低于有机聚合物分解温度的条件下生成无机组分。尽管不同聚合物的分解温度差别很大(例如,某些聚碳酸酯(PC)大约在125℃下分解;而聚酰亚胺或聚苯的分解发生在500℃以上),但通常远低于制备典型无机陶瓷所用的温度(≥1000℃)。因此,用于合成聚合物-陶瓷纳米杂化材料的制备技术应该在温和的温度下进行,这限制了制备方法的类型。

溶胶-凝胶法是一种被大量研究的纳米材料合成的化学方法,具有能在相对较低的温度下进行的独特优点。溶胶-凝胶法包括胶体溶胶的制备,以及随后胶体溶胶转化形成凝胶,这是因为发生水解和聚凝反应。多种材料可通过溶胶-凝胶法,在较高纯度和相对温和的条件下制备合成,如金属氧化物、金属碳化物或金属氮化物[77-80]。

杂化材料的溶胶-凝胶合成涉及在有机聚合物存在下发生的水解和缩合反应。显然,选择合适的聚合物对合成杂化材料至关重要,即聚合物需与典型的溶胶-凝胶前驱体具有良好的相容性,适量官能团的存在可以促进聚合物与无机组分之间的连接。此外,聚合物基体的性质也很重要,因为基体性质不同,所以以之为基础的纳米杂化材料性质也不同。例如,聚合物可以是弹性体(如聚二甲基硅氧烷)或热塑性材料(例如聚四氢呋喃)、非晶材料或(部分)结晶材料[81]。

用溶胶-凝胶法制备陶瓷/聚合物纳米杂化材料的一个难点是水解(缩聚)反应时需要强酸性或碱性条件,这可能会强烈影响聚合物组分的溶解度。因此,在溶胶-凝胶过程的初始阶段,当水解和缩聚反应进行时,大量的可溶聚合物会沉淀甚至降解,这使得适用溶胶-凝胶法的聚合物种类受到了严重限制。例如,聚(2-乙烯基吡啶)或聚丙烯腈在正硅酸乙酯(TEOS)或四甲氧基硅烷(TMO)溶液的溶胶-凝胶过程中,需要添加有机酸作为共溶剂,聚合物方可在溶胶-凝胶过程中保持溶解状态,避免沉淀[82]。

如前所述,将聚合物与溶胶-凝胶前驱体共混,采用溶胶-凝胶工艺,可以实现陶瓷/聚合物纳米杂化材料的溶胶-凝胶加工。或者,所述溶胶-凝胶前驱体可被化学键合到具有适当官能团的聚合物基体材料上,随后进行溶胶-凝胶过程。这使得这些新型材料具有强界面相互作用,并呈现出由界面决定的某些特性[83]。

另一种制备陶瓷/聚合物纳米杂化材料的方法是在聚合物基体中分散由溶胶-凝胶衍生的陶瓷纳米粒子。由于杂化材料的性能取决于纳米粒子的含量和分散程度,因此可采用多种方法提高纳米粒子分散的均匀性。例如,可以通过对纳米粒子的表面改性来改善纳米杂化材料的均匀性[84]。在此背景下,氨基和环氧功能化硅烷、硫醇和MAA等[85-90]都是可用的分散剂,能使陶瓷纳米粒子在聚合物基体中获得良好分散性。另一种有效的方法是采用具有适当取代基的聚合物,这些聚合物能够附着在陶瓷纳米粒子上,使纳米杂化材料具有良好的均匀性[91-92]。

针对含硅杂化纳米材料的制备,研究人员已经做了大量工作,并见诸报道。在实验中,通常采用 TEOS 作为无机前驱体制备 SiO_2 纳米粒子,并与不同的聚合物一起制备杂化材料,如 PMA[93]、聚丙烯酸[94-95]、聚醚酰亚胺[96]、PA[97]、PVAc[98-99]、PVPL[100]、Nafion[99-101]和聚(酰胺-6-b-环氧乙烷)[102]等。在现有的纳米杂化材料中,SiO_2/PMMA 基材料的研究非常深入。然而,聚合物的热稳定性有限,这使 SiO_2/PMMA 杂化材料的应用受到了限制(如高温光电器件)[103]。因而,研究人员认为 PI 是合适的高温聚合物,并在 SiO_2/PI 纳米杂化材料的制备方面做了大量的工作。

图 4-2 为合成 SiO_2/PI 杂化材料的反应流程图,以二酐和 N,N-二甲基乙酰胺为原料合成 PI。为了使 PI 与 SiO_2 粒子之间形成原位键合,要求 PI 的聚合与 SiO_2 纳米粒子的溶胶-凝胶过程同时进行,并在聚合过程中,用 APTES 作为偶联剂对 PI 进行表面氨基三甲氧基硅烷基功能化包覆改性。上述表面基团能够参与形成 SiO_2 纳米粒子的溶胶-凝胶过程,使纳米粒子在 PI 基体中均匀分布,并使 SiO_2 纳米粒子与 PI 之间形成强的键合。不仅如此,这种合成方法还可以缩小 SiO_2 纳米粒子的尺寸,提高杂化材料中 SiO_2 的含量同时避免了相分离[104-112]。此外,有文献还报道了通过苯乙烯与烷氧硅烷-甲基丙烯酸甲酯的共聚反应,制备不同的 SiO_2 基纳米杂化材料[113]。

由于 TiO_2 的光催化活性、高折射率和低成本等优点,大量不同聚合物基体的 TiO_2/聚合物纳米杂化材料,如 PEO[114]、聚酰胺酰亚胺(PAI)[115-116]、PMMA[117]、聚苯基乙炔[118-120]、PCL[83]、MEH-PPV[121-122]或聚苯胺(PANI)[123]也被研究。四丁醇钛(Ⅳ)是溶胶-凝胶法制备 TiO_2 的常用前驱体。为了提高 TiO_2 纳米粒子与聚合物基体之间的键合作用,三乙氧基甲硅烷基封端的三巯基硫代乙胺被用作偶联剂,制备了高折射率的纳米杂化材料[124-125]。此外,文献也报道了合成的 TiO_2/PI 杂化材料具有优良的耐热性、优异的力学性能和低介电常数[126-129]。

采用溶胶-凝胶法制备 Al_2O_3 和 ZrO_2 纳米粒子具有较高的挑战性,由于其各自的金属醇盐具有很高的反应能力,因此溶胶-凝胶工艺过程难以控制[130]。部分文献报道了 ZrO_2 基纳米杂化材料的合成研究。例如,采用以下两步工艺制备了高水分散的硅氧烷/氧化锆杂化纳米粒子:首先将 APTES 的甲醇-盐酸溶液与四正丁氧基锆的正丁醇溶液混合;其次在水溶液中进行水解和缩聚反应,得到杂化纳米粒子[131-135]。以芳香族 PA 为基体的纳米氧化锆杂化材料也可以通

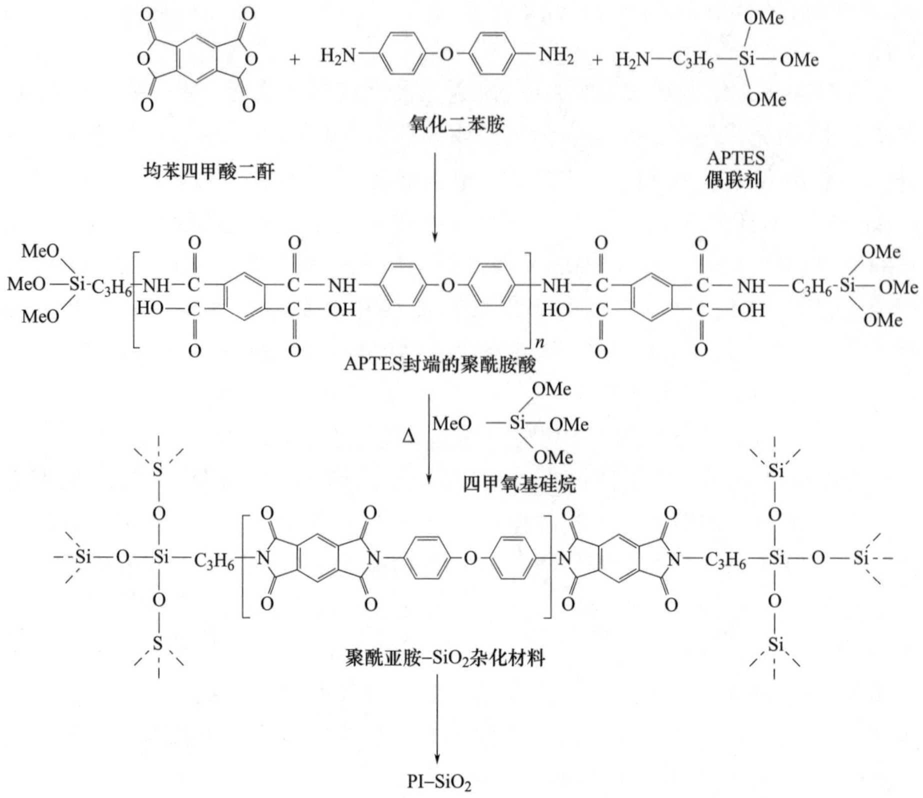

图 4-2 制备 PI-SiO_2 杂化材料的反应流程图

(改编自文献[103],经 ACS 许可。)

过溶胶-凝胶法制备[136]。

4.2.3 原位聚合

原位聚合制备陶瓷/聚合物纳米杂化材料包含 3 个基本步骤。首先,采用合适的表面改性剂对纳米陶瓷粒子进行预处理,以提高聚合物与陶瓷纳米粒子的相容性;其次,将表面修饰的纳米粒子分散到单体中;最后,在陶瓷纳米粒子的存在下进行本体聚合或溶液聚合。

由于杂化材料设计的关键在于使有机和无机组分间的界面上形成特定的相互作用。因此,需要开发不同的接枝策略以提高陶瓷/聚合物的相容性。通过合适的试剂,将聚合物固定在陶瓷纳米粒子表面,对于提高陶瓷/聚合物相容性具有重要意义。文献分别在表面改性陶瓷纳米粒子(Ⅰ型)[29]和原位溶胶-凝胶辅助生长陶瓷纳米粒子(Ⅱ型)[137]存在的情况下,采用聚合工艺制备了两种陶瓷/聚合物杂化材料。

用不同的聚合物(PA、PMMA 和聚氨酯等)和陶瓷(SiO_2、TiO_2 和 ZrO_2 等)进行原位聚合,制备陶瓷/聚合物纳米杂化材料的研究已见诸报道。例如,在表面改性 SiO_2 存在下,通过 ε－己内酰胺原位聚合,可获得 SiO_2/PA6 纳米杂化材料。该混合溶液以 n－氨基丙酸为起始物,在相对较高的温度(200℃)下,通过开环聚合(ROP)合成 PA6[104,138－140]。文献[141－143]采用环氧丙基三甲氧基硅烷对 SiO_2 纳米粒子进行表面改性,并通过原位聚合对苯二甲酸和乙二醇,制备了 SiO_2/PET 纳米杂化材料。文献[14－147]通过甲基丙烯酸甲酯的本体聚合或溶液聚合,在胶体 SiO_2 的存在下制备 SiO_2/PMMA 纳米杂化材料。

一种被广泛研究的纳米杂化体系是以二氧化硅/环氧[148－149]为基础的,该体系通常由环氧单体与 SiO_2 纳米粒子共混而成,加入固化剂进行固化反应(如二氨基二苯甲烷[150]、二氨基二苯砜[151]、亚磷酸二乙酯[150]、PA－胺[152－153]或六氢－4－甲基苯酐[154])。将双酚 A 的二缩水甘油醚与分散在甲基异丁酮中的 SiO_2 纳米粒子的胶体悬浮液混合,可优化环氧化合物与胶体二氧化硅的相容性[150]。

丙烯酸酯[155－163]、环氧丙烯酸酯聚合物[164－169]或环氧聚合物[170－171]可以通过光聚合技术快速聚合制备纳米杂化材料。

利用原位聚合技术也可大量合成 TiO_2 基纳米杂化体系。例如,以 α,α－二氯－对二甲苯和四氢噻吩为原料,采用标准聚电解质路线制备了聚苯乙炔。该聚合反应在甲醇中进行,体系中含有 TiO_2 纳米粒子,并以四丁基氢氧化铵为碱催化剂[118－120,172]。

文献[173]报道了在 3－(三甲氧基硅丙基)甲基丙烯酸甲酯(MPS)表面改性 TiO_2 纳米粒子的存在下,通过苯乙烯原位聚合,合成了 TiO_2/PS 纳米杂化粒子。同样,PS 微乳液聚合包覆纳米 TiO_2 的研究也被报道。在该体系中,聚丁烯－琥珀酰亚胺五胺在油－水界面中用作稳定剂[174－176]。

文献[177]将表面改性的 TiO_2 纳米粒子包覆在 PMMA 网络中,得到了 TiO_2/PMMA 纳米杂化材料。该体系中,PMMA 可通过偶氮二异丁腈引发的 MMA 原位自由基聚合而成,而 TiO_2 纳米粒子的表面改性是通过 TiO_2 表面与 6－棕榈酸抗坏血酸形成电荷转移络合物来实现的。

常规的乳液聚合法也可用于 PMMA 包覆 TiO_2。先采用钛酸酯偶联剂(异丙醇－3－羧酸酰基钛酸酯(KR－TTS)和异丙基二甲酰－异硬脂酸酯(KR7)来改善 TiO_2 与聚合物基体的界面相互作用[178－179]。接着用阴离子表面活性剂[178]和聚丁烯－琥珀酰亚胺五胺[180]在 TiO_2 纳米粒子的水分散体系中进行乳液聚合,

分别得到 TiO_2/PMMA[178] 和 TiO_2/PS 纳米杂化材料[136]。

文献[181]在 MPS 改性 TiO_2 纳米粒子存在下，采用超临界二氧化碳伪分散聚合法分别合成了 TiO_2/PMMA 和 TiO_2/PS 纳米杂化体系。

另外，在 PCL 的存在下，原位生成 TiO_2 基聚合物凝胶的过程会促进 TiO_2/PCL 纳米杂化材料的形成。与其他体系不同的是，在该体系中，无机组分是在聚合物组分的存在下原位生成的[83]。溶胶－凝胶法和原位聚合法相结合的手段也被报道过，即文献[182]以异丙氧钛为前驱体，以双(3－苯基－3,4－二氢－2H－1,3－苯并恶嗪基)异丙烷为单体，制备了 TiO_2/聚苯并恶嗪纳米杂化体系。

以双酚 A 型环氧树脂(双酚 A 二缩水甘油醚)、丙醇锆(Ⅳ)、六氢邻苯二甲酸酐为原料，采用溶胶－凝胶/聚合相结合的方法合成了 ZrO_2/环氧纳米杂化材料。所得杂化材料中，纳米尺寸的 ZrO_2 粒子均匀分布在环氧树脂基体中，具有良好的光学透明性[183-185]。

在 γ－甲基丙烯酰氧丙基－三甲氧基硅烷表面改性 ZrO_2 存在下，通过原位聚合法，可以合成 PMMA－ZrO_2 纳米杂化粒子[186-187]。

文献分别在添加和不添加过氧化苯甲酰(BPO)的情况下，将 ZrO_2 和甲基丙烯酸羟乙酯(HEMA)进行混合，采用一步法制备了 ZrO_2/PHEMA 纳米杂化材料[184]。在乙酰丙酮功能化氧化锆存在下，通过 HEMA 原位聚合也可制备单片纳米杂化材料[91,188]。此外，将溶胶－凝胶和乳液聚合相结合，可合成核－壳 ZrO_2/聚乙酰乙氧基甲基丙烯酸乙酯/PS 纳米杂化材料[189]。为了合成氧化锆－聚氨酯－丙烯酸酯纳米杂化材料，文献[190－192]采用 MPS 将 ZrO_2 纳米粒子进行功能化，接着与可 UV 固化的聚氨酯－丙烯酸酯树脂进行了共混。

4.2.4 自组装技术

纳米光刻技术的发明，使生产尺寸在 100nm 以下、拥有清晰的周期性结构成为可能。研究人员通过将“自上而下”与“自下而上”方法相结合，克服了技术障碍，得到了新颖而有效的工艺流程。本节主要介绍两种常用的“自下而上”自组装技术，即利用聚合物基(预)陶瓷化材料构建纳米陶瓷结构：①嵌段共聚物的自组装和②几乎单分散的无机/有机纳米粒子的胶体结晶。嵌段共聚物，即由两个或多个共价连接的、均相聚合物片段组成的聚合物，具备微相分离的内在能力，能形成晶粒尺寸 10～100nm 的球状、柱状、层状－共连续双螺旋状或层状－针织图案结构等多种有趣结构[193-195]。相分离取决于嵌段的体积分数、链的总摩尔质量、链的组成以及体系中的均聚物、盐或小的有机分子。此外，外部参数，如温度、挥发性溶剂、磁场和电场的施加与变化也会影响相分离。

在此，自组装的难点在于形成微米级以上、大面积有序化和明确取向的纳米晶，这是其工业应用的基本前提，到目前为止依然存在着问题。改善上述问题的手段包括在嵌段共聚物自组装过程中施加外部机械剪切[196-198]、电场[199-201]或磁场[202-203]。新的方法则基于引导自组装概念，即在具有空间约束[204-206]或不同润湿特性[207-209]的图案基板上引导嵌段共聚物进行自组装。通常，对陶瓷前驱体的研究大多集中在有机/有机嵌段共聚物的自组装上，当嵌段共聚物自组装后，去除一种嵌段（如通过水解[210]、紫外降解[211]或臭氧分解[212]实现），另一种残留的嵌段则起着固定作用。自组装的嵌段共聚物上，去除一种嵌段后形成了纳米通道模板，可以被无机金属粒子或无机（溶胶－凝胶）前驱体填充，接着进行蚀刻或煅烧，除去剩余的嵌段并形成空隙。除以上掺入方法外，金属或金属氧化物还可以通过电化学方法、化学镀、溶胶－凝胶反应或前面提到的晶种生长法等技术产生。例如，通过嵌段共聚物作为模板，制备得到在纳米尺度上具有良好周期有序性的金属泡沫[213]。

在无机前驱体或无机粒子存在下，蒸发诱导的嵌段共聚物自组装技术，因其加热去除结构导向的有机链段后可形成介孔陶瓷材料的能力而受到极大的关注[214-218]。在制备非氧化物陶瓷时，双嵌段共聚物可作为硅烷基预陶瓷化聚合物的结构导向剂，用于制备高温 SiCN 陶瓷材料[219]。最近，Wiesner 及其合作者报道了一种制作模板介孔材料的通用方法，该法基于预制纳米晶块体。将可溶双嵌段共聚物与纳米晶混合后，经过蒸发诱导共聚物进行自组装，接着进行热处理，得到纳米孔金属氧化物（如锰氧化物[218]）。

在纳米尺度上构建陶瓷结构的另一种方法主要是利用无机/有机嵌段共聚物的自组装，经热处理后将无机嵌段转变成陶瓷。含硅聚合物和嵌段共聚物作为潜在的陶瓷前驱体，受到了研究人员的关注[220-223]。Malnfand 等[224]首次报道，将含有机链段和癸硼烷链段的嵌段共聚物进行自组装和热解，得到了介孔氮化硼。

Manner 等报道了合成含有二茂铁的聚合物，该聚合物适合作为陶瓷前驱体，热解后具有较高的陶瓷产率。这些自组装无机/有机嵌段共聚物在制备纳米铁基陶瓷[225-231]方面引起了研究人员的极大关注。Tang 及其合作者研究了含有聚二茂铁段、聚环氧乙烷段和聚苯乙烯段的三嵌段共聚物的自组装及其模板的合成，以得到有序的氧化铁结构①[232]。经过热处理后，这种含金属聚合物也可适用于得到球形氧化铁结构[233]。

第二种产生结构预陶瓷化聚合物基材料的方法是基于无机/有机的核－壳粒子的自组装，也称为胶体结晶，此处将做简要的讨论。几乎单分散的胶体微纳

---

① 译者注：此处原文有误，文献[232]中为 PEO－b－PMAEFc－b－PS，而非聚甲基丙烯酸甲酯（PMMA）。

米粒子的自组装是获得各种用途的陶瓷功能材料（特别是具有光学带隙的陶瓷材料）的一种可行方法[234-238]。通常，胶体晶体可从其分散体中，通过各种沉积技术或旋涂法制备，如图4-3所示[239-240]。

此外，可通过施加流场（如熔融和剪切排序相结合）来改善聚合物基预陶瓷化粒子的精确排列[241-243]。

总之，制备有机或无机嵌段共聚物和（或）纳米粒子的自组装技术无疑是产生各种纳米结构的下一代材料的有力工具。这些材料在微电子、能量转换、光电子、催化和数据存储等领域有着广阔的应用前景。

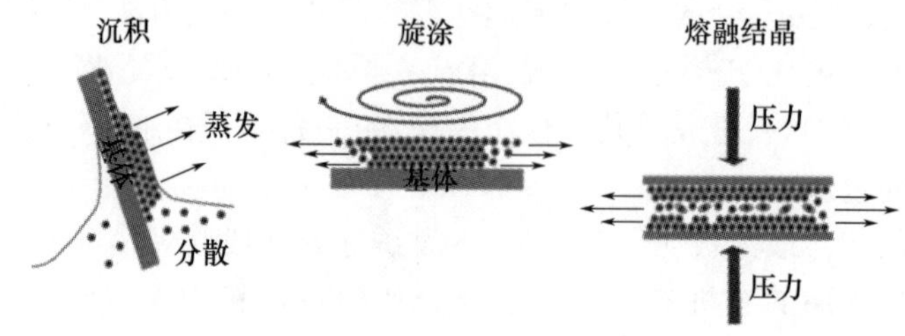

图4-3　单分散粒子的自组装或压力流场中的排序自组装

4.3 性质和应用

4.3.1 纳米杂化结构材料

1. 涂层

由于金属氧化物，如 SiO_2、ZrO_2、Al_2O_3 和 TiO_2 具有良好的化学稳定性，能够保护金属基材免受氧化和腐蚀环境的影响，但是氧化物涂层本身容易发脆。因此，如何实现厚涂层，使其在防止金属基体腐蚀时不开裂，是一项非常具有挑战性的工作。同时，由于金属氧化物材料具有优异的结构性能，因此被认为是涂层的首选材料[248]。为了克服由氧化物陶瓷体系的脆性所带来的限制，有机-无机杂化体系被证明非常适用于涂料涂层[249-252]。这种涂料的基础应用领域是耐磨、耐划伤、装饰、包装用阻隔层、防腐层和防污、防雾、防静电和抗反射等[253-254]。表4-1总结了采用浸涂技术在钢基底上进行防腐蚀陶瓷/聚合物溶胶-凝胶涂层的相关报道。

在镀锌钢基底上沉积了厚度约为1μm的无裂纹 SiO_2/聚乙烯醇丁醛涂层，镀层展现出良好的耐蚀性[255]。将溶胶-凝胶法合成的陶瓷粒子（Al_2O_3 或 SiO_2）与水溶性环氧树脂相结合，制备各种杂化涂料配方。这些涂层具有较高的硬度和耐磨性。尽管在室温固化下，大多数涂层表现出水敏性，但是高温固化后，杂化涂层在湿黏附性试验中表现出良好的性能[253]①。

可以通过涂覆 ZrO_2/PMMA 纳米杂化涂层，改善 316L 不锈钢在腐蚀条件下的性能。将异丙醇锆和 PMMA 在异丙醇、冰醋酸和水的混合溶液中进行混合制备成溶胶，浸涂后，在 50℃ 温度下干燥 15min，接着在 200℃ 温度下烧结 30min，得到 ZrO_2/PMMA 纳米杂化涂层。在不锈钢上使用该 ZrO_2/PMMA 涂层可使其使用寿命延长 30 倍[249,252]。

含 TiO_2 纳米管的 PS 基纳米杂化膜可以通过溶液浇铸法进行制备。TiO_2 纳米管本身具有强稳定性，可以用于增强绝缘聚合物而不改变其电性能。因而，与 PS 膜相比，TiO_2 纳米管增强的 PS 膜的弹性模量提高了 18%，拉伸强度提高了 30%。这一显著效果在极低纳米管填充量（1% 质量分数）的体系中被观察到[259]。此外，与无 TiO_2 的 PS 膜相比，TiO_2/PS 膜的耐磨性得到提高[260]。文献[261]采用喷雾包覆法制备了 TiO_2/聚二甲基硅氧烷（PDMS）纳米杂化膜，该膜对亚甲基蓝的降解具有良好的光催化活性。

表 4－1　用浸涂法在钢基体上形成的防腐蚀溶胶－凝胶涂层

复合物和前驱体	基底	厚度/μm	参考文献
SiO_2－PMMA	钢	1.0	[255]
ZrO_2－PMMA	钢	0.2	[252]
ZrO_2－PMMA	钢	0.2－1.0	[249]
SiO_2－PVB	钢	1.0	[255]
SiO_2－PMMA	铝	0.1－0.3	[255]
SiO_2－PVB	铝	0.1－0.3	[255]
SiO_2－乙烯基聚合物	铝	3－4	[256]
Ce－SiO_2－环氧树脂	铝	2－3	[257]
ZrO_2－SiO_2－油	铝	45－95	[258]

2. 块体材料

高度交联的聚合物具有许多有用的结构特性，如高的弹性模量和破坏强度、低蠕变，以及在高温下的良好稳定性。然而，它们的高度交联结构导致脆性行为，即它们表现出较差的抗裂纹形成和扩展。为提高断裂韧性，可将陶瓷分散相掺入聚合物基体中。

环氧基高分子材料由于优异的结构稳定性，在航空航天、汽车和风能等行业

① 译者注：此处参考文献应为[253]，参考文献[244]根本没有提及水敏性问题。

得到了广泛的应用。研究人员为了了解二氧化硅对环氧树脂力学性能的影响，对其进行了大量的研究[262-264]。结果表明，在环氧树脂中加入 SiO_2 纳米粒子后的断裂韧性 K_{Ic} 和循环疲劳行为都有显著提高[265-266]。近年来，SiO_2 纳米粒子被用于增强环氧聚合物(哌啶固化)。结果表明，没有发现 SiO_2 粒径对环氧聚合物有显著影响，环氧聚合物纳米杂化材料的断裂韧性随 SiO_2 纳米粒子含量的增加而逐渐增大(图 4-4)[267]。

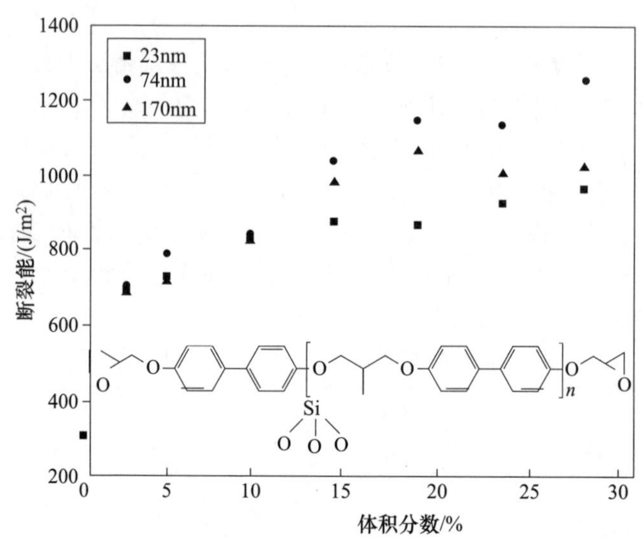

图 4-4　3 种不同尺寸 SiO_2 纳米粒子的加入量与 SiO_2/环氧纳米杂化材料断裂能的关系
(改编自文献[267]，经 Elsevier 许可。)

与未填充相比，低填充量的 SiO_2(如只填充 5% 质量分数)，就可使 SiO_2/尼龙 6 纳米杂化材料的拉伸强度、断裂伸长率、弹性模量和冲击强度明显提高(提高幅度分别为 15%、150%、23% 和 78%)[138]。

PA 基聚合物的力学性能也可以通过加入无机微纳米粒子(如 SiO_2 纳米粒子)来增强。例如，未填充 SiO_2 的 PA 体系断裂强度为 44MPa，而填充 20%(质量分数)SiO_2 时，SiO_2/PA 杂化材料的断裂强度达到最大，为 66MPa；当 SiO_2 含量为 10%(质量分数)时，杂化材料的屈服强度为 72MPa，同时拉伸模量可提升达 2.59GPa[268]。

文献[269]以端羟基化聚丙烯接枝 SiO_2 纳米粒子(PP-g-SiO_2)，并与 PP 熔融混合，制备了 PP-PP-g-SiO_2 纳米杂化材料。与 PP 相比，PP-PP-g-SiO_2 的弹性模量和拉伸强度提高了 30% 以上，具有一定的优势。

此外，在不饱和聚酯中加入 4.5%(体积分数)表面改性的 Al_2O_3 纳米粒子，其断裂韧性显著提高(几乎达 100%)[270]。加入 20%(质量分数)Al_2O_3 纳米粒子后,PTFE 的耐磨性可提高 600 倍[271]。添加 1%~2%(体积分数)的 Al_2O_3 纳米粒子可显著降低聚苯硫醚的稳态磨损率(与钢面接触磨损),然而,当添加大体积分数的 Al_2O_3 时,结果则相反,磨损率增加[272]。

在聚合物基体中加入 Al_2O_3 纳米粒子,有望在不影响聚合物本身耐蚀性的前提下,改善聚合物的力学性能。例如,与不含 Al_2O_3 的 Xylan 1810/D 1864(一种商用 PTFE 共混物)聚合物涂层(其显微硬度和抗划伤性分别为 55HV 和 28.5mN)相比,含有 20%(质量分数)Al_2O_3 纳米粒子的聚合物纳米杂化涂层具有更好的显微硬度和抗划伤性能(分别为 58~62HV 和 59.5mN)。

在乙烯基酯树脂中加入 Al_2O_3 纳米粒子可以提高树脂的弹性模量和强度(图 4-5)。与纯树脂相比,含有体积分数为 3% Al_2O_3 纳米粒子的陶瓷/聚合物纳米杂化材料弹性模量提高了 85%,而拉伸强度似乎略有提高(纯树脂为 55MPa,纳米杂化材料为 56MPa)。与未改性 Al_2O_3 纳米粒子相比,MPS 对 Al_2O_3 纳米粒子的表面改性对弹性模量的影响不大;然而,与纯树脂相比,含有 3%(体积分数)表面改性 Al_2O_3 的纳米杂化材料的强度提高了约 60%(与上述提及的添加未经修饰的纳米粒子不一样),这取决于 Al_2O_3 纳米粒子与树脂基体之间的强相互作用[274]。

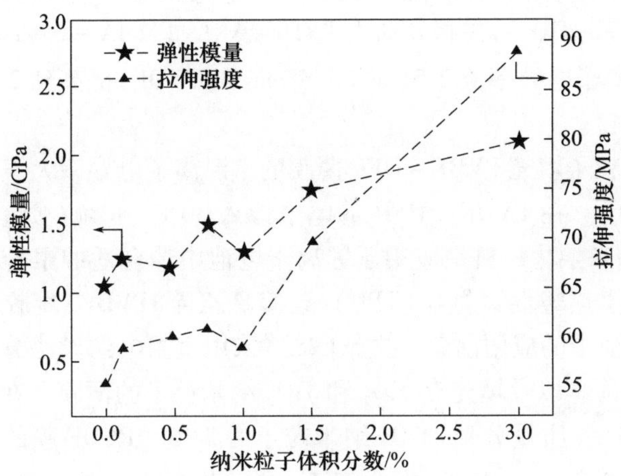

图 4-5 Al_2O_3/乙烯基酯纳米杂化材料的拉伸强度和弹性模量随纳米粒子体积分数的变化

(改编自文献[274]。)

加入 10%(质量分数)TiO_2 纳米粒子可显著提高环氧基材料的抗划痕性能和韧性,效果比加入微米粒子的效果更为显著[275]。此外,研究表明,TiO_2/环氧纳米杂化材料摩擦性能与填料的分散质量密切相关，即与杂化材料的微观结构均匀性有关[276]。在室温和高温下，低至1%体积分数的、粒径为21nm的TiO_2纳米粒子，可显著提高尼龙66的抗蠕变性能[270]。与纯聚酯材料相比，即使TiO_2体积分数低至1%、2%和3%，其对聚酯基体的准静态断裂韧性也有很大影响，分别提高了57%、42%和41%[277]。

4.3.2 纳米杂化功能材料

1. 电材料

SiO_2纳米粒子的加入使聚(2-氯苯胺)(P2ClAn)的电导率提高了近两个数量级(P2ClAn和SiO_2/P2ClAn的电导率分别为4.6×10^{-7}S/cm和1.3×10^{-5}S/cm)。据称，这一项效应有赖于SiO_2与聚合物链之间电荷转移效率的提高[278]。

文献[279]以苯胺为原料，在TiO_2纳米粒子存在下进行原位聚合，合成了聚苯胺(PANI)-TiO_2纳米杂化薄膜。合成的纳米杂化薄膜具有明显的电导率(1~10S/cm)，并且经80℃热处理后，电导率可进一步提高。也就是说，加入的TiO_2可以提高PANI(6.28×10^{-9}S/m)的电导率，从而在PANI基体中形成一个更有效的电荷传输网络[280]。

文献[281]采用原子转移自由基聚合(ATRP)方法合成了PMMA接枝二氧化钛(PMMA-g-TiO_2)，并将其加入PVDF膜中。PMMA-g-TiO_2的加入使聚合物电解质的离子电导率从2.51×10^{-3}S/cm(纯PVDF)提高到2.95×10^{-3}S/cm(纳米杂化材料)。

TiO_2纳米粒子填充PVDF-HFP薄膜的室温离子电导率大于10^3S/cm，适用于锂电池的充电。在PVDF-HFP基体中掺入30%~40%(质量分数)金红石TiO_2，得到的纳米杂化材料是应用于锂离子电池中最合适的聚合物电解质[282]。也有研究报道了热塑性聚氨酯(TPU)/聚偏氟乙烯(PVDF)凝胶聚合物电解质膜在锂离子电池中的应用前景。文献[283]采用室温电纺丝法分别制备了纯凝胶TPU/PVDF薄膜以及填充有SiO_2和TiO_2纳米粒子的薄膜。在制备的纳米杂化膜中，含有3%(质量分数)TiO_2纳米粒子的TPU-PVDF膜的离子电导率最高，为4.81×10^3S/cm。此外，在室温下，其电化学稳定性可达5.4V(vs Li^+/Li)，具有高的拉伸强度(8.7MPa)，且断裂伸长率为110.3%[283]。

以碳酸亚乙酯和碳酸二乙酯为增塑剂，Al_2O_3纳米粒子为填料，制备了HFP/PVDF和氟烷基磷酸锂纳米杂化聚合物电解质。在室温下，含有2.5%(质量分数)Al_2O_3的电解质电导率为9.8×10^{-4}S/cm，略高于不含Al_2O_3的电解质的电导率(5.1×10^{-4}S/cm)。当填料含量大于2.5%(质量分数)时，膜的电导率降低[284]。Al_2O_3 纳米粒子的加入在不显著影响聚合物电解质电导率的情况下，明显改善了聚合物电解质的力学稳定性。

高介电常数的材料（高 κ 材料）在集成电路中被用作电容器和栅极材料，纳米杂化材料的概念也被用于制备具有高介电常数的这类材料。高 κ 材料的合成对新一代动态随机存取存储器和微机电系统的发展具有重要意义。

基于 PMMA－TMSPM－SiO_2 的纳米杂化薄膜的介电常数值异常高（5～14之间）。这种高介电常数值归因于杂化膜中高度极化的 OH 和 C ═ C 基团，OH 基团是残留前驱体溶剂的一部分，C ═ C 的存在是由于前驱体单体（MMA）不完全转化为 PMMA[286－287]。TiO_2/PANI 纳米杂化材料也具有较高的介电常数，该材料结合了 TiO_2 的宽带隙和高介电常数，使 PANI 具有良好的热稳定性[288]。当 TiO_2 质量分数为 5% 时，PANI 的介电常数显著增大，达 25.5（测试条件 1MHz）[280]。此外，含有绝缘纳米粒子如 TiO_2、ZnO 和 Al_2O_3 的环氧基纳米杂化材料，当填料质量分数低时，杂化材料的介电常数和介电损耗引人关注[289]。

2. 光电材料

TiO_2、Al_2O_3 和 ZrO_2 等陶瓷纳米粒子具有良好的光学性能，可作为“光学的有效添加剂”；而 PMMA、PS 等聚合物则可用作透明聚合物基体材料[290－291]。由此，基于纳米杂化材料的新型光电材料得到了广泛的研究，并在光学涂层（具有高抗裂性和优异附着力的透明薄膜）[292]、液晶显示器用滤光片[293]、高折射率器件[89,117]、隐形眼镜[294]、光波导[295]和非线性光学器件[296]中得到了广泛的应用。

为了提高聚合物的长期稳定性或制备防紫外线涂料，紫外吸收颜料被广泛用作添加剂。这种添加剂必须在可见光范围内表现出很高的光稳定性和很高的透明性，同时在近紫外范围内（$\lambda < 400$nm）具有很高的吸收能力，其中最突出的代表是 TiO_2[297]。

文献[21]研究了纯 PVA 及含有不同体积分数 TiO_2 纳米粒子的 PVA 纳米杂化膜的紫外－可见光透射光谱。PVA 基纳米杂化膜的总透光率随 TiO_2 纳米粒子含量的增加而降低。实验观察到，纳米杂化材料的吸收发生在紫外区域，这表明其可能适合作为紫外线屏蔽涂层。也有文献[298]报道了由 TiO_2 和 PMMA 制备得到的光学透明纳米杂化材料，该材料具有很好的非线性光学特性。这类材料表现出独特的光学行为，其双光子吸收系数和非线性折射率与 TiO_2 的添加量有很强的相关性（因而具有可调谐性）[299－300]。

环氧树脂由于具有优异的光学透明性、热稳定性和力学性能，被广泛应用于涂料、黏合剂和封装材料。环氧特别适用于封装发光二极管（LED），在这类应用中,为了提供高的光提取效率,封装材料需要高的折射率[301]。因此,研究人员制备了一系列含无机纳米粒子的高折射率(约1.62)环氧基杂化材料[90,124,301-303]。

文献[304]将乙酸改性的TiO_2纳米粒子加入透明聚合物中,形成高折射率(可高达2.38)的透明纳米杂化薄膜,并在可见光区具有优异的光学透明度。采用SiO_2或Al_2O_3对金红石型TiO_2纳米粒子进行包覆,并用熔融共混法制备出TiO_2/PS纳米杂化材料,该杂化材料的光催化稳定性优异、拉伸和冲击性能保持良好[305]。

SiO_2/PMMA纳米杂化薄膜还具有良好的光学透明性(1.447~1.490)和可调谐折射率(633nm,具体取决于SiO_2的填充量)[286]。在高机械强度的透明SiO_2/PA纳米杂化膜中,当SiO_2质量分数为5%时,薄膜的透光率达到最大值[268]。这类纳米杂化材料已应用于光电子和光子、非线性光学、光波导、光折变材料、航空航天和微电子器件领域[306]。

文献[307]采用一种新型的非水解溶胶-凝胶工艺,成功制备了ZrO_2/SiO_2/PMMA纳米杂化薄膜。由于其优异的光学透明性和较高的热稳定性,该薄膜在高温光学器件中具有很高的应用前景。

对分散的纳米粒子进行表面处理,可以提高纳米杂化材料的光学性能。例如,含有硅烷改性氧化铝的Al_2O_3/PMMA纳米杂化材料的透光率比含未表面处理纳米粒子的杂化材料高[308];含聚(苯乙烯-马来酸酐)共聚物改性Al_2O_3的Al_2O_3/PC材料的透光率比相应的杂化材料更高[309]。

图4-6为哑铃状纯PMMA和含不同量ZrO_2纳米粒子的ZrO_2/PMMA纳米杂化材料[310]。所有样品都具有很高的透明度;尽管随着ZrO_2含量的增加,透明度略有下降(这是由于少量ZrO_2团聚),但是肉眼无法分辨其光学透明度的差异[310]。

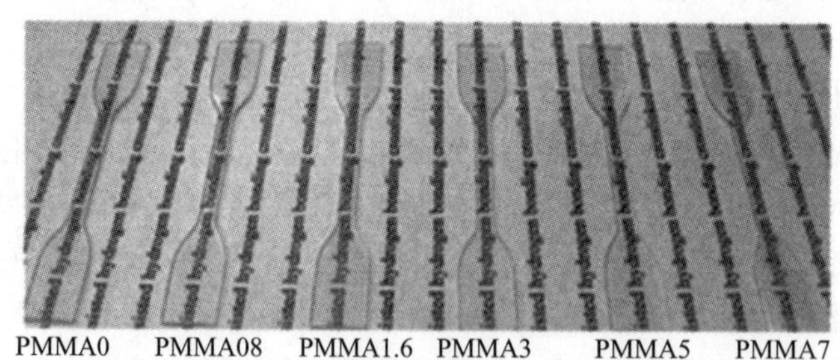

图4-6　高透明的PMMA和含不同量ZrO_2纳米粒子的ZrO_2/PMMA样品

(转载自文献[310],获Elsevier许可。)

3. 薄膜

由于无机/聚合物纳米杂化膜具有良好的渗透性、选择性、机械强度、热稳定性和化学稳定性等优点，是提高膜分离性能的重要途径[311]。因此，纳米杂化材料可以拓宽膜的应用领域。目前气体分离膜的应用范围包括富氮、富氧、氢回收、从天然气中脱除酸性气体（CO_2、H_2S）以及空气和天然气脱水[312,313]。

气体渗透领域中要求膜具有较高的化学稳定性和热稳定性，SiO_2/PI 材料在该应用中受到了特别的关注[96,314-316]。与聚酰亚胺膜相比，SiO_2/PI 纳米杂化膜具有更高的气体渗透率，并且膜的渗透选择性没有明显降低[317-318]。以 TMOS 和聚酰胺酸为原料，经溶胶－凝胶，并在 60～300℃ 热处理后，可以制备得到 SiO_2 纳米粒子含量较多的 SiO_2/PI 杂化膜。与纯 PI 膜相比，杂化膜对 CO_2 具有更高的渗透性（杂化膜的 $P(CO_2)=2.8$bar，纯 PI 的 $P(CO_2)=1.8$bar；1bar = 10^{-10}cm · Hg[319]）和更高的 CO_2/N_2 选择性（杂化膜的 $\alpha(CO_2/N_2)=22$；纯 PI 的 $\alpha(CO_2/N_2)=18$）[314,320]。聚 1－三甲基硅基－1－丙炔（PTMSP）是现有聚合物中气体渗透性最高的聚合物，但是化学稳定性较低，这可以通过交联改善，但是交联会影响渗透性。将陶瓷纳米粒子（SiO_2、TiO_2）加入 PTMSP 基体中，有助于提高交联后聚合物的渗透性[321-322]。

在紫外固化的环氧树脂体系中，加入 SiO_2 纳米粒子可以得到无机－有机杂化涂料。SiO_2 的存在导致吸水率大幅下降，这使该纳米复合材料在气体阻隔涂层应用中受到特别关注[171]。

文献[323]采用溶胶－凝胶法制备了基于 TiO_2 和氟化 PAI 的纳米杂化膜，并对其气体分离性能进行了研究。实验观察到了 CO_2、H_2 等气体与 TiO_2 纳米粒子之间的特殊相互作用。低质量分数的 TiO_2 纳米杂化膜（7.3%），对 CO_2、H_2 的分离选择性分别为 33（CO_2/CH_4）和 51（H_2/CH_4）。TiO_2 质量分数越高，气体分离性能越好。含 25% TiO_2 的杂化膜，H_2 和 O_2 的渗透性分别为 14.1bar 和 0.72bar，分别是纯 PI 的 3.7 倍和 4.3 倍。气体选择性（$\alpha(H_2/N_2)=188$，$\alpha(O_2/N_2)=9.5$）也比纯聚合物膜略有提高（$\alpha(H_2/N_2)=167$，$\alpha(O_2/N_2)=9.3$）[324]。

文献[325]采用溶液浇铸法制备了 TiO_2/PVAc 纳米杂化膜。与纯 PVAc 膜相比，杂化膜对 O_2、CO_2 和 H_2 的气体渗透性分别提高了 95%、79% 和 62%；对 O_2/N_2、H_2/N_2、CO_2/N_2 的气体选择性分别提高了 38%、26.5% 和 14%。

最近，有文献[327]合成了一种新型的含 Cardo 型 PI（Cardo 型聚合物的循环单元中至少含有一种环状侧基[326]），该聚酰亚胺是以 3,3′,4,4′－二苯甲酮四羧酸二酐（BTDA）、双（4－氨基苯基）芴（BAPF）和 4,4′－二氨基－3,3′－二甲基二苯甲烷（DMMDA）为单体聚合而成的，可用于制备气体分离膜（图 4－7）。

将 TiO_2 纳米粒子与上述 Cardo 型 PI 进行共混，得到了 TiO_2/PI 纳米杂化物，也可用于制备混合基质膜。纳米杂化的 TiO_2/PI 膜气体渗透性 $P(O_2)$ 为 4.5bar，并且具有显著的选择性，$\alpha(O_2/N_2)$ 为 15.8，分别是纯 PI 基膜的 9.4 倍和 4.6 倍[327]。

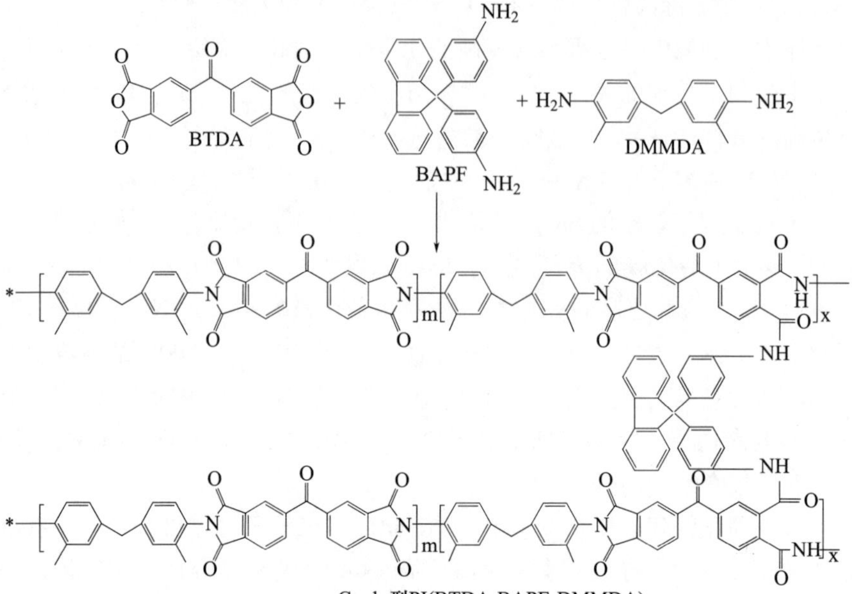

图 4-7　PI(BTDA-BAPF-DMMDA)的制备方法
(注：转载自文献[327]，获 Elsevier 许可。)

纳米杂化材料已被进一步用于(超)纳滤应用。纳滤是一种压力驱动的膜分离工艺，既可用于生产饮用水，也可用于工艺和废水的处理。具体应用包括海水淡化、水软化、微污染物脱除和染料截留。自 1990 年始，人们用相转变法制备了含 ZrO_2 纳米粒子的聚砜超滤膜，并投入使用[328]。为了研究在聚砜基超滤膜中添加 ZrO_2 对其的影响[329]，以及填料填充对膜的压实和过滤性能的影响，人们进行了各种研究。结果表明，随纳米粒子用量的增加，纳米杂化膜的弹性应变减小，应变的时间依赖性增大。此外，数据表明，初始通量随着纳米粒子含量的增加而增加，但在较高的填料浓度和较高的压力下，通量下降[330]。表 4-2 为部分已发表的不同陶瓷/聚合物杂化膜的气体分离性能数据。

此外，还有人制备了 PVDF 基聚合物膜以及 ZrO_2/PVDF 和 Al_2O_3/PVDF 纳米杂化膜，并对其超滤性能进行了研究[345]。例如，在 PVDF 中加入 Al_2O_3 纳米粒子使纳米杂化超滤膜的性能高于无填料的 PVDF 膜[346]。

表4-2　关于纳米杂化膜气体分离性能的相关数据

杂化材料	$P(CO_2)$ /bar	$P(CH_4)$ /bar	$P(N_2)$ /bar	$P(O_2)$ /bar	$P(H_2)$ /bar	$\alpha(CO_2/N_2)$	$\alpha(O_2/N_2)$	$\alpha(H_2/N_2)$	$\alpha(CO_2/CH_4)$	$\alpha(CO_2/H_2)$	参考文献
PTMSP - SiO_2	39280		8210	11960	22960	2.2	1.5	2.8	2.1		[331]
BPPOdm - SiO_2	523	34.9	24.9			21			15		[332]
PMP - SiO_2	11250		1780	3380	6430	6.3	1.9	3.6			[322]
BPPOdp - SiO_2	117								15.3		[333]
PU - SiO_2	120		2.98	7.69		40.26	2.58		13.43		[334]
PI - SiO_2	2.03		0.1	0.38		20.3	3.8				[320]
PI - SiO_2	2.8	0.2	0.13			22			14		[314]
PAN - SiO_2			0.17	2.6			14.9				[335]
PI - SiO_2	41		7.74		10.3	5.3		1.33		4	[316]
PI - SiO_2	80	2.16	5			16			37		[336]
PI - SiO_2	19	0.08	0.46			41			238		[337]
PI - SiO_2	15		0.3	2.61		50	8.7				[318]
BPPOdp - SiO_2	436	27.3	15			29			16		[338]
PEBAX - SiO_2	227		3.52	11.3		79	3.2				[339]
PEG - SiO_2	67				7.36					9.1	[340]
PEG - SiO_2	94.2		2.46			38.3					[341]
PPEPG - SiO_2	125		1.4			89					[342]
PS - C60			0.56	2.4			4.3				[343]
PTMSP - SiO_2		4.234									[321]
PMP - SiO_2		1157									[344]
PTMSP - TiO_2	38980		7950	11540	22810	4.90	1.5	2.9	2.1		[331]
PMP - TiO_2	10970		1680	3420	6270	6.5	1.9	3.7	3.1,3.2		[322]
PAI - TiO_2	50		3.4	13.8	100	14.7	4.05	29.41			[323]
PI - TiO_2			0.07	0.72	14.14		9.5	187.5			[324]
PVAc - TiO_2	5.26		0.07	0.5	9.2	74.32	7.1	130			[325]

聚合物电解质膜(质子交换膜,PEM)是一类与燃料电池(如质子交换膜燃料电池(PEMFC)和直接甲醇燃料电池(DMFC))高度相关的膜。目前最先进的DMFC和氢/空气燃料电池是以Nafion为基础的,原因是该膜材料具有高的质子传导率和良好的机械和化学稳定性。然而,当温度超过80℃时,Nafion的性能下降,并且由于Nafion具有高甲醇透过性和高成本,因此人们开始关注可替代

Nafion的 PEM。在此背景下,有文献报道了由聚合物 - SiO_2 制备的各种纳米杂化 PEM,其中聚合物为 PEO、聚丙烯氧化物和聚四亚甲基氧化物[347-349]。例如,文献[350,351]采用了溶胶 - 凝胶法制备 SiO_2/聚乙二醇(PEG)纳米杂化材料,并用于制备 DMFC 的电解质膜。在 PEG 存在下,通过 TEOS 的缩聚合成了纳米杂化材料。并且,将磺化聚(苯乙烯 - co - 马来酸酐)通过氢键连接到 PEG 骨架上。与 Nafion 117 相比,其所制备的纳米杂化膜的热稳定性有所提高,在 DMFC 应用中的性能与 Nafion 117 相当[61]。

文献[352,353]合成了一系列以 SiO_2/PEG 为基的有机 - 无机纳米杂化材料,并用于制备 DMFC 电解质膜。为了实现质子传导,纳米杂化膜的网络结构用 4 - 十二烷基苯磺酸进行修饰。

有文献[354]表明,使用 SiO_2/sPPEK 纳米杂化膜可显著改善 DMFC 的性能,该杂化膜的性能明显优于纯 sPPEK 膜,甚至优于 Nafion 117。

文献[355]采用浸没沉淀法制备了 PVDF 基纳米超滤膜,发现在膜中加入以 PHEMA - co - PMMA 接枝的 SiO_2 纳米粒子,膜的纯水通量得到提高,对牛血清白蛋白(BSA)的截留率提升到高的水平(>90%),同时膜污染降低。

4. 生物材料

众所周知,硅基玻璃之所以具有生物活性,是因为它能够与活骨结合[356]。文献报道,在模拟体液中浸泡生物活性物质后,进行相应的体外研究,结果表明玻璃和玻璃 - 陶瓷与活骨结合的必要条件是在它们的表面形成一个类骨磷灰石层[357-358]。在此背景下,玻璃/聚合物杂化材料被认为具有很高的潜力,原因为它们将玻璃或玻璃 - 陶瓷的生物活性特性与聚合物材料的弹性结合起来,是骨科应用中的有趣材料[359-360]。

SiO_2/PCL 杂化体系的生物活性表现为样品在模拟人血浆组成的液体中浸泡,其表面形成了一层羟基磷灰石[358,361]。对 SiO_2/PMMA 纳米杂化材料生物活性的研究表明,SiO_2/PMMA 纳米杂化材料适合作为生物活性骨替代物或 PMMA 骨水泥纳米材料[362]。

此外,CaO/SiO_2/PMMA 纳米杂化材料由于拥有良好的生物活性和改进的机械性能,被证明适合用作骨水泥和牙科用复合树脂[363]。ZrO_2/PDMS 纳米杂化材料有利于人类原代成骨细胞和成纤细胞的增殖与活力,被视为组织植入整形的合适材料,有希望作为骨科创伤植入物的涂层[364]。

4.4 小　　结

本章综述了陶瓷/聚合物基纳米杂化材料的制备技术。采用先进的共混技术、原位聚合、溶胶-凝胶法或自组装等不同技术,可以制备出各种类型的陶瓷/聚合物纳米杂化材料,这些技术使纳米杂化材料具有独特微结构和性能,而这些结构和性能主要是由杂化材料中的纳米尺度相和聚合物基体与陶瓷纳米粒子之间的界面决定的。此外,还介绍了陶瓷/聚合物纳米杂化材料的结构和功能特性,以及它们的先进性和应用前景。由于陶瓷/聚合物纳米杂化材料独特的微观结构和性能特征,以及它们的高通用性和可控制性,作为一种高度新兴的多功能材料,它有望应用于催化、传感、光电子、生物医学、能量收集、转换和储存等先进领域。

参考文献

[1] Matic P(2003) Overview of multifunctional materials. In: Lagoudas DC(ed) Smart structures and materials 2003: active materials: behavior and mechanics. In: SPIE Proceedings 5053. SPIE, Bellingham, WA. doi: 10.1117/12.498546

[2] Christodoulou L, Venables J(2003) Multifunctional material systems: the first generation. JOM 55(12):39-45

[3] Schottner G(2001) Hybrid sol-gel-derived polymers: applications of multifunctional materials. Chem Mater 13(10):3422-3435

[4] Avnir D, Coradin T, Lev O, Livage J(2006) Recent bio-applications of sol-gel materials. J Mater Chem 16(11):1013

[5] Alexandra Fidalgo RC, Laura MI, Mario P(2005) Role of the alkyl-alkoxide precursor on the structure and catalytic properties of hybrid sol-gel catalysts. Chem Mater 17:6686-6694

[6] Minghuo W, Ren'an W, Fangjun W, Lianbing R, Jing D, Zhen L, Hanfa Z(2009) "One-Pot" process for fabrication of organic-silica hybrid monolithic capillary columns using organic monomer and alkoxysilane. Anal Chem 81:3529-3536

[7] Wu M, Wu R, Zhang Z, Zou H(2011) Preparation and application of organic-silica hybrid monolithic capillary columns. Electrophoresis 32(1):105-115

[8] Weng X, Bao Z, Xing H, Zhang Z, Yang Q, Su B, Yang Y, Ren Q(2013) Synthesis and characterization of cellulose 3,5-dimethylphenylcarbamate silica hybrid spheres for enantioseparation of chiral beta-blockers. J Chromatogr A 1321:38-47

[9] Ashby MF, Bre'chet YJM(2003) Designing hybrid materials. Acta Mater 51(19):5801-5821

[10] Sanchez C, Julia'n B, Belleville P, Popall M(2005) Applications of hybrid organic-inorganic nanocomposites. J Mater Chem 15(35-36):3559

[11] Mammeri F, Bourhis EL, Rozes L, Sanchez C(2005) Mechanical properties of hybrid organic-inorganic materials. J Mater Chem 15(35-36):3787

[12] Kickelbick G(2007) Introduction to hybrid materials. In: Kickelbick G(ed) Hybrid materials. Wiley-VCH, Weinheim, pp 1-48

[13] Tai CY, Hsiao B-Y, Chiu H-Y(2007) Preparation of silazane grafted yttria-stabilized zirconia nanocrystals via water/CTAB/hexanol reverse microemulsion. Mater Lett 61(3):834-836

[14] Tai CY, Lee MH, Wu YC(2001) Control of zirconia particle size by using two - emulsion precipitation technique. Chem Eng Sci 56(7):2389 - 2398

[15] Rahman IA, Padavettan V(2012) Synthesis of silica nanoparticles by sol - gel: size - dependent properties, surface modification, and applications in silica - polymer nanocomposites—a review. J Nanomater 2012:1 - 15

[16] Chandradass J, Bae D - S(2008) Synthesis and characterization of alumina nanoparticles by Igepal CO - 520 stabilized reverse micelle and sol - gel Processing. Mater Manuf Process 23(5):494 - 498

[17] Malik MA, Wani MY, Hashim MA(2012) Microemulsion method: a novel route to synthesize organic and inorganic nanomaterials. Arabian J Chem 5(4):397 - 417

[18] Dawson WJ(1988) Hydrothermal synthesis of advanced ceramic powders. Am Ceram Soc Bull 67(10): 1673 - 1678

[19] Dell' Agli G, Mascolo G(2000) Hydrothermal synthesis of ZrO2 - Y2O3 solid solutions at low temperature. J Eur Ceram Soc 20(2):139 - 145

[20] Lee S, Shin H - J, Yoon S - M, Yi DK, Choi J - Y, Paik U(2008) Refractive index engineering of transparent ZrO_2 - polydimethylsiloxane nanocomposites. J Mater Chem 18(15):1751

[21] Mallakpour S, Barati A(2011) Efficient preparation of hybrid nanocomposite coatings based on poly(vinyl alcohol) and silane coupling agent modified TiO_2 nanoparticles. Progr Org Coating 71(4):391 - 398

[22] Mo T - C, Wang H - W, Chen S - Y, Dong R - X, Kuo C - H, Yeh Y - C(2007) Synthesis and characterization of polyimide - silica nanocomposites using novel fluorine - modified silica nanoparticles. J Appl Polym Sci 104(2):882 - 890

[23] Takai C, Fuji M, Takahashi M(2007) A novel surface designed technique to disperse silica nano particle into polymer. Colloids Surf A Physicochem Eng Asp 292(1):79 - 82

[24] Tang JC, Lin GL, Yang HC, Jiang GJ, Chen - Yang YW(2007) Polyimide - silica nanocomposites exhibiting low thermal expansion coefficient and water absorption from surface - modified silica. J Appl Polym Sci 104(6):4096 - 4105

[25] Tang JC, Yang HC, Chen SY, Chen - Yang YW(2007) Preparation and properties of polyimide/silica hybrid nanocomposites. Polymer Compos 28(5):575 - 581

[26] Kango S, Kalia S, Celli A, Njuguna J, Habibi Y, Kumar R(2013) Surface modification of inorganic nanoparticles for development of organic - inorganic nanocomposites—a review. Progr Polym Sci 38(8): 1232 - 1261

[27] Chen C(2011) The manufacture of polymer nanocomposite materials using supercritical carbon dioxide. Virginia Polytechnic Institute and State University, Blacksburg VA

[28] Rong MZ, Zhang MQ, Zheng YX, Zeng HM, Walter R, Friedrich K(2001) Structure - property relationships of irradiation grafted nano - inorganic particle filled polypropylene composites. Polymer 42(1):167 - 183

[29] Zou H, Wu S, Shen J(2008) Polymer/silica nanocomposites: preparation, characterization, properties, and applications. Chem Rev 108(9):3893 - 3957

[30] Rong M, Zhang M, Zheng Y, Zeng H, Walter R, Friedrich K(2000) Irradiation graft polymerization on nano - inorganic particles: An effective means to design polymer - based nanocomposites. J Mater Sci Lett 19(13): 1159 - 1161

[31] Wu C, Zhang M, Rong M, Friedrich K(2005) Silica nanoparticles filled polypropylene: effects of particle surface treatment, matrix ductility and particle species on mechanical performance of the composites. Compos

Sci Technol 65(3 -4):635 -645

[32] Rong MZ,Zhang MQ,Zheng YX,Zeng HM,Friedrich K(2001)Improvement of tensile properties of nano - SiO2/PP composites in relation to percolation mechanism. Polymer 42(7):3301 -3304

[33] Ruan W,Zhang M,Rong M,Friedrich K(2004)Polypropylene composites filled with in - situ grafting polymerization modified nano - silica particles. J Mater Sci 39(10):3475 -3478

[34] Polymer - Ceramic Nanohybrid Materials 16934. Rong MZ,Zhang MQ,Pan SL,Friedrich K(2004)Interfacial effects in polypropylene - silica nanocomposites. J Appl Polym Sci 92(3):1771 -1781

[35] Ruan WH,Mai YL,Wang XH,Rong MZ,Zhang MQ(2007)Effects of processing conditions on properties of nano - SiO2/polypropylene composites fabricated by pre - drawing technique. Compos Sci Technol 67(13): 2747 -2756

[36] Wu CL,Zhang MQ,Rong MZ,Friedrich K(2002)Tensile performance improvement of low nanoparticles filled - polypropylene composites. Compos Sci Technol 62(10 -11):1327 -1340

[37] Cai LF,Huang XB,Rong MZ,Ruan WH,Zhang MQ(2006)Effect of grafted polymeric foaming agent on the structure and properties of nano - silica/polypropylene composites. Polymer 47(20):7043 -7050

[38] Zhang MQ,Rong MZ,Zhang HB,Friedrich K(2003)Mechanical properties of low nanosilica filled high density polyethylene composites. Polym Eng Sci 43(2):490 -500

[39] Bikiaris DN,Papageorgiou GZ,Pavlidou E,Vouroutzis N,Palatzoglou P,Karayannidis GP(2006)Preparation by melt mixing and characterization of isotactic polypropylene/SiO_2 nanocomposites containing untreated and surface - treated nanoparticles. J Appl Polym Sci 100(4):2684 -2696

[40] Cai LF,Huang XB,Rong MZ,Ruan WH,Zhang MQ(2006)Fabrication of nanoparticle/ polymer composites by in situ bubble - stretching and reactive compatibilization. Macromol Chem Phys 207(22):2093 -2102

[41] Bikiaris DN,Vassiliou A,Pavlidou E,Karayannidis GP(2005)Compatibilisation effect of PP - g - MA copolymer on iPP/SiO2 nanocomposites prepared by melt mixing. Eur Polym J 41(9):1965 -1978

[42] Takahashi S,Paul DR(2006)Gas permeation in poly(ether imide)nanocomposite membranes based on surface - treated silica. Part 1:without chemical coupling to matrix. Polymer 47(21):7519 -7534

[43] Takahashi S,Paul DR(2006)Gas permeation in poly(cther imide)nanocomposite membranes based on surface - treated silica. Part 2:with chemical coupling to matrix. Polymer 47(21):7535 -7547

[44] Merkel TC,Toy LG,Andrady AL,Gracz H,Stejskal EO(2002)Investigation of enhanced free volume in nanosilica - filled poly(1 - trimethylsilyl - 1 - propyne)by 129Xe NMR spectroscopy. Macromolecules 36 (2):353 -358

[45] Winberg P,DeSitter K,Dotremont C,Mullens S,Vankelecom IFJ,Maurer FHJ(2005)Free volume and interstitial mesopores in silica filled poly(1 - trimethylsilyl - 1 - propyne)nanocomposites. Macromolecules 38 (9):3776 -3782

[46] De Sitter K,Winberg P,D'Haen J,Dotremont C,Leysen R,Martens JA,Mullens S,Maurer FHJ,Vankelecom IFJ(2006)Silica filled poly(1 - trimethylsilyl - 1 - propyne)nanocomposite membranes:relation between the transport of gases and structural characteristics. J Membr Sci 278(1 -2):83 -91

[47] Kelman SD,Matteucci S,Bielawski CW,Freeman BD(2007)Crosslinking poly(1 - trimethylsilyl - 1 - propyne)and its effect on solvent resistance and transport properties. Polymer 48(23):6881 -6892

[48] Merkel TC,He ZJ,Pinnau I,Freeman BD,Meakin P,Hill AJ(2003)Sorption and transport in poly(2,2 - bis(trifluoromethyl) -4,5 - difluoro -1,3 - dioxole - co - tetrafluoroethylene)containing nanoscale fumed

silica. Macromolecules 36(22):8406 – 8414

[49] Kim SH, Ahn SH, Hirai T(2003) Crystallization kinetics and nucleation activity of silica nanoparticle – filled poly(ethylene 2,6 – naphthalate). Polymer 44(19):5625 – 5634

[50] Ahn SH, Kim SH, Lee SG(2004) Surface – modified silica nanoparticle – reinforced poly(ethylene 2,6 – naphthalate). J Appl Polym Sci 94(2):812 – 818

[51] Bikiaris D, Karavelidis V, Karayannidis G(2006) A new approach to prepare poly(ethylene terephthalate)/silica nanocomposites with increased molecular weight and fully adjustable branching or crosslinking by SSP. Macromol Rapid Commun 27(15):1199 – 1205 170 S. Kaur et al.

[52] Cannillo V, Bondioli F, Lusvarghi L, Montorsi M, Avella M, Errico ME, Malinconico M(2006) Modeling of ceramic particles filled polymer – matrix nanocomposites. Compos Sci Technol 66(7 – 8):1030 – 1037

[53] Avella M, Bondioli F, Cannillo V, Pace ED, Errico ME, Ferrari AM, Focher B, Malinconico M(2006) Poly(ε – caprolactone) – based nanocomposites: influence of compatibilization on properties of poly(ε – caprolactone) – silica nanocomposites. Compos Sci Technol 66(7 – 8):886 – 894

[54] Avella M, Bondioli F, Cannillo V, Errico ME, Ferrari AM, Focher B, Malinconico M, Manfredini T, Montorsi M(2004) Preparation, characterisation and computational study of poly(ε – caprolactone) based nanocomposites. Mater Sci Technol 20(10):1340 – 1344

[55] Lim JS, Noda I, Im SS(2007) Effect of hydrogen bonding on the crystallization behavior of poly(3 – hydroxybutyrate – co – 3 – hydroxyhexanoate)/silica hybrid composites. Polymer 48(9):2745 – 2754

[56] Yan S, Yin J, Yang Y, Dai Z, Ma J, Chen X(2007) Surface – grafted silica linked with L – lactic acid oligomer: a novel nanofiller to improve the performance of biodegradable poly(Llactide). Polymer 48(6):1688 – 1694

[57] van Zyl WE, Garcia M, Schrauwen BAG, Kooi BJ, De Hosson JTM, Verweij H(2002) Hybrid polyamide/silica nanocomposites: synthesis and mechanical testing. Macromol Mater Eng 287(2):106 – 110

[58] Su Y, Liu Y, Sun Y, Lai J, Wang D, Gao Y, Liu B, Guiver M(2007) Proton exchange membranes modified with sulfonated silica nanoparticles for direct methanol fuel cells. J Membr Sci 296(1 – 2):21 – 28

[59] Lai YH, Kuo MC, Huang JC, Chen M(2007) On the PEEK composites reinforced by surfacemodified nano – silica. Mater Sci Eng A 458(1 – 2):15 – 169

[60] Wu Z, Han H, Han W, Kim B, Ahn KH, Lee K(2007) Controlling the hydrophobicity of submicrometer silica spheres via surface modification for nanocomposite applications. Langmuir 23(14):7799 – 7803

[61] Oberdisse J, Deme B(2002) Structure of latex – silica nanocomposite films: a small – angle neutron scattering study. Macromolecules 35(11):4397 – 4405

[62] Oberdisse J(2002) Structure and rheological properties of latex – silica nanocomposite films: stress – strain isotherms. Macromolecules 35(25):9441 – 9450

[63] Oberdisse J, El Harrak A, Carrot G, Jestin J, Boue'F(2005) Structure and rheological properties of soft – hard nanocomposites: influence of aggregation and interfacial modification. Polymer 46(17):6695 – 6705

[64] Zhang Q, Archer LA(2004) Optical polarimetry and mechanical rheometry of Poly(ethylene oxide) silica dispersions. Macromolecules 37(5):1928 – 1936

[65] Zhang Q, Archer LA(2002) Poly(ethylene oxide)/silica nanocomposites: structure and rheology. Langmuir 18(26):10435 – 10442

[66] Boisvert J – P, Persello J, Guyard A(2003) Influence of the surface chemistry on the structural and mechani-

cal properties of silica – polymer composites. J Polym Sci B Polym Phys 41(23):3127 – 3138

[67] Bansal A, Yang H, Li C, Benicewicz BC, Kumar SK, Schadler LS(2006) Controlling the thermomechanical properties of polymer nanocomposites by tailoring the polymer – particle interface. J Polym Sci B Polym Phys 44(20):2944 – 2950

[68] Inoubli R, Dagreou S, Lapp A, Billon L, Peyrelasse J(2006) Nanostructure and mechanical properties of polybutylacrylate filled with grafted silica particles. Langmuir 22(15):6683 – 6689

[69] Hong RY, Fu HP, Zhang YJ, Liu L, Wang J, Li HZ, Zheng Y(2007) Surface – modified silica nanoparticles for reinforcement of PMMA. J Appl Polym Sci 105(4):2176 – 2184

[70] Wang Y – J, Kim D(2007) Crystallinity, morphology, mechanical properties and conductivity study of in situ formed PVdF/LiClO4/TiO2 nanocomposite polymer electrolytes. Electrochim Acta 52(9):3181 – 3189 Polymer – Ceramic Nanohybrid Materials 171

[71] Yoshida M, Lal M, Kumar ND, Prasad PN(1997) TiO2 nano – particle – dispersed polyimide composite optical waveguide materials through reverse micelles. J Mater Sci 32(15):4047 – 4051

[72] Nussbaumer RJ, Caseri WR, Smith P, Tervoort T(2003) Polymer – TiO2 nanocomposites: a route towards visually transparent broadband UV filters and high refractive index materials. Macromol Mater Eng 288(1): 44 – 49

[73] Carter SA, Scott JC, Brock PJ(1997) Enhanced luminance in polymer composite light emitting devices. Appl Phys Lett 71(9):1145 – 1147

[74] Li M, Zhou S, You B, Wu L(2005) Study on acrylic resin/alumina hybrid materials prepared by the sol – gel process. J Macromol Sci B 44(4):481 – 494

[75] Bhimaraj P, Burris DL, Action J, Sawyer WG, Toney CG, Siegel RW, Schadler LS(2005) Effect of matrix morphology on the wear and friction behavior of alumina nanoparticle/poly(ethylene) terephthalate composites. Wear 258(9):1437 – 1443

[76] Naderi N, Sharifi – Sanjani N, Khayyat – Naderi B, Faridi – Majidi R(2006) Preparation of organic – inorganic nanocomposites with core – shell structure by inorganic powders. J Appl Polym Sci 99(6):2943 – 2950

[77] Hench LL, West JK(1990) The sol – gel process. Chem Rev 90(1):33 – 72

[78] Roy R(1993) Evolution of the solution – sol – gel process – from homogeneity to heterogeneity in 35 years. Abstr Pap Am Chem S 205:65

[79] Roy R(1981) Sol – gel process – origins, products, problems. Am Ceram Soc Bull 60(3):363 – 363

[80] Sakka S(2013) Sol – gel process and applications. In: Somiya S(ed) Handbook of advanced ceramics, 2nd edn. Academic, Oxford, pp 883 – 910

[81] Mark JE(1996) Ceramic – reinforced polymers and polymer – modified ceramics. Polym Eng Sci 36(24): 2905 – 2920

[82] Novak BM(1993) Hybrid nanocomposite materials – between inorganic glasses and organic polymers. Adv Mater 5(6):422 – 433

[83] Wu CS(2004) In situ polymerization of titanium isopropoxide in polycaprolactone: properties and characterization of the hybrid nanocomposites. J Appl Polym Sci 92(3):1749 – 1757

[84] Durand N, Boutevin B, Silly G, Ame'duri B(2011) "Grafting From" polymerization of vinylidene fluoride (VDF) from silica to achieve original silica – PVDF core – shells. Macromolecules 44(21):8487 – 8493

[85] Przemyslaw P, Robert P, Hieronim M(2013) New approach to preparation of gelatine/SiO_2 hybrid systems

by the sol – gel process. Ceramics Silika'ty 57(1):58 – 65

[86] Joni IM, Purwanto A, Iskandar F, Okuyama K(2009) Dispersion stability enhancement of titania nanoparticles in organic solvent using a bead mill process. Ind Eng Chem Res 48(15):6916 – 6922

[87] Sarwar MI, Ahmad Z(2000) Interphase bonding in organic – inorganic hybrid materials using aminophenyltrimethoxysilane. Eur Polym J 36(1):89 – 94

[88] Xiong M, Zhou S, Wu L, Wang B, Yang L(2004) Sol – gel derived organic – inorganic hybrid from trialkoxysilane – capped acrylic resin and titania: effects of preparation conditions on the structure and properties. Polymer 45(24):8127 – 8138

[89] Wang B, Wilkes GL, Hedrick JC, Liptak SC, Mcgrath JE(1991) New high refractive – index organic inorganic hybrid materials from sol – gel processing. Macromolecules 24(11):3449 – 3450

[90] Nakayama N, Hayashi T(2007) Preparation and characterization of TiO2 and polymer nanocomposite films with high refractive index. J Appl Polym Sci 105(6):3662 – 3672

[91] Saegusa T(1991) Organic polymer – silica gel hybrid: a precursor of highly porous silica gel. J Macromol Sci A Chem 28(9):817 – 829

[92] Kobayashi S, Kaku M, Saegusa T(1988) Grafting of 2 – oxazolines onto cellulose and cellulose diacetate. Macromolecules 21(7):1921 – 1925

[93] Silveira KF, Yoshida IVP, Nunes SP(1995) Phase – separation in Pmma silica sol – gel systems. Polymer 36(7):1425 – 1434 172 S. Kaur et al.

[94] Nakanishi K, Soga N(1992) Phase separation in silica sol – gel system containing polyacrylic acid II. Effects of molecular weight and temperature. J Non Crystal Solids 139:14 – 24

[95] Nakanishi K, Soga N(1992) Phase separation in silica sol – gel system containing polyacrylic acid I. Gel formaation behavior and effect of solvent composition. J Non Crystal Solids 139:1 – 13

[96] Nunes SP, Peinemann KV, Ohlrogge K, Alpers A, Keller M, Pires ATN(1999) Membranes of poly(ether imide) and nanodispersed silica. J Membr Sci 157(2):219 – 226

[97] Sengupta R, Bandyopadhyay A, Sabharwal S, Chaki TK, Bhowmick AK(2005) Polyamide – 6,6/in situ silica hybrid nanocomposites by sol – gel technique: synthesis, characterization and properties. Polymer 46(10):3343 – 3354

[98] Fitzgerald JJ, Landry CJT, Pochan JM(1992) Dynamic studies of the molecular relaxations and interactions in microcomposites prepared by in – situ polymerization of silicon alkoxides. Macromolecules 25(14):3715 – 3722

[99] Landry CJT, Coltrain BK, Landry MR, Fitzgerald JJ, Long VK(1993) Poly(vinyl acetate)/silica – filled materials: material properties of in situ vs fumed silica particles. Macromolecules 26(14):3702 – 3712

[100] Landry CJT, Coltrain BK, Wesson JA, Zumbulyadis N, Lippert JL(1992) In situ polymerization of tetraethoxysilane in polymers: chemical nature of the interactions. Polymer 33(7):1496 – 1506

[101] Stefanithis ID, Mauritz KA(1990) Microstructural evolution of a silicon oxide phase in a perfluorosulfonic acid ionomer by an in situ sol – gel reaction. 3. Thermal analysis studies. Macromolecules 23(8):2397 – 2402

[102] Zoppi RA, Castro CR, Yoshida IVP, Nunes SP(1997) Hybrids of SiO2 and poly(amide 6 – bethylene oxide). Polymer 38(23):5705 – 5712

[103] Chang C – C, Chen W – C(2002) Synthesis and optical properties of polyimide – silica hybrid thin

films. Chem Mater 14(10):4242 – 4248

[104] Tsai MH, Whang WT(2001) Low dielectric polyimide/poly(silsesquioxane) – like nanocomposite material. Polymer 42(9):4197 – 4207

[105] Wang S, Ahmad Z, Mark JE(1994) Polyimide – silica hybrid materials modified by incorporation of an organically substituted alkoxysilane. Chem Mater 6(7):943 – 946

[106] Srinivasan SA, Hedrick JL, Miller RD, Di Pietro R(1997) Crosslinked networks based on trimethoxysilyl functionalized poly(amic ethyl ester) chain extendable oligomers. Polymer 38(12):3129 – 3133

[107] Chen Y, Iroh JO(1999) Synthesis and characterization of polyimide silica hybrid composites. Chem Mater 11(5):1218 – 1222

[108] Shang XY, Zhu ZK, Yin J, Ma XD(2002) Compatibility of soluble polyimide/silica hybrids induced by a coupling agent. Chem Mater 14(1):71 – 77

[109] Mascia L, Kioul A(1995) Influence of siloxane composition and morphology on properties of polyimide – silica hybrids. Polymer 36(19):3649 – 3659

[110] Schrotter JC, Smaihi M, Guizard C(1996) Polyimide – siloxane hybrid materials: influence of coupling agents addition on microstructure and properties. J Appl Polym Sci 61(12):2137 – 2149

[111] Hsiue G – H, Chen J – K, Liu Y – L(2000) Synthesis and characterization of nanocomposite of polyimide – silica hybrid from nonaqueous sol – gel process. J Appl Polym Sci 76(11):1609 – 1618

[112] Lee T, Park SS, Jung Y, Han S, Han D, Kim I, Ha C – S(2009) Preparation and characterization of polyimide/mesoporous silica hybrid nanocomposites based on water – soluble poly(amic acid) ammonium salt. Eur Polym J 45(1):19 – 29

[113] Hsiue GH, Kuo WJ, Huang YP, Jeng RJ(2000) Microstructural and morphological characteristics of PS – SiO2 nanocomposites. Polymer 41(8):2813 – 2825

[114] Pierre AC, Campet G, Han SD, Duguet E, Portier J(1994) TiO2 – polymer Nano – composites by sol – gel. J Sol Gel Sci Technol 2(1 – 3):121 – 125 Polymer – Ceramic Nanohybrid Materials 173

[115] Hu Q, Marand E(1999) In situ formation of nanosized TiO2 domains within poly(amide – imide) by a sol – gel process. Polymer 40(17):4833 – 4843

[116] Chiang P – C, Whang W – T(2003) The synthesis and morphology characteristic study of BAO – ODPA polyimide/TiO2 nano hybrid films. Polymer 44(8):2249 – 2254

[117] Lee L – H, Chen W – C(2001) High – refractive – index thin films prepared from trialkoxysilanecapped poly(methyl methacrylate) titania materials. Chem Mater 13(3):1137 – 1142

[118] Zhang J, Wang BJ, Ju X, Liu T, Hu TD(2001) New observations on the optical properties of PPV/TiO2 nanocomposites. Polymer 42(8):3697 – 3702

[119] Zhang J, Ju X, Wang BJ, Li QS, Liu T, Hu TD(2001) Study on the optical properties of PPV/TiO2 nanocomposites. Synthetic Met 118(1 – 3):181 – 185

[120] Zhang J, Wu ZY, Ju X, Wang BJ, Li QS, Hu TD, Ibrahim K, Xie YN(2003) The interfacial structure of PPV/TiO2 nanocomposite. Opt Mater 21(1 – 3):573 – 578

[121] Lin Y – T, Zeng T – W, Lai W – Z, Chen C – W, Lin Y – Y, Chang Y – S, Su W – F(2006) Efficient photoinduced charge transfer in TiO2 nanorod/conjugated polymer hybrid materials. Nanotechnology 17(23): 5781 – 5785

[122] Fan Q, McQuillin B, Bradley DDC, Whitelegg S, Seddon AB(2001) A solid state solar cell using sol – gel

processed material and a polymer. Chem Phys Lett 347(4 -6):325 -330

[123] Savitha KU, Prabu HG(2013) Polyaniline - TiO2 hybrid - coated cotton fabric for durable electrical conductivity. J Appl Polym Sci 127(4):3147 -3151

[124] Guan C, Lu¨ C - L, Liu Y - F, Yang B(2006) Preparation and characterization of high refractive index thin films of TiO2/epoxy resin nanocomposites. J Appl Polym Sci 102(2):1631 -1636

[125] Lu CL, Cui ZC, Wang YX, Yang B, Shen JC(2003) Studies on syntheses and properties of episulfide - type optical resins with high refractive index. J Appl Polym Sci 89(9):2426 -2430

[126] Seyedjamali H, Pirisedigh A(2011) Synthesis of well - dispersed polyimide/TiO2 nanohybrid films using a pyridine - containing aromatic diamine. Polym Bull 68(2):299 -308

[127] Liaw W - C, Chen K - P(2007) Preparation and characterization of poly(imide siloxane)(PIS)/titania (TiO2) hybrid nanocomposites by sol - gel processes. Eur Polym J 43(6):2265 -2278

[128] Tsai M - H, Liu S - J, Chiang P - C(2006) Synthesis and characteristics of polyimide/titania nano hybrid films. Thin Solid Films 515(3):1126 -1131

[129] Tsai M - H, Chang C - J, Chen P - J, Ko C - J(2008) Preparation and characteristics of poly(amide - imide)/titania nanocomposite thin films. Thin Solid Films 516(16):5654 -5658

[130] Li M, Zhou S, You B, Wu L(2006) Preparation and characterization of trialkoxysilanecontaining acrylic resin/alumina hybrid materials. Macromol Mater Eng 291(8):984 -992

[131] Kaneko Y, Iyi N, Kurashima K, Matsumoto T, Fujita T, Kitamura K(2004) Hexagonalstructured polysiloxane material prepared by sol - gel reaction of aminoalkyltrialkoxysilane without using surfactants. Chem Mater 16(18):3417 -3423

[132] Kaneko Y, Iyi N, Matsumoto T, Kitamura K(2005) Synthesis of rodlike polysiloxane with hexagonal phase by sol - gel reaction of organotrialkoxysilane monomer containing two amino groups. Polymer 46(6): 1828 -1833

[133] Kaneko Y, Iyi N(2007) Sol - gel synthesis of rodlike polysilsesquioxanes forming regular higher - ordered nanostructure. Z Kristallogr 222(11/2007)

[134] Kaneko Y, Toyodome H, Shoiriki M, Iyi N(2012) Preparation of ionic silsesquioxanes with regular structures and their hybridization. Int J Polym Sci 2012:1 -14

[135] Kaneko Y, Arake T(2012) Sol - gel preparation of highly water - dispersible silsesquioxane/zirconium oxide hybrid nanoparticles. Int J Polym Sci 2012:1 -6

[136] Rehman HU, Sarwar MI, Ahmad Z, Krug H, Schmidt H(1997) Synthesis and characterization of novel aramid - zirconium oxide micro - composites. J Non Crystal Solids 211(1 -2):105 -111

[137] Hajji P, David L, Gerard JF, Pascault JP, Vigier G(1999) Synthesis, structure, and morphology of polymer - silica hybrid nanocomposites based on hydroxyethyl methacrylate. J Polym Sci B Polym Phys 37(22): 3172 -3187 174 S. Kaur et al.

[138] Ou Y, Yang F, Yu Z - Z(1998) A new conception on the toughness of nylon 6/silica nanocomposite prepared via in situ polymerization. J Polym Sci B Polym Phys 36(5):789 -795

[139] Yang F, Ou YC, Yu ZZ(1998) Polyamide 6 silica nanocomposites prepared by in situ polymerization. J Appl Polym Sci 69(2):355 -361

[140] Reynaud E, Jouen T, Gauthier C, Vigier G, Varlet J(2001) Nanofillers in polymeric matrix: a study on silica reinforced PA6. Polymer 42(21):8759 -8768

[141] Liu WT, Tian XY, Cui P, Li Y, Zheng K, Yang Y(2004) Preparation and characterization of PET/Silica nanocomposites. J Appl Polym Sci 91(2):1229 – 1232

[142] Yang Y, Xu H, Gu H(2006) Preparation and crystallization of poly(ethylene terephthalate)/SiO_2 nanocomposites byin – situ polymerization. J Appl Polym Sci 102(1):655 – 662

[143] Zheng H, Wu J(2007) Preparation, crystallization, and spinnability of poly(ethylene terephthalate)/silica nanocomposites. J Appl Polym Sci 103(4):2564 – 2568

[144] Sugimoto H, Daimatsu K, Nakanishi E, Ogasawara Y, Yasumura T, Inomata K(2006) Preparation and properties of poly (methylmethacrylate) – silica hybrid materials incorporating reactive silica nanoparticles. Polymer 47(11):3754 – 3759

[145] Liu Y – L, Hsu C – Y, Hsu K – Y(2005) Poly(methylmethacrylate) – silica nanocomposites films from surface – functionalized silica nanoparticles. Polymer 46(6):1851 – 1856

[146] Yang F, Nelson GL(2004) PMMA/silica nanocomposite studies: synthesis and properties. J Appl Polym Sci 91(6):3844 – 3850

[147] Kashiwagi T, Morgan AB, Antonucci JM, VanLandingham MR, Harris RH, Awad WH, Shields JR(2003) Thermal and flammability properties of a silica – poly(methylmethacrylate) nanocomposite. J Appl Polym Sci 89(8):2072 – 2078

[148] Zhang HJ, Yao X, Zhang LY (2002) The preparation and microwave properties of Ba3ZnZCo2 – ZFe24O41/SiO2 microcrystalline glass ceramics by citrate sol – gel process. Mater Res Innov 5(3 – 4): 117 – 122

[149] Zhang QJ, Zhang JH, Li M, Zhang QH, Qin Y(2002) Interface structures of Al2O3 – ZrO2 coated engineering ceramics by sol – gel process. J Inorg Mater 17(1):185 – 188

[150] Liu Y – L, Hsu C – Y, Wei W – L, Jeng R – J(2003) Preparation and thermal properties of epoxysilica nanocomposites from nanoscale colloidal silica. Polymer 44(18):5159 – 5167

[151] Ragosta G, Abbate M, Musto P, Scarinzi G, Mascia L(2005) Epoxy – silica particulate nanocomposites: chemical interactions, reinforcement and fracture toughness. Polymer 46(23):10506 – 10516

[152] Preghenella M, Pegoretti A, Migliaresi C(2005) Thermo – mechanical characterization of fumed silica – epoxy nanocomposites. Polymer 46(26):12065 – 12072

[153] Preghenella M, Pegoretti A, Migliaresi C(2006) Atomic force acoustic microscopy analysis of epoxy – silica nanocomposites. Polym Test 25(4):443 – 451

[154] Sun Y, Zhang Z, Moon K – S, Wong CP(2004) Glass transition and relaxation behavior of epoxy nanocomposites. J Polym Sci B Polym Phys 42(21):3849 – 3858

[155] Berriot J, Lequeux F, Monnerie L, Montes H, Long D, Sotta P(2002) Filler – elastomer interaction in model filled rubbers, a 1H NMR study. J Non Crystal Solids 307 – 310:719 – 724

[156] Berriot J, Montes H, Martin F, Mauger M, Pyckhout – Hintzen W, Meier G, Frielinghaus H(2003) Reinforcement of model filled elastomers: synthesis and characterization of the dispersion state by SANS measurements. Polymer 44(17):4909 – 4919

[157] Berriot J, Martin F, Montes H, Monnerie L, Sotta P(2003) Reinforcement of model filled elastomers: characterization of the cross – linking density at the filler – elastomer interface by 1H NMR measurements. Polymer 44(5):1437 – 1447

[158] Saric M, Dietsch H, Schurtenberger P(2006) In situ polymerisation as a route towards transparent nano-

composites:Time – resolved light and neutron scattering experiments. Colloids Surf A Physicochem Eng Asp 291(1 –3):110 – 116

[159] Kim S,Kim E,Kim S,Kim W(2005)Surface modification of silica nanoparticles by UV – induced graft polymerization of methyl methacrylate. J Colloid Interface Sci 292(1):93 –98 Polymer – Ceramic Nanohybrid Materials 175

[160] Hsiao Shu C,Chiang H – C,160. Chien – Chao Tsiang R,Liu T – J,Wu J – J(2007)Synthesis of organic – inorganic hybrid polymeric nanocomposites for the hard coat application. J Appl Polym Sci 103 (6): 3985 –3993

[161] Bauer F,Flyunt R,Czihal K,Buchmeiser MR,Langguth H,Mehnert R(2006)Nano/micro particle hybrid composites for scratch and abrasion resistant polyacrylate coatings. Macromol Mater Eng 291 (5): 493 –498

[162] Wang Y – Y,Hsieh T – E(2007)Effect of UV curing on electrical properties of a UV – curablecopolyacrylate/silica nanocomposite as a transparent encapsulation resin for device packaging. Macromol Chem Phys 208(22):2396 –2402

[163] Berriot J,Montes H,Lequeux F,Long D,Sotta P(2002)Evidence for the shift of the glass transition near the particles in silica – filled elastomers. Macromolecules 35(26):9756 –9762

[164] Zhang L,Zeng Z,Yang J,Chen Y(2003)Structure – property behavior of UV – curable polyepoxy – acrylate hybrid materials prepared via sol – gel process. J Appl Polym Sci 87(10):1654 – 1659

[165] Xu GC,Li AY,Zhang LD,Wu G,Yuan XY,Xie T(2003)Synthesis and characterization of silica nanocomposite in situ photopolymerization. J Appl Polym Sci 90(3):837 –840

[166] Xu GC,Li AY,De Zhang L,Yu XY,Xie T,Wu GS(2004)Nanomechanic properties of polymer – based nanocomposites with nanosilica by nanoindentation. J Reinf Plast Comp 23(13):1365 – 1372

[167] Li F,Zhou S,Wu L(2005)Preparation and characterization of UV – curable MPS – modified silica nanocomposite coats. J Appl Polym Sci 98(5):2274 –2281

[168] Li F,Zhou S,Wu L(2005)Effects of preparation method on microstructure and properties of UV – curable nanocomposite coatings containing silica. J Appl Polym Sci 98(3):1119 – 1124

[169] Li F,Zhou S,You B,Wu L(2006)Kinetic investigations on the UV – induced photopolymerization of nanocomposites by FTIR spectroscopy. J Appl Polym Sci 99(4):1429 – 1436

[170] Cho J – D,Ju H – T,Park Y – S,Hong J – W(2006)Kinetics of cationic photopolymerizations of UV – curable epoxy – based SU8 – negative photoresists with and without silica nanoparticles. Macromol Mater Eng 291(9):1155 – 1163

[171] Sangermano M,Malucelli G,Amerio E,Priola A,Billi E,Rizza G(2005)Photopolymerization of epoxy coatings containing silica nanoparticles. Progr Org Coating 54(2):134 – 138

[172] Wang M,Wang X(2008)PPV/TiO2 hybrid composites prepared from PPV precursor reaction in aqueous media and their application in solar cells. Polymer 49(6):1587 – 1593

[173] Rong Y,Chen H – Z,Wu G,Wang M(2005)Preparation and characterization of titanium dioxide nanoparticle/polystyrene composites via radical polymerization. Mater Chem Phys 91(2 –3):370 –374

[174] Erdem B,Sudol ED,Dimonie VL,El – Aasser MS(2000)Encapsulation of inorganic particles via miniemulsion polymerization. I. Dispersion of titanium dioxide particles in organic media using OLOA 370 as stabilizer. J Polym Sci Pol Chem 38(24):4419 –4430

[175] Erdem B, Sudol ED, Dimonie VL, El – Aasser MS(2000) Encapsulation of inorganic particles via miniemulsion polymerization. II. Preparation and characterization of styrene miniemulsion droplets containing TiO2 particles. J Polym Sci Pol Chem 38(24):4431 – 4440

[176] Erdem B, Sudol ED, Dimonie VL, El – Aasser MS(2000) Encapsulation of inorganic particles via miniemulsion polymerization. III. Characterization of encapsulation. J Polym Sci Pol Chem 38 (24): 4441 – 4450

[177] Dzˇ unuzovic'E, Jeremic'K, Nedeljkovic'JM(2007) In situ radical polymerization of methyl methacrylate in a solution of surface modified TiO_2 and nanoparticles. Eur Polym J 43(9):3719 – 3726

[178] Caris CHM, Kuijpers RPM, van Herk AM, German AL(1990) Kinetics of(CO) polymerizations at the surface of inorganic submicron particles in emulsion – like systems. Makromol Chem Macromol Symp 35 – 36 (1):535 – 548

[179] S. Kaur et al. 179. Kim SH, Kwak S – Y, Suzuki T(2006) Photocatalytic degradation of flexible PVC/TiO2 nanohybrid as an eco – friendly alternative to the current waste landfill and dioxin – emitting incineration of post – use PVC. Polymer 47(9):3005 – 3016

[180] Da ZL(2007) Synthesis, characterization and thermal properties of inorganic – organic hybrid. eXPRESS Polym Lett 1(10):698 – 703

[181] Matsuyama K, Mishima K(2009) Preparation of poly(methyl methacrylate) – TiO_2 nanoparticle composites by pseudo – dispersion polymerization of methyl methacrylate in supercritical CO_2. J Supercrit Fluid 49 (2):256 – 264

[182] Agag T, Tsuchiya H, Takeichi T(2004) Novel organic – inorganic hybrids prepared from polybenzoxazine and titania using sol – gel process. Polymer 45(23):7903 – 7910

[183] Ochi M, Nii D, Harada M(2011) Preparation of epoxy/zirconia hybrid materials via in situ polymerization using zirconium alkoxide coordinated with acid anhydride. Mater Chem Phys 129(1 – 2):424 – 432

[184] Ochi M, Nii D, Suzuki Y, Harada M(2010) Thermal and optical properties of epoxy/zirconia hybrid materials synthesized via in situ polymerization. J Mater Sci 45(10):2655 – 2661

[185] Ochi M, Nii D, Harada M(2010) Effect of acetic acid content on in situ preparation of epoxy/zirconia hybrid materials. J Mater Sci 45(22):6159 – 6165

[186] Fan F, Xia Z, Li QS, Li Z, Chen H(2013) ZrO2/PMMA nanocomposites: preparation and its dispersion in polymer matrix. Chin J Chem Eng 21(2):113 – 120

[187] Hu Y, Zhou S, Wu L(2009) Surface mechanical properties of transparent poly(methyl methacrylate)/zirconia nanocomposites prepared by in situ bulk polymerization. Polymer 50(15):3609 – 3616

[188] Di Maggio R, Fambri L, Mustarelli P, Campostrini R(2003) Physico – chemical characterization of hybrid polymers obtained by 2 – hydroxyethyl(methacrylate) and alkoxides of zirconium. Polymer 44(24):7311 – 7320

[189] Wang J, Shi T, Jiang X(2008) Synthesis and characterization of core – shell ZrO2/PAAEM/PS nanoparticles. Nanoscale Res Lett 4(3):240 – 246

[190] Xu K, Zhou S, Wu L(2009) Effect of highly dispersible zirconia nanoparticles on the properties of UV – curable poly(urethane – acrylate) coatings. J Mater Sci 44(6):1613 – 1621

[191] Zhou S, Wu L(2008) Phase separation and properties of UV – curable polyurethane/zirconia nanocomposite coatings. Macromol Chem Phys 209(11):1170 – 1181

[192] Xu K, Zhou S, Wu L(2010) Dispersion of γ – methacryloxypropyltrimethoxysilanefunctionalized zirconia nanoparticles in UV – curable formulations and properties of their cured coatings. Progr Org Coating 67 (3):302 – 310

[193] Bates FS, Fredrickson GH(1999) Block copolymers—designer soft materials. Phys Tod 52(2):32

[194] Hamley IW(1998) The physics of block copolymers. Oxford University Press, Oxford

[195] Khandpur KA, Fo¨rster SJ, Bates SF, Hamley WI, Ryan JA, Brass W, Almdal K, Mortensen K(1995) Polyisoprene – polystyrene diblock copolymer phase diagram near the order – disorder transition. Macromolecules 28:8796 – 8806

[196] Meins T, Hyun K, Dingenouts N, Fotouhi Ardakani M, Struth B, Wilhelm M(2012) New insight to the mechanism of the shear – induced macroscopic alignment of diblock copolymer melts by a unique and newly developed Rheo – SAXS combination. Macromolecules 45(1):455 – 472

[197] Albalak RJ, Thomas EL(1993) Microphase separation of block copolymer solutions in a flow field. J Polym Sci B Polym Phys 31:37 – 46

[198] Angelescu DA, Waller JH, Adamson DH, Deshpande P, Chou SY, Register RA, Chaikin PM(2004) Macroscopic orientation of block copolymer cylinders in single – layer films by shearing. Adv Mater 16: 1736 – 1740

[199] Olszowka V, Tsarkova L, Boker A(2009) 3 – Dimensional control over lamella orientation and order in thick block copolymer films. Soft Matter 5(4):812

[200] Xiang H, Lin Y, Russell PT(2004) Electrically induced patterning in block copolymer films. Macromolecules 37:5358 Polymer – Ceramic Nanohybrid Materials 177201.

[201] Boker A, Knoll A, Elbs H, Abetz V, Mu¨ller AHE, Krausch G(2002) Large scale domain alignment of a block copolymer from solution using electric fields. Macromolecules 35:1319 – 1325

[202] McCulloch B, Portale G, Bras W, Pople JA, Hexemer A, Segalman RA(2013) Dynamics of magnetic alignment in rod – coil block copolymers. Macromolecules 46(11):4462 – 4471

[203] Osuji C, Ferreira JP, Mao G, Ober KC, Van der Sande BJ, Thomas LE(2004) Alignment of self – assembled hierarchical microstructure in liquid crystalline diblock copolymers using high magnetic fields. Macromolecules 37:9903 – 9908

[204] Cheng JY, Ross CA, Thomas EL, Smith HI, Vancso GJ(2003) Templated self – assembly of block copolymers: effect of substrate topography. Adv Mater 15:1599 – 1602

[205] Aissou K, Shaver J, Fleury G, Pecastaings G, Brochon C, Navarro C, Grauby S, Rampnoux JM, Dilhaire S, Hadziioannou G(2013) Nanoscale block copolymer ordering induced by visible interferometric micropatterning: a route towards large scale block copolymer 2D crystals. Adv Mater 25(2):213 – 217

[206] Koo K, Ahn H, Kim S – W, Ryu DY, Russell TP(2013) Directed self – assembly of block copolymers in the extreme: guiding microdomains from the small to the large. Soft Matter 9(38):9059

[207] Koh H – D, Park YJ, Jeong S – J, Kwon Y – N, Han IT, Kim M – J(2013) Location – controlled parallel and vertical orientation by dewetting – induced block copolymer directed selfassembly. J Mater Chem C 1 (25):4020

[208] Roerdink M, Hempenius MA, Gunst U, Arlinghaus HF, Vancso GJ(2007) Substrate wetting and topographically induced ordering of amorphous PI – b – PFS block – copolymer domains. Small 3(8):1415 – 1423

[209] Kim M, Han E, Sweat DP, Gopalan P(2013) Interplay of surface chemical composition and film thickness

on graphoepitaxial assembly of asymmetric block copolymers. Soft Matter 9(26):6135

[210] Hsueh HY, Chen HY, Hung YC, Ling YC, Gwo S, Ho RM(2013) Well – defined multibranched gold with surface plasmon resonance in near – infrared region from seeding growth approach using gyroid block copolymer template. Adv Mater 25(12):1780 – 1786

[211] Hsueh HY, Chen HY, She MS, Chen CK, Ho RM, Gwo S, Hasegawa H, Thomas EL(2010) Inorganic gyroid with exceptionally low refractive index from block copolymer templating. Nano Lett 10(12):4994 – 5000

[212] Park M(1997) Block copolymer lithography: periodic arrays of 1011 holes in 1 square centimeter. Science 276(5317):1401 – 1404

[213] Vukovic I, Brinke G, Loos K(2013) Block copolymer template – directed synthesis of wellordered metallic nanostructures. Polymer 54(11):2591 – 2605

[214] Bosc F, Ayral A, Albouy P – A, Guizard C(2003) A simple route for low – temperature synthesis of mesoporous and nanocrystalline anatase thin films. Chem Mater 15:2463 – 2468

[215] Deshpande AS, Pinna N, Smarsly B, Antonietti M, Niederberger M(2005) Controlled assembly of preformed ceria nanocrystals into highly ordered 3D nanostructures. Small 1(3):313 – 316

[216] Ba J, Polleux J, Antonietti M, Niederberger M(2005) Non – aqueous synthesis of tin oxide nanocrystals and their assembly into ordered porous mesostructures. Adv Mater 17(20):2509 – 2512

[217] Guldin S, Kolle M, Stefik M, Langford R, Eder D, Wiesner U, Steiner U(2011) Tunable mesoporous bragg reflectors based on block – copolymer self – assembly. Adv Mater 23(32):3664 – 3668

[218] Rauda EI, Buonsanti R, Saldarriaga – Lopez CL, Benjauthrit K, Schelhas TL, Stefik M, Augustyn V, Ko J, Dunn B, Wiesner U, Milliron JD, Tolbert HS(2012) General method for the synthesis of hierarchical nanocrystal – based mesoporous materials. ACS Nano 6(7):6386 – 6399

[219] Kamperman M, Garcia WBC, Du P, Ow H, Wiesner U(2004) Ordered mesoporous ceramics stable up to 1500C from diblock copolymer mesophases. J Am Chem Soc 126:14708 178 S. Kaur et al.

[220] Riedel R, Mera G, Hauser R, Klonczynski A(2006) Silicon – based polymer – derived ceramics: synthesis properties and applications a review. J Ceram Soc Jpn 114:425 – 444

[221] Nghiem DQ, Kim P – D(2008) Direct preparation of high surface area mesoporous SiC – based ceramic by pyrolysis of a self – assembled polycarbosilane – block – polystyrene diblock copolymer. Chem Mater 20:3735 – 3739

[222] Matsumoto K, Matsuoka H(2005) Synthesis of core – crosslinked carbosilane block copolymer micelles and their thermal transformation to silicon – based ceramics nanoparticles. J Polym Sci A Polym Chem 43(17):3778 – 3787

[223] Nguyen CT, Hoang PH, Perumal J, Kim DP(2011) An inorganic – organic diblock copolymer photoresist for direct mesoporous SiCN ceramic patterns via photolithography. Chem Commun (Camb) 47 (12):3484 – 3486

[224] Malenfant PR, Wan J, Taylor ST, Manoharan M(2007) Self – assembly of an organic – inorganic block copolymer for nano – ordered ceramics. Nat Nanotechnol 2(1):43 – 46

[225] Thomas KR, Ionescu A, Gwyther J, Manners I, Barnes CHW, Steiner U, Sivaniah E(2011) Magnetic properties of ceramics from the pyrolysis of metallocene – based polymers doped with palladium. J Appl Phys 109:073904

[226] Cao L, Massey JA, Winnik MA, Manners I, Riethmuller S, Banhart F, Spatz JP, Moller M(2003) Reactive

ion etching of cylindrical polyferrocenylsilane block copolymer micelles: fabrication of ceramic nanolines on semiconducting substrates. Adv Funct Mater 13:271 – 276

[227] Clendenning SB, Han S, Coombs N, Paquet C, Rayat SM, Grozea D, Brodersen MP, Sodhi SNR, Yip CM, Lu Z – H, Manners I(2004) Magnetic ceramic films from a metallopolymer resist using reactive ion etching in a secondary magnetic field. Adv Mater 16:291 – 296

[228] Temple K, Kulbaba K, Power – Billard NK, Manners I, Leach AK, Xu T, Russell PT, Hawker JC (2003) Spontaneous vertical ordering and pyrolytic formation of nanoscopic ceramic patterns from poly(styrene – b – ferrocenylsilane). Adv Mater 15:297 – 300

[229] Cheng JY, Ross CA, Chan VZ – H, Thomas EL, Lammertink RGH, Vancso GJ(2001) Formation of a cobalt magnetic dot array via block copolymer lithography. Adv Mater 13:1174 – 1178

[230] Francis A, Ionescu E, Fasel C, Riedel R(2009) Crystallization behavior and controlling mechanism of iron – containing Si – C – N ceramics. Inorg Chem 48(21):10078 – 10083

[231] Hojamberdiev M, Prasad RM, Fasel C, Riedel R, Ionescu E(2013) Single – source – precursor synthesis of soft magnetic Fe3Si – and Fe5Si3 – containing SiOC ceramic nanocomposites. J Eur Ceram Soc 33(13 – 14):2465 – 2472

[232] Hardy CG, Ren L, Ma S, Tang C(2013) Self – assembly of well – defined ferrocene triblock copolymers and their template synthesis of ordered iron oxide nanoparticles. Chem Commun 49:4373 – 4375

[233] Scheid D, Cherkashinin G, Ionescu E, Gallei M(2014) Single – source magnetic nanorattles by using convenient emulsion polymerization protocols. Langmuir 30(5):1204 – 1209

[234] Xia Y, Gates B, Yin Y, Lu Y(2000) Monodispersed colloidal spheres: old materials with new applications. Adv Mater 12:693 – 713

[235] Hynninen AP, Thijssen JH, Vermolen EC, Dijkstra M, van Blaaderen A(2007) Self – assembly route for photonic crystals with a bandgap in the visible region. Nat Mater 6:202 – 205

[236] Maldovan M, Thomas EL(2006) Simultaneous localization of photons and phonons in two – dimensional periodic structures. Appl Phys Lett 88:251907 – 3

[237] De La Rue R(2003) Photonic crystals: microassembly in 3D. Nat Mater 2:74 – 76

[238] Gonzalez – Urbina L, Baert K, Kolaric B, Perez – Moreno J, Clays K(2012) Linear and nonlinear optical properties of colloidal photonic crystals. Chem Rev 112:2268 – 2285

[239] Galisteo – Lo′pez JF, Ibisate M, Sapienza R, Froufe – Pe′rez LS, Blanco A′, Lo′pez C(2011) Selfassembled photonic structures. Adv Mater 23:30 – 69

[240] von Freymann G, Kitaev V, Lotsch BV, Ozin GA(2013) Bottom – up assembly of photonic crystals. Chem Soc Rev 42:2528 – 2554

[241] Pursiainen OLJ, Baumberg JJ, Winkler H, Viel B, Spahn P, Ruhl T(2008) Shear – induced organization in flexible polymer opals. Adv Mater 20:1484 – 1487

[242] Polymer – Ceramic Nanohybrid Materials 179242. Ruhl T, Spahn P, Hellmann GP(2003) Artificial opals prepared by melt compression. Polymer 44:7625 – 7634

[243] Schafer CG, Viel B, Hellmann GP, Rehahn M, Gallei M(2013) Thermo – cross – linked elastomeric opal films. ACS Appl Mater Interfaces 5:10623 – 10632

[244] Galliano P, De Damborenea JJ, Pascual MJ, Duran A(1998) Sol – gel coatings on 316L steel for clinical applications. J Sol Gel Sci Technol 13(1 – 3):723 – 727

[245] Vasconcelos DCL, Carvalho JAN, Mantel M, Vasconcelos WL(2000) Corrosion resistance of stainless steel coated with sol - gel silica. J Non Crystal Solids 273(1 - 3):135 - 139

[246] Fedrizzi L, Rodriguez FJ, Rossi S, Deflorian F, Di Maggio R(2001) The use of electrochemical techniques to study the corrosion behaviour of organic coatings on steel pretreated with sol - gel zirconia films. Electrochim Acta 46(24 - 25):3715 - 3724

[247] Masalski J, Gluszek J, Zabrzeski J, Nitsch K, Gluszek P(1999) Improvement in corrosion resistance of the 316l stainless steel by means of Al2O3 coatings deposited by the sol - gel method. Thin Solid Films 349 (1 - 2):186 - 190

[248] Wang D, Bierwagen GP(2009) Sol - gel coatings on metals for corrosion protection. Progr Org Coating 64 (4):327 - 338

[249] Messaddeq SH, Pulcinelli SH, Santilli CV, Guastaldi AC, Messaddeq Y(1999) Microstructure and corrosion resistance of inorganic - organic(ZrO2 - PMMA) hybrid coating on stainless steel. J Non Crystal Solids 247 (1 - 3):164 - 170

[250] Sayilkan H, Sener S, Sener E, Sulu M(2003) The sol - gel synthesis and application of some anticorrosive coating materials. Mater Sci 39(5):733 - 739

[251] Jianguo L, Gaoping G, Chuanwei Y(2006) Enhancement of the erosion - corrosion resistance of Dacromet with hybrid SiO2 sol - gel. Surf Coating Technol 200(16 - 17):4967 - 4975

[252] Atik M, Luna F, Messaddeq S, Aegerter M(1997) Ormocer(ZrO2 - PMMA) films for stainless steel corrosion protection. J Sol Gel Sci Technol 8(1 - 3):517 - 522

[253] Du YJ, Damron M, Tang G, Zheng HX, Chu CJ, Osborne JH(2001) Inorganic/organic hybrid coatings for aircraft aluminum alloy substrates. Progr Org Coating 41(4):226 - 232

[254] Haas KH, Amberg - Schwab S, Rose K, Schottner G(1999) Functionalized coatings based on inorganic - organic polymers(ORMOCER ® s) and their combination with vapor deposited inorganic thin films. Surf Coating Technol 111(1):72 - 79

[255] Ono S, Tsuge H, Nishi Y, Hirano S - I(2004) Improvement of corrosion resistance of metals by an environmentally friendly silica coating method. J Sol Gel Sci Technol 29(3):147 - 153

[256] Voevodin N, Jeffcoate C, Simon L, Khobaib M, Donley M(2001) Characterization of pitting corrosion in bare and sol - gel coated aluminum 2024 - T3 alloy. Surf Coating Technol 140(1):29 - 34

[257] Kasten LS, Grant JT, Grebasch N, Voevodin N, Arnold FE, Donley MS(2001) An XPS study of cerium dopants in sol - gel coatings for aluminum 2024 - T3. Surf Coating Technol 140(1):11 - 15

[258] Ballard RL, Williams JP, Njus JM, Kiland BR, Soucek MD(2001) Inorganic - organic hybrid coatings with mixed metal oxides. Eur Polym J 37(2):381 - 398

[259] Byrne MT, McCarthy JE, Bent M, Blake R, Gun'ko YK, Horvath E, Konya Z, Kukovecz A, Kiricsi I, Coleman JN(2007) Chemical functionalisation of titania nanotubes and their utilisation for the fabrication of reinforced polystyrene composites. J Mater Chem 17(22):2351

[260] Matsuno R, Otsuka H, Takahara A(2006) Polystyrene - grafted titanium oxide nanoparticles prepared through surface - initiated nitroxide - mediated radical polymerization and their application to polymer hybrid thin films. Soft Matter 2(5):415

[261] Tavares MTS, Santos ASF, Santos IMG, Silva MRS, Bomio MRD, Longo E, Paskocimas CA, Motta FV (2014) TiO2/PDMS nanocomposites for use on self - cleaning surfaces. Surf Coating Technol 239:16 - 19

[262] Kinloch AJ,Mohammed RD,Taylor AC,Sprenger S,Egan D(2006)The interlaminar toughness of carbon – fibre reinforced plastic composites using' hybrid – toughened' matrices. J Mater Sci 41(15):5043 – 5046

[263] S. Kaur et al. 263. Kinloch AJ,Mohammed RD,Taylor AC,Eger C,Sprenger S,Egan D(2005)The effect of silica nano particles and rubber particles on the toughness of multiphase thermosetting epoxy polymers. J Mater Sci 40(18):5083 – 5086

[264] Kinloch AJ,Masania K,Taylor AC,Sprenger S,Egan D(2007)The fracture of glass – fibrereinforced epoxy composites using nanoparticle – modified matrices. J Mater Sci 43(3):1151 – 1154

[265] Blackman BRK,Kinloch AJ,Sohn Lee J,Taylor AC,Agarwal R,Schueneman G,Sprenger S(2007)The fracture and fatigue behaviour of nano – modified epoxy polymers. J Mater Sci 42(16):7049 – 7051

[266] Liu H – Y,Wang G,Mai Y – W(2012)Cyclic fatigue crack propagation of nanoparticle modified epoxy. Compos Sci Technol 72(13):1530 – 1538

[267] Bray DJ,Dittanet P,Guild FJ,Kinloch AJ,Masania K,Pearson RA,Taylor AC(2013)The modelling of the toughening of epoxy polymers via silica nanoparticles: the effects of volume fraction and particle size. Polymer 54(26):7022 – 7032

[268] Sarwar MI,Zulfiqar S,Ahmad Z(2008)Polyamide – silica nanocomposites:mechanical,morphological and thermomechanical investigations. Polym Int 57(2):292 – 296

[269] Taniike T,Toyonaga M,Terano M(2014)Polypropylene – grafted nanoparticles as a promising strategy for boosting physical properties of polypropylene – based nanocomposites. Polymer 55(4):1012 – 1019

[270] Zhang M,Singh RP(2004)Mechanical reinforcement of unsaturated polyester by Al_2O_3 nanoparticles. Mater Lett 58(3 – 4):408 – 412

[271] Sawyer WG,Freudenberg KD,Bhimaraj P,Schadler LS(2003)A study on the friction and wear behavior of PTFE filled with alumina nanoparticles. Wear 254(5 – 6):573 – 580

[272] Schwartz CJ,Bahadur S(2000)Studies on the tribological behavior and transfer film – counterface bond strength for polyphenylene sulfide filled with nanoscale alumina particles. Wear 237(2):261 – 273

[273] Wang Y,Lim S,Luo JL,Xu ZH(2006)Tribological and corrosion behaviors of Al_2O_3/polymer nanocomposite coatings. Wear 260(9 – 10):976 – 983

[274] Guo Z,Pereira T,Choi O,Wang Y,Hahn HT(2006)Surface functionalized alumina nanoparticle filled polymeric nanocomposites with enhanced mechanical properties. J Mater Chem 16(27):2800

[275] Ng CB,Schadler LS,Siegel RW(1999)Synthesis and mechanical properties of TiO2 – epoxy nanocomposites. Nanostruct Mater 12(1 – 4):507 – 510

[276] Rong MZ,Zhang MQ,Liu H,Zeng HM(2001)Microstructure and tribological behavior of polymeric nanocomposites. Ind Lubr Tribol 53(2):72 – 77

[277] Evora V,Shukla A(2003)Fabrication,characterization,and dynamic behavior of polyester/TiO_2 nanocomposites. Mater Sci Eng A 361(1 – 2):358 – 366

[278] Al G,S,en S(2006)Preparation and characterization of poly(2 – chloroaniline)/SiO_2 nanocomposite via oxidative polymerization:comparative UV – vis studies into different solvents of poly(2 – chloroaniline)and poly(2 – chloroaniline)/SiO_2. J Appl Polym Sci 102(1):935 – 943

[279] Su S – J,Kuramoto N(2000)Processable polyaniline – titanium dioxide nanocomposites:effect of titanium dioxide on the conductivity. Synthetic Met 114(2):147 – 153

[280] Mo T – C,Wang H – W,Chen S – Y,Yeh Y – C(2008)Synthesis and dielectric properties of polyaniline/

titanium dioxide nanocomposites. Ceram Int 34(7):1767 – 1771

[281] Cui W – W, Tang D – Y, Gong Z – L(2013) Electrospun poly(vinylidene fluoride)/poly(methyl methacrylate) grafted TiO2 composite nanofibrous membrane as polymer electrolyte for lithium – ion batteries. J Power Sourc 223:206 – 213

[282] Kim K(2003) Characterization of poly(vinylidenefluoride – co – hexafluoropropylene) – based polymer electrolyte filled with rutile TiO2 nanoparticles. Solid State Ionics 161(1 – 2):121 – 131

[283] Wu N, Cao Q, Wang X, Li S, Li X, Deng H(2011) In situ ceramic fillers of electrospun thermoplastic polyurethane/poly(vinylidene fluoride) based gel polymer electrolytes for Li – ion batteries. J Power Sourc 196(22):9751 – 9756

[284] Aravindan V, Vickraman P, Kumar TP(2008) Polyvinylidene fluoride – hexafluoropropylene(PVdF – HFP) – based composite polymer electrolyte containing LiPF3(CF3CF2)3. J Non Crystal Solids 354(29):3451 – 3457

[285] Croce F, Bonino F, Panero S, Scrosati B(1989) Properties of mixed polymer and crystalline ionic conductors. Philos Mag B 59(1):161 – 168

[286] Morales – Acosta MD, Alvarado – Beltra'n CG, Quevedo – Lo'pez MA, Gnade BE, MendozaGalva'n A, Raml'rez – Bon R(2013) Adjustable structural, optical and dielectric characteristics in sol – gel PMMA – SiO2 hybrid films. J Non Crystal Solids 362:124 – 135

[287] Morales – Acosta MD, Quevedo – Lo'pez MA, Gnade BE, Raml'rez – Bon R(2011) PMMA – SiO_2 organic – inorganic hybrid films: determination of dielectric characteristics. J Sol Gel Sci Technol 58(1):218 – 224

[288] Dey A, De S, De A, De SK(2004) Characterization and dielectric properties of polyaniline – TiO_2 nanocomposites. Nanotechnology 15(9):1277 – 1283

[289] Singha S, Thomas MJ(2008) Dielectric properties of epoxy nanocomposites. IEEE Trans Dielectr and Electr Insul 15(1):12 – 23

[290] Houbertz R, Domann G, Cronauer C, Schmitt A, Martin H, Park JU, Fro¨hlich L, Buestrich R, Popall M, Streppel U, Dannberg P, Wa¨chter C, Bra¨uer A(2003) Inorganic – organic hybrid materials for application in optical devices. Thin Solid Films 442(1 – 2):194 – 200

[291] Caseri WR(2008) Inorganic nanoparticles as optically effective additives for polymers. Chem Eng Commun 196(5):549 – 572

[292] Ershad – Langroudi A, Mai C, Vigier G, Vassoille R(1997) Hydrophobic hybrid inorganic – organic thin film prepared by sol – gel process for glass protection and strengthening applications. J Appl Polym Sci 65(12):2387 – 2393

[293] Carotenuto G, Her YS, Matijevic E(1996) Preparation and characterization of nanocomposite thin films for optical devices. Ind Eng Chem Res 35(9):2929 – 2932

[294] Philipp G, Schmidt H(1984) New materials for contact lenses prepared from Si – and Ti – alkoxides by the sol – gel process. J Non Crystal Solids 63(1 – 2):283 – 292

[295] Yoshida M, Prasad PN(1996) Solgel – processed SiO_2/TiO_2/Poly(vinylpyrrolidone) composite materials for optical waveguides. Chem Mater 8(1):235 – 241

[296] Yuwono AH, Bi L, Xue J, Wang J, Elim HI, Ji W, Li Y, White TJ(2004) Controlling the crystallinity and nonlinear optical properties of transparent TiO2? PMMA nanohybrids. J Mater Chem 14(20):2978

[297] Li S, Meng Lin M, Toprak MS, Kim Do K, Muhammed M(2010) Nanocomposites of polymer and inorganic

nanoparticles for optical and magnetic applications. Nano Rev 1:5214. doi:10. 3402/nano. v1i0. 5214

[298] Zhang JUN, Luo S, Gui L(1997) Poly(methyl methacrylate) – titania hybrid materials by sol – gel processing. J Mater Sci 32(6):1469 – 1472

[299] Yuwono AH, Xue J, Wang J, Elim HI, Ji W, Li Y, White TJ(2003) Transparent nanohybrids of nanocrystalline TiO2 in PMMA with unique nonlinear optical behavior. J Mater Chem 13(6):1475

[300] Elim HI, Ji W, Yuwono AH, Xue JM, Wang J(2003) Ultrafast optical nonlinearity in poly(methylmethacrylate) – TiO_2 nanocomposites. Appl Phys Lett 82(16):2691 – 2693

[301] Kobayashi M, Saito H, Boury B, Matsukawa K, Sugahara Y(2013) Epoxy – based hybrids using TiO2 nanoparticles prepared via a non – hydrolytic sol – gel route. Appl Organometal Chem 27(11):673 – 677

[302] Tao P, Viswanath A, Li Y, Siegel RW, Benicewicz BC, Schadler LS(2013) Bulk transparent epoxy nanocomposites filled with poly(glycidyl methacrylate) brush – grafted TiO_2 nanoparticles. Polymer 54(6): 1639 – 1646

[303] Chau JLH, Tung C – T, Lin Y – M, Li A – K(2008) Preparation and optical properties of titania/epoxy nanocomposite coatings. Mater Lett 62(19):3416 – 3418

[304] Chau JL, Lin Y – M, Li A – K, Su W – F, Chang K – S, Hsu SL – C, Li T – L(2007) Transparent high refractive index nanocomposite thin films. Mater Lett 61(14 – 15):2908 – 2910

[305] Chandra A, Turng L – S, Gong S, Hall DC, Caulfield DF, Yang H(2007) Study of polystyrene/titanium dioxide nanocomposites via melt compounding for optical applications. Polym Compos 28(2):241 – 250

[306] Tommalieh MJ, Zihlif AM(2010) Optical properties of polyimide/silica nanocomposite. Physica B Condensed Matter 405(23):4750 – 4754

[307] Wang H, Xu P, Zhong W, Shen L, Du Q(2005) Transparent poly(methyl methacrylate)/silica/zirconia nanocomposites with excellent thermal stabilities. Polymer Degrad Stabil 87(2):319 – 327

[308] Ritzhaupt – Kleissl E, Boehm J, Hausselt J, Hanemann T(2006) Thermoplastic polymer nanocomposites for applications in optical devices. Mater Sci Eng C 26(5 – 7):1067 – 1071

[309] Chandra A, Turng L – S, Gopalan P, Rowell RM, Gong S(2008) Study of utilizing thin polymer surface coating on the nanoparticles for melt compounding of polycarbonate/alumina nanocomposites and their optical properties. Compos Sci Technol 68(3 – 4):768 – 776

[310] Hu Y, Gu G, Zhou S, Wu L(2011) Preparation and properties of transparent PMMA/ZrO_2 nanocomposites using 2 – hydroxyethyl methacrylate as a coupling agent. Polymer 52(1):122 – 129

[311] Cong H, Radosz M, Towler B, Shen Y(2007) Polymer – inorganic nanocomposite membranes for gas separation. Separ Purif Technol 55(3):281 – 291

[312] Pandey P, Chauhan RS(2001) Membranes for gas separation. Progr Polym Sci 26(6):853 – 893

[313] Koros WJ, Mahajan R(2000) Pushing the limits on possibilities for large scale gas separation: which strategies? J Membr Sci 175(2):181 – 196

[314] Joly C, Goizet S, Schrotter JC, Sanchez J, Escoubes M(1997) Sol – gel polyimide – silica composite membrane: gas transport properties. J Membr Sci 130(1 – 2):63 – 74

[315] Kusakabe K, Ichiki K, Hayashi J – I, Maeda H, Morooka S(1996) Preparation and characterization of silica—polyimide composite membranes coated on porous tubes for CO2 separation. J Membr Sci 115(1): 65 – 75

[316] Smaihi M, Schrotter J – C, Lesimple C, Prevost I, Guizard C(1999) Gas separation properties of hybrid im-

ide – siloxane copolymers with various silica contents. J Membr Sci 161(1 –2):157 –170

[317] Suzuki T, Yamada Y(2006) Characterization of 6FDA – based hyperbranched and linear polyimide – silica hybrid membranes by gas permeation and 129Xe NMR measurements. J Polym Sci B Polym Phys 44(2): 291 –298

[318] Park HB, Kim JK, Nam SY, Lee YM(2003) Imide – siloxane block copolymer/silica hybrid membranes: preparation, characterization and gas separation properties. J Membr Sci 220(1 –2):59 –73

[319] Alter H(1962) A critical investigation of polyethylene gas permeability. J Polym Sci 57(165):925 –935

[320] Joly C, Smaihi M, Porcar L, Noble RD(1999) Polyimide – Silica composite materials: how does silica influence their microstructure and gas permeation properties? Chem Mater 11(9):2331 –2338

[321] Gomes D, Nunes SP, Peinemann K – V(2005) Membranes for gas separation based on poly(1 – trimethylsilyl – 1 – propyne) – silica nanocomposites. J Membr Sci 246(1):13 –25

[322] Shao L, Samseth J, Ha¨gg M – B(2009) Crosslinking and stabilization of nanoparticle filled PMP nanocomposite membranes for gas separations. J Membr Sci 326(2):285 –292

[323] Hu Q, Marand E, Dhingra S, Fritsch D, Wen J, Wilkes G(1997) Poly(amide – imide)/TiO_2 nano – composite gas separation membranes: fabrication and characterization. J Membr Sci 135(1):65 –79

[324] Kong Y, Du H, Yang J, Shi D, Wang Y, Zhang Y, Xin W(2002) Study on polyimide/TiO2 nanocomposite membranes for gas separation. Desalination 146(1 –3):49 –55

[325] Ahmad J, Hagg MB(2013) Polyvinyl acetate/titanium dioxide nanocomposite membranes for gas separation. J Membr Sci 445:200 –210

[326] Korshak VV, Vinogradova SV, Vygodskii YS(1974) Cardo polymers. J Macromol Sci C 11(1):45 –142

[327] Sun H, Ma C, Yuan B, Wang T, Xu Y, Xue Q, Li P, Kong Y(2014) Cardo polyimides/TiO2 mixed matrix membranes: synthesis, characterization, and gas separation property improvement. Separ Purif Technol 122: 367 –375

[328] Schaep J, Vandecasteele C, Leysen R, Doyen W(1998) Salt retention of Zirfon ® membranes. Separ Purif Technol 14(1 –3):127 –131

[329] Genne'I, Kuypers S, Leysen R(1996) Effect of the addition of ZrO2 to polysulfone based UF membranes. J Membr Sci 113(2):343 –350

[330] Aerts P, Greenberg AR, Leysen R, Krantz WB, Reinsch VE, Jacobs PA(2001) The influence of filler concentration on the compaction and filtration properties of Zirfon ® – composite ultrafiltration membranes. Separ Purif Technol 22 –23:663 –669

[331] Shao L, Samseth J, Ha¨gg M – B(2009) Crosslinking and stabilization of nanoparticle filled poly(1 – trimethylsilyl – 1 – propyne) nanocomposite membranes for gas separations. J Appl Polym Sci 113(5): 3078 –3088

[332] Hu X, Cong H, Shen Y, Radosz M(2007) Nanocomposite membranes for CO2 separations: silica/brominated poly(phenylene oxide). Ind Eng Chem Res 46(5):1547 –1551

[333] Cong H, Hu X, Radosz M, Shen Y(2007) Brominated poly(2,6 – diphenyl – 1,4 – phenylene oxide) and its silica nanocomposite membranes for gas separation. Ind Eng Chem Res 46(8):2567 –2575

[334] Sadeghi M, Semsarzadeh MA, Barikani M, Pourafshari Chenar M(2011) Gas separation properties of polyether – based polyurethane – silica nanocomposite membranes. J Membr Sci 376(1 –2):188 –195

[335] Iwata M, Adachi T, Tomidokoro M, Ohta M, Kobayashi T(2003) Hybrid sol – gel membranes of polyacrylo-

nitrile – tetraethoxysilane composites for gas permselectivity. J Appl Polym Sci 88(7):1752 – 1759

[336] Hibshman C, Cornelius CJ, Marand E(2003) The gas separation effects of annealing polyimide – organosilicate hybrid membranes. J Membr Sci 211(1):25 – 40

[337] Suzuki T, Yamada Y(2005) Physical and gas transport properties of novel hyperbranched polyimide – silica hybrid membranes. Polym Bull 53(2):139 – 146

[338] Radosz M, Shen Y(2007) Brominated poly(2,6 – diphenyl – 1,4 – phenylene oxide) and its nanocomposites as membranes for CO2 separations. Patent WO 2007133708 A1(WO patent application PCT/US2007/011,458). http://www.google.com/patents/WO2007133708A1? cl1/4en

[339] Kim JH, Lee YM(2001) Gas permeation properties of poly(amide – 6 – b – ethylene oxide) – silica hybrid membranes. J Membr Sci 193(2):209 – 225

[340] Patel NP, Miller AC, Spontak RJ(2003) Highly CO_2 – permeable and selective polymer nanocomposite membranes. Adv Mater 15(9):729 – 733

[341] Kim H, Lim C, Hong S – I(2005) Gas permeation properties of organic – inorganic hybrid membranes prepared from hydroxyl – terminated polyether and 3 – isocyanatopropyltriethoxysilane. J Sol Gel Sci Technol 36(2):213 – 221

[342] Sforc, a ML, Yoshida IVP, Nunes SP(1999) Organic – inorganic membranes prepared from polyether diamine and epoxy silane. J Membr Sci 159(1 – 2):197 – 207

[343] Higuchi A, Agatsuma T, Uemiya S, Kojima T, Mizoguchi K, Pinnau I, Nagai K, Freeman BD(2000) Preparation and gas permeation of immobilized fullerene membranes. J Appl Polym Sci 77(3):529 – 537

[344] Merkel TC, Freeman BD, Spontak RJ, He Z, Pinnau I, Meakin P, Hill AJ(2002) Sorption, transport, and structural evidence for enhanced free volume in poly(4 – methyl – 2 – pentyne)/fumed silica nanocomposite membranes. Chem Mater 15(1):109 – 123

[345] Bottino A, Capannelli G, Comite A(2002) Preparation and characterization of novel porous PVDF – ZrO2 composite membranes. Desalination 146(1 – 3):35 – 40 184 S. Kaur et al.

[346] Yan L, Li YS, Xiang CB, Xianda S(2006) Effect of nano – sized Al2O3 – particle addition on PVDF ultrafiltration membrane performance. J Membr Sci 276(1 – 2):162 – 167

[347] Honma I, Takeda Y, Bae JM(1999) Protonic conducting properties of sol – gel derived organic/inorganic nanocomposite membranes doped with acidic functional molecules. Solid State Ionics 120(1 – 4):255 – 264

[348] Honma I, Hirakawa S, Yamada K, Bae JM(1999) Synthesis of organic/inorganic nanocomposites protonic conducting membrane through sol – gel processes. Solid State Ionics 118(1 – 2):29 – 36

[349] Honma I, Nomura S, Nakajima H(2001) Protonic conducting organic/inorganic nanocomposites for polymer electrolyte membrane. J Membr Sci 185(1):83 – 94

[350] Lin C, Thangamuthu R, Chang P(2005) PWA – doped PEG/SiO proton – conducting hybrid membranes for fuel cell applications. J Membr Sci 254(1 – 2):197 – 205

[351] Thangamuthu R, Lin C(2005) DBSA – doped PEG/SiO proton – conducting hybrid membranes for low – temperature fuel cell applications. Solid State Ionics 176(5 – 6):531 – 538

[352] Chang HY, Lin CW(2003) Proton conducting membranes based on PEG/SiO2 nanocomposites for direct methanol fuel cells. J Membr Sci 218(1 – 2):295 – 306

[353] Chang HY, Thangamuthu R, Lin CW(2004) Structure – property relationships in PEG/SiO_2 based proton

conducting hybrid membranes—A 29Si CP/MAS solid - state NMR study. J Membr Sci 228 (2): 217 - 226

[354] Su Y - H, Liu Y - L, Sun Y - M, Lai J - Y, Guiver MD, Gao Y (2006) Using silica nanoparticles for modifying sulfonated poly(phthalazinone ether ketone) membrane for direct methanol fuel cell: a significant improvement on cell performance. J Power Sourc 155(2): 111 - 117

[355] Zhi S - H, Xu J, Deng R, Wan L - S, Xu Z - K (2014) Poly(vinylidene fluoride) ultrafiltration membranes containing hybrid silica nanoparticles: preparation, characterization and performance. Polymer 55: 1333 - 1340

[356] Hench LL (2013) Chronology of bioactive glass development and clinical applications. New J Glass Ceram 3 (2): 67 - 73

[357] Ohtsuki C, Kokubo T, Yamamuro T (1992) Mechanism of apatite formation on $CaOSiO_2P_2O_5$ glasses in a simulated body fluid. J Non Crystal Solids 143: 84 - 92

[358] Catauro M, Raucci MG, De Gaetano F, Marotta A (2003) Sol - gel synthesis, characterization and bioactivity of polycaprolactone/SiO2 hybrid material. J Mater Sci 38(14): 3097 - 3102

[359] Mills KL, Zhu X, Takayama S, Thouless MD (2008) The mechanical properties of a surfacemodified layer on poly(dimethylsiloxane). J Mater Res 23(1): 37 - 48

[360] Martin RA, Yue S, Hanna JV, Lee PD, Newport RJ, Smith ME, Jones JR (2012) Characterizing the hierarchical structures of bioactive sol - gel silicate glass and hybrid scaffolds for bone regeneration. Philos Trans Ser A Mathemat Phys Eng Sci 370(1963): 1422 - 1443

[361] Camargo PHC, Satyanarayana KG, Wypych F (2009) Nanocomposites: synthesis, structure, properties and new application opportunities. Mater Res 12: 1 - 39

[362] Rhee S - H, Choi J - Y (2002) Preparation of a bioactive poly(methyl methacrylate)/silica nanocomposite. J Am Ceram Soc 85(5): 1318 - 1320

[363] Lee KH, Rhee SH (2009) The mechanical properties and bioactivity of poly(methyl methacrylate)/SiO(2) - CaO nanocomposite. Biomaterials 30(20): 3444 - 3449

[364] Thomas NP, Tran N, Tran PA, Walters JL, Jarrell JD, Hayda RA, Born CT (2013) Characterization and bioactive properties of zirconia based polymeric hybrid for orthopedic applications. J Mater Sci Mater Med 25 (2): 347 - 354

第5章 含黏土/聚合物网络的软质纳米杂化材料

Kazutoshi Haraguchi

摘要:本章介绍了含有新型无机/有机网络结构的软质纳米杂化材料,如纳米复合凝胶(NC凝胶:水凝胶)、软质纳米复合材料(M-NCS:固体)及其衍生物(MD-NC凝胶、Zw-NC凝胶、Pt-NC凝胶和P/C-NC微球)。在含有剥离状黏土片材的水相体系中,采用原位自由基聚合,合成了各种软质纳米杂化材料,包括NC凝胶和M-NC,并且随着黏土含量的大范围变动,纳米杂化材料呈现出不同的形式和尺寸。其中,盘状无机黏土纳米片作为多功能交联剂,使杂化材料形成新型的网络结构。在光学各向异性、黏土/聚合物形貌、生物相容性、刺激-敏感性表面、微图形化和自愈合等方面,NC凝胶表现出独特的光学、力学和溶胀-退溶胀特性。尽管M-NC的黏土含量很高,但是它们在光学和力学性能方面也得到了显著的改善,其力学性能中包含了超高的可逆性和良好的屈服行为。因此,软质纳米杂化材料由于其独特的有机-无机网络结构,克服了传统的、化学交联聚合物材料难处理、机械脆性、光学浑浊、加工性能差、刺激-敏感性低等严重缺点。此外,在NC凝胶和M-NC合成技术的基础上,开发了几种具有较高性能的软质纳米杂化材料,如新的刺激-响应性NC凝胶(MD-NC凝胶)、两性离子NC凝胶(Zw-NC凝胶)、含铂纳米粒子的NC凝胶(Pt-NC凝胶)以及黏土NC(P/C-NC)微球/聚合物的水分散体。

关键词:黏土;水凝胶;纳米复合材料;无机/有机网络;刺激敏感性

5.1 引　言

在三维聚合物网络组成的材料中,大量的水填充网络间隙空间,这种材料称为聚合物水凝胶。聚合物水凝胶是一种软、湿材料,具有固体(形状明确)和液体(多数情况下是自由水)的特性,其性质取决于聚合物种类和交联剂的类型,以及水含量R_{H_2O}和交联密度ν。根据交联的类型,聚合物水凝胶可分为两大类:化学凝胶和物理凝胶。在化学凝胶中,聚合物链网络是在聚合物溶液中或在聚合过程中,通过两个或多个官能团的有机交联剂或 γ 射线辐射形成共价键得到。在物理凝胶中,聚合物链网络是通过氢键、离子键、配位键、疏水键、分子链纠缠、微结晶和形成螺旋等各种非共价键相互作用形成的。由于网络组成和交联程度易于控制,化学凝胶在实际应用中,如软接触镜和高吸水性聚合物等,使用更广泛。

在各种聚合物水凝胶中,刺激-响应性水凝胶的特性,如透明性、凝胶体积、力学性能、吸附/解吸性能和表面性质等,随着环境条件变化或外界刺激,会发生戏剧性的动态变化,这引起了广泛的关注[1-5]。刺激-敏感性一般来源于聚合物组分的构象或溶解度的变化。目前,最典型的刺激-敏感性聚合物之一为聚(N-异丙基丙烯酰胺)(PNIPA),被用于合成响应性水凝胶(图 5-1)[6-12]。由于 PNIPA 在一个单体单元中同时含有亲水性基团(—CONH—)和疏水性基团(—CH$(CH_3)_2$),因此在某个低于人体的体温之下,PNIPA 在水介质中表现出一个明确的线团-球状转变[13]。在该温度下,PNIPA 链的构象由膨胀的随机线团转变为致密收缩的球体,这个转变温度称为下临界共溶温度(LCST)。在温度低于 LCST(约 32℃)时,N-异丙基通过形成一种笼型结构(疏水水合簇)在水中疏水化[14]。高于 LCST 时,由于 N-异丙基之间的疏水作用,笼型结构被破坏,PNIPA 链团聚。

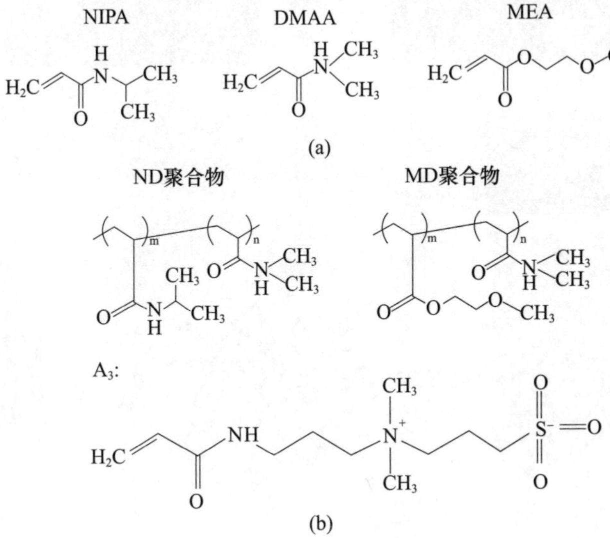

图 5-1 单体和共聚物体系的化学结构和缩聚结果
(N-异丙基丙烯酰胺(NIPA)、N,N-二甲基丙烯酰胺(DMAA)、2-甲氧基乙基丙烯酸酯(MEA)、基于 NIPA 和 DMAA 的 ND 聚合物,基于 MEA 和 DMA 的 MD 聚合物、(A_3)N,N-二甲基(丙烯酰胺丙基)丙烷磺酸铵)

PNIPA 水凝胶的聚合物网络一般通过与有机交联剂，如 N,N－亚甲基双丙烯酰胺(BIS)，在物质的量分数(C_{BIS})为 0.5%~3%(相对于单体)时进行化学交联而形成。因为化学交联聚合物水凝胶是用有机交联剂(OR)制备的，所以下述中将其标注为 OR 凝胶。在具有化学交联网络的 PNIPA 水凝胶中(N－OR 凝胶)，凝胶体积和性质取决于温度[15]、盐[16]、溶剂[17]和压力[18]等各种外部刺激。迄今为止，针对 PNIPA 水凝胶在各类体系中使用的可行性，如人工胰岛素控制系统[9]、高效生物分离装置[8]、药物释放系统[6]以及生物技术和组织工程装置[7,10]，已经开展了广泛的研究。

然而，在大多数研究中，只有少量的水凝胶(如直径为几毫米或更小的棒状或球状)作为 N－OR 凝胶被应用在实际中。这是因为凝胶体积变化的动力学与水凝胶的初始尺寸密切相关，即在高于 LCST 的温度下凝胶体积收缩率与凝胶颗粒初始长度的平方成反比[15]。因此，大尺寸的 N－OR 凝胶需要很长时间才能收缩到平衡状态。大尺寸 N－OR 凝胶使用困难的一个更相关的原因是，OR 凝胶机械性能差、脆弱易碎。图 5－2(a)(b)显示了用不同浓度的有机交联

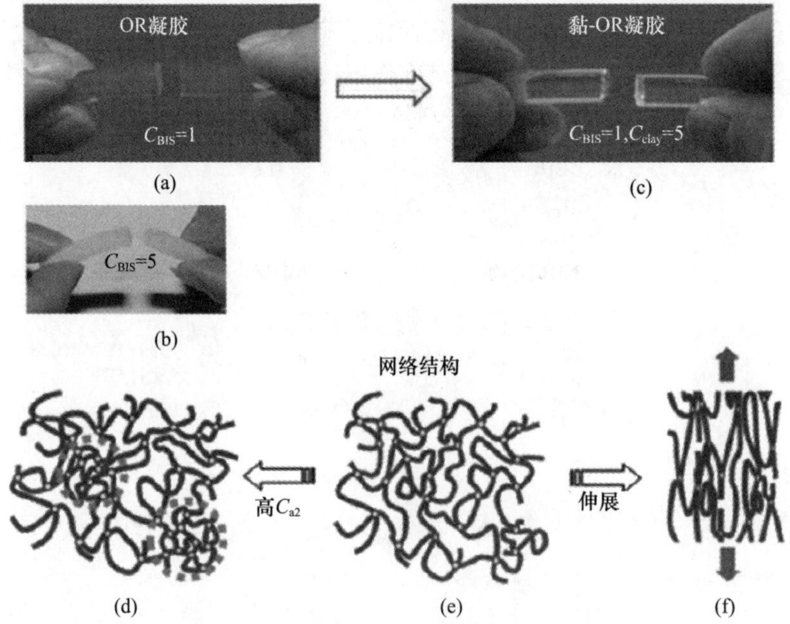

图 5－2　上方图：含不同 BIS 量的化学交联 OR 凝胶物质的量分数
(a)$C_{BIS}=1\%$；(b)$C_{BIS}=5\%$；(c)含分散黏土的 OR 凝胶，$C_{BIS}=1\%$ 和 $C_{clay}=5\%$；
(d)OR 凝胶的异构网络结构，$C_{BIS}=5\%$；(e)OR 凝胶的均一网络结构，$C_{BIS}=1\%$；
(f)在单向拉伸作用下 OR 凝胶交联链段发生断裂。

剂(BIS)制备的 OR 凝胶拉伸试验中的脆性断裂现象[19-20]。OR 凝胶的弱、脆性质归因于它们的网络结构,在该结构中,交联点之间的链段长度的分布很宽(图 5-2(e))[19]。当单向拉伸时,无论交联密度 ν 如何,任意时刻出现在聚合物短链上的应力集中都会导致聚合物链段的相继断裂(图 5-1(f))。此外,当交联剂物质的量分数较高时,由于交联点的不均匀聚集而导致的结构不均匀(不透明)也经常发生(图 5-1(b)(d))[20]。

图 5-3(a)为由不同 C_{BIS} 物质的量分数(C_{BIS} = 0.001% ~ 3%)制备的 OR 凝胶的拉伸应力-应变曲线[21]。图中还包含了 PNIPA(LR)水溶液的数据,LR 的制备条件与 OR 凝胶相同,但不含交联剂,为非常黏稠、类似凝胶的材料。在很低的应力(小于 4kPa)下,LR 可被不可逆的大幅度拉长(接近或超过 3000%)。这是因为 PNIPA 相对分子质量很高,并且形成了轻微的自交联网络,包括拓扑纠缠[22]。图 5-3(a)还表明,随着 C_{BIS} 的增加,初始模量 E 逐渐增大,断裂伸长

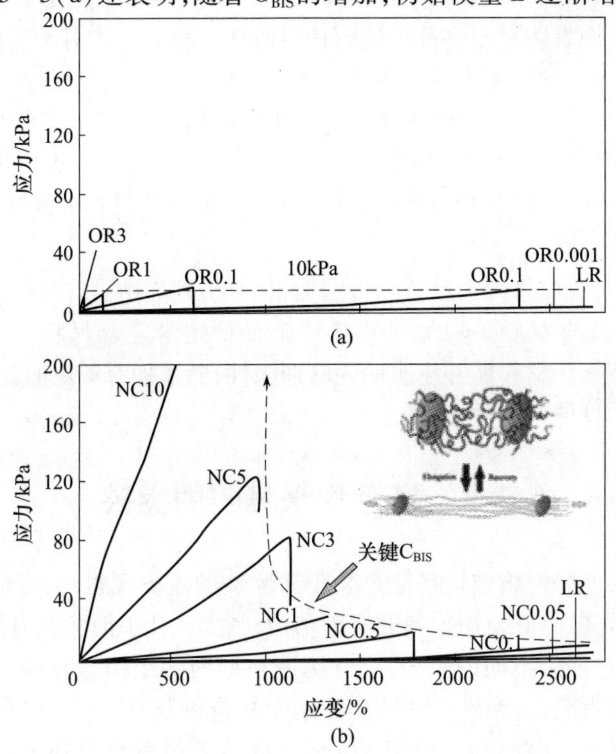

图 5-3 (a)不同 C_{BIS} 物质的量分数(0.001% ~ 3%)的凝胶和 PNIPA(LR)水溶液的拉伸应力-应变曲线;(b)不同黏土物质的量分数(0.05% ~ 10%)的 N-NC 凝胶和 LR 的拉伸应力-应变曲线,内嵌图为无机/有机网络的单位结构

(转载自 Haraguchi[21]的成果,2007 发表,经 Wiley 许可)

率 ε_b同时迅速下降。因此,在整个 $C_{BIS}(\propto v)$范围内,极限拉伸强度 σ 仍然很低(约 10kPa)。OR 凝胶的这些脆弱、易碎的特性归因于它们的网络结构(图 5-2(d)(f))。由此可知,包括刺激响应性 N-OR 凝胶在内的 OR 凝胶有严重缺陷(与化学交联网络有关):①机械强度差(σ < 10kPa)和脆性(ε_b < 50%);②高 v 时光学不透明;③化学交联限制聚合物链的运动,导致溶胀程度低,退溶胀速率慢,即使在常用的中等交联剂浓度下也是如此[19-20]。

为了克服这些局限性,我们将"无机/有机纳米复合材料"的概念扩展到了"聚合物水凝胶"领域,并在此基础上构建了新型无机/有机结构[19]。迄今为止,为了开发新型、高附加值的高分子材料,研究人员在现有聚合物和无机纳米粒子(如二氧化硅、硅氧烷、二氧化钛、黏土、碳纳米管)的基础上,利用金属醇盐的溶胶-凝胶反应或纳米粒子的有机预改性,研究制备聚合物基无机/有机纳米复合材料(P-NC)[23-27]。结果表明,P-NC 在弹性模量、热变形温度、硬度、气体抗渗性等方面有明显的改善。然而在目前开发的 P-NC 中,随着无机组分含量的增加,制备和加工困难的内在难题就呈现出来了。就聚合物/黏土纳米复合材料而言,通常只有少量的黏土能够以有机改性黏土[23,25-26]的形式真正地混入到 NC 中(最多不超过 10%(质量分数))。黏土含量的进一步增加往往会使黏土分散不充分或不规则团聚,导致结构不均匀,最终使材料的光学性能、力学性能和加工性能下降。

在本章中,我们总结了具有独特的无机/有机网络结构的新型软质纳米杂化材料(如纳米复合凝胶[19,21,28-30]和软质聚合物纳米复合材料[31-33])的发展概况。这类新型杂化材料能够克服原先的局限性,除了拥有突出的新特性外,还具有优异的光学性能和力学性能。

5.2 聚合物水凝胶的突破

由于化学交联网络结构是导致凝胶易碎性的主要因素,为了显著提高这些凝胶的机械性能,有必要构造新的网络结构,减少或几乎消除应力集中。在最近的研究中,通过使用不同的手段[34-35]构造新型网络结构,如具有滑动交联(滑动环凝胶)的网络[36]、无机/有机网络(纳米复合凝胶)[19]、互穿网络(双网络凝胶)[37]和四聚乙二醇(PEG)网络[38],已经能显著改善聚合物水凝胶的力学性能。在这些聚合物水凝胶中,由有机聚合物和无机黏土组成的纳米复合凝胶不仅克服了与 OR 凝胶相关的所有问题,而且呈现出许多新的特性。

为了创造出超级水凝胶(NC 凝胶),"新型三维网络结构的构造"这个概念是非常重要的。例如,将无机纳米材料如二氧化硅、二氧化钛、黏土和碳纳米管简单分散在 OR 凝胶网络中,无论纳米粒子的种类、尺寸(长径比)和分散均匀性如何,都难以改善其力学性能,如图 5-1 中的含 5%①分散黏土的 OR1 凝胶。此外,几乎没有发现其他类型的纳米粒子能对该凝胶体系产生增强效果。

5.3 纳米复合凝胶

5.3.1 NC 凝胶的合成

以含酰胺基的水溶性单体为原料,如 NIPA、N,N-二甲基丙烯酰胺(DMAA)(图 5-1)和丙烯酰胺(AAM),在剥离的、水介质中均匀分散的无机黏土存在下,原位自由基聚合制备了 NC 凝胶[19,20,39-41]。上述的无机黏土可以是具有层状晶体结构和良好水膨胀性的多种黏土矿物,如蒙脱石类黏土(石英石、皂石和蒙脱石等)和云母基黏土(合成氟云母)。其中,合成锂皂石黏土“Laponite XLG”($[Mg_{5.34}Li_{0.66}Si_8O_{20}(OH)_4]Na_{0.66}$,片层尺寸 30nm(直径)×1nm(厚度),阳离子交换容量 104mequiv/100g,Rockwood Ltd. UK 生产)最为有效,该黏土拥有 2∶1 层状结构(图 5-4(a)),具有高度的膨胀性和剥离性,高纯度、片层尺寸足够小,并且与 PNIPA 具有良好的相互作用。

在某些水凝胶制备文献中,商业化的改性 Laponite XLS 常被使用,将其与焦磷酸钠混合作为添加剂可降低黏土水溶液的黏度(即增加分散性)[30,43-44]。特别是 Laponite XLS 常用于制备聚(*N*-烷基丙烯酰胺)基 NC 凝胶[44-46],这是因为丙烯酰胺单体与其有很强的相互作用。然而,如第 5 章所示,在特定单体体系中(如 NIPA 和 DMAA),用 Laponite XLS 制备的 NC 凝胶的初始模量和拉伸强度均低于用 Laponite XLG 制备的 NC 凝胶[43]。这表明 XLG 与聚(N-烷基丙烯酰胺)的交联比 XLS 更有效。在此需要指出的是,拉伸试验中断裂伸长率的简单增加并不意味着力学性能的改善,原因是在黏性(微交联)聚合物溶液中能观测到最大的伸长率(图 5-3(a))。在本综述中,除另有说明外,无机黏土指 Laponite XLG。例如,在冰浴温度下,将水(20mL)、黏土(Laponite XLG,0.457g)、单体(NIPA,2.26g)、引发剂(过硫酸钾(KPS),0.02g)和促进剂(N,N′,N′,N′-四亚甲基二胺(TEMED),16μL)混合成透明水溶液,接着将温度提高到 20℃,引发原位自由基聚合,即可合成 N-NC3 凝胶。

不需要脱水或相分离过程,即可得到结构均匀、透明的水凝胶(NC 凝胶)。无论 NC 凝胶成分如何,聚合收率几乎为 100%。通过对聚合条件的严格控制,

① 译者注:原文与参考文献不符,应为 5%。

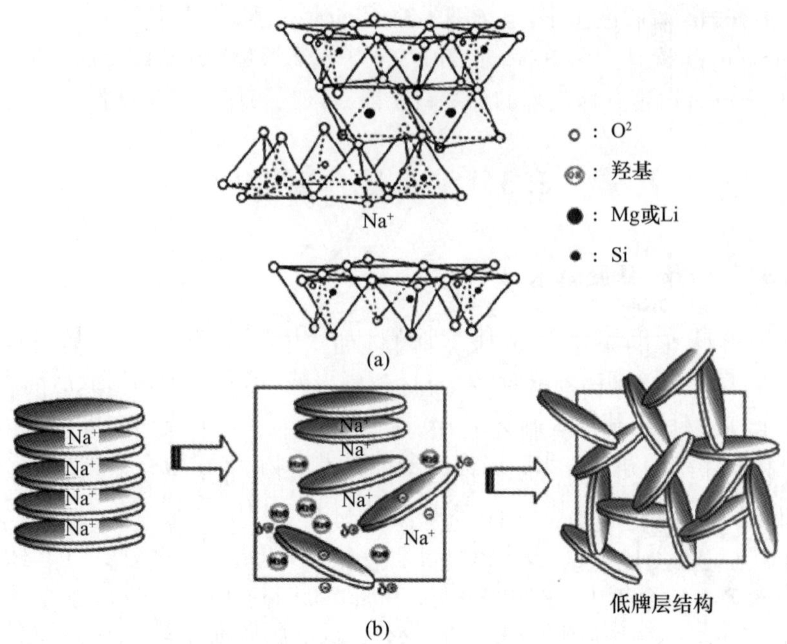

图5-4 (a)皂石的结构(LaponiteXLG;[$Mg_{5.34}Li_{0.66}Si_8O_{20}(OH)_4$]$Na_{0.66}$);(b)水介质中的剥离过程及卡房式结构的形成[39]

可使残余单体含量降至 h×10^{-5}% 以下。因此,通过改变初始反应溶液的组成,可以精确地控制 NC 凝胶的组成。需要指出的是,NC 凝胶的合成不需要有机交联剂提供化学交联网络。准确地说,这种交联剂不应与黏土一起使用。当两种交联剂,即黏土和 BIS 一起使用时,所得到的水凝胶(NC-OR 凝胶)在延伸时变得脆弱易碎,类似 OR 凝胶(图5-2(b))[47]。

NC 和 OR 凝胶的命名规则是基于所使用的单体(NIPA 和 DMAA 分别用 N-和 D-表示)以及黏土和单体相对于水的浓度。因此,N-NCn-Mm 即表示用 $n\times10^{-2}$mol(相当于 $n\cdot0.762\%$(质量分数))的黏土和 m mol 的 NIPA 在 1L 的水中制备的 NC 凝胶,D-ORn'表示用相对于单体 n'%(物质的量分数)的 BIS 和 1mol/L 的 DMAA 制备的 OR 凝胶。当 m 为 1 时,简单起见,通常省略最后一个符号(-M1)。此外,在 NC 和 OR 凝胶中,初始符号(N-或 D-)有时会被省略,在这种情况下,不存在混淆的可能性。NC 和 OR 凝胶中黏土、聚合物和 BIS 的含量(C_{clay}、C_P和 C_{BIS})分别用简化数值 n、m 和 n'来表示。

制备 NC 凝胶的方法简单、通用,即将反应溶液注入封闭的容器中,在常温下聚合。因此,NC 凝胶可以很容易地制成各种形状和大小,如薄膜、薄板、棒、球和空心管(图 5 -5(a))[21,29]等。NC 凝胶还可以利用水溶液中疏水的光引发剂在极低浓度下(如相对于单体的 0.1%(质量分数)),通过光引发自由基聚合制备得到(图 5 -5(b))[48]。此外,其他类型的 NC 凝胶,如具有良好生物相容性的 tetra - PEG 基 NC 凝胶,可通过将黏土纳米粒子加入 tetra - PEG 网络中制备得到[30]。

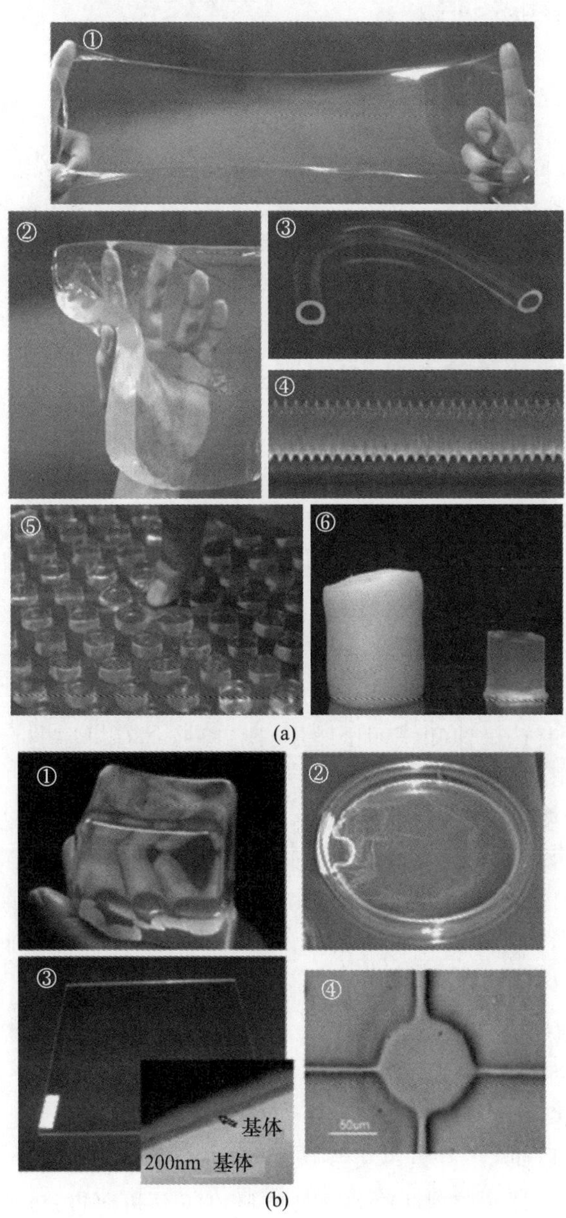

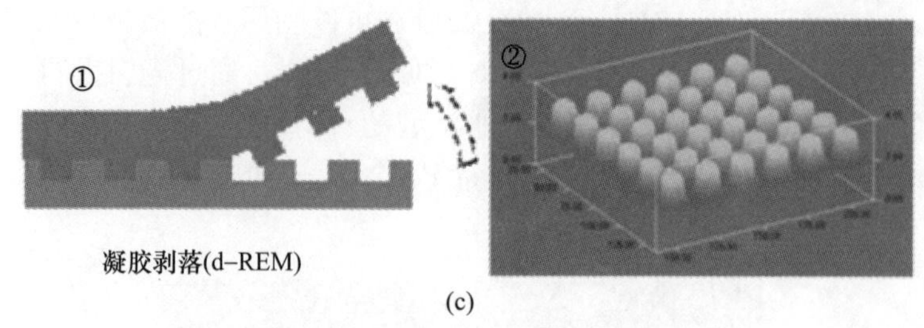

图 5-5 (a)各种形状和形式的 NC 凝胶:①薄膜,②片,③空心管,④波纹管,⑤表面不均匀的薄板,⑥多孔 NC 凝胶[21,29];(b)光聚合法制备的各种 NC 凝胶:①块体,②薄膜,③涂层,④图案;(c)①直接复制模塑(REM)表面图案的过程;②用 10μm 正方形点孔阵列的石英为模板采用 REM 法制备的 NC 凝胶膜表面图案的三维图像(共焦光学显微镜)
((b)转载于 Haraguchi 和 Takada[48],2010 年发表,获 ACS 许可;
(c)转载于 Song 等[49],2008 年发表,经 SPSJ 许可。)

5.3.2 NC 凝胶的无机/有机网络结构

1. 黏土网络结构的形成

凝胶的形成,即聚合物与无机黏土(在没有有机交联剂的情况下)形成聚合物网络的过程,已经通过凝胶的溶胀性和动态力学性能得到了证实。在 22℃ 动态力学测试中[21],频率范围为 $10^{-1} \sim 10^{-2}$ rad/s,D-NC5 凝胶的储能模量 G' 总是大于损耗模量 G'',并且 G' 和 G'' 随频率变化不大(图 5-6(a))。高 G'($>G''$)表明在该时间尺度上不存在黏弹性弛豫。这些观测结果与具有三维网络的水凝胶的动态黏弹性性质一致。此外,NC 凝胶具有的橡胶性质也证实了其形成了聚合物网络,例如,在拉伸和压缩试验中,NC 凝胶具有可逆的大变形和恢复能力,如后面的小节所示。

通过溶胀实验进一步确定了 NC 凝胶中的网络形成过程。NC 凝胶不溶于水,但在水中会发生溶胀直到达到平衡状态,此时并没有自由的线性聚合物链或游离黏土粒子从网络中分离出来[20,40]。这些结果表明,NC 凝胶形成了三维网络,所有聚合物链和黏土粒子都被包含在其中。一般来说,水凝胶的平衡溶胀度(DES)与 v 成反比。在 NC 凝胶中,溶胀程度随凝胶组分的变化而变化,即 DES 随 C_{clay} 和 C_P 的增加而减小[40]。这表明 NC 凝胶中的网络是由聚合物链与黏土以特定的方式交联而成的。

2. 黏土/聚合物的网络结构

采用各种分析研究(透射电子显微镜、热重法、X 射线衍射、差示扫描量热法和傅里叶变换红外光谱对干燥的 NC 凝胶进行分析研究;动态光散射(DLS)

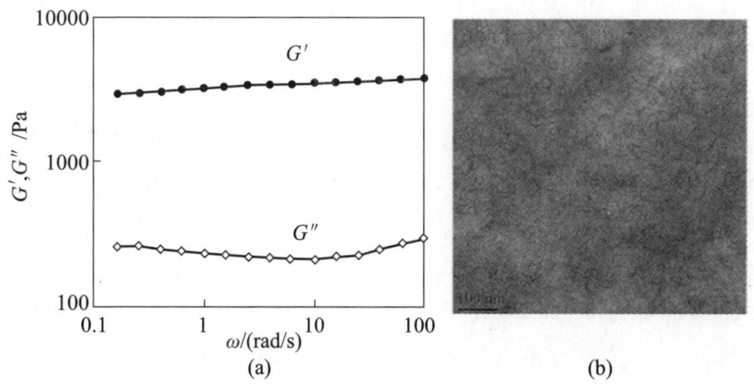

图 5－6 (a)22℃下 0.2～100rad/s 频率范围内 D－NC5 凝胶的动态黏弹性特性(G'和 G'')[21]。(b)N－NC5 凝胶的 TEM 图,标尺为 100nm
((a)转载于 Haraguchi[21],2007 年发表,经 Wiley 许可。)

和中子小角散射(SANS)对 NC 凝胶的结构进行研究表明,NC 凝胶的具有如下结构[19,20,39－40,50－54]:①盘状无机黏土纳米粒(直径 30nm,厚 1nm),由层状黏土矿(锂皂石)剥落而形成的,均匀地分散在聚合物基体中(如 XRD 和 TEM 所示,图 5－6(b)干燥 N－NC5 凝胶的 TEM 图);②NC 凝胶中存在着与线性聚合物相同玻璃化转变温度 T_g 的柔性聚合物链(如 DSC 所示);③干燥 NC 凝胶中,PNIPA 和黏土的红外吸收率与纯 PNIPA 或黏土的吸收率无明显差异(如 FTIR 所示);这可能是因为在干燥状态下,PNIPA 表现出很强的氢键,使其与黏土的氢键在干燥的 NC 凝胶中被难以被清楚地识别出来。

根据所获得的分析数据和 NC 凝胶优异的光学、力学和溶胀－退溶胀性能,可以推断出,NC 凝胶具有独特的无机(黏土)/有机(聚合物)网络结构(图 5－7(a))[19,20,39,40,52,54]。在网络结构中,剥离的黏土纳米粒子(均匀分散在水介质中)与许多柔性聚合物链相互连接。在这里,D_{ic} 是剥离的黏土片之间的粒子间距。在网络中,除了交联链外,还可能存在各种类型的聚合物链,如具有自由链端的接枝链、环状链和拓扑交联链。聚合物与黏土纳米粒子之间的相互作用可归结为非共价键,可能是聚合物上的酰胺侧基与黏土表面(SiOH,Si—O—Si 单元)之间的氢键。

在黏土/聚合物网络结构中,研究人员认为许多聚合物链与单个黏土片相互作用,并且每一聚合物链能与黏土表面的多个点形成相互作用[19－20,39－40]。换句话说,由于剥离的黏土片起着多功能交联剂的作用,因此,在 NC 凝胶中的聚合物链由一系列的平面交联剂交联。这一项结果可由 PNIPA(从 NC 凝胶中分离出)的分子特性(SANS 测试的对比度变化)证实。通过氢氟酸分解网络中的黏土(图5-8(a))[55],可成功将 PNIPA 无损地从 N-NC 凝胶中分离出来,能清楚地看出黏土片可有效防止 PNIPA 自交联网络的形成[22]。这些研究还表明,N-NC 凝胶中的 PNIPA 分子质量较高($M_W=5.6\times10^6$g/mol)[55],几乎与 C_{clay}(1%~25%(质量分数))无关,这表明一条聚合物链重复连接相邻的黏土片。SANS 对比度变化(CV)测试表明,聚合物链在黏土表面聚集形成 1nm 厚层(图5-7(b))[52]。对于 NC 凝胶在单轴拉伸作用下的变形机理,由 CV-SANS 可知,黏土片平行于拉伸方向取向,并且在 $\varepsilon=300\%$ 时取向饱和。此外,拉伸作用下聚合物相首先发生结构变化,即沿拉伸方向聚合物链发生拉伸和聚合物链从吸附层上剥离[57]。当试样的应变移除时,聚合物链又被吸附到黏土片表面[58]。

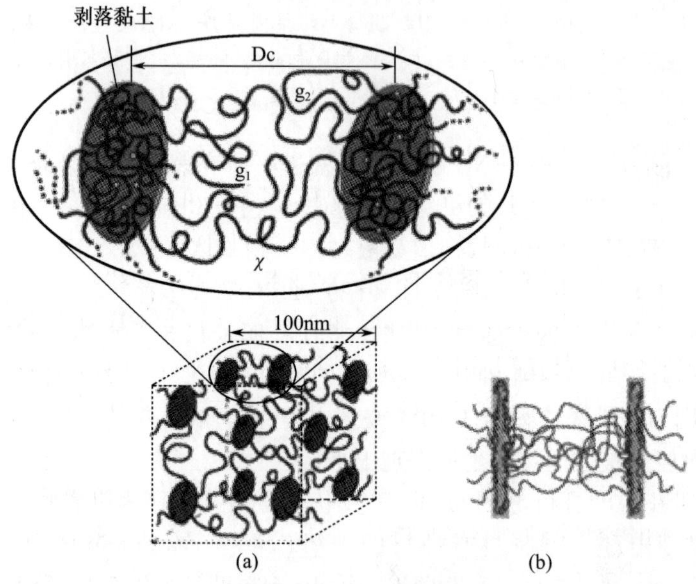

图5-7 (a)NC 凝胶中无机(黏土)/有机(聚合物)网络的结构模型。χ、g_1 和 g_2 分别代表交联链、接枝链和环链。在模型中,为了方便,只描绘出少数聚合物链[19,20,54];(b)被聚合物层夹心装饰的黏土片[52]
((a)转载于 Haraguchi 和 Li 的成果[54],2009 年发表,经 Wiley 许可。)

基于橡胶弹性动力学理论[59],NC 凝胶中,每单位体积的交联聚合物链数 N^* 可用下式计算:

$$F=\phi N^* K_b T\left\{\alpha\left(\frac{1}{\alpha}\right)^2\right\} \tag{5-1}$$

式中:F 为膨胀网络中单位原始截面(未变形)面积的力;Φ 为指前因子($\Phi=1$);α 为伸长率;k_B 和 T 分别为玻耳兹曼常数和热力学温度。通过拉伸应力-应变曲线和 Eq(1),计算了不同 C_{clay}NC 凝胶的 N^* 值和每一黏土片的交联链数。结果表明,在 NC 凝胶中,相邻的黏土片至少由数十条柔性聚合物链相连接(几十到一百多条)。

根据 Flor – Rehner 理论,用 DES 计算了 NC 凝胶的有效交联密度 $\boldsymbol{v}_e$[60]。在此,尽管 NC 凝胶是一种含有离子黏土片的离子聚合物凝胶,但黏土对溶胀的影响与通常的有机离子基团完全不同。在 NC 凝胶中,溶胀随 C_{clay} 的增加而减小,而普通离子聚合物凝胶则随着离子基团浓度的增加而增大[20,40]。这是因为黏土片是有效的交联剂。因此,要计算 NC 凝胶的 v_e,采用了针对非离子凝胶系统的仿射网络模型,用于简化条件:

$$\phi + \ln(1-\phi) + \chi\phi^2 = -V_s \boldsymbol{v}_e\left[\left(\frac{\phi}{\phi_0}\right)^{\frac{1}{3}} - \frac{2}{f}\left(\frac{\phi}{\phi_0}\right)\right] \tag{5-2}$$

式中:ϕ 和 ϕ_0 分别为平衡溶胀状态和参考状态下的网络体积分数;对于 BIS,$(2/f)$ 值为 0.5(f 是官能度),对于 NC 凝胶中的黏土,其值几乎为 0,原因是黏土具有很高的官能度;V_S 为水的摩尔体积;$\chi_1 = \chi_1 + \phi\chi_2$,其中 $\chi_1 = (\Delta H - T\Delta S)/k_B T$,$\chi_2 = 0.518$,$\Delta H = -12.462 \times 10^{-21}$ J,$\Delta S = -4.717 \times 10^{-23}$ J/K[61]。

表 5 – 1 列出了 NC 和 OR 凝胶的 $\boldsymbol{v}_e$ 计算值[62]。在 NC 凝胶中,C_{clay} 对 $\boldsymbol{v}_e$ 的影响类似于 OR 凝胶中 C_{BIS} 对 $\boldsymbol{v}_e$ 的影响,即 NC 凝胶的 $\boldsymbol{v}_e$ 随 C_{clay} 的增加而增大。在表 5 – 1 中,软质 NC1 凝胶的 $\boldsymbol{v}_e$ 约为常用 OR1 凝胶的 1/9。即使是具有优良力学性能(初始模量和拉伸强度)的 NC10 凝胶,$\boldsymbol{v}_e$ 也仅为 OR1 凝胶的 1/3。NC 凝胶的 $\boldsymbol{v}_e$ 一般小于 OR 凝胶,这与力学性能测试结果相一致。因此,在 NC 凝胶中,实际上黏土片表面形成了相对较少的交联剂。

文献[56]用差示扫描量热法研究了 PNIPA 链的热行为,即线团到球团转变和玻璃化转变。结果表明,尽管摩尔质量存在不同($0.19 \times 10^6 \sim 4.29 \times 10^6$ g/mol),但是 PNIPA 在水溶液中的 LCST 和干燥状态下的玻璃化转变温度 T_g 均保持不变(分别为 30.6℃ 和 138℃)。另外,PNIPA 在 NC 凝胶中的热焓随 C_{clay} 的增加而降低,而起始温度(≡LCST)几乎不受 C_{clay} 的影响。此外,NC 凝胶中,将去除黏土前后的 PNIPA 相比较,PNIPA 向疏水球状的转变受到与黏土相互作用的制约(图 5 – 8(b))。

表 5 – 1 NC 和 OR 凝胶的平衡溶胀度(DES)和有效网络密度 $\boldsymbol{v}_e$

水凝胶	NC1	NC5	NC10	NC15	NC20	OR1	OR5
DES(W_{H_2O}/W_{dry})	50.94	28.94	22.57	17.61	12.94	16.93	8.55
v_e/(mol/L)	0.0048	0.0099	0.0127	0.0170	0.0256	0.0431	0.1582

注:①根据 Flory – Rehner 理论,通过式(5 – 2)进行了计算。

②转载于 Haraguchi 等[62],2007 年发表,经 ACS 许可。

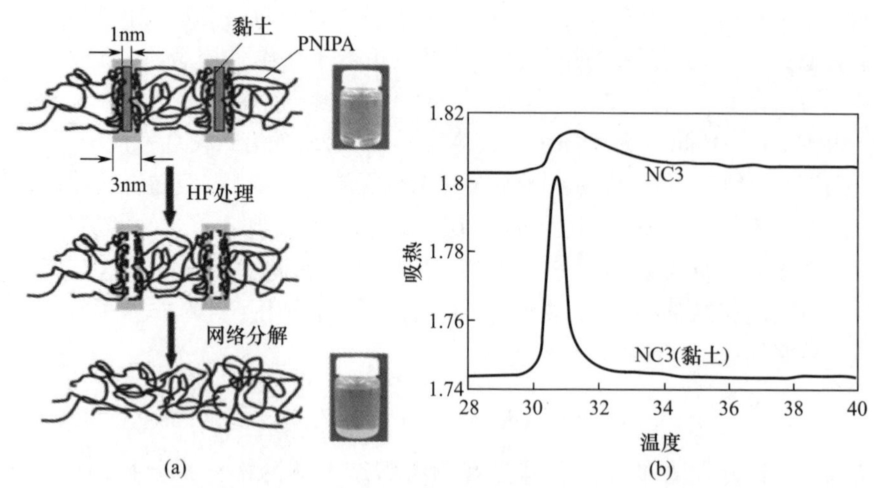

图 5-8 (a)分解黏土从 NC 凝胶中分离 PNIPA 的过程;(b)NC3 凝胶中的 PNIPA 和从 NC3 凝胶中分离的 PNIPA(NC3(黏土)的 DSC 曲线中(加热速率为 0.5℃/min,C_{PNIPA} = 10%)。((a)转载自 Haraguchi 的成果[55],2010 年发表,经 Wiley 许可。(b)转载自 Haraguchi 和 Xu 的成果[56],2012 年发表,经 Springer 许可。)

3. 黏土网络/聚合物结构形成机理

在聚合过程中,三维聚合物网络的形成一直是高分子化学和物理领域的一个重要课题[63-66]。根据黏度、光学透明度、XRD 和力学性能的变化,文献[39]阐明了 NC 凝胶无机(黏土)/有机(聚合物)网络结构的形成机理。

图 5-9(a)(Ⅰ)显示出添加盐对黏土水悬浮液(C_{clay} = 3.0%(质量分数))黏度的影响。随着盐离子强度增加,悬浮液的黏度增大,悬浮液从溶胶向凝胶的转变加快。X 射线衍射结果表明,KPS 通过离子相互作用与黏土片发生强烈的相互作用,在水悬浮液中,KPS 分子与黏土表面紧密相连。NIPA 单体与 KPS 的作用相反,如图 5-9(a)(Ⅱ)所示,随着保留时间的延长,黏土水悬浮液黏度的增加受到 NIPA 的抑制显著。该水悬浮液中含有 3.8% 的黏土和 1mol/L 的 NIPA(与合成 N-NC5-M1 凝胶的浓度组成一致),至少在 1 个月内都没有发生溶胶-凝胶转变,而不添加 NIPA 的黏土悬浮液在几小时内就变成了凝胶。这表明非离子 NIPA 单体通过离子黏土与偶极 NIPA 分子之间的轻微相互作用,有效地包围了每个黏土片。当将 NIPA 和 KPS 或三组分(NIPA、KPS 和 TEMED)同时加入黏土水悬浮液中时,随保留时间的延长,所得溶液的黏度保持稳定或略有增加。这表明 NIPA 抑制黏度变化的作用优于 KPS 和 TEMED 的加速作用。

图 5-9(b)为 NC 凝胶形成过程的模型结构[39]。在制备初始反应溶液中,

形成了一种特殊的溶液结构,即单体(NIPA)在很大程度上阻止了黏土自身凝胶的形成(图5-9(b)(Ⅰ)),并且引发剂和促进剂通过离子相互作用集结在黏土表面附近(图5-9(b)(Ⅱ))。接着通过提高溶液温度,由临近黏土表面的氧化还原体系引发自由基聚合(图5-9(b)(Ⅲ))。由该机理可知,在NC凝胶合成的早期阶段,大量的聚合物链接枝到剥离的黏土片表面,形成了“黏土-刷粒子”,如图5-9(b)(Ⅳ)所示。

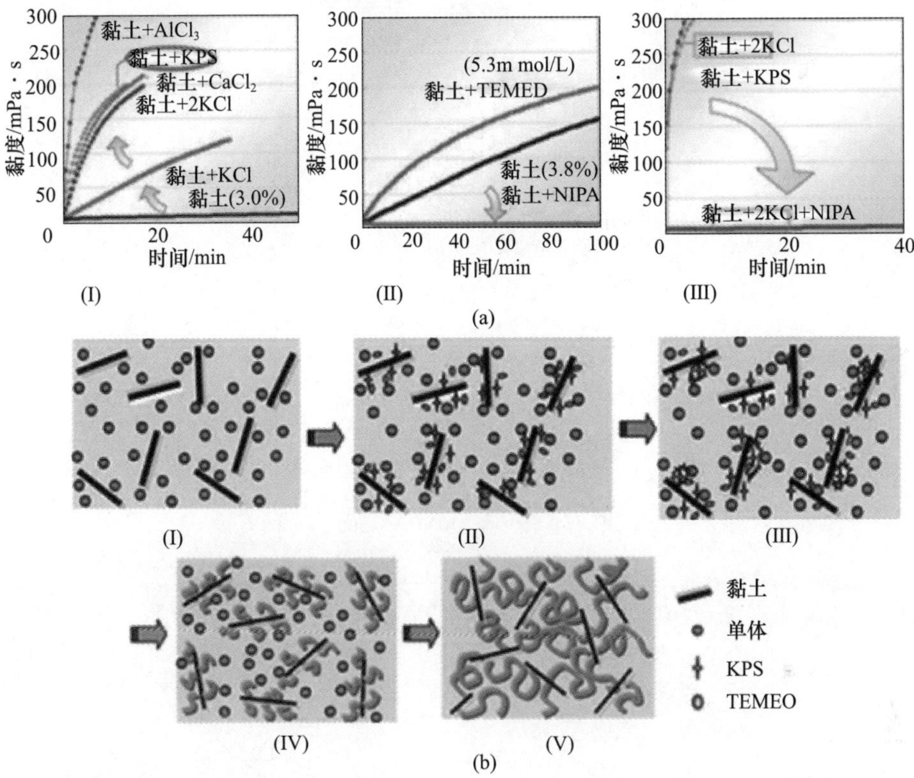

图5-9 (a)黏土水悬浮液的黏度的变化:(Ⅰ)加入各种盐的效果($C_{clay}=3.0\%$),除非另有说明,否则盐的浓度为3.7mmol/L。(Ⅱ)加入NIPA和TEMED的效果($C_{clay}=3.8\%$),使用与典型反应溶液中相同浓度的NIPA和TEMED($C_{NIPA}=1mol/L$,$C_{TEMED}=800\mu L/L$);(Ⅲ)含有黏土、KCl(KPS)和NIPA的水溶液的黏度变化。(b)反应溶液的模型结构和在NC凝胶中形成无机/有机网络结构的机理:(Ⅰ)由黏土和NIPA组成的水溶液;(Ⅱ)由黏土、NIPA、KPS和TEMED组成的反应溶液;(Ⅲ)反应溶液中黏土表面附近形成自由基;(Ⅳ)形成黏土-刷粒子;(Ⅴ)形成无机/有机网络。在模型中,为了简单起见,仅描绘了少量的单体(聚合物)、KPS和TEMED分子

(转载于Haraguchi等的成果[39],2005年发表,经ACS许可。)

在原位聚合过程中,光透过率随时间的变化证实了黏土-刷粒子的形成。在原位聚合的早期阶段,透明度明显下降(图5-10(a);N-NC2凝胶)[39],这

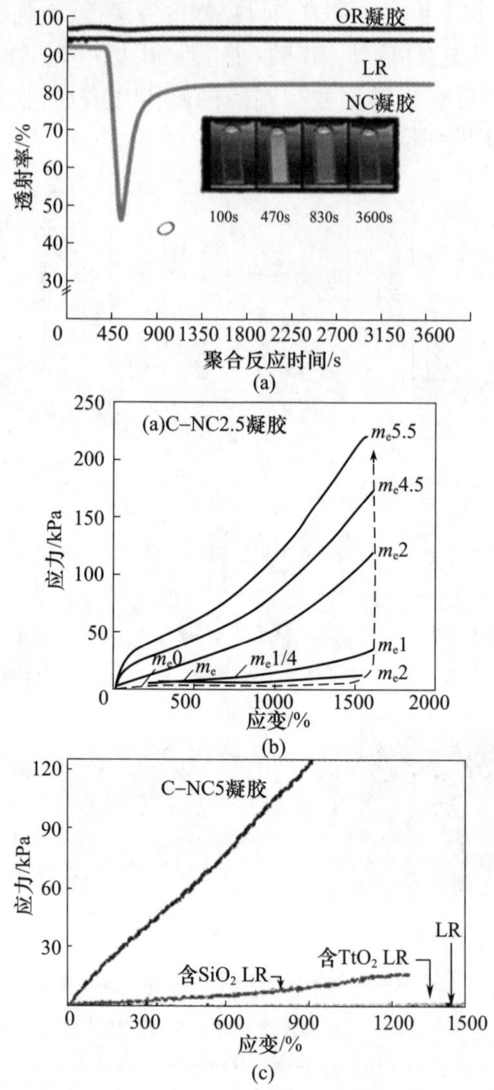

图5-10 (a)NC凝胶(N-NC2-M1凝胶)、OR凝胶(N-OR1-M1凝胶)和线性聚合物(LR)聚合过程中光学透明度的变化;(b)聚合物含量m对D-NC2.5凝胶($m=1/16-5.5$)应力-应变曲线的影响;(c)N-NC5-M1凝胶、LR(N-LR-M1)和含二氧化硅或二氧化钛LR的应力-应变曲线,二氧化硅和二氧化钛的含量与N-NC5-M1凝胶中的黏土相同(转载自Haraguchi等的成果[39],2005年发表,经ACS许可。)

可能对应黏土－刷粒子的形成。在透明度最低时，单体转化率约为7%，其中聚合物与黏土的质量比约为0.2∶1。进一步聚合，则透明度重新恢复。相反，在OR凝胶或LR的聚合过程中（图5－10(a)），甚至在含二氧化硅或二氧化钛的PNIPA体系的聚合过程中，也都没有观测到透明度的变化。因此，新观测到的透明度变化是NC凝胶合成的一个特征，即这些变化与黏土－刷粒子的形成及随后形成的无机/有机网络结构有关。XRD测试也证实了这一点[39]。在PAAm－XLS体系中，透明度没有下降，这可能是因为PAAm与XLS黏土之间的相互作用很弱，所形成的复合物的分散性很高[44]。

上面提出的无机/有机网络结构的形成机理得到了以下事实的支持：不同聚合物含量的D－NC2.5－M*m*凝胶的应力－应变曲线出现典型的两步变化（图5－10b）[39]，这对应一次网络的形成（第一步，$m \leqslant 0.5$）和随后交联聚合物链数目的增加（第二步，$m \geqslant 1$）。此外，DLS和SANS测试表明，NC凝胶中的凝胶化被归类为一种遍历－非遍历转变，类似OR凝胶；唯一不同的是，在前者的达到胶凝阈值之前，形成了大量的NC微凝胶（对应黏土－刷粒子）[59]。

具有优异力学性能和结构均匀性的NC凝胶不能用其他方法来制备，包括那些将黏土和聚合物溶液混合，或在其他无机纳米粒子如二氧化硅或二氧化钛的存在下实施的原位聚合，如图5－10(c)所示[39]。这些结果表明，NC凝胶中的无机/有机网络结构的形成是高度特异的，并且仅在黏土存在下通过原位自由基聚合来实现。有别于二氧化硅，黏土在制备NC凝胶中的独特作用，也通过研究PNIPA（从凝胶中除去黏土和二氧化硅后得到）的性质后得以证实[55]。

5.3.3 NC凝胶的基本性能

NC凝胶的光学、力学和溶胀－退溶胀性能优于常规的OR凝胶。此外，可以通过改变网络组成或修改网络结构来控制这些基本性能。

1. 光学透明性

水凝胶的光学透明性一般反映了网络中的空间不均匀性。影响NC凝胶透明性的主要因素是黏土纳米粒子在水相介质中的分散程度，以及黏土－单体或黏土－聚合物相互作用的程度。当黏土在反应溶液中未被充分剥离，或形成黏土和单体或聚合物的微观聚集时，可获得半透明或不透明的NC凝胶。图5－11是测试温度为1℃时，N－NC凝胶中黏土质量分数（$C_{clay}=1\%\sim9\%$）和N－OR凝胶中BIS物质的量分数（$C_{BIS}=1\%\sim9\%$）对透明度的影响[20]。透明OR凝胶通常会随着C_{BIS}的增加而变得不透明，这是由交联点的分布不均匀所致（图5－2(d)），其透光率降低的临界值随聚合物种类的变化而变化，例如对于N－OR为5%，D－OR为8%（物质的量分数）。相反，无论C_{clay}和C_P是多少，或是使用何种类型聚合物，NC 凝胶通常都是透明的。

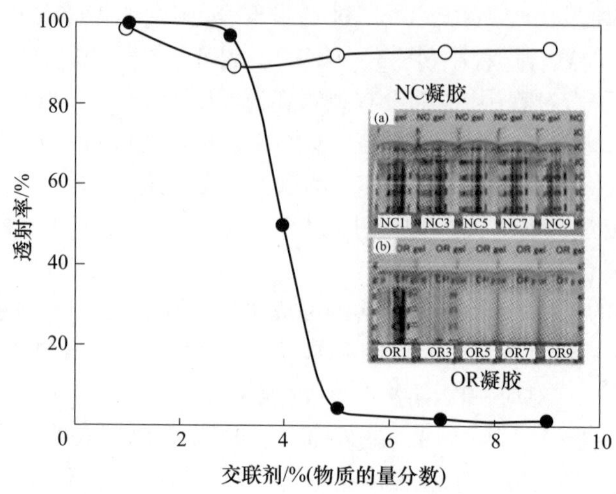

图 5－11　N－NC 凝胶中黏土含量和 N－OR 凝胶中交联剂含量对透明度的影响。在 1℃ 下测量凝胶的光学透射率

（转载自 Haraguchi 等[20]，2002 年发表，经 ACS 允许。）

关于凝胶透明度的温度依赖性，无论温度如何，D－NC 凝胶始终是透明的，而 N－NC 凝胶在 LCST 时表现出可逆的透明度变化，这是由 PNIPA 的线团－球状转变所致。例如，N－NC3 和 N－NC5 凝胶在 LCST 之上变得不透明（白色）。然而，如图 5－12 所示，黏土 C_{clay} 的不同使其在 LCST 时，透明度的变化程度差别很大[28]。随着 C_{clay} 的增加，透明度的降低程度逐渐减少。最终，当 C_{clay} 大于 $C_{clay}^{crit(pot(1))}$（＝10）时，无论温度多少，凝胶仍保持透明，透明度没有减小（图 5－12 中的插图）[28]。这表明，当 C_{clay} 大于 $C_{clay}^{crit(pot(1))}$ 时，NC 凝胶中，附着于或临近亲水性黏土表面的 PNIPA 链的热响应脱水（即构象转变为球状的疏水形式）受到了阻碍。这是首次观察到的非温敏 PNIPA 水凝胶，其中 PNIPA 链的线团－球状转变完全受限于无机纳米粒子。尽管透过率会在稍微低一点的温度下开始下降，但是 NC 凝胶的转变温度（定义为光学透过率降低 50% 时的温度）会随着 C_{clay} 的增加而增大。此外，在凝胶中加入无机盐（如 NaCl、$CaCl_2$、$AlCl_3$）或阳离子表面活性剂（如十六烷基三甲基氯化铵）可显著降低或提高转变温度[67]。

2. 力学性能

长期以来，人们对水凝胶（如 PNIPA 水凝胶等）的拉伸力学性能没有进行研究，原因是具有化学交联网络的水凝胶（OR 凝胶）无法承受机械拉伸、弯曲，甚至无法紧固在卡盘之间，但 NC 凝胶的出现使各种机械测试成为可能。NC 凝胶

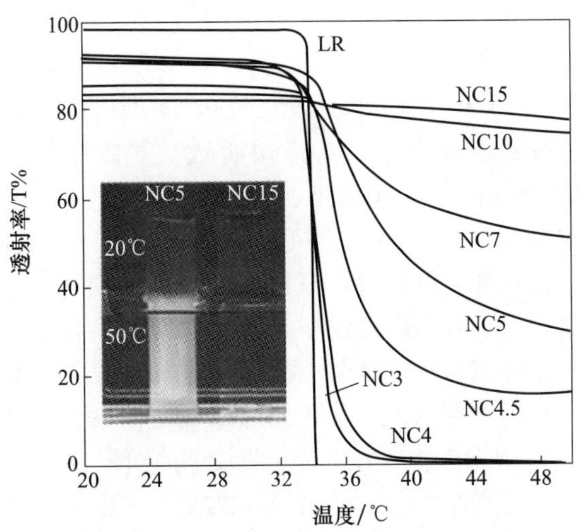

图 5-12 不同 C_{clay}(NC3~NC15)对 PNIPA 溶液(LR)和 NC 凝胶的光学透过率的影响。图中照片:在 LCST 以下(照片上方:20℃空气中)和在 LCST 以上(照片下方:50℃在水中)的 NC5 和 NC15 凝胶的透明度;NC5 凝胶透明度变化较 NC15 明显

(转载自 Haraguchi 和 Li[28],2005 年发表,经 Wiley 许可。)

最突出的特点是具有优异的力学性能,如高伸长率($\varepsilon_b > 1000\%$)、高韧性(弯曲角度 >360°)和高抗拉强度($\sigma > 100$kPa);与成分相同(除交联剂的类型外)的 OR 凝胶相比,这些性能出乎意料,完全不同。

图 5-3(b)为不同黏土质量分数($C_{clay} = 0.05\% \sim 10\%$)的 NC 凝胶拉伸应力-应变曲线的变化[21]。在低 C_{clay}($<1\%$)时,初始模量 E 随 C_{clay} 的增加而略有增加,而 ε_b 则急剧下降至 1000% 左右。然而,当 C_{clay} 高于 NC1 时,E 和 σ 显著增大,如图 5-3(b)中的虚线所示,而 ε_b 的值几乎不变($\varepsilon_b \approx 1000\%$)。因而,交联剂、BIS 和黏土这三者对拉伸力学性能的影响是完全不同的。在 NC 凝胶中,黏土片作为有效的多功能交联剂,构成聚合物-黏土网络,起着特殊的作用。该体系($C_{NIPA} = 1$mol/L)的临界浓度 $C_{clay}^{crit(1)}$ 约为 1(黏土浓度超过该浓度后,会形成了一个清晰的有机-无机网络)。

由于 NC 和 OR 凝胶中单位体积交联剂的数量不同(如 NC3 和 OR1 中分别为每 10^6nm^3 含 10 和 5400 单位),因此 NC 凝胶中的 D_{ic} 应该非常大,分布应该比 OR 凝胶窄。与高黏土含量无关,NC 凝胶的高 ε_b 是聚合物-黏土网络的单元结构中具有长且灵活的聚合物链(图 5-3(b)中的插图)导致的。NC 凝胶的 E 和 σ 也随着 C_P 的增加而增大[39],这是因为连接相邻黏土片的聚合物链数量随着 C_P 的增加而增加。

图 5 - 13(a)为不同 C_{clay} 的 N - NC 凝胶(NC5 ~ NC25)拉伸应力 - 应变曲线[28,41],其中 E 和 σ 随 C_{clay} 增加而显著增大,如图 5 - 13(a)中箭头所示。N - NC25 凝胶中 σ 值超过 1000kPa。在高 C_{clay} 时,E 的急剧增加可能是因为凝胶中形成了刚性结构(由黏土 - 黏土相互作用所致),类似卡房结构[68](图 5 - 4(b))或向列相的黏土结构[62]。事实上,当 $C_{clay} \geqslant 10\%$[41]时,制备的 NC 凝胶具有明显的光学各向异性。因此,通过改变 C_{clay} 和 C_P,可以将拉伸力学性能控制在较宽的范围内。值得注意的是,NC 凝胶力学性能的变化是独特的,即完全不同于普通聚合物材料。在普通聚合物中,E 的增加通常伴随着 ε_b 的减少,原因是 E 的增加一般由聚合物链的取向或聚合物结构的刚性改变所致。而在 NC 凝胶中,由于黏土/聚合物的网络结构,E 和 σ 可以在不大幅度牺牲 ε_b 的情况下增加。文献[28]和[41]根据拉伸应力 - 应变曲线下的面积,确定了 NC 和 OR 凝胶的断裂能 ξ_f 以及 ξ_f 与交联剂含量的关系。NC 凝胶的 ξ_f 随 C_{clay} 的增加而增大,而对于 OR 凝胶,无论 C_{BIS} 是多少,ξ_f 几乎保持不变(=0.0014J)。NC25 的 ξ_f 值几乎是 OR 凝胶的 3300 倍[41]。这是一个非常惊人的结果,而 NC 和 OR 凝胶仅仅是使用的交联剂不同。由 Laponite XLS 制备的 NC 凝胶在拉伸力学性能(除了大 ε_b 外,低交联密度下 ε_b 几乎不变)和溶胀 - 退溶胀性能上也表现出相似的结果[69]。

高伸长率的 NC 凝胶表现出明显的可回复性。图 5 - 13(b)为不同黏土含量的 NC 凝胶残余应变的时间依赖性(伸长 900% 后立即释放)[41]:A 区,瞬时回复(1min 内);B 区,随时间变化的残余应变;C 区,伪永久变形(保留时间超过 2 周)。对于低 C_{clay} 的 N - NC 凝胶(< NC10),瞬时回复率为 90% ~ 99%。然而,对于高 C_{clay} 的 NC 凝胶(NC10 ~ NC20),随着 C_{clay} 的增加,永久变形逐渐增加,原因是黏土片发生不可逆的取向。NC 凝胶的这些伸长率和回复方式可以用典型的四元件模型来解释(图 5 - 13(b)中插图)。

N - N - NC 凝胶第二次拉伸的应力 - 应变曲线与第一次拉伸的不同(图 5 - 13(c))[41]。对于高 C_{clay} 的 NC 凝胶,在第二次拉伸时,E 和 σ 显著增大,ε_b 显著降低。图 5 - 14 为 C_{clay} 对 N - NC 凝胶在第一和第二次拉伸中 σ 和 E 的影响[41]。该系列凝胶的临界值 $C_{clay}^{crit(2)}$ 约为 10,高于此临界值,第二次拉伸的力学性能与第一次拉伸的力学性能相差很大。E_{10-50} 和 $E_{100-200}$ 的变化归因于凝胶的硬度和第一次拉伸后黏土片(及在其上的 PNIPA 链)的永久取向。

通过改变所用黏土的类型也可以改变 NC 凝胶的拉伸性能(表 5 - 2)[43]。黏土的改性,如氟取代(表 5 - 2 中的 SWF 和 B)或添加焦磷酸盐 - Na(XLS 和 S)等分散剂,对凝胶的力学性能有显著影响(E 和 σ 降低,ε_b 增加,如图 5 - 15)。用粒径较大的黏土(蒙脱石,尺寸 > 300nm;表 5 - 2 和图 5 - 15 中的 F)制备的 NC 凝胶也有类似的趋势。

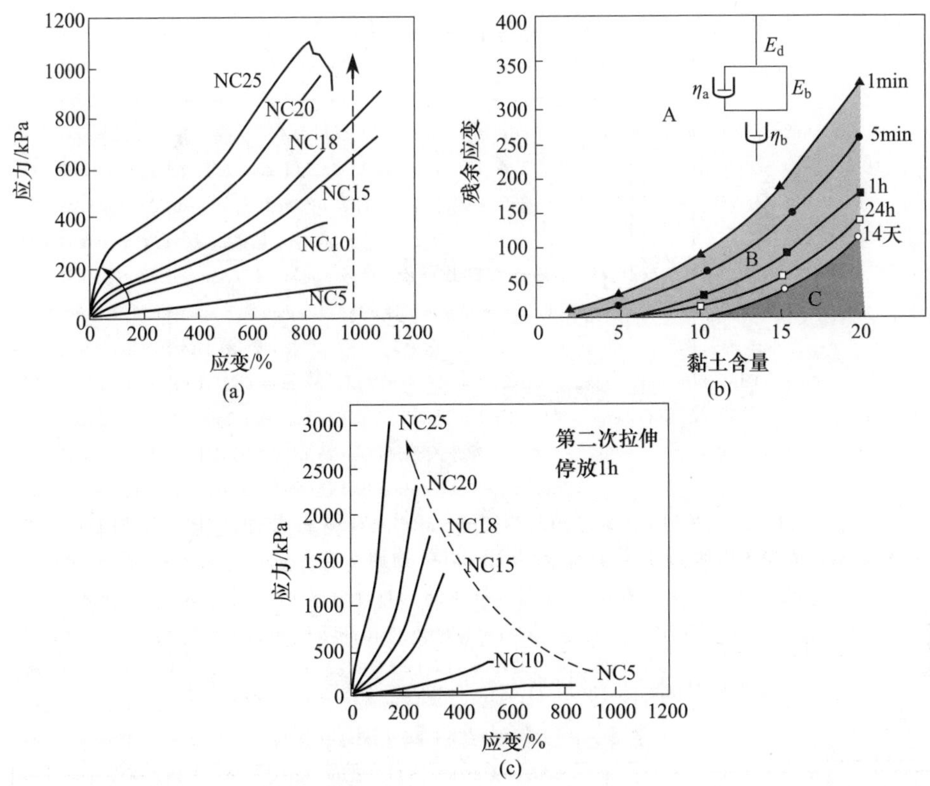

图 5－13 (a)不同 C_{clay} 的 N－NC 凝胶(NC5－NC25)拉伸应力－应变曲线。所有测试样品有着相同的水/聚合物比(10：1.13,w/w);(b)在初始伸长率为 900%(NC20 和 NC25 为 800%)的条件下,不同 C_{clay} 的 NC 凝胶残余应变随时间的变化;A 为快速回复、B 为随时间变化的回复和 C 为伪永久变形,照片:四元件模型;(c)不同 C_{clay}、二次拉伸后的 NC 凝胶的拉伸应力－应变曲线,第二次拉伸的伸长率为 900%(NC20 和 NC25 为 800%),随后停放 1h(转载自 Haraguchi 和 Li[41],2006 年发表,经 ACS 许可。)

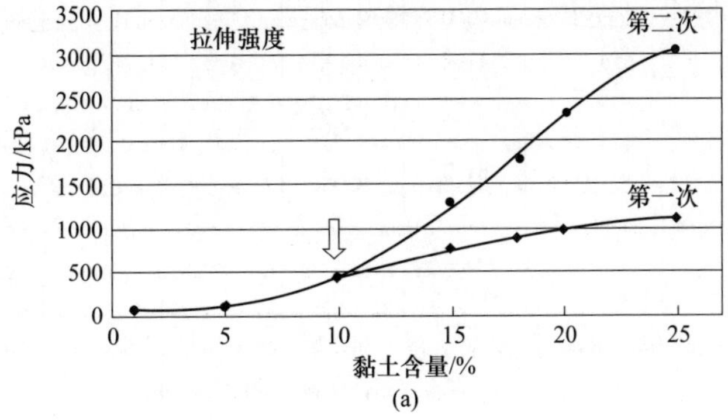

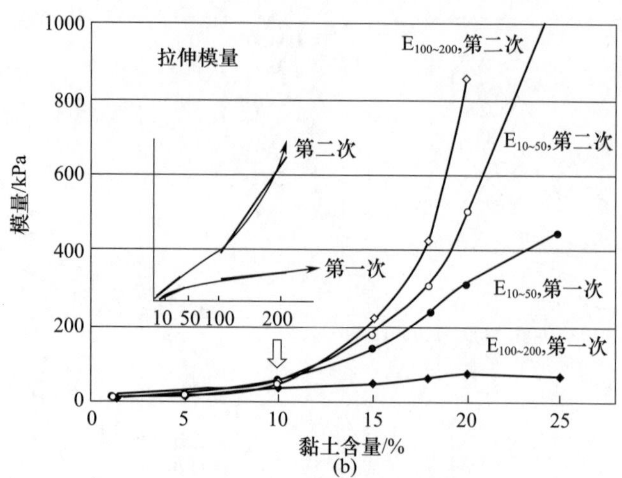

图 5-14　两个系列 NC 凝胶的拉伸强度(a)和拉伸模量(b)的变化。NC 凝胶菱形点为第一次拉伸)和一次拉伸后的 NC 凝胶(圆圈点为第二次拉伸)。在 10%~50% 和 100%~200% 伸长率范围内,分别计算了两种拉伸模量 $E_{10\sim50}$ 和 $E_{100\sim200}$。箭头指示临界黏土浓度($C_{\mathrm{clay}}^{\mathrm{crit}(2)}$),在此基础上,第二次拉伸的力学性能发生了很大的变化(转载自 Haraguchi 和 Li 的成果[41],2006 年发表,经 ACS 许可。)

表 5-2　各种无机黏土的组成

黏土	类型	质量分数/%					
		SiO_2	MgO	Li_2O	Na_2O	F	P_2O_5
在水中溶胀							
XLG[a]	合成锂皂石	59.5	27.5	0.8	2.8	—	—
SWN[b]	合成锂皂石	54.3	27.9	1.6	2.7	—	—
XLS[a]	XLG + 分散剂	54.5	26.0	0.8	5.6	—	4.1
SWF[b]	氟取代的锂皂石	54.5	27.2	1.6	5.8	2.9	—
B[a]	氟取代的锂皂石	55.0	27.0	1.4	3.8	5.6	—
S[a]	B + 分散剂	51.5	25.0	1.3	6.0	5.0	3.3
在水中部分溶胀							
F[c]	天然蒙脱土	61.3	3.43	—	4.1	Al_2O_3 =22	Fe_2O_3 =1.9
在水中不溶胀							
IGS[d]	海泡石	硅酸镁					

注:[a] Rockwood 添加剂有限公司,[b] Coop 化学有限公司,[c] Kunimine 印度公司,[d] Tomoe 印度公司;转载自 Haraguchi 和 Li 的成果[43],2004 年发表,经日本热固性塑料工业协会许可。

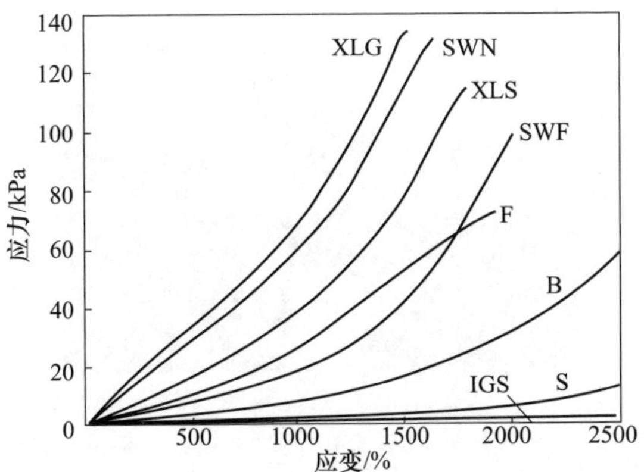

图 5-15　不同黏土制备的 D-NC 凝胶的应力-应变曲线：锂皂石(XLG、SWN)、氟取代的锂皂石(SWF、B)、分散剂改性的锂皂石(XLS)、蒙脱土(F)、B+分散剂(S)和海泡石(IGS)
(转载自 Haraguchi 和 Li 的成果[43],2004 年发表,经日本热固性塑料工业协会许可。)

在制备具有优良性能的 NC 凝胶中,使用黏土作为多功能交联剂最为关键。当使用剥离的黏土片首次成功制备出 NC 凝胶后[19],不同种类的无机或有机材料也被用作 NC 凝胶的多功能交联剂:凹凸棒(原纤化黏土矿物)和共聚物[70]、八聚(丙基缩水甘油醚)多面体低聚倍半硅氧烷和 PNIPA[71]、层状双氢氧化物和琼脂糖[72]、Fe_3O_4(表面经硅烷化处理)和 PNIPA[73],有机疏水缔合物和 PAAm[74]、壳聚糖纳米纤维和 PAAm[75]以及纤维素棒和 PAAm[76]。

NC 凝胶在所有模式下都能承受大的变形,除了拉伸外,还包括压缩、扭转、撕裂和弯曲等模式。例如,NC 凝胶可在不损坏的情况下被绑成一个结,并且打结的 NC 凝胶可以在不断裂的情况下被拉伸(图 5-16(a))[20]。在压缩试验中,NC 凝胶一般能承受 90% 压缩变形(图 5-16(b))[28,41]。N-NC 凝胶的压缩模量和强度与 C_{clay} 成正比。N-NC20 凝胶在 80% 应变下强度可达 5MPa[41]。此外,在较复杂的变形模式下,NC 凝胶表现出显著的特性,如可由 NC 凝胶细管形成气球(图 5-16(c)),以及 NC 凝胶的薄膜能耐推棒的穿刺(图 5-16(d))。

另外,当水含量($R_{H_2O}=R_{H_2O}/W_{dry}$)在较宽的范围内变化时,橡胶状 NC 凝胶的极限拉伸性能发生了很大的变化(图 5-17)[54]。高 R_{H_2O} 时(PNIPA 链完全水合),N-NC4 凝胶保持其橡胶状的拉伸性能。然而,当 R_{H_2O} 降低时,这些凝胶会发生塑性变形。因此,对于不同 R_{H_2O} 的 N-NC4 凝胶,将其应力-应变曲线中的断裂点连接起来,得到了一条特殊的线(或"失效包络线")(图 5-17)。在此,可以观察到在增加应变率或降低 R_{H_2O} 时,断裂点延逆时针方向运动。因此,NC 凝胶中 R_{H_2O} 的减少产生了类似于非晶态弹性体(如丁苯橡胶(SBR))中温度降低所产生的效果[77],尽管这两种情况下的机理不同,即弹性体中为熵弹性,NC

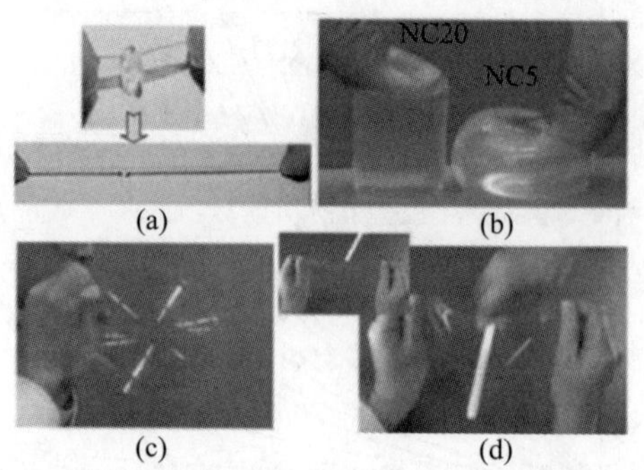

图 5-16 (a)打结并拉伸的 NC5 凝胶;(b)压缩 NC5 和 NC20NC5 凝胶;(c)NC5 凝胶细管样品形成气球;(d)NC10 凝胶薄膜具有强大的抗棒推性能((a)转载自 Haraguchi 等人的成果[20],版权所有 2002,经许可 ACS 公司;(b)转载自 Haraguchi 和 Li 的成果[28],版权所有 2005,经 Wiley 许可。)

凝胶中则为增塑作用。

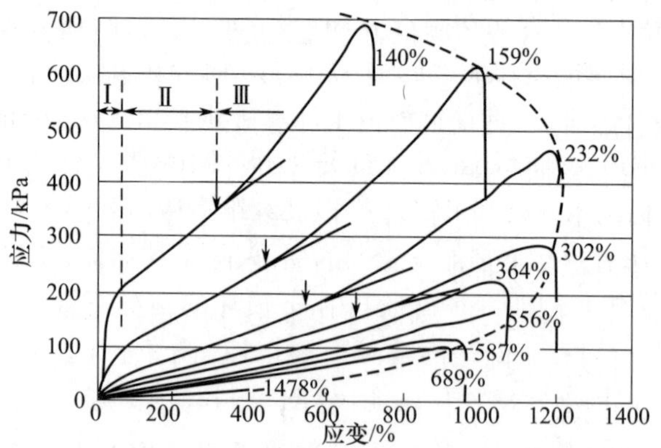

图 5-17 不同 R_{H_2O}(质量分数)的 N-NC4 凝胶的应力-应变曲线,图中的数值为 R_{H_2O}。制备的 NC4 凝胶的 R_{H_2O} 值为 689%。虚线表示通过连接断裂点获得的破坏线络。箭头表示发生应变硬化的应变阈值点 ε_t。Ⅰ、Ⅱ和Ⅲ表示拉伸变形的不同阶段(转载自 Haraguchi 和 Li 的成果[54],2009 年发表,经 Wiley 许可。)

文献[78]通过对膨胀和干燥过程的精确控制,研究了黏土/聚合物网络的稳定性。溶胀处理对 NC 凝胶的拉伸和溶胀性能没有影响,但采用干燥处理会改变 NC 凝胶性能,即一次干燥(干燥和再膨胀)NC 凝胶的 E 和 σ 较高,ε_b 值较低,溶胀程度较低。这些变化是因为黏土/聚合物网络结构发生不可逆重排,在重排结构中,聚合物链与黏土形成了额外交联(因为两者在浓缩状态下存在额外接触)。经过反复干燥和加热,重排的网络结构基本保持不变。

文献[47]同时使用无机黏土和少量有机双键(如 $C_{BIS}=0.001\%\sim0.02\%$)对网络结构进行了改性,发现在共交联 PNIPA 水凝胶中(NC - OR 凝胶),压缩强度与模量关系的可控区域扩大了,如图 5 - 18 所示。这一变化归因于在黏土表面附近形成了一种化学交联密度相对较高的微复杂结构(图 5 - 18 中的下方照片)。在此,可实现高强度和低模量的结合,这常常是生物材料所要求的,但通常很难在材料设计中实现。此外,通过使用这种改性,可以实现对 NC 凝胶的高压釜消毒处理(121℃,2atm),而不造成任何宏观损伤(不因蠕变而改变外形),如图 5 - 18 的上照片所示。

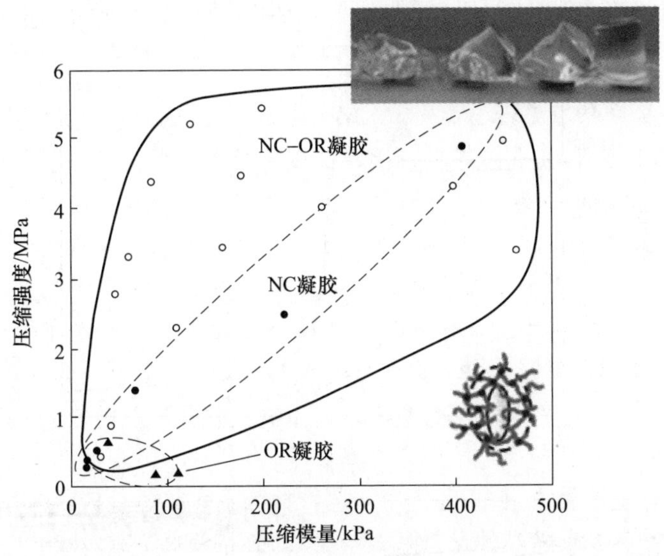

图 5 - 18 NCn、ORm 和 NCn - ORm 凝胶的压缩强度与模量之间的相关性(通过改变 $n=0\sim10$ 和 $m=0\sim5$ 来控制凝胶的压缩强度与模量)。模量 - 强度关系可以控制在每个圆形区域内。在此,NC 和 NC - OR 凝胶的强度为 80% 的压缩强度(无断裂),而 OR 凝胶的强度为断裂时的最大值。下方照片:化学交联优先分布靠近黏土片。上方照片:在 121℃和 2atm 时,由于 m 略有增加而增加了对高压釜处理的抵抗力(转载自 Haraguchi 和 Song 的成果[47],2007 年发表,经 ACS 许可。)

3. 溶胀 - 退溶胀性质

在 20℃水中,NC 凝胶通常比 OR 凝胶呈现出更大的溶胀,如图 5 - 19(a)和表 5 - 1 所示(DES 对交联剂含量的依赖性)[20]。这是由于 NC 凝胶的交联密度低于 OR 凝胶的交联密度。在 PNIPA 水凝胶中,LCST 时,由于 PNIPA 链的线团 - 球状转变,N - NC 和 N - OR 凝胶都呈现出体积变化。由于具有潜在的应用前景,故 PNIPA 水凝胶的热敏性及其控制备受关注。

然而，由化学交联网络组成的N－OR凝胶通常会有几个重大局限，如低体积变化、缓慢的退溶胀速率以及低的力学性能[6-10]。在这些缺陷中，缓速退膨胀性能受到了最广泛的关注。结果表明，通过在OR凝胶中引入孔隙[79]、不均匀性结构[80]或定制的接枝结构[81]，已经能实现快速退溶胀。然而，在大多数情况下，如力学性质、溶胀率和光学透明度之类的其他性质没有得到改善，并且常常变得更糟。

N－NC凝胶则能克服上述缺陷，具有体积变化大、退溶胀率高和力学性能优良等特点[19-20]。N－NC凝胶，特别是那些低C_{clay}的凝胶，表现出突出的刺激敏感性，原因如前章节所述，网络中的PNIPA链具有灵活的、随机的构象。不同交联剂含量的NC和OR凝胶的凝胶体积随温度变化如图5－19(a)所示，NC凝胶的体积

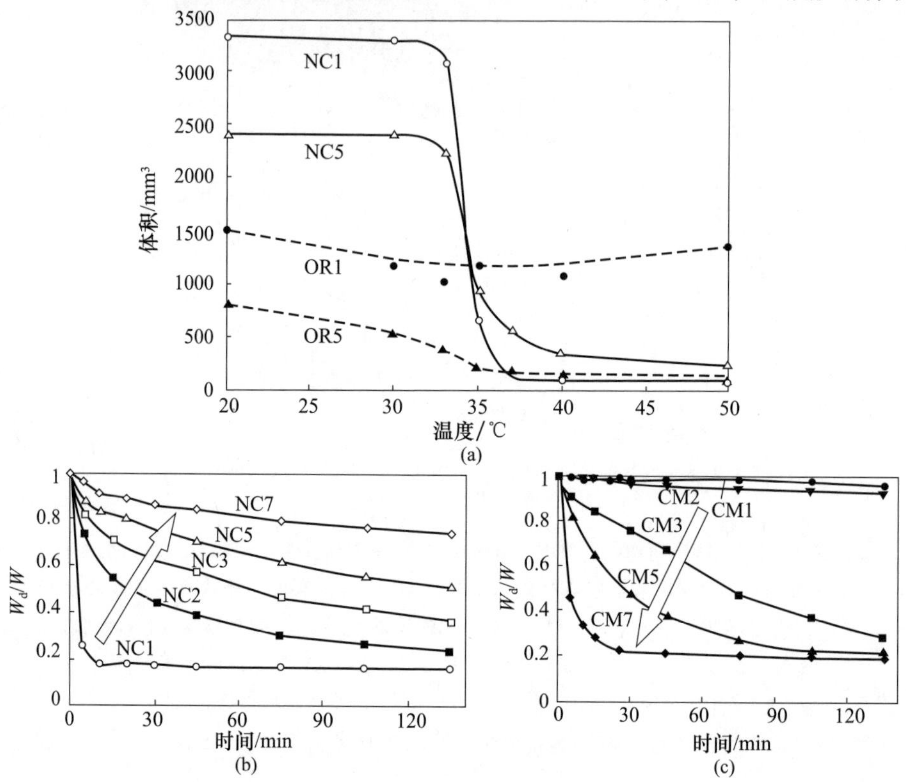

图5－19 (a)不同交联剂含量的NC和OR凝胶的体积随温度的变化，所有原凝胶均具有相同的水－聚合物比(10：1w/w)和相同的大小(直径5.5mm，长30mm)。测定前先在20℃下膨胀48h，然后在水浴中保持8h；(b)、(c)不同交联剂(黏土和BIS)含量的凝胶在40℃时的溶胀动力学(质量随时间的变化)。所有原始凝胶均具有相同的水－聚合物比(10：1w/w)和样品大小(直径5.5mm，长30mm)。箭头表示交联密度的增加方向
(转载自Haraguchi等的成果[20]，2002年发表，经ACS许可。)

变化大于 OR 凝胶。例如,NC1 ~ NC5 凝胶的体积变化约为 30 至 50 倍,而 OR5 凝胶的体积变化则小于 15 倍。此外,低 BIS 含量的 OR 凝胶(如 OR1 凝胶),在这些实验条件下没有表现出明显的溶胀 - 退溶胀行为。这可能是由于 OR1 凝胶的收缩率很低,低 BIS 含量的 OR 凝胶需要比这些实验中使用的凝胶更长的收缩时间。

图 5 - 19(b)为 N - NC 凝胶在 40℃水(> LCST)中的退溶胀动力学以及交联剂含量的影响,图 5 - 19(c)为不同交联剂含量的 N - OR 凝胶退溶胀动力学比较图[20]。由于退溶胀速率与典型凝胶尺寸的平方成反比,且初始样品体积大($712mm^3$),因此低 C_{BIS}的透明 N - OR 凝胶,如 N - OR1 和 N - OR2(最常用的 PNIPA 水凝胶),退溶胀速率较低,收缩时间超过一个月。相比之下,N - NC1 凝胶反应迅速,10min 内几乎完全收缩。这是因为,在结构均一的 N - OR1 凝胶中,凝胶首先在宏观凝胶表面形成疏水的、塌陷的聚合物表皮,消除了近表皮水,随后从凝胶内部的水渗透非常有限。相反,在低 C_{clay}的 NC 凝胶中,柔性 PNIPA 链(包括接枝侧链)微相分离形成大量的水通道,水通过通路被挤出凝胶内部,凝胶迅速收缩。这个概念与下述事实相一致,即当更多的接枝侧链被有意引入化学交联网络时,收缩会迅速发生[81]。

另一个有趣点是,交联剂含量(C_{clay}和 C_{BIS})对 N - NC 和 N - OR 凝胶的退溶胀速率呈现出完全相反的趋势(图 5 - 19(b)(c))。这是因为,在 NC 凝胶中,PNIPA 链的运动性随着 C_{clay}的增加而逐渐受到限制,使均匀的网络结构得以保持。因此,随着 C_{clay}增加,退溶胀速率逐渐降低,而这种关系不同于 Tanaka - Fillmore 理论[82]。相反,在 N - OR 凝胶中,退溶胀速率随 C_{BIS}的增加而增加。这是因为光学混浊(结构不均匀)的 N - OR 凝胶中,由于交联点的不均匀分布而形成水的变化。N - NC 和 N - OR 凝胶在溶胀 - 退溶胀过程中的不同特性,可通过交替温度变化实验清楚地显示出来[20]。在此,N - NC 凝胶中 C_{clay}含量的增加会降低其体积变化,而在 N - OR 凝胶中 C_{BIS}增加会增大其体积变化。

随着 C_{clay}的进一步增加,热敏退溶胀程度显著降低[28,62]。如图 5 - 20(a)所示,当 C_{clay} > 12% 时,N - NC 凝胶的体积没有收缩。相反,NC 凝胶在 50℃(大于 LCST)的情况下发生了膨胀,PNIPA 表现为一种无热敏转变的亲水聚合物[62]。因此,通过 C_{clay}的较大变动,可以控制 N - NC 凝胶的膨胀或退溶胀的体积变化。对制备好的 NC 凝胶和储存在 50℃的凝胶,分析其每单位凝胶体积中的黏土片数量(n_{clay}),结果表明,当 C_{clay} ≥5% ,50℃下所有 NC 凝胶的 n_{clay}几乎相同(每 $10^6 nm^3$ 凝胶 n_{clay} ≈42)(图 5 - 20(b));这一观察结果表明,在体积收缩时,n_{clay}增加直到上限(每 $10^6 nm^3$ 有 42 个)。此外,如 NC15 和 NC20 等高黏土填充的 NC 凝胶,即使在 50℃的情况下也趋向于膨胀,直到它们达到相同的n_{clay}(42)[62]。

除了热敏性外,为了提高溶胀能力或引入 pH 敏感性,还可以通过共聚将丙

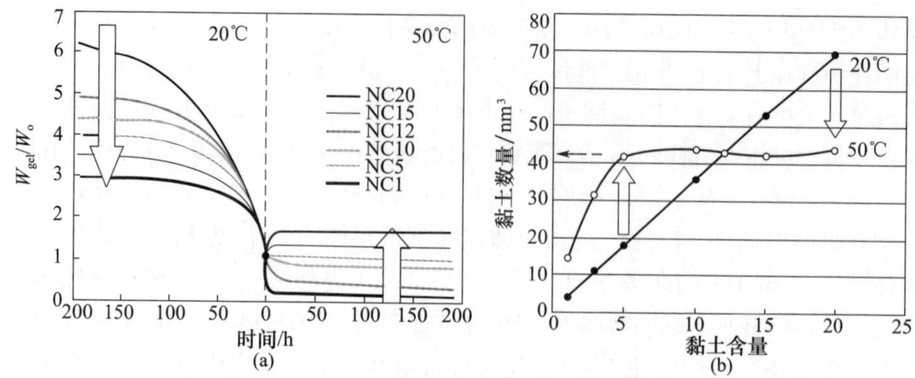

图 5-20 (a)在 20℃和 50℃水中分别测定的不同 C_{clay} 的 NC 凝胶的溶胀-退溶胀行为，图中曲线为质量比(W_{gel}/W_o)随时间的变化，W_o 为凝胶的初始质量(初始粒径为 5.5mm，直径为 30mm)，箭头表示黏土质量增加的方向；(b)20℃(实心点)和 50℃(空心点)时，C_{clay} 与每单位凝胶体积($10^6 nm^3$)的黏土片的相关性，箭头表示 n_{clay} 随温度升高的变化方向(转载自 Haraguchi 等的成果[62]，2007 年发表，经 ACS 许可。)

烯酸(AAc)、丙烯酸钠(NaAA)、甲基丙烯酸(MAAc)、甲基丙烯酸钠(NaMAA)和甲基丙烯酸二甲氨基乙酯(DMAEMA)等离子单体引入 NC 凝胶网络中。目前已经有多种不同的体系见诸报道，如 Laponite XLG/NIPA - AAc[83]、蒙脱土/NAAA[84]、Laponite XLG + 焦磷酸酯/NIPA - MAAc[85]、蒙脱土/NIPA - AAm - AAc[86]、Laponite XLG/AAm - NaAA[87] 和 Laponite XLS/NIPA - NaMAA[88] 体系。此外，还有研究报道了阳离子聚合物 - 黏土网络体系，如 Laponite XLG/NIPA - DMAEMA[85]、膨润土/阳离子 AAm[89] 和 Laponite XLS/AAm - DMAEMA[90]。

为确保 NC 凝胶在保持优异拉伸性能的同时，具备显著的溶胀 - 退溶胀行为，文献[83]采用线性聚丙烯酸(PAAc)制备了具有半互穿、无机/有机网络结构的 NC 凝胶。PAAC 含量 C_{PAAc} 是良好的力学性能以及良好的温敏性、pH 敏感性的保证，该文献研究了 C_{PAAc} 随 C_{clay} 变化的变化，C_{PAAc}/C_{clay} 的上临界值约为 2.5~3。文献[91]还利用线性羧甲基纤维素钠和黏土/PNIPA 网络制备了具有半互穿、无机/有机网络的 NC 凝胶，该凝胶具有同样的双重敏感性和良好的力学性能。

在 NC 凝胶中，非温敏的 NC 凝胶(如 D - NC 凝胶)和温度敏感的 N - NC 凝胶在低于 LCST 的温度下，其长期溶胀均表现出独特的溶胀 - 退溶胀行为[92-93]。Ren[93] 等指出，凝胶在达到最大溶胀程度后自发退溶胀(图 5 - 21(a))，这是由于聚电解质的 NC 凝胶的高溶胀能力和溶胀过程中网络中钠离子不断释放的综合作用(图 5 - 21(b))。因此，可以通过在网络中重新引入钠离子来逆转 NC 凝胶的溶胀 - 退溶胀行为(图 5 - 21(c))。此外，NC 凝胶的溶胀和随后的退溶胀都受到多价阳离子的强烈抑制。

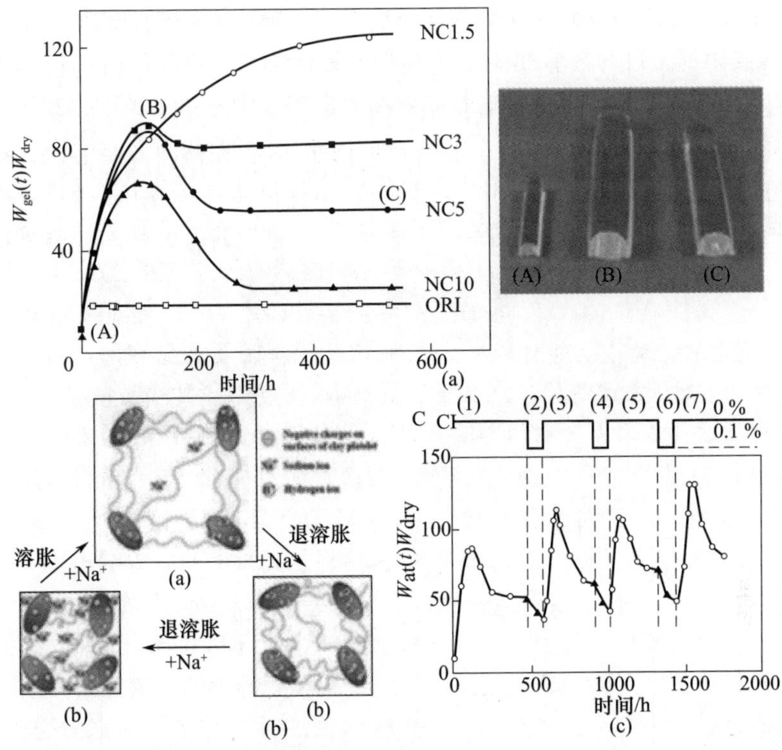

图 5-21　D-NC 凝胶的溶胀行为

(a) D-NCn 凝胶在水中的溶胀比 $W_{gel}(t)/W_{dry}$ 随溶胀时间的变化而变化；(b) 长期溶胀过程中 PDMAA-黏土网络结构的变化：①为制备状态，②为最大溶胀(DS_{max})状态，③为平衡溶胀状态；(c) D-NC5 凝胶在纯水和 NaCl 水溶液(C_{NaCl}=0.1%(质量分数))交替作用下的循环溶胀实验。其他溶胀条件：初始凝胶尺寸 5.5mm，长 30mm；水用量为 200mL；水有频率的更换；温度为 20℃

(转载自 Ren 等的成果[93]，2011 年发表，经 ACS 许可。)

5.4　NC 凝胶的新特性

5.4.1　光各向异性

因为聚合物水凝胶由大量水溶胀的非晶态聚合物网络组成，所以水凝胶通常是非晶态的(光各向同性)。迄今为止，对光各向异性的研究仅在含介晶基团的高分子水凝胶[94]、由流动胶凝过程取向的凝胶[95]或由电场取向的凝胶中进行[96]。相反，随着 C_{clay} 的增加和单向拉伸，NC 凝胶表现出光各向异性，不仅是因为它们含有各向异性、圆盘状的黏土纳米粒子，而且还具有较大的变形能力。例如，当 C_{clay} 超过临界值（$C_{clay}^{crit(opt2)}=10$）时，制备好的 N－NC 凝胶在未拉伸状态下表现出光各向异性[41]，而 N－OR 凝胶在任何 C_{BIS} 下都没有光各向异性。该 $C_{clay}^{crit(opt2)}$ 与 NC 凝胶中黏土自发聚集（层堆积）的临界值一致[62]。还应指出的是，$C_{clay}^{crit(opt2)}$ 与前几节（3.3.1 和 3.3.2）所述的其他临界值 $C_{clay}^{crit(opt(1))}$[28,62] 和 $C_{clay}^{crit(2)}$ 一致[41]。

不管其在原始（即制备）状态下的光学特性如何，在单向形变中，NC 凝胶的光学各向异性会发生独特的变化，也就是说，单轴拉伸时，所有 N－NC 凝胶都表现出显著的光学各向异性，如图 5－22 所示[97]。它们的双折射 Δn_{NC} 强烈依赖于

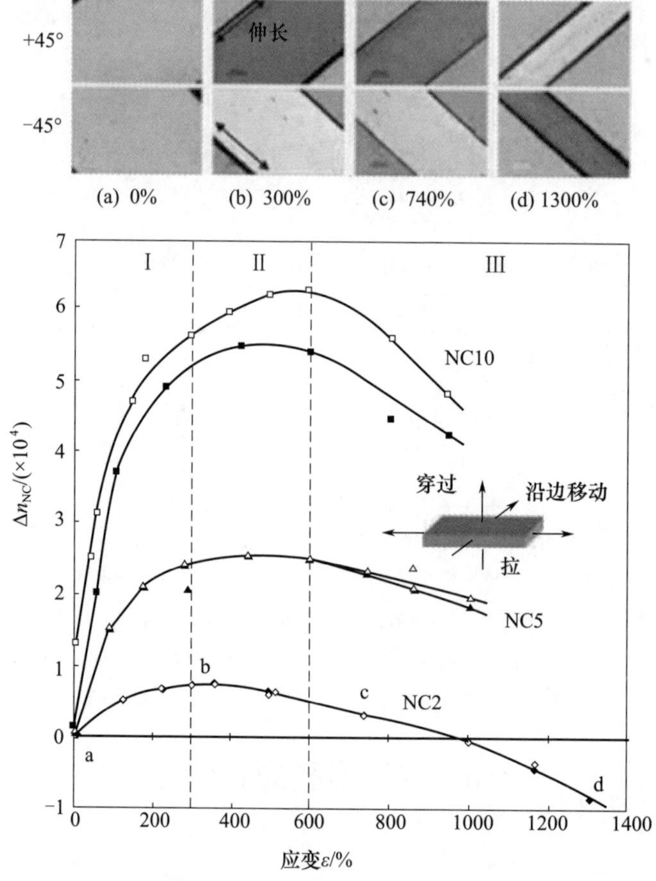

图 5－22　不同 C_{clay} 的 NC 凝胶（NC2～NC10）的双折射 Δn_{NC} 随应变的变化。闭合符号和放符号分别为贯穿方向和边缘方向的测量值（见照片）。照片（a）～（d）显示在交叉偏振片及 530nm 的迟滞板下，拉伸的 NC2 凝胶的偏光显微照片，其中 +45°（－45°）方向平行于迟滞板的慢（快）轴。每一张照片对应于 NC2 凝胶的 Δn_{NC} 应变曲线上的相同点（a）～（d）。Ⅰ、Ⅱ和Ⅲ表示分子取向的不同阶段

（转载自 Haraguchi 和 Murata 的成果[97]，2007 年发表，经 RSC 许可。）

C_{clay}。有趣的是，Δn_{NC}在 300%～600% 的应变下表现出明显的最大值，在进一步伸长时则出现符号反转。在此，尽管 NC2 具有高度取向的网络结构，当其延应变轴方向拉伸到交点时（990%，$\Delta n_{NC}=0$），呈光各向同性。考虑黏土和 PNIPA 各自的贡献，假设 $\Delta n_{NC}=\Delta n_{PNIPA}+\Delta n_{clay}$，可以得出 Δn_{clay}在伸长初期会迅速增加，在 300%～600% 时达到饱和。另一方面，当拉伸 NC 凝胶时，Δn_{PNIPA}呈负值并单调增加。其结果是，链的伸长导致了净双折射的降低，使黏土的贡献（正 Δn_{clay}）化为乌有，最终逆转了 Δn_{NC}的符号。此外，高 C_{clay}（$\geqslant C_{clay}^{crit(opt2)}$）NC 凝胶的 Δn_{NC}值在不同方向上存在差异（图 5－22），这与黏土片的部分平面取向有关[97]。通过 SANS 的对比度变化证实了黏土和 PNIPA 在拉伸过程中发生了取向[57]。

5.4.2 滑动摩擦行为

一般来说，由于 OR 凝胶容易被滑动破坏，因此很少在 OR 凝胶膜表面进行滑动摩擦测试，除非薄膜是润湿的。相反，由于 NC 凝胶具有机械坚韧，因此，对于 NC 凝胶，会在不同的环境条件下，甚至在高载荷下，在其表面进行滑动摩擦试验。在 NC 凝胶表面滑动摩擦力对凝胶成分、载荷和周围环境（湿度、空气和温度）都很敏感（图 5－23）[98]。在空气中，NC 凝胶先呈现出一个最大静态摩擦

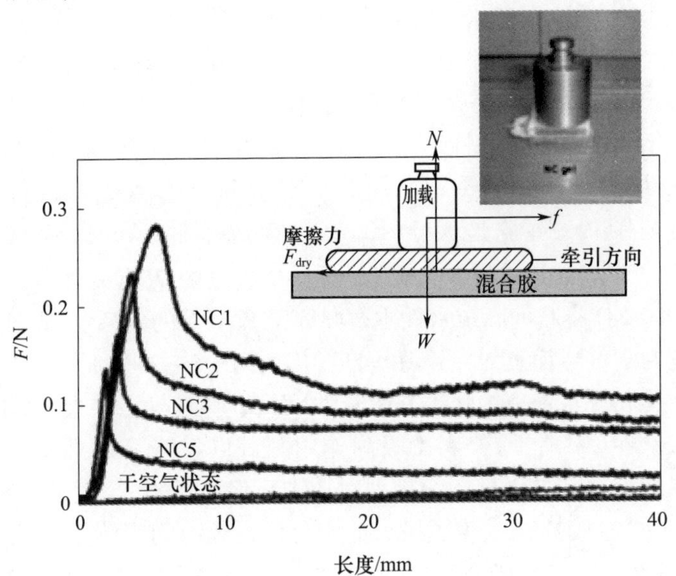

图 5－23　NC 凝胶中黏土含量对滑动摩擦行为的影响。N－NC 凝胶（NC1～NC5）的力分布分别在干空气和湿状态下测量。照片为凝胶上滑动摩擦力的测量原理，NC 凝胶表面滑动摩擦的测量与图像分析

（转载于 Haraguchi 和 Takada[98]，2005 年发表，Wiley 许可。）

力 max - SFF，随后的动态摩擦力为恒定值。相反，NC 凝胶在湿的状态下表现出很低的摩擦力。低 C_{clay} 的 NC 凝胶的滑动摩擦行为随环境的变化最为明显。例如，由干空气变为湿的状态时，N - NC1 凝胶的最大 SFF 值下降指数超过 10^2。在湿状态下，动态摩擦系数 μ_d 随载荷的增加而减小，在高载荷下变得很小（$\mu_d < 0.01$）。因此，根据周围环境，N - NC1 凝胶的摩擦特性可以在黏性和光滑性之间交替。当 N - NC 凝胶被加热到 50℃（ > LCST）时，凝胶在干空气中的滑动摩擦力也会减小，这是因为 PNIPA 链发生了线团 - 球状转变[48]。这些结果被用来确定界面上（凝胶 - 空气和凝胶 - 水）的悬挂链所起的重要作用。

5.4.3 高水接触角

表面润湿性是所有材料最重要的性质之一，原因是它反映了最外层表面的真实结构和化学成分。由于高分子水凝胶包含了大量的水和亲水的聚合物网络，因此从它的组成来预估，其应该具有自然的亲水性，表面与水的接触角 θ_w 通常非常低。PNIPA 水凝胶（N - OR 凝胶）或表面接枝 PNIPA 的表面润湿性 LCST 时发生的亲水（线团）- 疏水（球状）转变之间的关系已被广泛研究[99-101]。据报道，当温度在 LCST 之下时，N - OR 凝胶表面的 θ_w 很低（例如，约 60°），但是当温度高于 LCST 时，θ_w 相对较高（约 80°）。相比之下，尽管在实验条件下N - NC 凝胶的所有组分都具有亲水性，当温度低于 LCST 时，N - NC 凝胶表面显示出非常高的疏水性（高 θ_w）（图 5 - 24）[102,104]。对于 N - NC 凝胶，其 θ_w 值在较宽的 C_{clay} 和 R_{H2O} 范围内，通常是大于 100°，在特定条件下可达到最大值 151°（图 5 - 24(b)）[102]。该结果令人震惊，N - NC 凝胶的 θ_w 比聚丙烯和聚（四氟乙烯）还高。N - NC 凝胶的高疏水性主要归因于 PNIPA 的两亲性，更具体地说，是由于在凝胶 - 空气界面上 N - 异丙基自发排列（图 5 - 24(c)）[102-103]。其他因素如网络结构和含水量也增强了其疏水性，而表面粗糙度、共聚、亲水性聚合物的互渗和亲水性（阳离子）染料的吸附作用则可以忽略不计[103,105]。原因是凝胶 - 空气界面上 N - 异丙基团的排列对周围环境非常敏感，随着时间推移和环境变化，N - NC 凝胶的 θ_w 发生了极大的变化。在长时间观测中，高数值的 θ_w 逐渐下降，并且在一定时间后突然下降（图 5 - 24(d)）[103]；后一种下降现象是由于水凝胶表面和水滴之间的相互作用，这种变化会随 C_{clay} 而变化，只有在 C_{clay} 较低的 NC 凝胶（≤10%）中才能观察到这种变化。研究还发现，N - NC 凝胶的表面在环境由干空气变湿时经历了可逆的疏水性到亲水性的变化，反之亦然（图 5 - 24(e)）[103]。

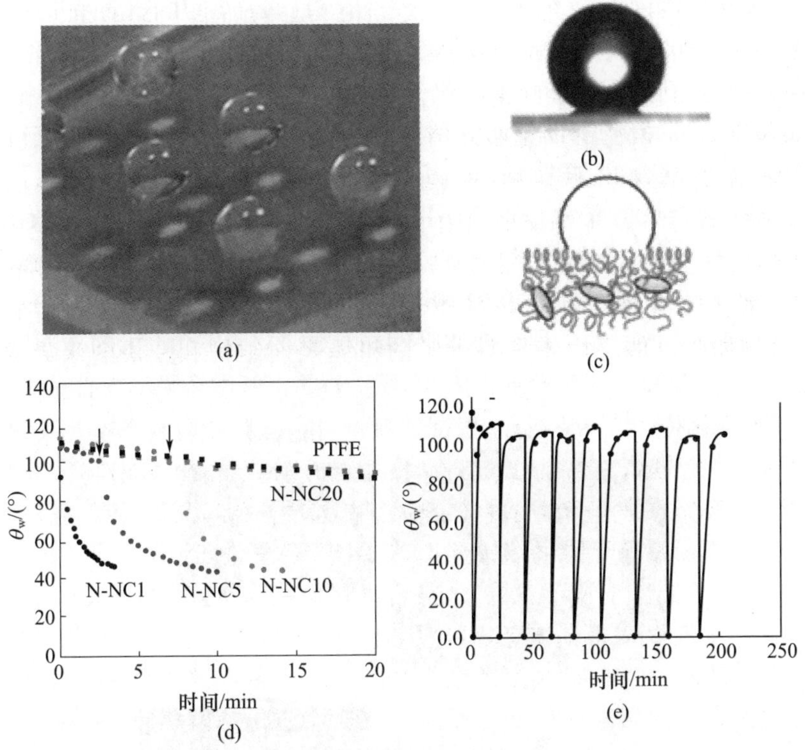

图 5-24 (a)N-NC6 凝胶膜上的水滴;(b)含水量 210%(质量分数)的 N-NC6 凝胶表面附着液滴的水接触角(151.6°);(c)N-NC 凝胶表面(质量分数)液滴的模型;(d)不同 C_{clay} 的 N-NCn 凝胶(NC1~NC20)θ_w 随时间的变化和疏水 PTFE 基底 θ 随时间的变化;(e)N-NC5 凝胶表面的湿状态和干状态切换对 θ_w 的改变((a)~(b)转载自 Haraguchi 等的成果[102],2007 年发表,经 ACS 许可;(d)~(e)转载自 Haraguchi 等的成果[103],2008 年发表,经 Elsevier 许可。)

5.4.4 细胞培养

在基质上培养细胞是医学、生物学、药学和组织工程研究中最重要和必不可少的实验方法之一。已知 N-OR 凝胶[106]或厚度大于 30nm 的 PNIPA 涂层[107]不能用作基质。然而,细胞被发现可以培养在正常或干燥的 N-NC 凝胶表面,而勿需考虑凝胶厚度(图 5-25(a))[108]。据我们所知,这是第一次关于在 PNIPA 水凝胶上成功培养细胞的报告。将人体肝脏细胞(HepG2)、正常人真皮成纤细胞(NHDF)和正常人脐静脉内皮细胞(HUVEC)等多种细胞在 N-NC6 凝胶表面进行融合培养。细胞的生长与 N-NC 凝胶片的含水量可能厚度无关。相反，无论交联剂含量多少，细胞不会在 N－OR 凝胶表面上生长（图 5－25（b））。D－NC 和 D－OR 凝胶表面的细胞培养也失败了，可能是凝胶表面的亲水性所致。因此，脱水 PNIPA 链的疏水性和表面电荷（由黏土所致）的共同作用，使细胞只能在 N－NC 凝胶表面黏附和增殖。此外，当温度降至低于 LCST（10～20℃）时，无需胰蛋白酶处理，细胞培养物即可与 N－NC 凝胶表面分离（图 5－25（c））[108]。汇合层的 NHDF 细胞以片状形式自发地从凝胶表面分离（图 5－25（d））。最近，有研究[109]报道将海藻酸钠（水溶性天然多糖）加入 PNIPA－黏土网络，制备了半互穿 NC 凝胶，细胞片与该凝胶的剥离存在加速效果；这种加速可能是由于这些凝胶的粗糙表面结构和较快的水渗透速度所致。

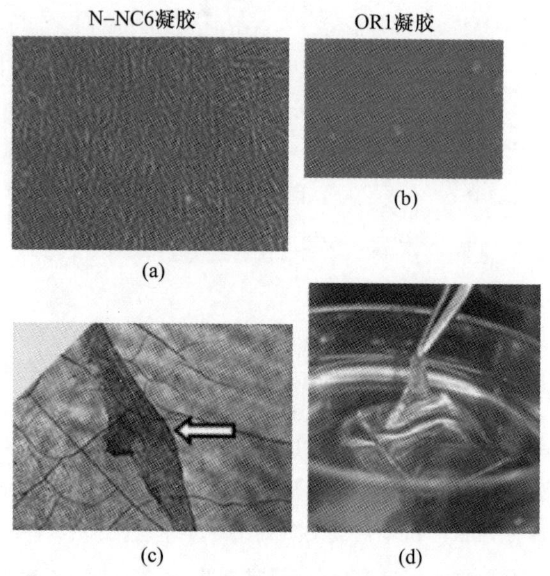

图 5－25　（a）～（b）5 天后，正常人真皮成纤细胞（NHDF）培养物在（a）N－NC6 凝胶和（b）N－OR1 凝胶表面的相差显微照片；（c）温度降至 10～20℃而引起的 NHDF 细胞片脱离（箭头）；（d）NHDF 细胞片与 N－NC6 凝胶分离[108]

5.4.5　具有层状形貌的多孔 NC

在不使用多孔剂的情况下，用冻干的 NC 凝胶制备具有独特层状形貌的新型多孔纳米复合材料[110]。最典型的形态是同心三层形态，依次由细孔层、致密层和从外部到内部的粗糙多孔层组成（图 5－26）。在粗糙层中，自发地形成了多面体孔道的规则组装。文献[110]还提出了在冻干过程中自发形成独特的三层形貌和其他形态的可能机制。

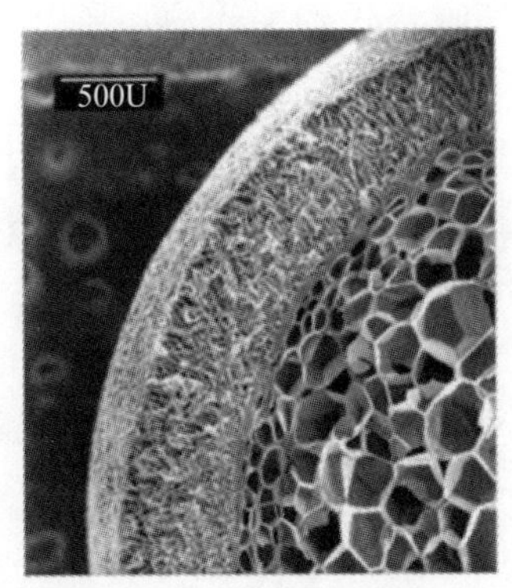

图 5-26　用扫描电镜观察多孔 NC(液氮冻干 NC 凝胶)横截面的三层形貌，
从外到内部分别为细孔、致密和粗多孔层。标尺为 500μm
(转载自 Haraguchi 和 Matsuda 的成果[110],2005 年发表,经 ACS 许可。)

5.4.6　可逆力

使用温敏 N-NC 凝胶时,我们发现在水环境中,随着温度的交替变化,恒定长度的样品中产生可逆的收缩张力(图 5-27)[111]。这是第一次观察到由于 PNIPA 链中的构象变化(当温度超过 LCST,发生的线团-球状转变)而产生的收缩机械力。相反,在相同的实验条件下,D-NC 和 N-OR 凝胶中不产生这种力。

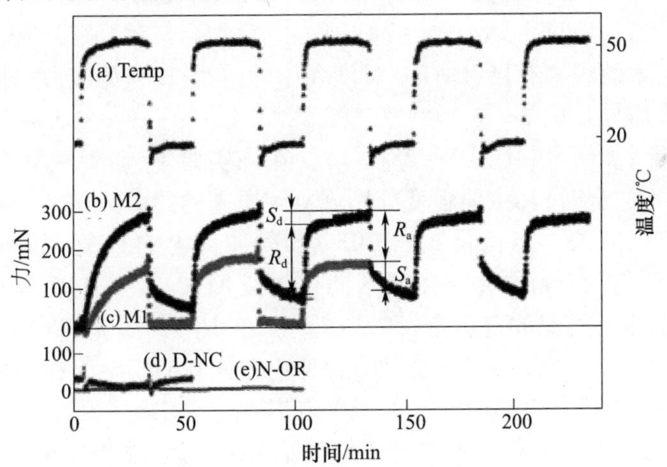

图 5-27　在交替温度下的力分布图
(a)温度的变化;(b)N-NC4-M2 凝胶的力分布;(c)N-NC4-M1 凝胶的力分布图;
(d)D-NC4-M2 凝胶的力分布图;(e)N-OR2-M2 凝胶的力分布图
(注:转载自 Haraguchi 等的成果[111],2005 年发表,经 Wiley 许可。)

5.4.7 NC 凝胶中的自愈合

自愈合是系统或材料能够自主、自发地自行愈合或修复自身,或更具体地说,修复表面或内部损伤的能力。作为智能材料的一种功能,自愈合受到了相当多的关注[112]。自愈合是生物体被普遍观察到的一个重要特征,也是维持生命所必需的。开发智能材料,使其能够按照预先设计进行自我修复,无论从学术和工业的角度来看都是有意义的[113-115]。迄今为止,文献已经报道了基于几种不同策略的具有自修复能力的聚合物或聚合物复合材料。其中一种体系利用了可逆键的性质,如 Diels - Alder 环加成反应和逆 Diels - Alder 反应[116-117],可逆光诱导或自由基交换反应[118-119],以及多罗紫杉烷网络中硫醇-二硫键的可逆反应[120]。另一种自我修复系统使用愈合剂,如单体、树脂和裂缝黏合剂,它们以休眠形式埋植在基体中[121-123]。对于橡胶状材料,最近报道了三种不同的体系:超分子组装形成的热可逆橡胶[124];由乙烷取代壳聚糖前驱体组成的聚氨酯网络,该网络可在紫外线下进行自我修复[125];由三种不同的离子组分组成的聚合物水凝胶,即网络状分子黏合剂(PEG - G3 - 网络:正离子)、黏土(负离子)和聚合物(聚丙烯酸钠:负离子)[126]。

研究发现,NC 凝胶在损伤界面上通过自主重建交联键合,使其具备完全自愈合的显著特征[127]。不使用愈合剂就可以修复 NC 凝胶中的机械损伤,甚至可以对于切割后的凝胶段(从相同或不同种类的 NC 凝胶中切割),只需将切割面在略微升高的温度下贴合在一起,即可完美黏合修复(图 5-28(a))。影响自愈合速率的因素有接触时间、温度和压力,自愈试样的应力-应变曲线会因上述因素而异。例如,在 50℃紧密接触下,分割的 D-NC3 凝胶自愈性随接触时间的增加而增加(图 5-28(b))。在该实验中,当 D-NC3 凝胶在 1h 和 4h 内自行愈合时,其拉伸强度分别恢复到原来的约 27% 和 57%,随后样品沿原始切割面断裂。当保持接触 10h 后,凝胶完全自修复(拉伸强度恢复 100%),在随后拉伸中,凝胶会在不同位置处断裂。D-NC5 凝胶经 80℃、30min 处理,也有类似的自愈合行为(图 5-28(b))。图 5-28(c)总结了温度和时间对 D-NC3 凝胶自愈合极限拉伸应力恢复的影响。在不同的时间和温度条件下,如 37℃、100h 和 80℃、20min,凝胶都实现了完全自愈合。这里需要注意的是,上述类橡胶材料[124]和水凝胶[126]都不能被完全修复,除非将切割后的切割面之间立即紧贴。然而在 NC 凝胶中,切割面的自主融合及自愈合不仅可以在切割后立即实现,也可以经长时间等待后实现。也就是说,NC 凝胶具有持久的愈合能力[127]。

上述 D-NC 凝胶的自愈合能力归因于独特的黏土聚合物/网络结构[127]。

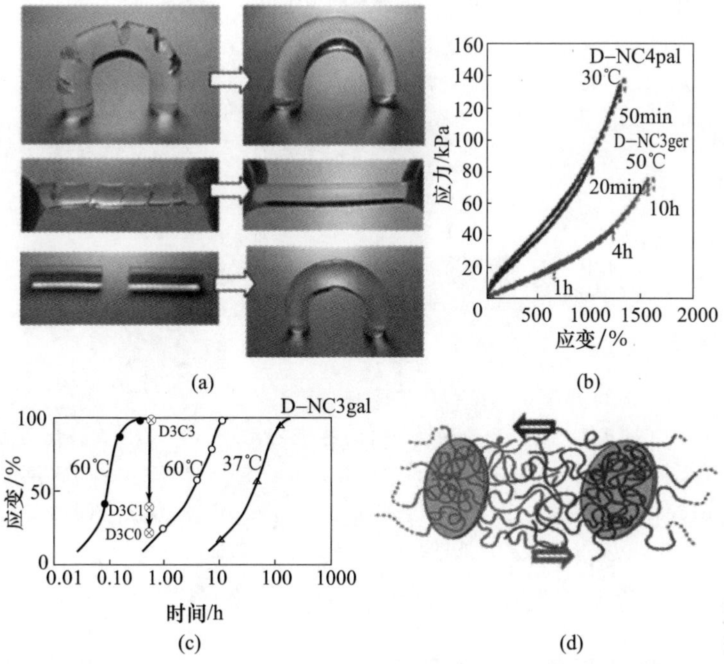

图 5-28 (a)存在机械损伤的 D-NC 凝胶的自愈合。顶部和中部:有损伤的 D-NC3 凝胶(几个刀口)在 37℃ 下保持接触 48h,实现自愈合;底部:分割的 D-NC3 凝胶在封闭容器中横断面在 37℃ 保持接触 100h,实现自连接,两种方法均不使用愈合剂。(b)原始凝胶和切割分离一次后愈合 D-NC 凝胶的拉伸应力-应变曲线。原始凝胶显示为虚线。D-NC3 凝胶在 50℃ 自愈合 1h、4h 和 10h,D-NC5 凝胶在 80℃ 自愈合 20min 和 30min.(c)D-NC3 凝胶自愈条件(时间和温度)对自愈合后凝胶拉伸强度恢复的影响,图中 D-NC5、D-NC7 和 D-NC10 凝胶的数据为 80℃ 下自愈合 30min 数据。(d)用有机(聚合物)-无机(黏土)网络结构表示分离的 NC 凝胶的最外表面

(转载自 Haraguchi 等的成果[127],2011 年发表,经 Wiley 许可。)

如图 5-28(d)所示,NC 凝胶的宏观自愈合是由长接枝链的相互扩散及其与黏土的相互作用而产生的。相反,由于切割表面产生的短悬挂聚合物链无法自主地形成新的交联,OR 凝胶没有显示出任何自愈合的迹象。将不同种类的 NC 凝胶(如 D-NC 和 N-NC 凝胶)切割成段,并在室温下将每个切割表面贴合一段时间后(例如,25℃、48h),得到的不同种类 NC 凝胶,其呈现出独特的溶胀-退溶胀行为[127],如图 5-29 所示。这种简单地连接横断面的自组合过程使设计和制造复杂的 NC 凝胶成为可能(复杂主要是指刺激-敏感性和变形性)。

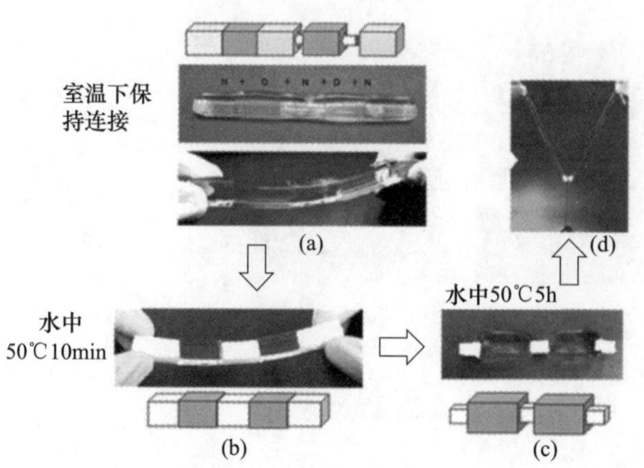

图 5－29　贴合不同类型 NC 凝胶的切割面：(a)将 N－NC3 和 D－NC3 凝胶切割面在 25℃、48h 贴合成长条状；(b)～(c)经热水浸泡(50℃,10min)后,N－NC3/D－NC3 凝胶的变化：(b)10min；(c)5h。N－NC3 段变得不透明、收缩,而 D－NC3 段溶胀。N－NC3/D－NC3 凝胶的延展以及随后的收缩/膨胀也在呈现在图中

(转载自 Haraguchi 等的成果[127],2011 年发表,经 Wiley 许可。)

5.4.8　复杂形状和表面图案

除了各种形状外,NC 凝胶还可以制备成厚度 10^{-3}～10^3mm 厚、尺寸范围广的膜。另外,可以获得具有不均匀表面的 NC 凝胶,如具有规则排列的柱子或波纹管状棒的表面(图 5－5(a))[21]。对于波纹管状棒的 NC 凝胶,由于表面的突起是灵活的,可以在提取过程中可逆地变形,因此可以简单地从模具中提取出来,而不破坏或打开模板。此外,还可以使用多孔剂或空气(图 5－5(a))制备轻质 NC 凝胶,即非常柔软(模量很低)、密度为 0.05～1.0g/cm^3 的多孔 NC 凝胶[21]。光聚合法合成的 NC 凝胶可用于制备各种形式(图 5－5(b)),如薄膜、基片上的涂层、光刻法形成图案,以及含有光敏阀的微通道流动系统[48]。

此外,微米级表面图案化的 NC 凝胶膜可通过直接复制模塑而成功制备,无需对模板进行任何化学表面处理[49]。小微结构(约 1μm)能够无损地、精确地转移到 NC 凝胶膜的表面上(图 5－5(c))。并且,可以通过随后的溶胀、退溶胀和干燥来改变(放大或缩小)图案的尺寸,却不干扰图案。而 OR 凝胶,由于具有脆性,难以制备和处理成上述形状和形式。

5.5　先进软质纳米杂化材料的新进展

通过 NC 凝胶合成技术的提升,人们开发出了新型纳米杂化材料,如新型刺

激－响应性 NC 凝胶(非 PNIPA 体系)、两性离子 NC 凝胶、聚合物－黏土纳米复合微球水分散体、含有黏土介导铂纳米粒子的 Pt－NC 凝胶和软质疏水聚合物纳米复合材料等,现叙述如下。

5.5.1 新型刺激－响应性 NC 凝胶和软质纳米复合材料

文献[128]制备了一系列新型纳米复合共聚物水凝胶(MD－NC 凝胶),该凝胶中包括了无机黏土(蒙脱土)和特定共聚物,此类共聚物对水具有不同化学亲和性,如由疏水单元(2－甲氧基丙烯酸酯;MEA)和亲水性(DMAA)单元构成的 MD 共聚物。随着 DMAA 摩尔比的增加,MD－NC 凝胶中的黏土形态逐渐发生变化,从 20nm 厚的黏土壳状网络转变成剥离黏土片均匀分散在聚合物基体中。由于亲水单元、疏水单元以及离子黏土片之间的平衡,MD－NC 凝胶对周围水溶液的温度、pH 值、盐浓度和溶剂的变化呈现出显著的刺激－敏感性(图 5－30(a)),图 5－30(b)为凝胶尺寸的热响应可逆变化。此外,MD－NC 凝胶可作为药物或化学释放载体,通过改变凝胶成分和吸收释放条件来控制释放速率(图 5－30(c))[129]。进一步来说,MD－NC 凝胶表现出优异的、与成分相关的力学性能(图 5－30(d))。干燥后,凝胶变为透明、柔软的、高机械韧性的纳米复合材料(MD－NC),在体外细胞毒性试验中是安全的[128]。

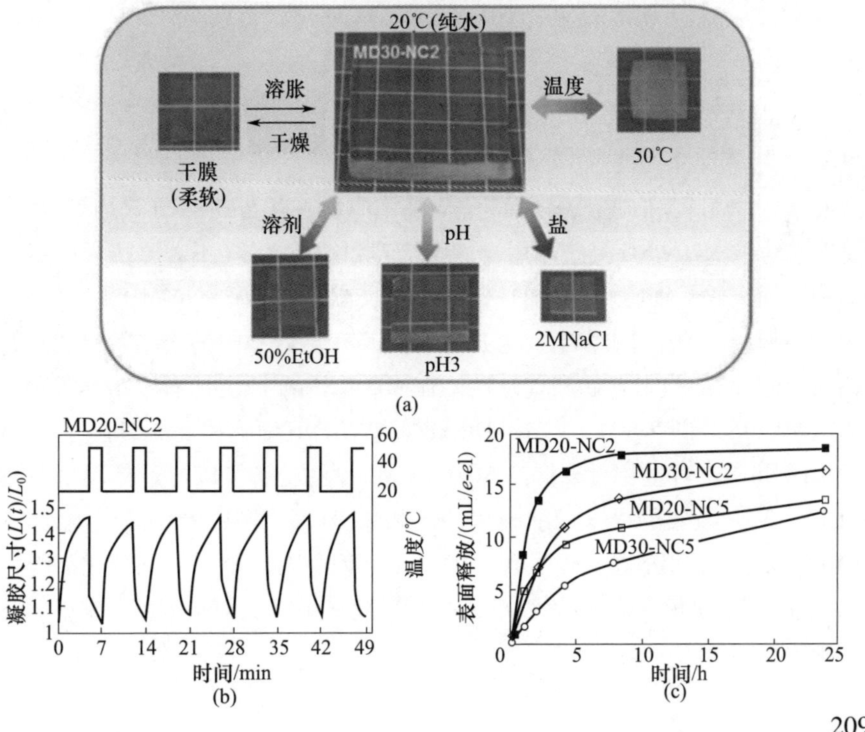

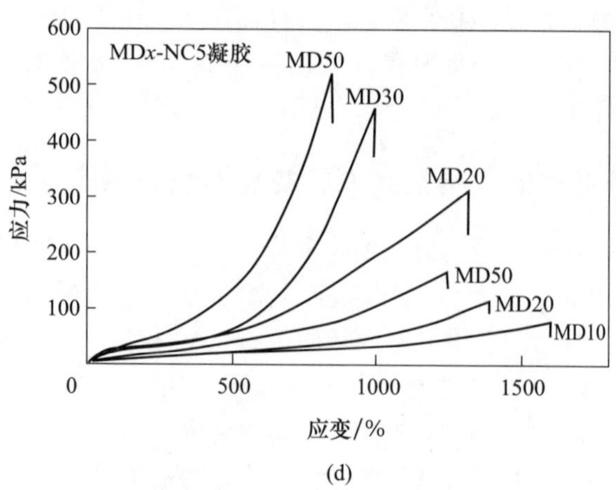

(d)

图 5－30　(a)透明、具有机械韧性的 MD30－NC2 凝胶和干燥后的软质纳米复合材料。MD30－NC2 凝胶对周围水溶液的变化具有刺激－敏感性，图为同一样品在不同条件下的不同状态：温度(20℃↔50℃)、pH(7↔3)、盐浓度(NaCl，0M↔0.6M)和溶剂(乙醇，0%↔50%)。(b)通过改变温度(20～50℃)，MD20－NC2 凝胶的尺寸(长度)发生热可逆变化。初始干凝胶尺寸为 0.6mm(宽)×0.09mm(厚)×30mm 长。(c)37℃时，利多卡因随时间变化从 MDx－NCn 凝胶膜表面释放的曲线。(d)制备好的 NCx－NC5 凝胶的拉伸应力－应变曲线(x＝10～50)(黑线)，灰线为一次干燥和再溶胀的 NCx－NC5 凝胶($W_{H_2O}/W_{dry}=400\%$)

((a)、(b)、(d)转载自 Haraguchi 等的成果[128]，2012 年发表，经 ACS 许可；(c)转载自 Haraguchi 等的成果[129]，2013 年发表，经 Wiley 许可。)

对于组织工程和再生医学而言，干细胞应能在体外进行有效培养[130－131]。新型热响应性 MD－NC 凝胶可用于细胞培养和细胞收集(不需要胰蛋白酶)，特别是用于间充质干细胞(MSC)的培养[132]。文献[132]研究了 MD－NC 凝胶的组成(两种单体的比例和黏土含量)，以确定其在培养基中的溶胀特性、热敏性、蛋白质吸附性、细胞附着性和增殖性。在 MD－NC 凝胶上能有效培养各种人体细胞，包括 MSC(图 5－31)、成骨(HOS)细胞、NHDF 细胞和上皮细胞。特别的，在 DMAA 和黏土含量相对较低的 MD10－NC2 凝胶上，可以通过降温来收集细胞(图 5－32)，收集的可以是细胞片(MSC 或 NHDF 细胞)，也可以是悬浮细胞群(HOS 细胞)。研究进一步发现，MD10－NC2 凝胶适合干细胞分化。得益于其热敏性、可控模量和表面特性，MD－NC 凝胶是组织工程和再生医学中颇具前途的细胞培养基质。

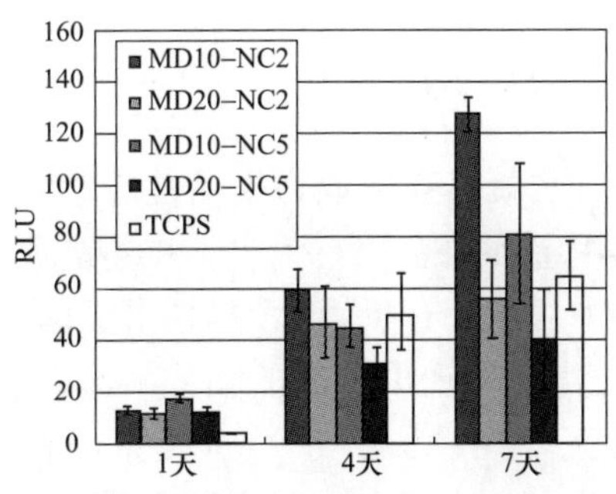

图 5-31　经 ATP 测试①,间充质干细胞(MSC)在 MDx-NCn 凝胶和组织培养聚苯乙烯(TCPS)表面 1 天、4 天和 7 天的增殖情况,数据为均值 ± 标准差（转载自 Kotobuki 等的成果[132],2013 年发表,经 Wiley 许可。）

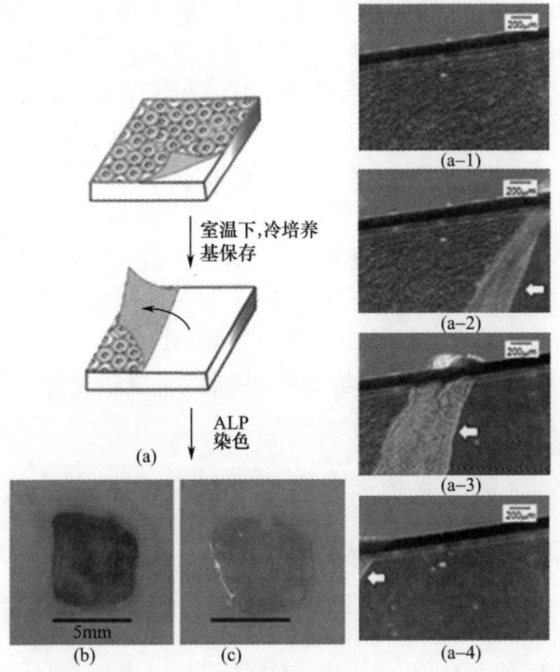

图 5-32　间充质干细胞(MSC)在 MD10-NC2 凝胶上的行为。(a)用冷培养基(4℃)代替后,MD10-NC2 凝胶在室温下保存 10min;(a-1)~(a-4)MSCs 从 MD10-NC2 凝胶上连续剥离。(b)使用 ALP 染色,成骨培养基培养的细胞薄片被染成红色。(c)而未使用成骨培养基培养的细胞薄片未染色（转载自 Kotobuki 等[132],2013 年发表,经 Wiley 授权。）

---

① 译者注:原文此处有($n=3$),表示测试数据为 3 天,原文献里也有,不过原文献含另一张测试数据为 3 天的图,但是通过图中的数据显示,其呈现出来的是 1 天、4 天和 7 天的数据,因此此处删去 $n=3$。

5.5.2 两性离子 NC 凝胶

两性离子聚合物及其水凝胶有望成为极具前途的功能材料，在科学研究和各种工业和生物医学应用中都很有用[133-136]。在各类型的两性离子聚合物中，磺胺类聚合物在水溶液中通常具有热敏性，并且由于两性离子基团之间的链内和/或链间相互作用的变化而表现出较高的临界溶液温度(UCST)相变[137-138]。根据与单体和黏土的相互作用，文献[139]选择了两种特定的磺胺聚合物 A_3(图5-1)和 A_4。当 C_m 为 1M 时，A3 和 A4 聚合物形成了物理交联凝胶，当加入有机交联剂时，则形成化学交联凝胶[139]。然而，物理和化学交联凝胶在力学性能、稳定性和热敏性方面都存在严重缺陷[139]。例如，物理交联凝胶会溶解在热水或室温下的 NaCl 水溶液中。此外，这两种凝胶的力学强度都很弱，并且对于 A4 聚合物凝胶而言，其 UCST 过高(约 95°C)。因此，开发具有高均匀性和稳定性、热敏性可控、力学性能优越的两性离子聚合物水凝胶具有重要的意义。我们发现，通过开发两性离子(共)聚合物和无机黏土片组成的两性离子 NC 凝胶(Zw-NC 凝胶)，所有这些要求都得到了满足[140]。特别是由磺胺 A3-DMAA 或 A4-DMAA 共聚物和无机黏土组成的 Zw-NC 凝胶，如当 x 较小(≤20)时，A_3Dx-NC3 和 A_4Dx-NC3 凝胶在热水和 NaCl 水溶液中均匀稳定，表现出良好的拉伸性能和合适的 UCST(图5-33(a))。通过改变黏土浓度和聚合物组成，可以进一步调控 Zw-NC 凝胶的力学性能和 UCST(图5-33(b)和(c))[140,141]。因此，Zw-NC 凝胶具有优异的力学和热敏特性，可以拓宽两性离子水凝胶的科学研究和应用范围。

5.5.3 黏土/聚合物纳米复合微球的水分散体

黏土/聚合物纳米复合(C/P-NC)微球由具有不同亲疏水性有机(共)聚合物和无机黏土组成，在剥离黏土片存在的稀水溶液中，通过光引发和热引发自由基聚合得到[142]。因为黏土片可以起到交联剂和稳定剂的作用，所以在不使用表面活性剂的情况下，所有的黏土/聚合物体系均可得到直径约 70nm(光聚合)和 100~300nm(热聚合)的 P/C-NC 微球的均匀水分散体(图5-34(a)黏土/PNIPA 体系)。溶胶-凝胶边界、透明度、热敏性(LCST)、黏度和平均粒径随聚合物类型、组成和聚合条件的不同而不同。特别在黏土/(NIPA-DMAA)(图5-34(b))和黏土/(MEA-DMAA)体系中，根据 DMAA 含量的不同，能在很大范围内调控 LCST。由此获得的 C/P-NC 微球水分散体具有许多与 NC 凝胶和 M-NC 相关的有趣性质，可作为功能微球。例如，可用热敏 P/C-NC 水分散体和 D-NC 凝胶在双层玻璃板内制备可逆、高效的热敏光学百叶窗(图5-34(a))。

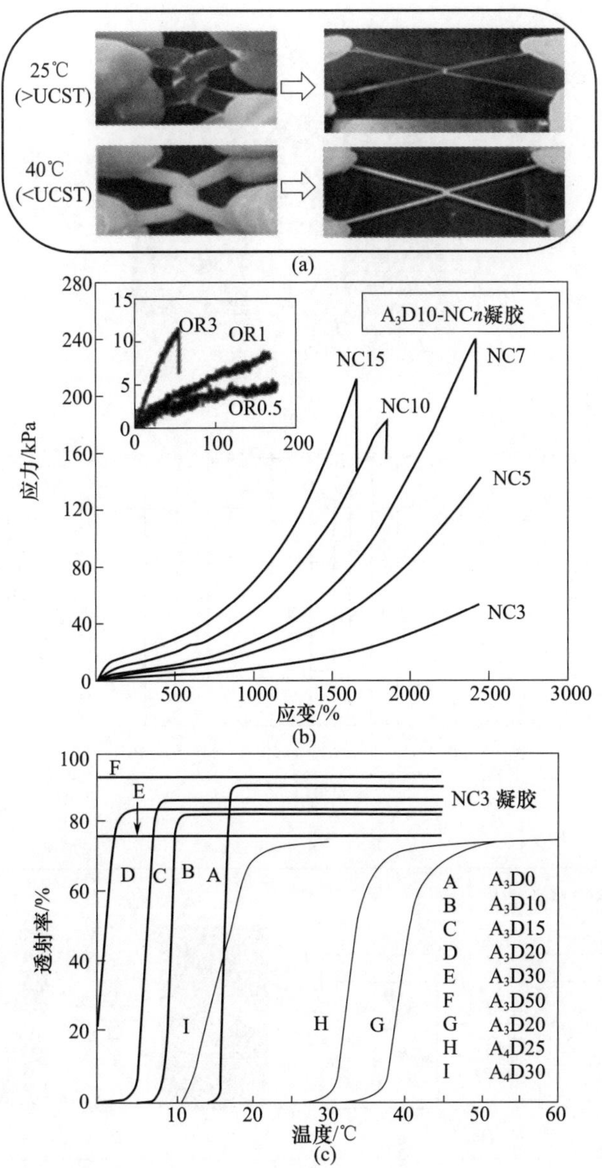

图 5－33　两性离子共聚物 NC 凝胶的拉伸性能：(a) 交叉凝胶样品(A_3D10－NC3) 在 25℃ (＞UCST) 和 4℃ (＜UCST) 两种温度下的延伸率；(b) 不同 n 值($n=3\sim15$) 的 A_3D10－NCn 胶和不同 x 值($x=0.5\sim3$) 的 A_3D10－ORx 凝胶的拉伸应力－应变曲线，即使拉伸到 2300% 以上，NC3 和 NC5 凝胶也没有断裂；(c) 两性离子共聚物 NC 凝胶的 UCST。10°C/h 冷却时，A_3Dm－NC3 凝胶($m=0\sim50$) 的透射率随温度的变化

(转载自 Ning 等的成果[140]，2013 年发表，获得 ACS 许可。)

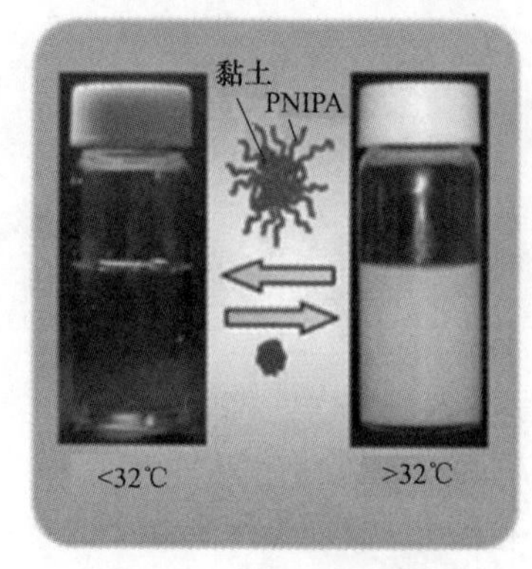

(a)

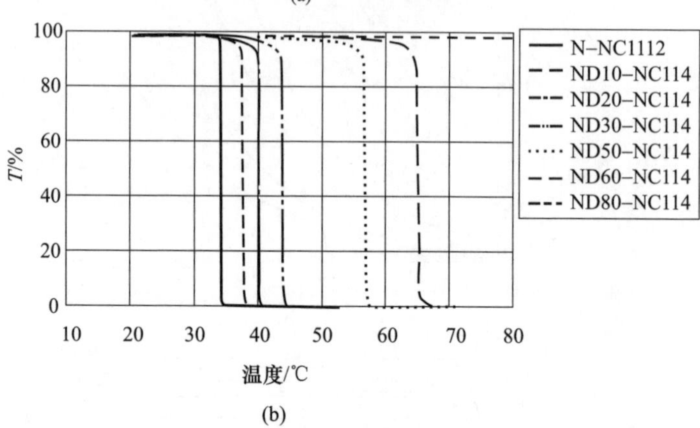

(b)

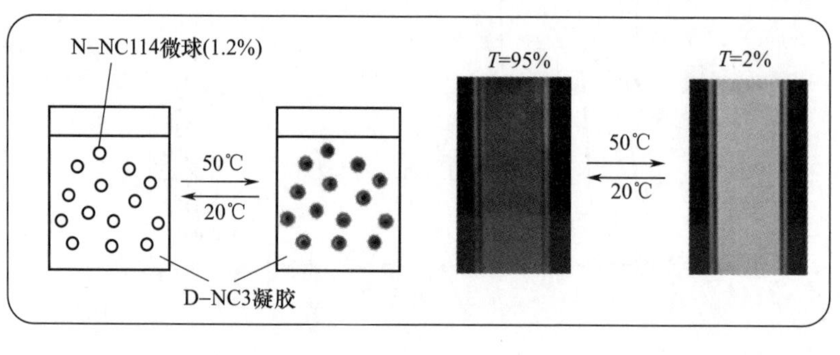

(c)

图 5 - 34 (a)温度变化(跨过 LCST,32℃)对黏土 - NC/PNIPA 微球水分散体透明度的影响;(b)NDy - NC114(y = 0 ~ 80)的光透过率随温度的变化;(c)复合水凝胶的结构(热敏 N - NC114 微球分散在热稳定性的 D - NC3 凝胶中)及其在 20 ~ 50℃之间透明度的可逆变化(转载自 Haraguchi 和 Takada 的成果[142],2014 年发表,经 Wiley 许可。)

5.5.4 黏土介导的铂纳米复合凝胶（Pt－NC 凝胶）

当前，铂（Pt）纳米粒子被用于纳米科学技术的多个领域，在各种反应和应用中，包括燃料电池[143]、传感器[144]、汽车排气系统[145]和石油裂解[146]，扮演着高性能催化剂的关键角色，尽管已经有大量关于 Pt 和 Pt 基纳米材料设计的研究报道，但是对 Pt 纳米粒子水凝胶复合材料的研究还非常少[147-148]，这是因为很难将 Pt 纳米粒子固定在水凝胶中，难以得到细小的、分散性良好的 Pt 纳米粒子。我们合成了一种新型水凝胶基纳米结构 Pt 材料，即 Pt/NC 凝胶（图 5－35（a））[149]，该材料由平均直径为 1.25～1.75nm 的超细 Pt 纳米粒子组成，粒子被有效固定在独特的黏土网络/聚合物中，特别是被固定在黏土纳米片表面（图 5－35（b））。Pt/NC 凝胶是在室温下，通过对剥离黏土介导的 Pt 离子进行

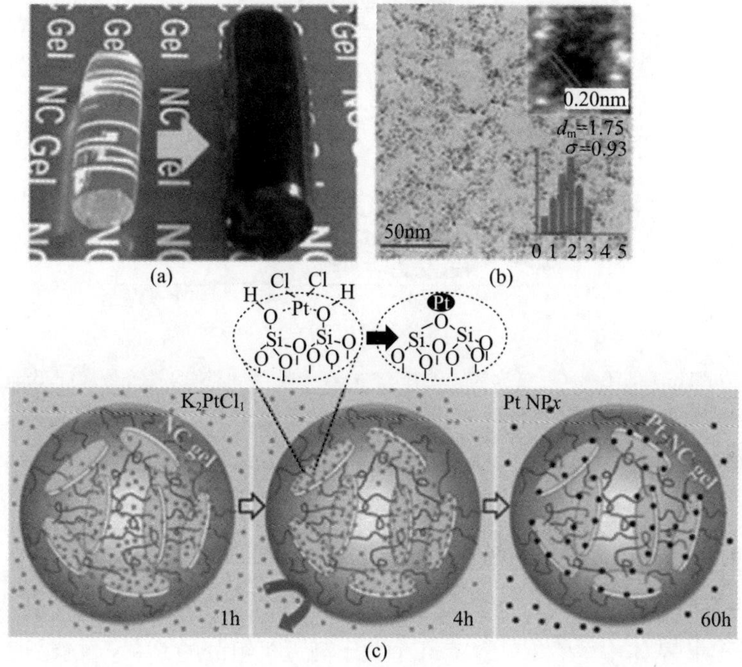

图 5－35 （a）N－NC5 凝胶在暗处 25℃的 K_2PtCl_4 水溶液中保存 60h 后的颜色变化。（b）干燥 Pt/NC5 凝胶的 TEM 图像。直方图为 Pt－NC5 凝胶中 Pt 纳米粒子的大小分布。照片：HR－TEM 图像显示了晶体 Pt 纳米粒子的晶格条纹。（c）Pt/NC 凝胶形成示意图：1h 后 Pt 离子穿透 N－NC 凝胶；4h 后，Pt 离子（$PtCl_2$）与黏土表面的硅烷醇基团相互作用并被还原为 Pt^0；60h 后，Pt 通过迁移形成 Pt 纳米粒子，随后被固定在黏土表面（转载自 Haraguchi 和 Varade 的成果[149]，2014 年发表，经 Elsevier 许可。）

原位还原合成的[150]。图5-35(c)为NC凝胶中形成Pt纳米粒子的机理。在没有任何稳定剂的情况下,Pt纳米粒子超细粒子也可以在NC凝胶中形成稳定的悬浮液[149]。Pt-NC凝胶表现出许多有趣的特性,如热响应溶胀-退溶胀性、高机械韧性和优异的稳定性。进一步说,它们可以以不同的形式和大小生产,并具有不同的表面形貌。凝胶和Pt纳米粒子表现出良好的催化性能(图5-36)[149],这进一步扩大了其在先进研究领域的应用范围。

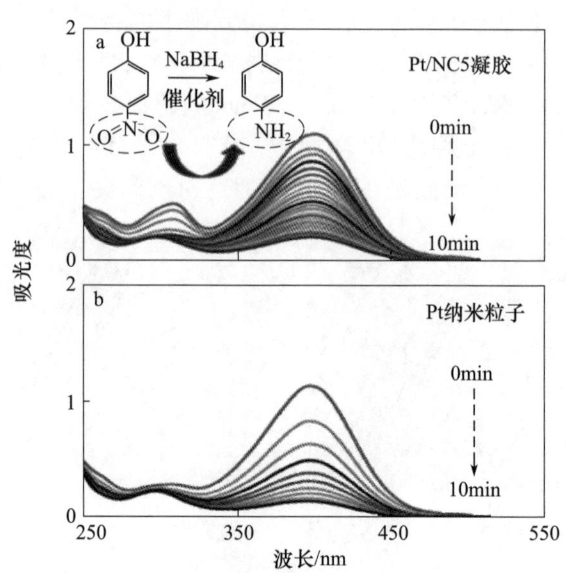

图5-36 $NaBH_4$催化还原4-硝基苯酚过程。(a)在干燥的Pt/NC5凝胶粉末(3.5mg)存在下,和(b)在干燥的Pt纳米粒子(1mg)存在下,400nm处的强紫外吸收峰对应于硝基苯酚离子(转载自Haraguchi和Varade的成果[149],2014年发表,经Elsevier许可。)

5.5.5 软质聚合物纳米复合材料(M-NC)

如前言所述,将P-NC开发为高级复合材料,主要通过将少量无机纳米粒子分散在聚合物基体中[24,26,27]。这有几个关于高无机组分的P-NC的报道,如二氧化硅(或黏土)/尼龙66 P-NC[151]和二氧化硅/环氧树脂P-NC[152]。但是,这些P-NC仍具有一定的局限性,特别是在光学透明度、易处理性和可加工性方面。

有文献通过将NC凝胶及其合成的概念延伸到固体P-NC领域,开发具有高无机黏土含量的新型透明软质P-NC[31-32]。由疏水性聚(丙烯酸-2-甲氧基乙酯)(PMEA)(示意图5-2)和亲水性无机黏土(锂皂石)组成了新型的P-NC(缩写为M-NC),尽管C_{clay}高,但是聚集的黏土和PMEA构成了独特的有机－无机网络结构，使 M－NC 具有优异光学和力学性能。其中，PMEA 玻璃化转变温度低（－34℃），是疏水聚合物[31,153]，被认为在医疗器械如体外循环[154－156]中具有很好的应用前景，尽管在实际应用中，PMEA 因为其机械性能弱和难以处理，仅用作共聚物成分或薄涂层。

1. M－NC 的合成

文献[31]通过改进 NC 凝胶的制备方法，即在剥离黏土存在的情况下，由水溶性 MEA 原位自由基聚合、干燥，制备了一种新型的软质 P－NC（M－NC）。其中，合成的关键是在原位聚合过程中发生亲水（单体）到疏水（聚合物）的转变以及微相和宏观相分离。在聚合的早期阶段（在几分钟内），初始透明溶液变得浑浊（白色），这是因为体系中形成微观相分离，该微相分离是未改性亲水黏土从疏水性 PMEA 链中排除所引起的。随后，该系统发生宏观相分离（数十分钟后），伴随着脱水和体积收缩。最终得到含有 400%（质量分数）水的（相对于固体组分）、具有纳米结构的、均匀的 PMEA－黏土白色凝胶。在后续的干燥过程中，白色凝胶首先收缩，释放出大量的水，最后变成透明软质固体（M－NC）。无论 C_{clay} 如何，得到的 M－NC 总是均匀的、无色透明的（透射率 >90%），如图 5－37（a）（M－NC23）所示[31]。图 5－37（a）中照片显示了 M－NC11 和 M－NC46 的高光学透射率。浸入水中的吸水率仅为 0.5%～15%。这与 NC 凝胶完全不同[19,28,40]，在 NC 凝胶中，干燥的 NC 凝胶可以恢复为高度膨胀的水凝胶。而且，即使在 PMEA 的良好溶剂中，M－NC 也不溶解，但可均匀且全面溶胀（$W_{solvent}/W_{dry}=2\sim25$）。这些结果强烈地表明，尽管在合成中并没有使用有机交联剂，在 M－NC 中也形成了某种稳定的三维网络。M－NC 的样品依据其黏土含量（C_{clay} 为 $n\%$），命名为 M－NCn。通过改变反应溶液的组成，C_{clay} 可以在很宽的范围内变化（1%～50% 或更高）。

2. M－NC 的力学性能

M－NC 具有非凡的机械性能，其中有两个引人瞩目的方面：①一个极高的 ε_b，高达 1000%～3000%，并且释放后恢复良好；②拉伸早期良好的屈服行为，如图 5－38 所示[31]。M－NC 的高延伸性伴随着独特的屈服行为：在最大应力下的屈服点 I_b，在恒定应力下的颈缩区域Ⅱ以及从颈缩区域结束时 $Ⅱ_b$ 开始的应变硬化区域Ⅲ。这可以从应力－应变曲线（图 5－38）和直接观察（图 5－38 中照片）中得到。具有不同 C_{clay} 的所有 M－NC 都可观察到这种特征屈服行为，这种现象在 C_{clay} 大于 10% 的 M－NC 中更显著。另外，与 M－NC 相同组成的 M－OR（除了使用的交联剂之外），在非常低的伸长率下就出现脆性和破裂（图 5－38中的 M－OR3）。M－NC23 的断裂能是 M－OR3 断裂能的 200 倍。

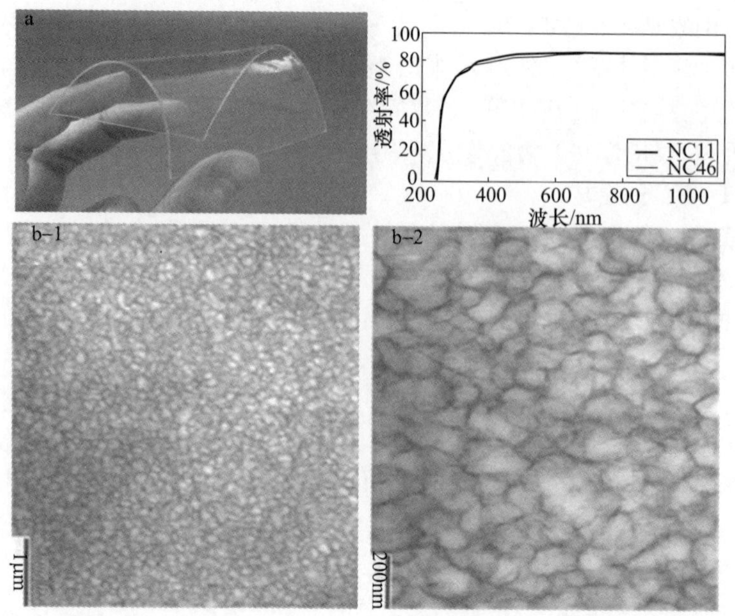

图 5-37 (a)含有23%无机黏土的透明柔软的 M-NC23 膜；
(b-1)和(b-2)不同的放大倍数(1μm 和 200nm)的 M-NC11 的 TEM 照片
(转载自 Haraguchi 等的成果[31],2006 年发表,经 Wiley 许可。)

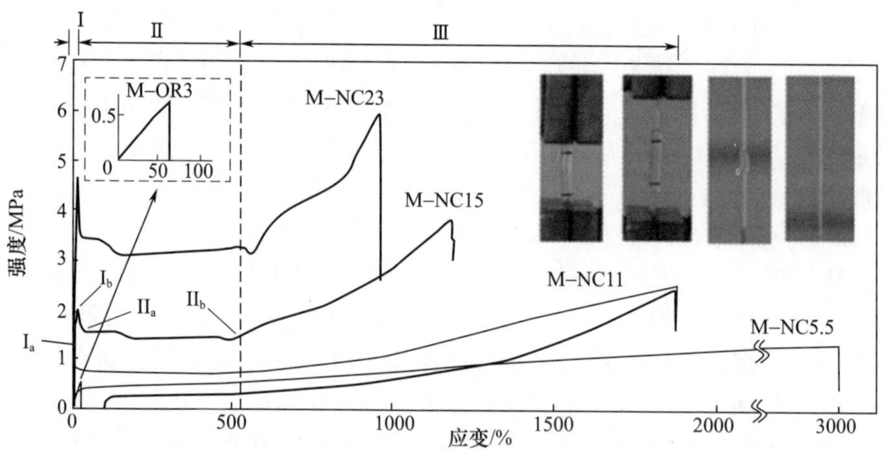

图 5-38 不同黏土含量的 M-NC(M-NC5.5~M-NC23)和化学交联的 M-OR3 的应力-应变曲线。Ⅰ、Ⅱ和Ⅲ表示拉伸变形的不同阶段。对 M-NC11 第一次伸长至 1800%后,进行第二次拉伸的应力-应变曲线也在图中,为虚线。照片:M-NC11 中观察到的屈服行为的实例,包含了两个缩颈点,从两端的夹点、最早出现高应力集中处开始
(转载自 Haraguchi 等的成果[31],2006 年发表,经 Wiley 许可。)

在 M－NC 中，总伸长率的90%以上都能恢复。尽管 M－NC11 没有观察到明确的颈缩现象，但一旦伸长超过 II_b点，M－NC 就表现出简单的应力－应变行为，即它会经历与原始（制备好的）M－NC 相似的大变形，如图 5－38 所示。因此，与颈缩有关的大变形在重复循环时变为可逆的，但颈缩现象（即形成颈部）本身是不可逆的。这是首次关于 P－NC 颈缩行为的报告。在聚合物材料如结晶聚合物和高冲击聚合物共混物的广泛研究中，屈服（颈缩）行为和相关的大变形通常被视为一种不可逆转的冷拔形式。

3. M－NC 中的网络结构

为了解释 M－NC 在保持高透明度和低吸水性的同时，力学性能急剧变化的原因，基于数据分析（数据来源于 DSC（M－NC 的 T_g与自由、未交联的 PMEA 相同），XRD（M－NC 中形成黏土－聚合物－黏土堆叠的聚集体（2.7nm）和黏土－黏土堆叠的聚集体（1.1nm）），FTIR（PMEA－黏土相互作用）和 TEM）[31]，我们提出了纳米结构的 M－NC 的形成过程。因为 TEM 照片显示，无论切割方向如何（图 5－37（b－1）和（b－2）），M－NC11 截面照片都是相同的，其结论就是 M－NC11 是由黏土网络组成，该网络由大量相互连接的黏土球（直径 100～300nm）形成，黏土球由 20nm 厚的外部黏土外壳和大量包覆在其中的柔性 PMEA 组成。

图 5－39（a）为所提出的黏土网络结构。该形成过程可用下述机理阐述：因为疏水性 PMEA 链在原位聚合过程中倾向于聚集，所以初始黏土片被挤出这些区域并形成聚集体（PMEA 链附着在聚集体黏土表面上）。这些黏土聚集体和大部分 PMEA 形成由聚集黏土外壳（图 5－39（a（3）））和内部 PMEA 核心（图 5－39（a（2）））所组成的纳米尺寸球形结构。因此，纳米结构形态在预先形成的凝胶状态中潜在地形成，当水被去除时该结构则显而易见。因为每个球体都连接到相邻的球体，所以会形成一个三维黏土网络（图 5－39（a（1）））。在实验中，球体直径随 C_{clay} 而变化，并随着 C_{clay} 的增加而自然减小。当 C_{clay} 非常低时，如预期的那样，形成带状结构而不是球形结构。尽管形成了这样的结构，但 M－NC 是透明的，因为黏土壳的厚度非常小，PMEA 的折射率（1.47）与黏土的折射率（1.50）相近。

如图 5－39（b）所示，M－NC 的特征拉伸变形（图 5－37，阶段 Ⅰ～Ⅲ）也可以根据所提出的黏土网络模型来解释。在 M－NC 中观察到的非常高的伸长率（1000%～3000%）归因于两个主要因素。其中一个因素是，随机缠绕的 PMEA 链形成的高度收缩，这是聚合过程中脱水收缩和干燥过程中收缩的结果。对于退溶胀聚合物网络，据报道，由于其超螺旋结构，延伸性可以显著增加，达到 λ_{max} = 18～30[157]。M－NC 的结果与超螺旋聚合物链的结果一致。另一个因素是

PMEA 和黏土之间交联结构的形成。如果缺乏交联来承受所施加的应力，在非常低的应力下，收缩聚合物链即可轻易地滑动，这在 M – LR 中已经被观察到。就 M – NC 而言，超螺旋 PMEA 链的末端可能与剥离黏土相互作用，能承受大伸长并可能缩回。

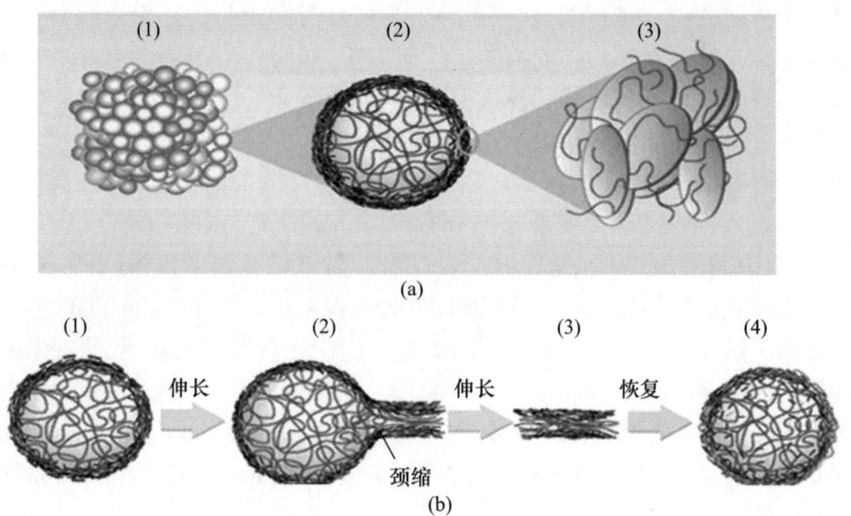

图 5 – 39　(a)黏土网络形态：(1)黏土网络结构、(2)黏土 – PMEA 球体和(3)黏土外壳。(b)M – NC11 的变形过程：(1)黏土 – PMEA 球体的弹性变形、(2)形成缩颈点的变形、(3)形成缩颈点后的进一步伸长，以及(4)大变形恢复后的结构
(转载自 Haraguchi 等的成果[31]，2006 年发表，经 Wiley 许可。)

4. 细胞培养基质

预计在今后的细胞学和再生医学中使用的基质将是透明的、柔性的和可拉伸的(即弹性的)生物相容性材料，其也能够形成各种形状(如薄膜、棒、球体和空心管)，以便它们能在各种静态和动态条件下的体内或体外使用。机械坚韧的 M – NC 薄膜可以满足上述所有要求，并具有细胞培养能力和随后的无须酶处理的细胞分离能力(用于收获活细胞)，被用做新颖的、柔软、透明和弹性的疏水基质。

尽管细胞难以在化学交联的 PMEA 和线性 PMEA 膜的表面上培养，但是多种类型的细胞(例如 3T3、HepG2、NHDF、HUVEC 和 BAEC)可以培养并融合在 M – NCn 膜的表面上(黏土含量 $n = 10\% \sim 23\%$ (质量分数))。此外，通过降低培养基温度或同时使用轻柔吸管，可以在没有任何酶处理的情况下分离在 M – NC 膜表面上培养的细胞。分离的膜可以是单细胞或连续的细胞片，两者都是活的并且可以再培养。据估计，细胞培养和随后的温度调节的细胞脱离归因于有机 PMEA(具有疏水性、低蛋白质吸附性和非细胞黏附性)和无机黏土纳米粒子(具有亲水性和细胞黏附性)的组合效应,两者形成了特有的 PMEA - 黏土网络结构[33]。因此,M - NC 膜是用于组织工程的非常有前景的柔软透明基质。

5.5.6 发展前景

基于 NC 凝胶、MD - NC 凝胶和 M - NC 的结果,研究人员正在开发新的有机或无机先进材料。例如,将疏水性 PMEA(M)和亲水性 PDMAA(D)链段经由 RAFT 聚合,合成了高级有机共聚物如两亲三嵌段共聚物(MDM)和四臂嵌段共聚物($(MD)_4$)[158]。这些嵌段共聚物可通过多功能一锅法合成,收率高(约 100%),得到的共聚物分子量高(约 200000g/mol),并且具有高蛋白质排斥性、能够作为细胞培养基质,并具有优异的凝血活性和对各种基质的良好黏附性。纳米结构的 Pt/黏土材料是一种先进的无机材料,可通过将黏土作为温和有效的铂离子还原剂在水分散体中制备,并且黏土也是所得 Pt 纳米粒子的优异稳定剂[150]。Pt/黏土纳米复合材料具有非常高的表面积($312m^2/g$)、热稳定性(500℃)、CO 氧化和优异的催化活性(通过用 $NaBH_4$ 还原 4 - 硝基苯酚进行动力学评估)[159]。通过使用氟化黏土和相同的合成程序可制备其他热稳定的 Pt/黏土 NC[160]。此外,还开发了具有有序自组装纳米结构 Ag 或 Pd 纳米粒子、Au/LDH(层状双氢氧化物)纳米复合材料和双金属核 - 壳纳米晶/黏土复合材料。在后者中,黏土在核 - 壳 Pd - Pt 或 Au - Pt 纳米晶体的形成和稳定中起关键作用,还提供了高稳定性和大的 BET 表面积,并且刺激核 - 壳 NC 的特殊催化活性。

5.6 小　　结

剥离黏土纳米片可被用作网络结构决定剂或稳定剂,通过在含有黏土纳米粒子的水性体系中进行的原位自由基聚合,制备了新型的软质纳米杂化材料,如超级水凝胶(NC 凝胶)和具有高 C_{clay} 的软质 NC(M - NC)。NC 凝胶和 M - NC 具有非凡的光学、机械和刺激 - 敏感性,此外还有许多新的特性,包括"超级功能"(相互冲突属性对的内在统一),例如,柔软度和韧性、伸展性和刚性、溶胀和退溶胀、伸长和恢复、光各向同性和各向异性、亲水性和疏水性、细胞培养和脱离、无机包合和透明性,以及韧性和自愈合能力。所有的性能和新特性都归功于独特的有机(聚合物) - 无机(黏土)网络结构。NC 凝胶、M - MC 和它们的衍生物可以制备成各种形式和尺寸,并且它们的性质可以在很大范围内被调控(通过改变组成和它们所处环境)。因此,NC 凝胶扩大了聚合物水凝胶作为环保

(水基)材料,相似地 M－NC 也具备成为高无机含量的高级纳米复合材料的潜力。NC 凝胶和 M－NC,它们克服了常规水凝胶和聚合物纳米复合材料的大部分严重缺点,成为有前途的软质纳米杂化材料,可能在先进材料化学和物理学科中开发出新的领域,并将用于医疗、生物医学、分析和土木工程以及电子设备等各个领域。

参考文献

[1] Kopecek J(2009)J Polym Sci A Polym Chem 47:5929

[2] Bin IA,Seki T,Takeoka Y(2010)Polym J 42:839

[3] Messing R,Schmidt AM(2011)Polym Chem 2:18

[4] Xia LW,Xie R,Ju XJ,Wang W,Chen Q,Chu LY(2013)Nat Commun 4:3226

[5] Richtering W,Saunders BR(2014)Soft Mater 10:3695

[6] Okano T,Bae YH,Jacobs H,Kim SW(1990)J Control Release 11:255

[7] Stayton PS,Shimoboji T,Long C,Chilkoti A,Chen G,Harris JM,Hoffman AS(1995)Nature 378:472

[8] Cai W,Anderson EC,Gupta RB(2001)Ind Eng Chem Res 40:2283

[9] Matsumoto A,Yoshida R,Kataoka K(2004)Biomacromolecules 5:1038

[10] Yamato M,Okano T(2004)Mater Today 7:42

[11] Matsukuma D,Yamamoto K,Aoyagi T(2006)Langmuir 22:5911

[12] Kretlow JD,Hacker MC,Klouda L,Ma BB,Mikos AG(2010)Biomacromolecules 11:797－805

[13] Heskins M,Guillet JE(1968)J Macromol Sci A2:1441

[14] Cho EC,Lee J,Cho K(2003)Macromolecules 36:9929

[15] Matsuo ES,Tanaka T(1988)J Chem Phys 89:1695

[16] Annaka M,Motokawa K,Sasaki S,Nakahira T,Kawasaki H,Maeda H,Amo Y,Tominaga Y(2000)J Chem Phys 113:5980

[17] Otake K,Inomata H,Konno M,Saito S(1990)Macromolecules 23:283

[18] Takigawa T,Araki H,Takahashi K,Masuda T(2000)J Chem Phys 113:7640

[19] Haraguchi K,Takehisa T(2002)Adv Mater 14:1120

[20] Haraguchi K,Takehisa T,Fan S(2002)Macromolecules 35:10162

[21] Haraguchi K(2007)Macromol Symp 256:120

[22] Xu Y,Li G,Haraguchi K(2010)Macromol Chem Phys 211:977

[23] Giannelis EP(1996)Adv Mater 8:29

[24] Mark JE(2003)Macromol Symp 201:77

[25] Okada K,Usuki A(2006)Macromol Mater Eng 291:1449

[26] Usuki A,Kojima Y,Kawasumi M,Okada A,Fukushima Y,Kurauchi T,Kamigaito O(1993)J Mater Res 8:1179

[27] Convertino A,Tamborra M,Striccoli M,Leo G,Agostiano A,Curri ML(2011)Thin Solid Films 519:3931.

[28] Haraguchi K,Li HJ(2005)Angew Chem Int Ed 44:6500

[29] Haraguchi K(2007)Curr Opin Solid State Mater Sci 11:47－54

[30] Fukasawa M, Sakai T, Chung UI, Haraguchi K(2010) Macromolecules 43:4370
[31] Haraguchi K, Ebato M, Takehisa T(2006) Adv Mater 18:2250
[32] Editor's Choice(2006) Science 314:19
[33] Haraguchi K, Masatoshi S, Kotobuki N, Murata K(2011) J Biomater Sci Polym Ed 22:2389
[34] Tanaka Y, Gong JP, Osada Y(2005) Prog Polym Sci 30:1
[35] Johnson JA, Turro NJ, Koberstein JT, Mark JE(2010) Prog Polym Sci 35:332 – 337
[36] Okumura Y, Ito K(2001) Adv Mater 13:485
[37] Gong JP, Katsuyama Y, Kurokawa T, Osada Y(2003) Adv Mater 15:1155
[38] Sakai T, Matsunaga T, Yamamoto Y, Ito C, Yoshida R, Suzuki S, Sasaki N, Shibayama M, Chung UI(2008) Macromolecules 41:5379
[39] Haraguchi K, Li HJ, Matsuda K, Takehisa T, Elliot E(2005) Macromolecules 38:3482
[40] Haraguchi K, Farnworth R, Ohbayashi A, Takehisa T(2003) Macromolecules 36:5732
[41] Haraguchi K, Li HJ(2006) Macromolecules 39:1898
[42] Rosta L, von Gunten HR(1990) J Colloid Interface Sci 134:397
[43] Haraguchi K, Li H – J(2004) J Network Polym Jpn 25:2
[44] Zhu M, Liu Y, Sun B, Zhang W, Liu X, Yu H, Zhang Y, Kuckling D, Adler HJP(2006) Macromol Rapid Commun 27:1023
[45] Xiong L, Hu X, Liu X, Tong Z(2008) Polymer 49:5064
[46] Li P, Kim NH, Siddaramaiah, Lee JH(2009) Compos B Eng 40:275
[47] Haraguchi K, Song L(2007) Macromolecules 40:5526
[48] Haraguchi K, Takada T(2010) Macromolecules 43:4294
[49] Song L, Zhu M, Chen Y, Haraguchi K(2008) Polym J 40:800
[50] Shibayama M, Suda J, Karino T, Okabe S, Takehisa T, Haraguchi K(2004) Macromolecules 37:9606
[51] Miyazaki S, Karino T, Endo H, Haraguchi K, Shibayama M(2006) Macromolecules 39:8112
[52] Miyazaki S, Endo H, Karino T, Haraguchi K, Shibayama M(2007) Macromolecules 40:4287
[53] Nie J, Du B, Oppermann W(2006) J Phys Chem B 110:11167
[54] Haraguchi K, Li HJ(2009) J Polym Sci B Polym Phys 47:2328
[55] Haraguchi K, Xu Y, Li G(2010) Macromol Rapid Commun 31:718
[56] Haraguchi K, Xu Y(2012) Colloid Polym Sci 290:1627
[57] Nishida T, Endo H, Osaka N, Li HJ, Haraguchi K, Shibayama M(2009) Phys Rev E 80:030801R
[58] Nishida T, Obayashi A, Haraguchi K, Shibayama M(2012) Polymer 53:4533
[59] Tobolsky AV, Carlson DW, Indictor N(1961) J Polym Sci 54:175
[60] Flory PJ, Rehner JJR(1943) J Chem Phys 11:521
[61] Baker JP, Hong LH, Blanch HW, Prausnitz JM(1994) Macromolecules 27:1446
[62] Haraguchi K, Li H – J, Song L, Murata K(2007) Macromolecules 40:6973
[63] Flory PJ(1953) Principles of polymer chemistry. Cornell University Press, Ithaca, Chapter 9
[64] Gordon M, Ross – Murphy SB(1975) Pure Appl Chem 43:1
[65] Stauffer DJ(1976) Chem Soc Faraday Trans II 72:1354
[66] de Gennes PG(1979) Scaling concept in polymer physics. Cornell University Press, Ithaca, Chapter 5
[67] Haraguchi K(2011) Colloid Polym Sci 289:455

[68] Dijkstra M, Hansen JP, Madden PA(1995) Phys Rev Lett 75:2236
[69] Liu Y, Zhu M, Liu X, Zhang W, Sun B, Chen Y, Adler HJP(2006) Polymer 47:1
[70] Xiang Y, Peng Z, Chen D(2006) Eur Polym J 42:2125
[71] Mu J, Zheng S(2007) J Colloid Interface Sci 307:377
[72] Hibino T(2010) Appl Clay Sci 50:282
[73] Chen T, Cao Z, Guo X, Nie J, Xu J, Fan Z, Du B(2011) Polymer 52:172
[74] Jiang G, Liu C, Liu X, Chen Q, Zhang G, Yang M, Liu F(2010) Polymer 51:1507
[75] Zhou C, Wu Q(2011) Colloids Surf B 84:155
[76] Zhou C, Wu Q, Yue Y, Zhang Q(2011) J Colloid Interface Sci 353:116
[77] Smith TL, Stedry PJ(1960) J Appl Phys 31:1892
[78] Haraguchi K, Li H-J, Ren H, Zhu M(2010) Macromolecules 43:9848
[79] Zhang X, Zhuo R(2001) Langmuir 17:12
[80] Okajima T, Harada I, Nishio K, Hirotsu S(2000) Jpn J Appl Phys 39:L875
[81] Yoshida R, Uchida K, Kaneko Y, Sakai K, Kikuchi A, Sakurai Y, Okano T(1995) Nature 374:240
[82] Tanaka T, Fillmore DJ(1979) J Chem Phys 70:1214
[83] Song L, Zhu M, Chen Y, Haraguchi K(2008) Macromol Chem Phys 209:1564
[84] Xu K, Wang J, Xiang S, Chen Q, Zhang W, Wang P(2007) Appl Clay Sci 38:139
[85] Mujumdar SK, Siegel RA(2008) J Polym Sci A Polym Chem 46:6630
[86] Janovak L, Varga J, Kemeny L, Dekany I(2009) Appl Clay Sci 43:260
[87] Xiong L, Zhu M, Hu X, Liu X, Tong Z(2009) Macromolecules 42:3811
[88] Hu X, Xiong L, Wang T, Lin Z, Liu X, Tong Z(2009) Polymer 50:1933
[89] Xu S, Zhang S, Yang J(2008) Mater Lett 62:3999
[90] Zhu M, Xiong L, Wang T, Liu X, Wang C, Tong Z(2010) React Funct Polym 70:267
[91] Ma J, Xu Y, Fan B, Liang B(2007) Eur Polym J 43:2221
[92] Can V, Abdurrahmanoglu S, Okay O(2007) Polymer 48:5016
[93] Ren HY, Zhu M, Haraguchi K(2011) Macromolecules 44:8516
[94] Urayama K(2007) Macromolecules 40:2277
[95] Yokoyama F, Achife EC, Matsuoka M, Shimamura K, Yamashita Y, Monobe K(1991) Polymer 32:2911
[96] Stellwagen J, Stellwagen NC(1989) Nucleic Acids Res 17:1537
[97] Murata K, Haraguchi K(2007) J Mater Chem 17:3385
[98] Haraguchi K, Takada T(2005) Macromol Chem Phys 206:1530
[99] Zhang J, Pelton R, Deng Y(1995) Langmuir 11:2301
[100] Teare DOH, Barwick DC, Schofield WCE, Garrod RP, Beeby A, Badyal JPS(2005) J Phys Chem B 109:22407
[101] Sun T, Wang G, Feng L, Liu B, Ma Y, Jiang L, Zhu D(2004) Angew Chem Int Ed 43:357
[102] Haraguchi K, Li HJ, Okumura N(2007) Macromolecules 40:2299
[103] Haraguchi K, Li HJ, Song L(2008) J Colloid Interface Sci 326:41
[104] Haraguchi K(2007) Research highlights. Nature 446:350
[105] Haraguchi K, Li HJ(2010) Macromol Symp 291:159
[106] Takizawa T, Mori Y, Yoshizato K(1990) Biotechnology 8:854

[107] Akiyama Y, Kikuchi A, Yamato M, Okano T(2004) Langmuir 20:5506
[108] Haraguchi K, Takehisa T, Ebato M(2006) Biomacromolecules 7:3267
[109] Wang T, Liu D, Lian C, Zheng S, Liu X, Wang C, Tong Z(2011) React Funct Polym 71:447
[110] Haraguchi K, Matsuda M(2005) Chem Mater 17:931
[111] Haraguchi K, Taniguchi S, Takehisa T(2005) Chem Phys Chem 6:238
[112] Ghosh SK(2009) Self – healing materials: fundamentals, design strategies, and applications. Wiley, Weinheim
[113] Bergman SD, Wudl F(2008) J Mater Chem 18:41
[114] Hager MD, Greil P, Leyens C, Van der Zwaag S, Schuber US(2010) Adv Mater 22:5424
[115] Brochu ABW, Craig SL, Reichert WM(2010) J Biomedical Mater Res A 96A:492
[116] Chen X, Dam MA, Ono K, Mal A, Shen H, Nutt SR, Sheran K, Wudl F(2002) Science295:1698
[117] Liu YL, Chen YW(2007) Macromol Chem Phys 208:224
[118] Scott TF, Schneider AD, Cook WD, Bowman CN(2005) Science 308:1615
[119] Higaki Y, Otsuka H, Takahara A(2006) Macromolecules 39:2121
[120] Oku T, Furusho Y, Takata T(2004) Angew Chem Int Ed 43:966
[121] Bleay SM, Loader CB, Hawyes VJ, Humberstone L, Curtis PT(2001) CompositesA 32:1767
[122] Coillot D, Mear FO, Podor R, Montagne L(2010) Adv Funct Mater 20:4371
[123] White SR, Sottos NR, Geubelle PH, Moore JS, Kessler MR, Sriram SR, Brown EN, Viswanathan S(2001) Nature 409:794
[124] Cordier P, Tournilhac F, Soulie – Ziakovic C, Leibler L(2008) Nature 451:977
[125] Ghosh B, Urban MW(2009) Science 323:1458
[126] Wang Q, Mynar JL, Yoshida M, Lee E, Lee M, Okuro K, Kinbara K, Aida T(2010) Nature 463:339
[127] Haraguchi K, Uyama K, Tanimoto H(2011) Macromol Rapid Commun 32:1253
[128] Haraguchi K, Murata K, Takehisa T(2012) Macromolecules 45:385
[129] Haraguchi K, Murata K, Taheisa T(2013) Macromol Symp 329:150
[130] Miyahara Y, Nagaya N, Kataoka M, Yanagawa B, Tanaka K, Hao H, Ishino K, Ishida H, Shimizu T, Kangawa K(2006) Nat Med 12:459
[131] Kuroda R, Ishida K, Matsumoto T, Akisue T, Fujioka H, Mizuno K, Ohgushi H, Wakitani S, Kurosaka M (2007) Osteoarthr Cartil 15:226
[132] Kotobuki N, Murata K, Haraguchi K(2013) J Biomed Mater ResA 101:537
[133] Lowe AB, McCormick CL(2002) Chem Rev 102:4177
[134] Kudaibergenov S, Jaeger W, Laschewsky A(2006) Adv Polym Sci 201:175
[135] Kimura M, Takai M, Ishihara K(2007) J Biomed Mater ResA 80:45
[136] Carr LR, Zhou Y, Krause JE, Xue H, Jiang S(2011) Biomaterials 32:6893
[137] Seuring J, Agarwal S(2012) Macromol Rapid Commun 33:1898
[138] Shih YJ, Chang Y(2010) Langmuir 26:17286
[139] Ning J, Kutoba K, Li G, Haraguchi K(2013) React Funct Polym 73:969
[140] Ning J, Li G, Haraguchi K(2013) Macromolecules 46:5317
[141] Ning J, Li G, Haraguchi K(2014) Macromol Chem Phys 215:235
[142] Haraguchi K, Takada T(2014) Macromol Chem Phys 215:295

[143] Stamenkovic VR, Fowler B, Mun BS, Wang G, Ross PN, Lucas CA, Markovic NM(2007) Science 315:493
[144] Zhai D, Liu B, Shi Y, Pan L, Wang Y, Li W, Zhang R, Yu G(2013) ACS Nano 7:3540
[145] Bedenbaugh JE, Kim S, Sasmaz E, Lauterbach J(2013) ACS Comb Sci 15:491
[146] Tian M, Wu G, ChenA(2012) ACS Catal 2:425
[147] Adhikari B, Biswas A, Banerjee A(2012) ACS Appl Mater Interfaces 4:5472
[148] Zhang L, Zheng S, Kang DE, Shin JY, Suh H, Kim I(2013) RSC Adv 3:4692
[149] Haraguchi K, Varade D(2014) Polymer 55:2496
[150] Varade D, Haraguchi K(2013) Langmuir 29:1977
[151] Idemura S, Haraguchi K(2000) US Patent P6,063,862
[152] Goda H, Higashino T(2003) US Patent P6,525,160
[153] Tanaka M, Motomura T, Ishii N, Shimura K, Onishi M, Mochizuki A, Hatakeyama T(2000) Polym Int 49:1709
[154] Saito N, Motoyama S, Sawamoto J(2000) Artif Organs 24:547
[155] Baykut D, Bernet F, Wehrle J, Weichelt K, Schwartz P, Zerkowski HR(2001) Eur J Med Res 6:29
[156] Tanaka M, Mochizuki A, Ishii N, Motomura T, Hatakeyama T(2002) Biomacromolecules 3:36
[157] Urayama K, Kohjiya S(1998) Eur Phys J B - 2:75
[158] Haraguchi K, Kubota K, Takada T, Mahara S(2014) Biomacromolecules 15(6): 1992 - 2003doi: 10.1021/bm401914c
[159] Varade D, Abe H, Yamauchi Y, Haraguchi K(2013) ACS Appl Mater Interfaces 5:11613
[160] Varade D, Haraguchi K(2013) Phys Chem Chem Phys 15:16477
[161] Varade D, Haraguchi K(2012) Soft Matter 8:3743
[162] Varade D, Haraguchi K(2012) J Mater Chem 22:17649
[163] Varade D, Haraguchi K(2014) Chem Commun 50:3014

第6章 金属氧化物/聚合物杂化纳米复合材料的制备

Yuvaraj Haldorai 和 Jae - Jin Shim

摘要:由于其潜在的应用,合成金属氧化物/聚合物杂化纳米复合材料受到人们越来越多的关注。聚合物科学的发展已经能够制备具有可控的机械、热学和电活性特性的各种材料。作为纳米复合材料新兴热点的一部分,许多研究人员已经开始寻找将聚合物和有价值性能的纳米粒子结合的新方法,以制备工程纳米复合材料。研究表明,在生产具有价值的纳米复合材料中,包含若干重要难题。最大的困难是缺乏成本合理的方法来控制纳米粒子在聚合物主体中的分散,这使纳米复合材料难以大规模生产和商业化。纳米级粒子通常会团聚,这会抵消其小尺寸相关的任何益处。粒子必须在基体内呈现单一的、分散良好的状态,这需要能够应用在纳米尺度上,并可用于宏观加工上的有效的处理技术。因此,合成具有高均匀性的纳米复合材料是一难题。目前,大量的方法被尝试用于合成纳米复合材料,这些方法可分为两大类:异位法和原位法。本章通过适当的例子讨论了异位这两种方法。

关键词:应用;金属氧化物;纳米复合材料;聚合物;性能

6.1 引　言

纳米结构杂化材料是纳米级分布的有机和无机组分组成的一类特殊的复合材料。由于其独特的性质和应用潜力,在过去的二十年中,人们大量研究了有机 - 无机纳米复合材料的合成[1-4]。复合材料的有效性能取决于组分的性质、体积分数,掺入物的形状和排列以及基体和掺入物之间的界面相互作用。随着近年来纳米科学和纳米技术领域的发展,材料特性与填料尺寸的相关性已成为研究焦点。将两组分在纳米尺度上组合成一种材料,这种协同组合为多功能材料的开发提供了新的方向[5-8]。目前有两种重要方法用于制备具有纳米尺度的复合结构：自聚集和分散。采用自聚集方法通常得到有序的杂化材料，而无序的复合材料通常是将纳米粒子分散在基体中来制备。纳米结构自聚集杂化复合材料是一种在空间上有机和无机组分都具有明确区域的材料，并且在纳米尺度上具有可控的相互排列。另一方面，通过低维分散填料与软物质（特别是聚合物）相组合，可以方便地制备具有改进性能的杂化材料。这些独特的结构纳米复合材料具有有趣特性，使其在能源、生物医学和光电子等领域有着广泛的应用[5-8]。

填料是复合材料的组分之一，作为小颗粒（长度小于 1000μm）的添加剂，通常按高填充量添加到基体中。填料基本上分为非活性和功能性填料。“非活性”一词与填料的主要用途有关，主要用于降低最终材料成本，而“功能性”一词则用于强调填料的新用途，主要用于改变最终复合材料产品的特定性能，如密度、收缩性、膨胀系数、电导率、渗透率、力学性能或热行为[8-9]。向基体中添加填料，可使复合材料实现不同的目的，从增加阻燃性到增硬软物质（如聚合物）[10-11]。将纳米粒子作为填料的应用引起了人们的极大兴趣。纳米技术已经发展到一个阶段，即允许大规模生产不同的、特制的单组分纳米化实体，从金属纳米粒子到碳纳米管。因此，在该阶段，难题主要是证明制造复杂纳米结构产品或器件（如纳米结构复合材料）的可行性。一方面，为进一步开发各种纳米材料的异质结构，目前自下而上的大规模的生产方法（气相相关的物理方法路线或与液相相关的化学批量工艺），具有成本高且纯度低的严重局限性；另一方面，纳米粒子的表面官能化是有效探索纳米复合材料显著性能和操纵纳米粒子形成纳米结构杂化复合材料的关键步骤。原因是两相之间的低界面相互作用，制备的无机填料通常与有机软质基质不相容[12]，这与纳米填料有很大相关性（这类纳米填料具有大表面积-体积比）[13]。体系中缺乏填料/基体耦合或黏结常常导致制备的杂化材料具有各向异性和较差的力学性能，限制了杂化材料的应用[14-15]。因此，需要在技术上通过表面改性，提高纳米填料在大量不同的有机基体中的分散[16]。此外，通过无机填料的表面处理，可以抑制或最大程度减少复合材料中的风化作用（如润湿、渗透性、结垢和腐蚀），提升最终材料的耐久性。大多数无机填料的高表面反应性有助于它们的表面改性和官能化。

本综述考察了使用异位和原位方法合成金属氧化物/聚合物纳米复合材料。通过合适案例，讨论了金属氧化物纳米粒子，如氧化锌（ZnO）、氧化钛（TiO_2）、氧化铜（CuO）、磁铁矿（Fe_3O_4）和磁赤铁矿（$\gamma-Fe_2O_3$）以及它们的复合材料。需要注意的是，由于在金属氧化物/聚合物纳米复合材料的合成领域发表的论文很多，无法完整描述该领域。因此本章将概述用于制备纳米复合材料的技术和策略，选定代表不同路线和系统的案例进行描述。更为详细的描述请参见相关的参考文献。

6.2 金属氧化物纳米粒子的合成

在过去的几十年中，大量的研究集中在合成金属氧化物纳米粒子，许多报道描述了生产形状可控的、稳定和单分散纳米粒子的有效方法。纳米粒子可用多种物理和化学方法从许多材料中合成得到，合成粒子的元素组成、形状、大小以及化学或物理性质均不同[17]。根据是否涉及化学反应，制备金属氧化物纳米粒子的方法可以分为物理和化学法。另外，这些方法也可以根据反应体系的状态分为气相法、液相法和固相法。气相法包括气相蒸发法（电阻加热法、高频感应加热法、等离子加热法、电子束加热法、激光加热法、电加热蒸发法、流动油表面真空沉积法、爆炸丝法）、化学气相反应（加热热管气体反应、激光诱导化学气相反应、等离子体增强化学气相反应）、化学气相冷凝法和溅射法。合成纳米粒子的液相法主要包括沉淀法、水解法、喷雾法、溶剂热法（高温高压）、溶剂蒸发热解法、氧化还原法（室压）、乳液法、辐射化学合成法和溶胶－凝胶法。固相法包括热分解、固态反应和火花放电、汽提和研磨法。

物理法通常涉及气相沉积，原理是将块状前驱体材料细分成更小的纳米粒子。用化学法合成金属氧化物纳米粒子已被证明比物理法更为有效。纳米级材料与大尺寸材料的性能不同。随着材料尺寸减小，表面原子的比例增加，而表面原子是基本催化过程的活性中心，这会增加其反应活性，使它们具有高催化反应活性。因此，纳米尺寸的纳米粒子呈现出独特的电子、光学、磁性和机械特性。由于这些独特的性质，金属氧化物纳米粒子可以用于催化、废水处理、纺织品、涂料、药物输送、磁共振成像（MRI）、组织工程和癌症治疗等一系列领域中。表6－1为所选金属氧化物，如 ZnO、TiO_2、CuO、Fe_3O_4和 $\gamma-Fe_2O_3$ 的合成方法、性能和应用[18－106]。

6.3 金属氧化物/聚合物杂化纳米复合材料的合成

一般来说，制备金属氧化物/聚合物纳米复合材料的方法有三种（图6－1）。第一种是将金属氧化物纳米粒子以离散相（称为熔体混合）或在溶液中（溶液混合）与聚合物直接混合或共混；第二种是溶胶－凝胶法，即在室温下，从分子前驱体开始，然后通过水解和缩合形成金属氧化物骨架；第三种是在金属氧化物纳米粒子存在下，由单体原位聚合而成。如表6－1 所示。

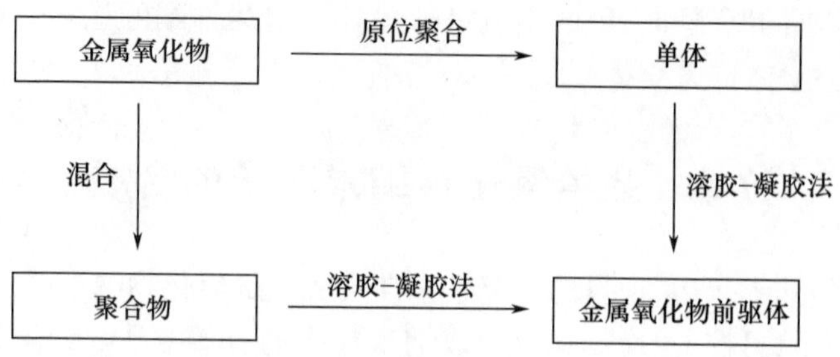

图 6-1　制备金属氧化物/聚合物杂化纳米复合材料的三种传统方法

表 6-1　所选金属氧化物的合成方法、性能和应用

纳米粒子	合成方法	性能	应用	参考文献
ZnO	溶胶-凝胶法、机械研磨法、均相沉淀、微波法、有机金属法、喷雾热解法、热蒸发法、力化学合成法、水热法、溶剂热法和热分解法	光学、电学、传感、传输、磁性电子和催化性能、热导率	光电和电子设备应用、气体传感器、有机污染物的光催化降解、化妆品、医疗填充材料和抗菌应用	[18-49]
TiO_2	溶胶-凝胶法、水热法、声化学法、反胶束法、溶剂热法、火焰喷雾热解法、非水解法、化学气相沉积法和微波法	光学、电子、光谱、结构、机械、传感、催化和防腐性能	染料敏化太阳能电池、气体传感器、纳米药物、护肤品、光催化降解有机污染物和抗菌应用	[50-75]
磁粒子	共沉法、微乳液法、溶胶-凝胶法、溶剂热法、脉冲激光烧蚀法、电化学法、声化学法、微波法和热分解法	磁、热、物理、传感和流体力学特性	生物医学、癌症治疗、MRI、药物传递、有毒金属离子的去除和抗菌性能	[76-94]
CuO	声化学法、溶剂热法、直接热分解法、电化学法、胶体热合成法、微波辐射法、沉淀法和溶液等离子体法	电、光、磁、介电、传感、热和光导特性	抗氧化、抗菌、导热、抗菌、催化、太阳能电池和气体传感器	[95-106]

6.3.1　共混或直接混合

共混是制备金属氧化物/聚合物纳米复合材料最简单的方法。非原位法很受欢迎，原因是它对所用纳米粒子和主体聚合物的性质没有限制。根据条件，共

混通常可以分为熔融共混和溶液共混。因为纳米粒子倾向于聚集,所以共混过程中的主要困难一直是纳米粒子在聚合物基质中的有效分散问题。采用聚合物生产工艺(如挤出)将纳米粒子与聚合物熔体直接混合,是用热塑性聚合物制备复合材料的经典方法。这个方法主要用于黏土材料与聚烯烃的共混。目前,该工艺被应用于各种材料,如金属氧化物和碳纳米管。熔融共混的优势是适用于大多数材料(挤出成型),并且大多数聚合物共混物都以这种方式实现商业生产。熔融共混具有多个诱人优点,例如不需要溶剂、易于用传统的共混装置,如挤出机加工、成本相对较低,并且环保。

1. 熔融共混

只有少数研究报道了用熔融共混制备金属氧化物/聚合物纳米复合材料。Hong[107]等通过熔融共混制备了 ZnO/低密度聚乙烯(LDPE)纳米复合材料。与传统的亚微米级 ZnO 相比,他们试图了解 ZnO 纳米粒子及其表面如何影响复合材料的电学性能,该小组进一步研究了 ZnO 浓度高达 40% 的复合材料介电常数[108]。Dang[109]等也计算了 ZnO/LDPE 复合材料的介电性能。上述工作显示,含 60% (体积分数)ZnO 的复合材料具有低介电常数。研究人员认为,由于它们的低介电常数,因此 ZnO/LDPE 复合材料没有渗流阈值。Tjong 和 Liang[110]通过熔融共混,制备了 ZnO/LDPE 纳米复合材料,并测定了复合材料的介电和电阻率特性。他们根据粒子间距和渗流阈值理论,讨论了 ZnO/LDPE 复合材料的结构性能,他们还表征了热处理后纳米复合材料的电性能[111]。结果表明,热处理对复合材料的电性能有显著影响。最近,Wong[112]等采用硅烷偶联剂 3 -(三甲氧基甲硅烷基)丙基甲基丙烯酸酯(MPTMS)对 ZnO 进行表面改性,通过熔融共混制备了含精细分散 ZnO 量子点的聚甲基丙烯酸甲酯(PMMA)纳米复合材料,并报道了该复合材料的玻璃化转变温度的变化。Zhao 和 Li[113]研究了填充有硅烷偶联剂改性的 ZnO 纳米粒子的 PP 纳米复合材料的光降解特性。紫外线的照射会引起未填充 PP 显著的光降解。

Miyauchi[114]等采用高剪切挤出机制备了 TiO_2/聚丁二酸丁二醇酯纳米复合材料,并评估了复合材料的光诱导分解和生物降解性,这些性能与 TiO_2 粒子的分散状态有关。Ou[115]等使用旋转双螺杆挤出机,制备了 PP/PA6(70/30)共混物和含有甲苯 -2,4 - 二异氰酸酯官能化 TiO_2 的纳米复合材料。制备中,采用了马来酸酐接枝 PP 作为增容剂。由于官能化 TiO_2 和增容剂的协同作用,复合材料的力学性能得到显著改善。Li[116]等研究了异丙基三(磷酸二辛酯)改性 TiO_2 对聚对苯二甲酸丁二醇酯结晶行为的影响。最近,Chiu[117]等用熔体纺丝法制备的 TiO_2/PP 纳米复合纤维,研究了其拉伸流动性能。Knor[118]等通过优化的双螺杆,挤出制备了纳米 TiO_2 增强聚醚醚酮(PEEK)复合材料,并研究了其机械性能和热性能。近来，Zohrevand[119]等报道了添加不同体积浓度 TiO_2（高达15%体积分数，45.5%质量分数）对 TiO_2/PP 纳米复合材料的中 PP 结构及热性能和力学性能的影响，并研究了上述性能与纳米复合材料微观结构的相关性。为实现 PP 和 TiO_2 相之间更好地相互作用，该研究还使用了酸酐改性的 PP 作为增容剂。

Kong[120]等将磁性纳米粒子和天然橡胶通过熔融共混法，得到磁性纳米复合材料，并检测了复合材料磁性的温度依赖性。Chung[121]等通过熔融共混制备了柔性交联形状记忆 PU/Fe_3O_4复合材料。该复合材料呈现出优异的机械性能和形状记忆特性。Vunain[122]等通过熔融共混法，制备了含有不同质量分数的Fe_3O_4的乙烯-乙酸乙烯酯和聚 ε-己内酯聚合物纳米复合材料。该纳米复合材料被用作有效的吸附材料，可用于去除水中 As(Ⅲ)离子和一些金属离子的。为了使金属氧化物纳米粒子在聚合物基体实现良好的均匀分散，人们不断优化聚合物的加工条件，但是复合材料的表面测试表明纳米粒子仍存在团聚。团聚归因于粒子相互作用，该作用以聚合物基体中的空间力为媒介。总的来说，上述报道中，实现粒子的合理分散和复合材料磁性的控制，在某些应用中具有潜在用途。但是，将聚合物和金属氧化物纳米粒子共混，使纳米粒子均匀、完全分散在聚合物中，仍是重要问题。

尽管前面提到熔融共混的优点，但是共混中聚合物的降解可能是一个不容忽视的重要问题。因为在熔融共混过程中通常需要一定的高温，所以聚合物基体和相容剂可能会降解为有机表面活性剂，这可能导致最终产品的机械性能显著降低。

2. 溶液共混

溶液共混是一种液态粉末加工方法，可以产生良好的分子级混合，广泛用于材料制备和加工。溶液混合的好处包括将无机填料与聚合物在溶剂中进行彻底混合，这有利于填料纳米粒子解聚和分散。该方法由三个步骤组成：将填料纳米粒子分散在合适的溶剂中，与聚合物混合（室温或升温）以及通过沉淀或铸膜来回收得到纳米复合材料。其中，有机和水性溶液介质都已用于生产纳米复合材料。在这种方法中，可通过磁力搅拌、剪切混合、回流或最常见的超声处理实现填料纳米粒子的分散。

文献[123]以 N,N-二甲基乙酰胺为溶剂，通过溶液共混，随后进行膜浇铸，制备了 ZnO/PS 纳米复合材料。溶液混合使亲水性 ZnO 纳米粒子在疏水性 PS 基体中均匀分散。这是因为共溶剂可以破坏纳米粒子团聚体，并防止其在溶液混合和膜流延期间再聚集。该纳米复合膜具有紫外吸收性能，且不降低其透明度。另外，纳米复合材料表现出增强的热性能和力学性能。Li[124]等通过溶液共混法制备了由 ZnO 纳米粒子增强的 PU 基涂层。通过掺入至多 2.0%（质量分数）的 ZnO 纳米粒子可以显著改善 PU 膜的弹性模量和拉伸强度，并且添加 ZnO 纳米粒子后，PU 涂层的耐磨性显著提高。Seo[125]等制备了一系列含有不同 ZnO 含量的 ZnO/聚碳酸亚丙酯纳米复合膜，并且测试了 ZnO 浓度对膜的形态结构、热性能、透氧性、吸水性和抗菌性能的影响。Hejazi[126]等在简单的溶液浇铸中，采用了相分离法制备了含 ZnO 纳米粒子的超疏水表面的 PP 涂层。高含量的 ZnO 纳米粒子可能会降低超疏水性，原因是粒子会迁移到涂层表面并且 ZnO 表面上存在亲水—OH 基团。

近来，鉴于其潜在的环境和生物医学应用，人们把关注点集中在生物相容性和生物可降解聚合物的共混上。Song[127]等通过溶液共混制备了聚乳酸（PLA）纳米纤维和含有 TiO_2 的 PLA 纳米复合材料。结果表明，药物分子和/或 DNA 易自组装在纳米 TiO_2/PLA 纳米纤维共混物表面，因此新形成的纳米复合材料有效地促进了柔红霉素相应的生物识别。Nakayama 和 Hayashi[129]将表面改性的 TiO_2 纳米粒子加入到 PLA 基体中，制备出 TiO_2/PLA 纳米复合膜。与纯 PLA 膜相比，纳米复合膜的 UV 光降解更为有效。Buzarovska[130]也通过溶液共混法制备了表面改性 TiO_2 和 PLA 的复合材料，测试了其光降解、热稳定性和穿刺特性。最近，文献[131]利用超声辐射工艺，制备了含不同量的改性 TiO_2 的 TiO_2/PVA 纳米复合涂层。图 6-2 为溶液浇铸法制备 TiO_2/PVA 膜示意图。

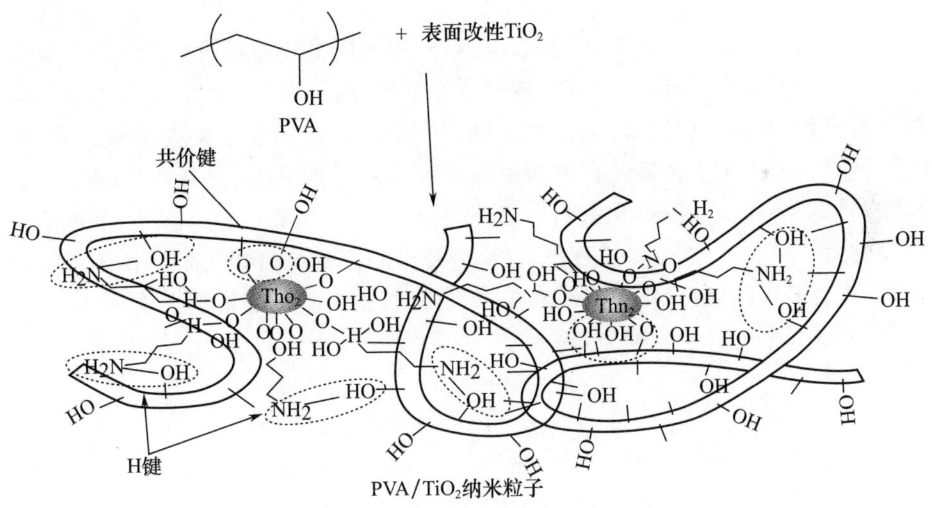

图 6-2　TiO_2/PVA 纳米复合材料的制备

（转载自文献[131]，2002 年发表，经 Elsevier 许可。）

磁性纳米粒子非常适合作为具有工程物理化学性质的纳米复合材料的基础材料。特别是聚合物和磁性纳米粒子的纳米复合材料可以为新型传感、驱动、分子分离、电磁波吸收和生物医学应用铺平道路。Yang[132]等制备了表面改性Fe_3O_4和苯乙烯－b－乙烯/丁烯－b－苯乙烯嵌段共聚物复合材料，研究在射频下，Fe_3O_4粒径对磁介电性能的影响。随着表面活性剂改性的Fe_3O_4纳米粒子的加入，聚合物的介电常数提高，而粒径对其几乎没有影响。另外，大量的Fe_3O_4纳米粒子可使聚合物获得较高的磁导率。Kaushik[133]等将Fe_3O_4纳米粒子分散在壳聚糖溶液中，在铟锡氧化物玻璃板上制备出纳米复合膜，该膜可用于葡萄糖检测。这种纳米复合生物电极的响应时间为5s，对葡萄糖检测的线性范围为10～400mg/dL，灵敏度为9.3μA/(mg dLcm^2)以及大约8周的储存期(冷藏条件)。Pisanello[134]等制备了柔性、生物相容的聚二甲基硅氧烷/氧化铁纳米粒子弹性体纳米复合材料，该复合材料在射频范围内具有可调谐的介电性和磁性。实验结果表明，在射频范围内，将粒径在15～29nm范围内的胶状氧化铁作为简单的电磁填充物，能增加聚合物的介电常数，而不会影响聚合物的磁导率。

如果聚合物和纳米粒子都溶解或分散在溶液中，则溶液共混可以克服熔融混合的一些限制。但是，对于工业应用来说，成本低廉且商业应用的大规模生产简单的熔融加工仍是首选。

6.3.2 溶胶－凝胶法

人们已经开发了多种方法用以改善有机和无机组分之间的相容性。在众多正在开发的方法中，溶胶－凝胶法被广泛地采用，这是因为它能够在分子水平上控制有机和无机组分之间的共混相容性。溶胶－凝胶与两个反应步骤有关：溶胶和凝胶。溶胶是固体粒子在液相中形成胶体悬浮液，凝胶是在相之间形成的互联网络。溶胶－凝胶过程由两个主要反应组成：水解和缩合，这是一个多步骤顺序发生的过程。水解包括有机链与金属的键合断裂，随后通过亲核加成以—OH基团来取代，质子化物质形成醇，脱离水解金属。缩合是基于氧、金属和氧键合的形成(—O—M—O—)。根据定义，缩合反应释放出小分子，如水或醇[135]。

$$M(OR)_4 + H_2O \rightarrow HO—M(OR)_3 + ROH$$

$$(OR)_3M—OH + HO—M(OR)_3 \rightarrow (OR)_3M—O—M(OR)_3 + H_2O$$

$$(OR)_3M—OH + RO—M(OR)_3 \rightarrow (OR)_3M—O—M(OR)_3 + ROH$$

金属的反应活性、水的用量、溶剂、温度、络合剂或催化剂的使用是反应的主要参数。是否使用催化剂取决于金属原子的化学性质和醇盐基团的空间位阻。金属原子的亲电特性及其增加配位数的能力似乎是主要参数，该路线比物理混合需要更低的温度和更少的能量[135]。

无机/有机纳米复合材料通常在含前驱体和有机聚合物的溶剂中,通过溶胶-凝胶法制备。最直接的方法是在含聚合物的溶剂体系中使前驱体发生水解和缩合反应。与常规固态反应制备的材料相比,溶胶-凝胶法制备的材料的均匀性好、纯度高和烧结温度低[136]。可以采有机、有机金属和无机组分之间的键合的形成和键合的类型对溶胶-凝胶材料进行分类。一种分类方法是根据预成型的溶胶-凝胶网络中的有机官能团的聚合过程;其中,常见的是乙烯基的自由基聚合或环氧基团的阳离子聚合[137-138]。另外,这种分类没有得到充分的认可。或者说,前驱体如四乙氧基硅烷或钛酸四丁酯的溶胶-凝胶水解和缩合可从预成型的功能性有机聚合物开始进行。图6-3为原位溶胶-凝胶法制备具有共价键合的TiO_2/聚合物纳米复合材料典型路线[139]。Wu[140]分别采用原钛酸四异丙酯和PCL作为陶瓷前驱体和连续相,通过原位溶胶-凝胶法,制备了新型TiO_2/PCL和TiO_2/PCL-g-丙烯酸纳米复合材料。Du[141]等通过溶胶-凝胶法合成了ZnO/聚乙烯吡咯烷酮(PVP)纳米复合薄膜,可用于超氧化物自由基传感器。Gao[142]等通过原位溶胶-凝胶聚合技术,制备了氟化超支化ZnO/聚酰亚胺(HBPI)新型杂化膜,其中单乙醇胺被用作HBPI末端和ZnO前驱体之间的偶联剂。该纳米复合材料表现出良好的光学透明度。Hu和Marand[143]在聚(酰胺-酰亚胺)内通过溶胶-凝胶法原位合成纳米级TiO_2结构域。该复合膜表现出优异的光学透明性。Wang[144]等通过多组分溶胶的水解和缩合反应,合成了TiO_2/聚苯乙烯马来酸酐(PSMA)纳米复合材料,PSMA具有可固定TiO_2并防止其团聚的官能团。Liu和Lee[145]报道了使用溶胶-凝胶法合成TiO_2/聚环氧乙

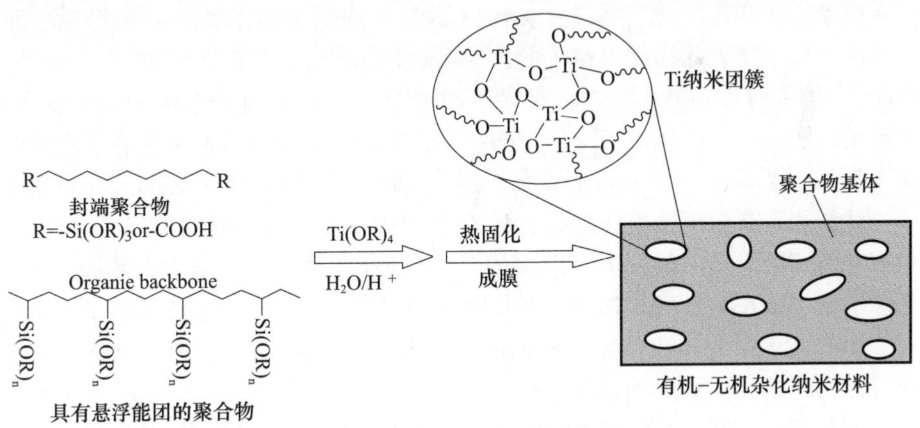

图6-3 通过原位溶胶-凝胶路线制备TiO_2/聚合物纳米复合材料[139]

(2009年发表,经RSC许可。)

烷(PEO)纳米复合材料电解质。其他研究人员也通过该法来生产 TiO_2/聚对苯乙炔[146]、聚酰亚胺(PI)[147-148]、PMMA[149-150]、聚亚芳基醚酮/砜[151]、聚硫氨酯[152]以及 PS 和 MPTMS 共聚物[153]纳米复合材料。

Yoshida[154]等将溶胶-凝胶和溶液共混并用,制备了透明 TiO_2/PI 纳米复合材料。第一步,采用溶胶-凝胶法通过反胶束形成 TiO_2 纳米粒子。将双(2-乙基己基)磺基琥珀酸钠溶解在异辛烷中,制备反胶束溶液,接着过滤所得溶液,并加入所需量的蒸馏水。然后在缓慢搅拌下,将用异丙醇稀释的异丙醇钛加入到反胶束溶液中。水解反应后,提取得到 TiO_2 纳米粒子。第二步,在搅拌下将氟化 PI 溶液加入到含 TiO_2 的 N-甲基吡咯烷酮溶液中,将该混合物涂布在玻璃基底上,并进行热处理,得到 TiO_2/PI 纳米复合材料。

溶胶-凝胶法最大的问题是凝胶过程会导致内部应力显著降低,这可能导致脆性材料的收缩(由溶剂、小分子和水的蒸发所致)。并且,该法要求溶胶-凝胶体系中的聚合物溶解在冷凝物中。另外,前驱体价格昂贵,并且有时是有毒的,这阻碍了该法的进一步提升和应用。

6.3.3 原位合成

非原位的方法中,纳米粒子通常会存在高度团聚的倾向,这是因为纳米粒子聚集体难以破坏,即便使用高外部剪切力。原位聚合方法可用于克服该问题。原位聚合包括将无机填料直接分散在单体或单体溶液中,随后使用标准聚合技术使单体分散体聚合。

1. 溶液聚合

在聚合物基体内,使金属氧化物纳米粒子的前驱体热分解,是在聚合物存在下原位生长金属氧化物纳米粒子的比较可行的方法。在 20 世纪 90 年代初期,Ziolo[155]等采用了一步化学方法在交联 PS 树脂中合成精细分散的 $\gamma-Fe_2O_3$ 纳米粒子。他们使用合成离子交换树脂和 Fe(Ⅱ)或 Fe(Ⅲ)-氯化物水溶液交换离子。Cao[156]等用一锅水热法合成 Fe_3O_4/PMMA 复合颗粒。Zhang[157]等报道了一种新的简单方法来原位制备透明 ZnO/PMMA 纳米复合膜。他们通过 MMA 和甲基丙烯酸甲酯-co-甲基丙烯酸锌醋酸酯(ZnMAAc)之间的自由基聚合,合成了聚(MMA-co-ZnMAAc)共聚物,其中含有一个末端双键(C ═ C)的不对称 ZnMAAc 作为 ZnO 纳米粒子的前驱体和避免交联。最终,通过原位热分解获得透明的 ZnO/PMMA 纳米复合膜。

还有其他原位方法可用于制备金属氧化物/聚合物纳米复合材料。Park[158]等使用原位聚合法合成了氧化铁/环氧乙烯基酯纳米复合材料。Evora 和 Shukla[159]通过原位聚合制备了 TiO_2/聚酯纳米复合材料。Althues[160]等通过原位光聚合制备含 ZnO 纳米粒子的聚(丁二醇单丙烯酸酯)。文献[161]将 MMA/引发剂与分散的 ZnO 纳米粒子的混合后,利用热诱导聚合得到 ZnO/PMMA 复合材料。文献[162]在乙醇介质中,在单乙醇胺存在下,水解乙酸锌,接着加入 MMA 和引发剂,并在 70℃下使体系聚合,合成了发光 ZnO/PMMA 复合材料。Wang[163]等报道了一种通过电子辐射诱导聚合制备 TiO_2/PMMA 复合材料的新方法。但是,金属氧化物的分散程度及金属氧化物/聚合物界面处的黏结是影响复合材料性能的最重要因素。金属氧化物纳米粒子经表面改性后可均匀分散在聚合物基体中。

两亲分子(如油酸、油酸铵或长链醇)可通过离子吸引力、氢键或配位键吸附在粒子表面上。表面活性剂分子排列在无机粒子表面上并构建出疏水界面,避免纳米粒子团聚。表面活性剂分子不直接参与聚合反应,但单体可以溶解在疏水性表面活性剂层中,并且无机填料会在聚合过程中嵌入增长的聚合物中[164]。Liu 和 Su[165]在油酸(OA)改性的 ZnO 纳米粒子存在下,通过 MMA 的自由基聚合,制备了 ZnO/PMMA 纳米复合材料。Dzunuzovic[166]等通过 MMA 在 6-棕榈酸抗坏血酸改性的 TiO_2 纳米粒子的甲苯溶液中,原位自由基聚合,制备了 TiO_2/PMMA 纳米复合材料。Demir[167,168]等通过原位本体聚合制备了 PMMA 与金属氧化物如 ZnO 和 TiO_2 的复合材料。通过对纳米粒子表面进行烷基膦酸改性,可使纳米粒子可分散在单体中。文献[169]先合成了 OA 封端的 γ-Fe_2O_3 纳米粒子,并通过原位聚合,制备了 γ-Fe_2O_3/PMMA 复合材料。金属氧化物表面上的 OA 提高了金属氧化物纳米粒子与聚合物基体的相容性,形成均相的、高度透明的 γ-Fe_2O_3/PMMA 复合材料。此外,文献[170]也报道了双功能偶联剂 MPTMS 官能化的 Fe_2O_3 纳米粒子/乙烯基酯树脂磁性纳米复合材料。粒子的官能化有利于纳米复合材料的制造,使其固化温度低于纯纳米粒子填充乙烯基酯树脂纳米复合材料。Inkyo[171]等采用(3-丙烯酰氧基丙基)三甲氧基硅烷对 TiO_2 进行表面改性,并将改性纳米粒子分散在 MMA 中,随后聚合得到 TiO_2/PMMA 纳米复合材料。

2. 乳液聚合

近年来,原位合成纳米复合材料,特别是核-壳型颗粒,其于其潜在的应用而引起了极大的关注[172]。特别的是,乳液聚合是生产单分散金属氧化物/聚合物核-壳复合材料的传统方法。Ai[172]等通过原位乳液聚合,制备了 TiO_2(壳)/聚丙烯酸酯(核)纳米复合材料颗粒。在该法中,必须加入非表面改性的 TiO_2 纳米粒子或功能性共聚单体。体系使用了十六烷基三甲基溴化铵(CTAB)作为稳定剂,使胶乳粒子带有正电荷,确保其表面形成 TiO_2 层,减少游离的 TiO_2 纳米粒子。体系中采用了廉价的四氯化钛作为 TiO_2 纳米粒子的前驱体。Daniel[174]等先将有机基磁性纳米粒子与疏水性乙烯基单体和乳化剂混合,接着聚合形成磁性纳米粒子核芯和聚合物壳，得到磁性聚合物颗粒。Charmot 和 Vidil[175]采用了类似的技术，通过添加乙烯基交联剂，制备了核－壳复合材料。Dresco[176]等采用反相乳液技术，一步合成了磁性复合材料。先将水溶性单体（甲基丙烯酸、甲基丙烯酸羟乙酯）、交联剂、表面活性剂和水基磁性纳米粒子在甲苯中混合，制备了反相微乳液液滴。接着，对这些乳液滴进行共聚，得到稳定的复合材料。Wormuth[177]也采用该法将磁性纳米粒子封装在二嵌段共聚物聚（环氧乙烷－co－甲基丙烯酸）基体中。最近，Mazrouaal[178]等通过 Pickering 乳液聚合，制备了 PS－co－PVP/CuO 和 PS－co－PVP/ZnO 纳米复合材料。Petchthanasombat[179]等通过用无乳化剂乳液聚合得到 PMMA 核/壳聚糖壳聚合物颗粒，将 ZnO 纳米粒子封装其中，得到杂化材料。

微乳液聚合是一种多相聚合反应，被越来越多地用于合成各种新型有机－无机杂化材料。微乳液是一种热力学稳定的均匀液体，其中稳定的、大小为50～500nm 的油滴分散在连续的水相中。油滴被表面活性剂胶束和高度不溶于水的化合物（疏水物）所包围。El－Asser[180-182]等首先采用聚丁烯琥珀酰亚胺二乙基三胺对 TiO_2 纳米粒子进行改性，并将其分散在苯乙烯中，形成 5%（质量分数）分散液，接着进行微乳液聚合；约有 89%（质量分数）的 TiO_2 被封装在 PS 中。除了在聚合物颗粒内封装 TiO_2 之外，还可以通过微乳液聚合，将 TiO_2 纳米粒子涂覆到聚合物颗粒的表面上。文献[183]指出，掺入丙烯酸作为共聚单体，可增加 TiO_2 与聚合物核之间的相互作用，并且通过添加疏水剂能有效地防止单体扩散到水相中。Wu[184]等利用微乳液技术成功合成了 TiO_2/PS 纳米复合球，其中有机单体和无机前驱体都被包裹在微乳液液滴中。图 6－4 为纳米复合材料的形成示意图。首先，制备油/水（O/W）微乳液，其中油相由乙酰丙酮螯合的钛酸四正丁酯（TBT）和苯乙烯组成。其次，通过阳离子表面活性剂 CTAB 和助稳定剂十六烷使油滴达到稳定。由于 CTAB 被吸附在表面上，因此油滴带正电。再次，在微乳液液滴内部，发生了苯乙烯的聚合和 TBT 的溶胶－凝胶反应，从而形成了 TiO_2/PS 纳米复合球。最后，在苯乙烯聚合过程中，亲水性 TBT 扩散到 O/W 界面，水解缩合形成的 TiO_2 纳米粒子，并通过静电作用成功吸附在聚合物表面。Ramlrez 和 Landfester[185]分别采用十六烷和十二烷基硫酸钠（SDS）作为疏水物和乳化剂，通过微乳液聚合，制备了核－壳 Fe_3O_4/PS 复合物。复合颗粒具有窄的尺寸分布。Luo[186]等以过硫酸钾为引发剂，SDS 为表面活性剂，十六烷或脱水山梨糖醇单月桂酸酯作共稳定剂，通过微乳液聚合，制备了 PS/Fe_3O_4 复合颗粒。Tang 和 Dong[187]在偶联剂 3－氨基丙基三乙氧基硅烷和十六烷作为疏水物的存在下，通过微乳液聚合，制备了 ZnO/PS 纳米复合胶乳。

另一种新颖而有趣的技术，即超声诱导微乳液聚合，可以简化常规的三步

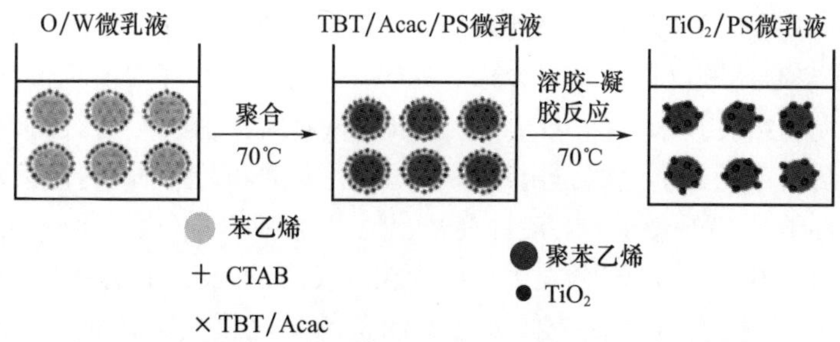

图6-4　一步法制备TiO_2/PS纳米复合材料示意图
(转载自文献[184],2010年发表,经Elsevier许可。)

法,并且可以实现快速且相对高百分比的单体至聚合物的转化。例如,Teo[188]等开创了一锅法,用以制备高Fe_3O_4纳米粒子填充的聚(丁基甲基丙烯酸酯)乳液颗粒,如图6-5所示。在反应容器中搅拌,先将疏水Fe_3O_4纳米粒子分散在甲基丙烯酸正丁酯中。接着在纳米粒子/单体分散体中加入水和分散剂SDS,形成连续水相的微乳液。通过用氩气鼓泡使混合物脱气后,接着采用超声处理液体混合物,产生均匀的微乳液。接着通过连续超声处理,使乳液混合物在没有引发剂的情况下进行聚合。

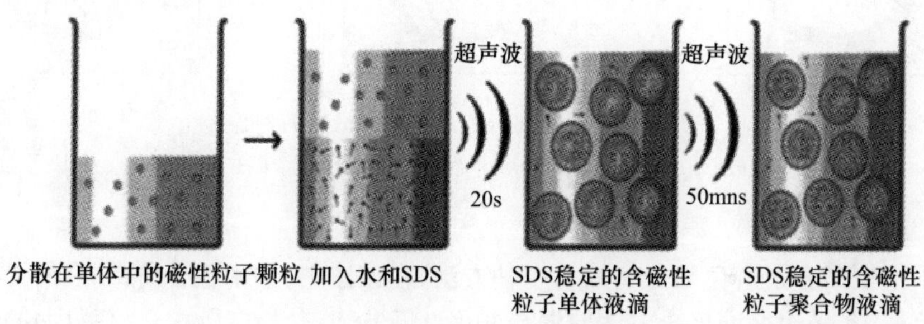

图6-5　通过声化学驱动的微乳液聚合制备磁性纳米复合材料球的方法
(转载自文献[188],2009年发表,经ACS许可。)

反相微乳液聚合也可用于合成无机/有机杂化复合材料。Xu[189]等在聚(甲基丙烯酸)(PMA)包覆的磁性纳米粒子存在下,通过反相微乳液聚合丙烯酰胺和交联剂,得到磁性核-壳复合材料。亲水磁性纳米复合球也可以通过反相微乳液聚合反应合成,其中水性磁性铁磁流体作为分散相,有机溶剂和单体作为连续相[177,190-191]。例如,为了合成聚(N-异丙基丙烯酰胺)基(PNIPAAm)的热响应和超顺磁水凝胶微球,采用了聚(丙烯酸)低聚物作为稳定剂以产生稳定的水基Fe_3O_4铁流体,该流体可与水溶性单体充分混合。接着用过硫酸铵/偏亚硫酸氢钠作为氧化还原引发剂,通过W/O微乳液聚合,合成得到聚(NIPAAm-co-

MA)/Fe_3O_4复合胶乳颗粒[191]。此外，W/O 微乳液聚合可在无硬模板的常温常压下，合成空心超顺磁性纳米复合球。如图 6－6 所示，由于具有两亲性，磁性纳米粒子倾向于组装在水－油界面。当反相微乳液用 γ 射线照射时，水辐射降解产生许多活性中间体。这些自由基分子试图进入油相，首先遇到位于水－油界面处的磁性纳米粒子表面上的活性羟基，并从它们中夺取氢，使得磁性纳米粒子表面形成自由基。因此，聚合发生在纳米粒子表面，形成了中空磁性纳米复合微球。但是，由乳液、反相乳液或微乳液法制备的复合颗粒具有非常宽的尺寸分布。另外，吸附在所得颗粒表面上的残余表面活性剂难以除去。

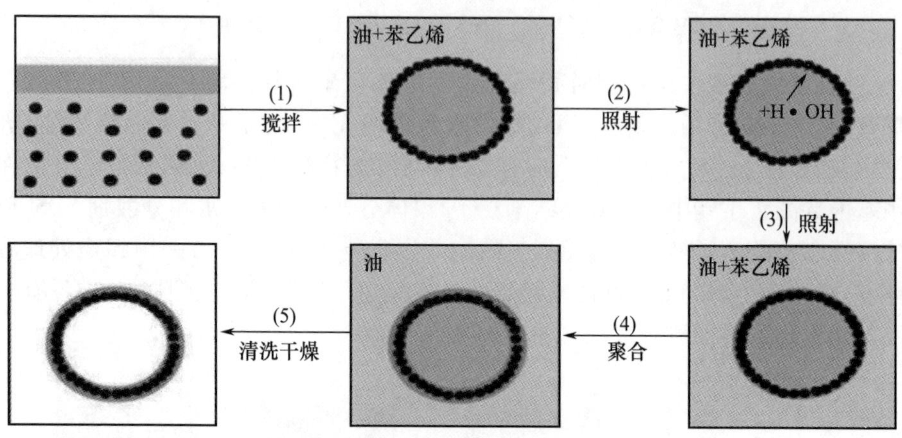

图 6－6　中空超顺磁纳米复合微球的制备

（转载自文献[192]，2008 年发表，经 Wiley－VCH 许可。）

3. 接枝聚合

接枝聚合是避免相分离的另一种方法，在该法中，纳米粒子分散在单体或单体溶液中，采用标准聚合方法使混合物发生聚合。该工艺为复合材料中粉末表面的工程化提供了灵活性。此外，通过相对较强的相互作用来调整复合材料的特定性质，与纳米粒子结合的聚合物层可以控制纳米粒子的团聚。

有一改进方法可用于无机填料的表面改性，即通过使用从主链接枝法或接枝到主链法，使无机填料的表面共价接枝稳定的聚合物配体。从主链接枝法涉及从无机主链上生长聚合物链，而接枝到主链法涉及将预成型聚合物链连接到无机骨架上，在使无机填料团聚最小化的同时，还可加强无机填料和聚合物基体间的相互作用，如图 6－7 所示。采用“从主链接枝法”时，可通过改变固定在无机填料表面上的引发剂的量来控制表面聚合物的密度。由于这些原因，从主链接枝法已成为可控合成聚合物接枝无机填料纳米结构的最有前途的方法。Flesch[193]等报道了采用共价接枝到主链法，将 PCL 包覆在 γ－Fe_2O_3纳米粒子上。

首先以异丙醇铝和苯甲醇作为催化体系的溶剂，通过 ε－己内酯的开环聚合，合成 ω－羟基－PCL。其次，在四辛基锡存在下，用 3－异氰酸根合丙基三乙氧基硅烷与 PCL 的端羟基反应。最后，三乙氧基硅烷官能化的 PCL 大分子在 γ－Fe_2O_3 纳米粒子表面上进行反应。Takafuji[194] 等通过硅氧烷键，将含有三甲氧基甲硅烷基的聚(1－乙烯基咪唑)接枝到 γ－Fe_2O_3 的表面上。图 6－8 为接枝到主链法的过程示意图。Tang[195] 等通过在粒子表面上接枝或固定 PMMA 链来改性 ZnO 纳米粒子表面，使纳米粒子在水溶液体系中形成更好的分散。ZnO 表面上的—OH 基团与 PMMA 中的羧基(COO—)相互作用，在纳米粒子表面形成聚(甲基丙烯酸锌)配合物。Wang[196] 等报道了光催化合成 PMMA 接枝的 TiO_2 纳米粒子聚合过程。在阳光照射下，将 PMMA 链直接接枝到水中的 TiO_2 纳米粒子表面。

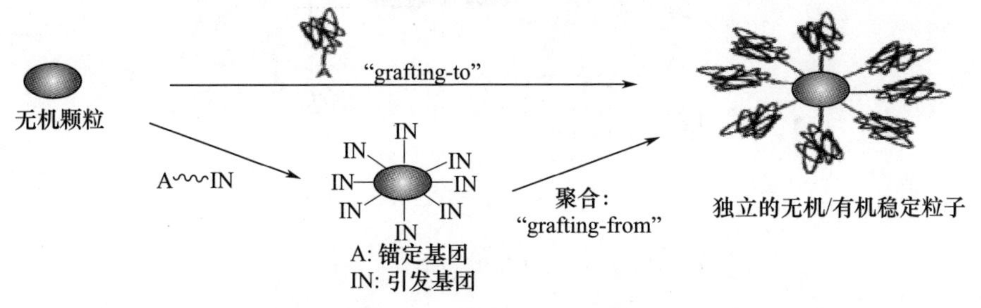

图 6－7　接枝聚合的两种方法

(转载自文献[136]，2003 年发表，经 Elsevier 许可。)

聚合物接枝的无机填料中，在无机粒子表面设置引发基团，通过该基团引发接枝聚合，可以获得更高百分比的成功接枝率。该聚合过程，可能包括自由基、阴离子和阳离子聚合，同时包含了接枝聚合物在粒子表面的增长扩展。Sidorenko[197] 等在 TiO_2 纳米粒子表面吸附了氢过氧化物大分子引发剂，研究了引发剂作用下苯乙烯和 MMA 在 TiO_2 纳米粒子表面的自由基聚合。Shirai[198] 等将聚甲基硅氧烷包覆的 TiO_2 纳米粒子与甘油单烯丙基醚进行硅氢化反应，得到表面含醇—OH 基团的 TiO_2 纳米粒子，利用—OH 基团接枝上偶氮基团，接着利用偶氮基团，在 TiO_2 纳米粒子表面引发乙烯基单体的自由基接枝聚合。Tang[199] 等通过自由基共聚法制备纳米 ZnO/聚(MMA－MA)复合颗粒，MA 的羧基与 ZnO 表面的—OH 基团反应，形成聚(甲基丙烯酸锌)配合物，并进一步共聚形成共聚物，使共聚物链接枝并包覆在 ZnO 表面。Fan[200] 等报道了通过仿生引发剂，在 TiO_2 纳米粒子表面引发 MMA 接枝聚合。Hong[201] 等用硅烷偶联剂 MPTMS 改性了 ZnO 纳米粒子的表面，该偶联剂将功能性双键引入 ZnO 纳米粒子表面，接着在非水介质中进行 PMMA 的自由基接枝。类似地，Guo[202] 等使用偶联剂

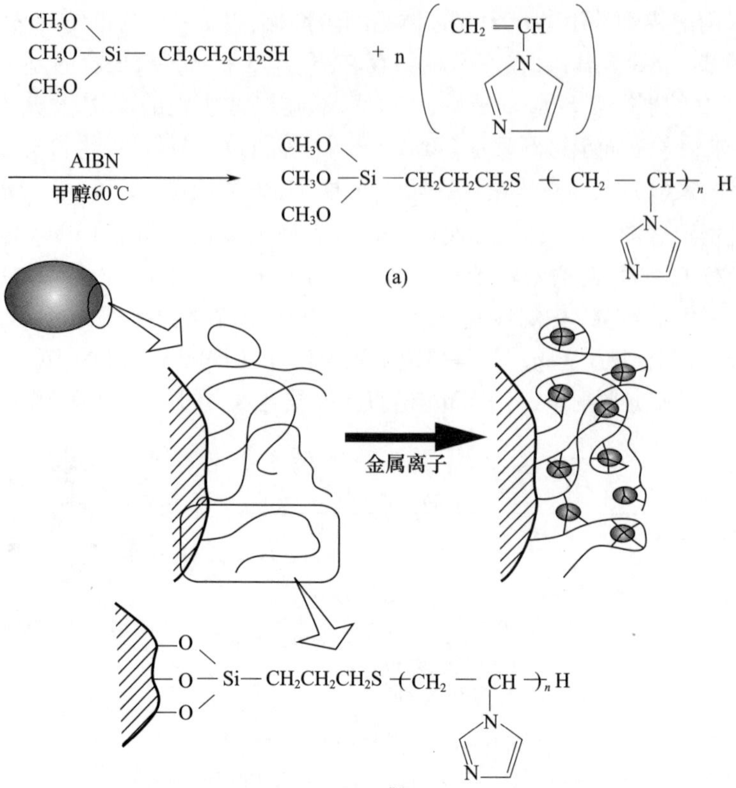

图6-8 (a)聚(1-乙烯基咪唑)的合成;(b)聚合物接枝磁性粒子的合成
(转载自文献[194],2004年发表,经ACS许可。)

MPTMS使CuO纳米粒子官能化,然后将其与乙烯基酯树脂聚合,制备了纳米复合材料。Bach[203]等采用“从主链接枝法”将PMMA接枝到Fe_3O_4纳米粒子上,该自由基聚合反应由巯基内酰胺引发。

4. 原子转移自由基聚合(ATRP)

聚合需要精确控制以达到最合适的聚合物接枝密度、多分散性、组成和微观结构。在过去的几十年中,这一领域发展迅速,许多方法被用于控制聚合。表面引发的原子转移自由基聚合是用于合成聚合物膜的最稳健和多用途的方法之一。ATRP是一种由过渡金属催化的、可控的(“活性”)自由基聚合机理,具有良好的分子量控制和多分散性的优点。Liu和Wang[204]报道了使用铜介导的表面引发ATRP(SI-ATRP)技术,以溴乙酰胺改性的ZnO纳米粒子作为引发剂,在水中用1,10-菲咯啉和Cu(I)Br催化剂在ZnO纳米粒子表面接枝聚(丙烯酸羟乙酯)。Wang[205]等并用了配体交换和SI-ATRP,制备了核-壳型PS接枝的

$\gamma-Fe_2O_3$ 纳米粒子。Duan[206]等采用类似的方法，在 $\gamma-Fe_2O_3$ 纳米粒子上进行甲基丙烯酸-2-二甲氨基乙酯的 SI-ATRP。Fukuda[207-208]等使用硅烷偶联剂将 ATRP 引发位点共价锚定到氧化铁纳米粒子上，制备了 PMMA 包覆的核-壳胶体。Abbasian[209]等也使用硅烷偶联剂对 ZnO 纳米粒子进行改性，接着与α-氯苯基乙酰氯反应制备 ATRP 大分子引发剂。接着采用铜催化剂体系，用 ZnO 大分子引发剂对 MMA 进行金属催化自由基聚合，制备了 ZnO/PMMA 纳米复合材料。Fan[200]等使用双功能聚合引发剂 L-3,4-二羟基苯丙氨酸来改性 TiO_2 纳米粒子，通过 SI-ATRP 从 TiO_2 纳米粒子上接枝 PMMA，制备了核-壳型纳米复合材料。Gelbrich[210]等以胶体 Fe_3O_4 为引发剂，通过 2-甲氧基甲基丙烯酸乙酯的 SI-ATRP，制备了热响应磁性核-壳纳米粒子。通过 SI-ATRP，低聚(乙二醇)甲醚甲基丙烯酸酯的共聚物在氧化铁纳米粒子上包覆成壳，该核-壳材料在水中具有可调控的热响应行为[211]。Sato[212]等通过 ZnO 表面上的 2-溴-2-甲基丙酰基，引发 ATRP，制备了 ZnO/PMMA 或 ZnO/咔唑聚合物纳米复合材料。其中，引发剂基团是通过 ZnO 上的—OH 基团酯化引入其表面的(图 6-9)。最近，Nam[213]等采用 ATRP 制备了具有纳米相分层结构的新型 TiO_2/聚甲基丙烯酸羟乙酯纳米复合材料。

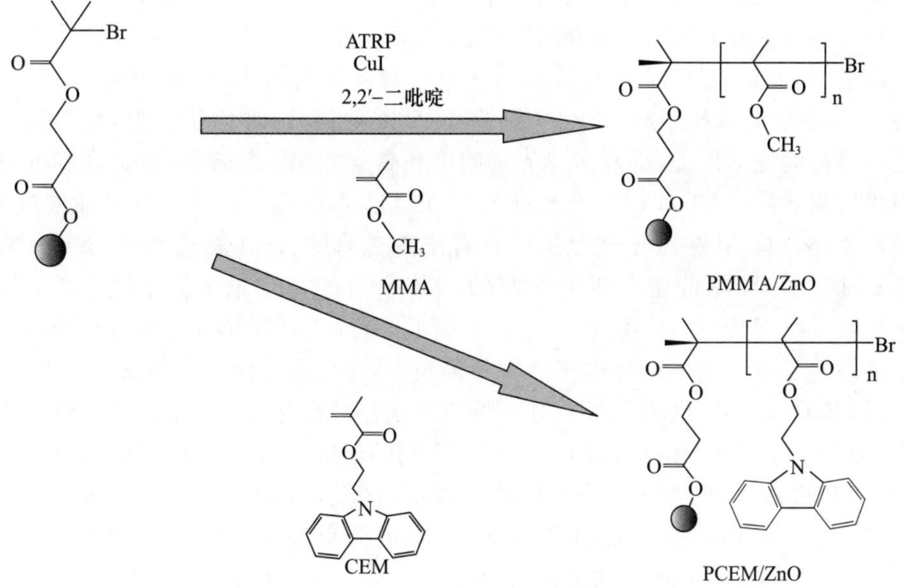

图 6-9　通过 ATRP 合成制备 PMMA/ZnO 或聚[2-(咔唑-9-基)乙基甲基丙烯酸酯](PCEM)/ZnO 纳米复合材料
(转载自文献[212]，2008 年发表，经 Elsevier 许可。)

6.4 纳米复合材料的性能

6.4.1 光学性能

长期以来,将金属氧化物纳米粒子加入聚合物基体中构成的复合膜的光学性质受到了人们的关注。金属氧化物/聚合物纳米复合材料具有良好的前景,原因是它们可提供必要的稳定性和易加工性以及优异的光学性能。复合材料有用的光学性质,诸如光吸收(UV 和可见光)、光致发光和折射率之类,使复合材料成为几个世纪以来的一类重要功能材料。这些复合材料的光学性质取决于聚合物基体中金属氧化物纳米粒子的尺寸和空间分布[214]。

紫外线吸收颜料被广泛用作添加剂以增加聚合物长期使用的稳定性或制备 UV 防护涂层。尽管有大量有机紫外线吸收剂可供使用,但它们长期处于不稳定状态。或者说,无机材料由于其高光稳定性而受到人们极大的关注。对于大多数应用,需要在可见光范围内具有高透明度,以及在靠近紫外范围有陡峭的吸收。最有前途的材料是 TiO_2 和 ZnO,其体积带隙能量约为 3eV。Li[215]等通过原位聚合制备了透明 ZnO/环氧纳米复合材料,研究了 ZnO/环氧纳米复合材料的可见光透过率和紫外光屏蔽效率等光学性能。结果显示,复合材料的光学性质取决于 ZnO 的粒径和用量。当纳米复合材料含有极少量(0.07%(质量分数))的 ZnO 纳米粒子时(该纳米粒子经 350℃煅烧后,平均粒径为 26.7nm),具有最佳的光学性能,即高可见光透明度和高紫外光屏蔽效率,这是许多重要应用所需要的。Althues[160]等通过光聚合制备 ZnO/聚(丁二醇单丙烯酸酯)纳米复合材料,其在可见光范围内具有出高透明度,且在波长低于 360nm 时具有陡峭的 UV 吸收带。即使是低浓度(0.1%)的 ZnO 纳米粒子也会产生显著的紫外线屏蔽效果。但是,为了保护基底,紫外线吸收涂层需要更高纳米粒子的浓度。为了增加聚合物基体本身的抗 UV 性,通常使用质量分数为1%~5%的 ZnO 或 TiO_2 纳米粒子。对这些纳米复合材料的抗 UV 照射稳定性的研究,揭示了添加剂的巨大作用。在两个不同的研究中发现,与纯聚合物相比,ZnO/PP 和 ZnO/PE 纳米复合材料的羰基指数(聚合物的光氧化程度)显著降低[113,216]。对 TiO_2/聚合物纳米复合材料的降解测试则显示出相反的效果[217]。在 PE 中,ZnO 纳米粒子表现出光催化活性,导致与纯 PE 相比,黄变和羰基指数增加更快和更强。TiO_2 的表面活性还取决于其晶体结构,来自于观察到了改性金红石比锐钛矿的活性更低[218]。Lu 及同事[219]将不同浓度的 ZnO 分散在氨酯甲基丙烯酸酯低聚物和甲基丙烯酸 2-羟乙酯的单体混合物中,然后进行 UV 引发的聚合,制备了 ZnO/聚合物复合膜。其中,ZnO 纳米粒子的直径为 3 ~ 5nm,均匀分散在聚合物基体中,没有观察到团聚现象,这使纳米复合材料具有高透明度。他们发现这些复合膜有潜力作为紫外线吸收剂和发光材料用在光学涂层上。

Sun[220]等系统地研究了在环氧树脂中具有不同分散度的单分散胶体 ZnO QD 的光学性质。文中采用剥离的 R – 磷酸锆(ZrP)纳米片代替有机封端剂来控制 ZnO QD 的分散状态。含有分散良好的 ZnO QD 和剥离的 ZrP 纳米片的环氧杂化纳米复合材料呈现出与纯环氧树脂相似的透明度,并具备高的紫外线吸收效率。纳米复合材料在激发时还会发出强烈的 UV 发射。当 QD 浓度增加时,由于 QD 耦合效应,环氧树脂中分散良好的 ZnO QD 的光吸收和光致发光呈现红移现象。Guo[221]等研究了 PVP 封端的 ZnO 纳米粒子的光学性质。图 6 – 10为未改性和改性 ZnO 的吸收和光致发光光谱。由于强烈的限制效应,封端和未封端的 ZnO 纳米粒子都在 300nm 处呈现出激子吸收峰,相较于本体 ZnO(373nm),这些峰有明显的蓝移。例如,与未封端纳米粒子相比(激子吸收峰约 303nm),PVP 封端的 ZnO 纳米粒子的激子吸收峰稍有蓝移,这可能归因于 PVP 封端的 ZnO 纳米粒子具有较小的尺寸。这两个吸收光谱之间的另一个差异是,未封端的 ZnO 纳米粒子在 260nm 出现凸起,而这在 PVP 封端的 ZnO 纳米粒子中是不存在的。后来的研究表明,PVP 可调控 ZnO 的结晶和形貌[222],并且由于物理吸附,PVP 可显著改善 ZnO 的紫外发射[223]。一方面,因为 PVP 更倾向于物理吸附在 ZnO 的特定晶面上,使该平面钝化,促进了沿 c 轴晶体的生长,PVP 封端的 ZnO 适于生长成一维纳米材料。另一方面,PVP 钝化效应减少了 ZnO 的表面缺陷,从而增加了 UV 辐射。应该注意的是,PVP 本身具有强烈的蓝光发射,当 PVP 与 ZnO 纳米粒子混合时,发射光谱彼此重叠并取决于激发波长[224]。如果 ZnO/PVP 纳米复合材料中的 PVP 含量足够高,则可见光发射也会增强[223]。

为了研究聚合物与 ZnO 纳米粒子之间的复杂相互作用,Xiong[225]等制备了 ZnO/PEO 复合薄膜,发现光致发光发射光谱取决于 ZnO/PEO 在复合膜中的比重。随着 ZnO 含量的增加,ZnO 发射波长发生红移,强度逐渐下降,这表明纳米粒子存在严重团聚。当 ZnO/PEO 比重增加到 0.5 时,复合膜的发射强度接近 ZnO 的发射强度。在另一项工作中,Abdullah[226-227]等通过原位法合成聚乙二醇(PEG)保护的 ZnO 纳米粒子。他们将 LiOH 和 PEG 溶解在热乙醇中,然后将溶液与乙酸锌混合,所得混合物在 40℃ 下干燥约 3 天,得到了复合膜。他们发现掺入 PEG 可以提高 ZnO 的发光效率,更重要的是,添加过量的 LiOH 会产生高度发蓝的产物。最近,Sun 和 Sue[228]将 ZnO QD、α – 磷酸锆纳米片和聚甲基丙烯酸甲酯在丙酮中混合，蒸发溶剂，浇铸成均匀厚度为100μm的膜。室温下，干燥得到的复合膜同时具有UV发射和可见光发射，而120℃下干燥过夜的薄膜仅显示出强烈的UV发射。作者提出，加热会除去吸附在ZnO上的溶剂，然后用PMMA会钝化表面缺陷。但是，他们没有考虑空气氧化的影响。事实上，在空气中加热ZnO纳米粒子总是会淬灭可见发光，原因是氧气会填充到ZnO表面的空位。热处理后，随着PMMA中ZnO浓度从0.5%增加到3.0%，ZnO光致发光发射从365nm红移到387nm。该现象可通过QD之间的耦合效应来解释，即当QD彼此紧密接触时，相邻QD之间显著的偶极-偶极相互作用会导致量子隧道效应。显然，这种耦合效应证明，ZnO QD未被PMMA完全钝化，原因是PMMA分子如果与ZnO表面上的溶剂完全交换，将阻碍QD之间的电子/空穴隧穿。

Wang[229]等还观察到TiO_2/PMMA纳米复合材料的光致发光发射最大值为420nm。类似地，在由ZnO和PMMA构成的核-壳复合粒子中发现了强烈的发光[230-231]。非导电氧化物/聚合物复合物的发光主要归因于陶瓷和PMMA界面处存在的羧酸根，而作为半导体的ZnO则表现出其固有的发光。这些作者还发现了聚合物涂层对发光的强烈影响。涂层有机化合物的变化导致发射光谱的显著变化。此外，他们观察到了ZnO的粒径对发射最大值的影响。将其进一步发展为多功能纳米复合材料粒子，其中磁性能和发光性质被结合在同一个粒子中[232]。粒子以超顺磁性Fe_2O_3为核，包覆有机染料，并带有保护性聚合物层。根据所用的有机染料，可以调控光致发光。

根据上述报道，ZnO和聚合物的物理混合不是改善ZnO可见发光的好方法。尽管该法简单，但它有几个缺点：首先，许多聚合物能够通过钝化ZnO纳米粒子表面来猝灭ZnO可见发射；其次，PEO、PVA、PMMA等聚合物不能有效抑制ZnO纳米粒子的团聚；最后，一些聚合物如PVP本身具有荧光并因此干扰ZnO发射。另一方面，掺入聚合物也不是增强ZnO紫外发射的一种好方法。ZnO纳米粒子产生的激子在ZnO和聚合物界面上被分离为电子和空穴，这不利于ZnO的紫外光发射。

6.4.2 磁性能

磁性纳米粒子在MRI、药物传递、磁记录介质、高频应用、癌症治疗、磁光存储、干扰抑制和生物医学传感等领域具有潜在应用前景，受到了人们的高度关注[76-79]。然而，对于一些专业化程度高的应用，实际需要将磁性纳米粒子分散在非磁性基体中，这样容易操作。由于自团聚，合成的磁性纳米粒子的稳定性和分散性通常较差，使其难以在实际应用中使用。因此，将磁性纳米粒子加入聚合物中，为调整纳米复合材料的若干性质（如磁响应和微波吸收）提供了可能性。对于复合材料的磁性，可通过磁滞特性，研究掺入的软磁氧化物纳米粒子对纳米复合材料的磁性行为的影响。由于不可能完全描述所有纳米复合材料的磁性，因此我们将讨论局限于一些有代表性的例子。

Ziolo[155]等报道了 $\gamma-Fe_2O_3$/聚合物纳米复合磁性材料，其在可见光区具有明显的光学透过率，并且在室温下没有磁滞后现象。当聚合物含质量分数为21.8%的 $\gamma-Fe_2O_3$ 时，纳米复合材料表现出 $15Am^2/kg$ 的饱和磁化强度 M_S。Sohn 和 Cohen[233]开发了含有超顺磁性 $\gamma-Fe_2O_3$ 纳米粒子的光学透明的嵌段共聚物薄膜。他们观察到含有2.6% $\gamma-Fe_2O_3$ 的复合材料的 M_S 为 $0.5Am^2/kg$。Vollath 和 Szabo[232]制备了含有15.3% $\gamma-Fe_2O_3$ 纳米粒子的超顺磁聚合物复合材料，其 M_S 约 $30Am^2/kg$。Zhan[234]等开发了由 PI 和 $\gamma-Fe_2O_3$ 组成的超顺磁纳米复合膜。他们报道，随着 Fe_3O_4 含量增加（2%～8%），纳米复合膜的 M_S 值从 1.354×10^{-2} 增加到 4.220×10^{-2}A。因此，纳米复合材料的磁性能可通过改变 Fe_3O_4 含量来调控。Nan 及同事[235]通过微波辐射合成了表面改性的 Fe_3O_4/PCL 复合材料。图6-10为3-羟基-2-氧代丙酸改性的 Fe_3O_4 和 Fe_3O_4/PCL 复合材料的磁化曲线。正如对磁性纳米粒子所预期的那样，表面改性的纳米粒子和纳米复合材料均表现出超顺磁性。表面改性的纳米粒子和纳米复合材料的 M_S 值分别为69emu/g 和54.9emu/g。复合材料的磁性能，如超顺磁性和相对高的磁化值表明其适用于生物医学应用。Zhong[236]等通过本体聚合合成 PS/Fe_3O_4 纳米复合材料。OA-Fe_3O_4 纳米粒子和 PS/Fe_3O_4 纳米复合材料的磁滞曲线显示其具有超顺磁性，M_S 值分别为32emu/g 和40emu/g，这表明聚合反应不影响纳米粒子的磁性。由于磁性纳米粒子的优异分散性，纳米复合材料的 M_S 值高于 OA-Fe_3O_4 纳米粒子的 M_S 值。Xu[237]等通过简单的共沉淀法制备 PVDF/Fe_3O_4 磁性纳米复合材料，发现随着 Fe_3O_4 含量的增加，纳米复合材料的 M_S 和残余磁化强度 M_R 增大。在 Fe_3O_4 含量相同时，沿平行方向的 M_S 和 M_R 值高于垂直方向的 M_S 值和 M_R 值。Bhatt 及其合作者[238]也报道了旋涂法制备的 PVDF/Fe_3O_4 纳米复合材料的磁性能。Fe_3O_4 纳米粒子的 M_S、M_R 和矫顽力 H_C 值分别为74.50emu/g，6.4emu/g 和82Oe，这揭示了纳米粒子具有铁磁性质。正如他们所料，PVDF/Fe_3O_4 复合材料的 M_S 值相对较低，这是 Fe_3O_4 纳米粒子加入到聚合物基体（非磁性）中的结果。随着 Fe_3O_4 含量的增加，复合材料的 M_S 值增加，上述结果表明复合材料的铁磁行为来自磁性 Fe_3O_4 纳米粒子。

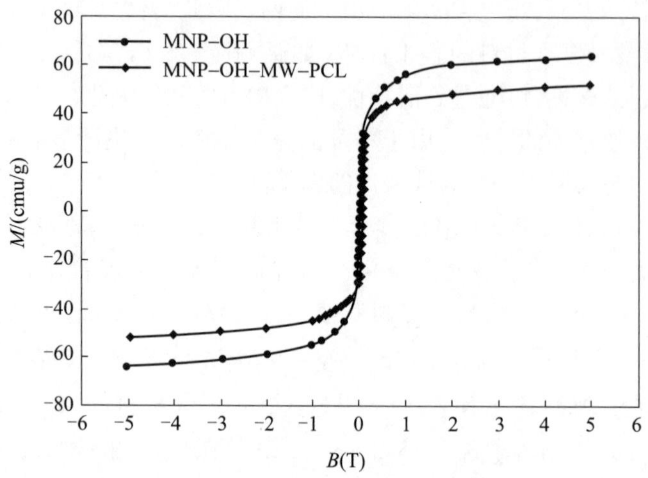

图 6-10 表面改性磁性纳米粒子(MNP-OH)和磁性粒子/PCL 纳米复合材料在室温下磁化性能与外加磁场的关系
(转载自文献[235],2009 年发表,经 Wiley-VCH 许可。)

6.5 纳米复合材料的应用

金属氧化物/聚合物纳米复合材料的应用一直在以极快速度在增长。将金属氧化物纳米粒子加入聚合物基体的优点为其带来潜在的应用,这些应用领域包括光催化剂、气体分离膜、传感器以及环境和生物医学。因此,纳米复合材料正成为可提供机会和潜力的新材料,并激励、创造出一个新的产业世界。表 6-2 为金属氧化物/聚合物杂化纳米复合材料的潜在应用。

表 6-2 金属氧化物/聚合物杂化纳米复合材料的潜在应用[239-257]

纳米复合材料	应用	参考文献
TiO_2/高密度 PE	骨修复	[239]
TiO_2/壳聚糖	光触媒和抗菌剂	[240]
TiO_2/聚(酰胺-酰亚胺)	气体分离复合膜	[241]
TiO_2/PLA	生物识别抗癌药物	[128]
TiO_2/聚(丁二酸丁二醇酯)	光触媒	[114]
ZnO/环氧树脂	发光二极管	[242]
ZnO/聚(乙二醇)单甲基丙烯酸酯	体外细胞成像	[243]
ZnO/壳聚糖	光触媒和抗菌剂	[244]

续表

纳米复合材料	应用	参考文献
ZnO/聚甲基丙烯酸甲酯	记忆细胞	[245]
ZnO/聚乙二醇	生物传感器	[246]
CuO/壳聚糖	光触媒和抗菌剂	[247]
CuO/聚合物	湿度传感器	[248]
CuO/聚乙烯醇	纳米流体	[249]
Fe_2O_3/聚甲基丙烯酸甲酯	药物传递和细胞分离	[250,251]
Fe_2O_3/淀粉	MRI 和药物输送	[252,253]
Fe_3O_4/壳聚糖	电位滴定尿素生物传感器	[254]
Fe_2O_3/壳聚糖	重金属离子吸附	[255]
Fe_2O_3/聚乙二醇	癌细胞的 MRI	[256]
Fe_3O_4/聚丙烯酸甲酯	废水净化	[257]

6.6 小　　结

在过去几十年中,金属氧化物/聚合物纳米复合材料引起了人们极大的兴趣,为改善力学、热学、光学、流变学、磁学和电学性能提供了空间。在非常低的金属氧化物纳米粒子加入量下,聚合物的功能性质可以得到改善。尽管人们对金属氧化物/聚合物纳米复合材料的制备和性能已经做了大量的工作,但是纳米复合材料的加工、形态和功能性质之间的相互关系仍然需要进一步的努力工作来确定。纳米复合材料的性能受到许多因素的影响,包括在复合材料生产过程中形成的微观结构分布以及纳米粒子在聚合物体系中的分布状态。理解纳米复合材料的加工、形态和功能特性之间的关系,有助于优化纳米复合材料的最终性能,以及改进预测纳米复合材料体系性能的模型。本综述有望帮助不同背景的读者了解各种加工方法和纳米粒子对纳米复合材料性能和应用的影响。

参考文献

[1] Mukheerjee M, Datta A, Chakravorty D(1994) Appl Phys Lett 64:1159

[2] Chen TK, Tien YI, Wei KH(2000) Polymer 41:1345

[3] Zhu ZK, Yin J, Cao F, Shang XY, Lu QH(2000) Adv Mater 12:1055

[4] Ramos J, Millan A, Palacio F(2000) Polymer 41:8461

[5] Sanchez C, De GJ, Soler – Illia AA, Ribot F, Lalot T, Mayer CR, Cabuil V(2001) Chem Mater13:3061

[6] Ajayan PM, Schadler LS, Braun PV(2003) Nanocomposite science and technology. Wiley, Weinheim
[7] Gómez – Romero P, Sánchez C(2004) Functional hybrid materials, 6th edn. Wiley, Weinheim
[8] Kickelbick G(2007) Hybrid materials: synthesis, characterization, and applications, 1st edn. Wiley, Weinheim
[9] Nielsen LE, Landel RF(1993) Mechanical properties of polymers and composites, 1st edn. CRC, New York
[10] Rothon RN(2007) Fillers and their surface modifiers for polymer applications. Plastics Informations Direct, Bristol
[11] Hornsby PR(2001) Int Mater Rev 46:199
[12] Liu Y, Yang R, Yu J, Wang K(2002) Polym Compos 23:28
[13] Domingo C, Loste E, Fraile J(2006) J Supercrit Fluids 37:72
[14] Zhou Y, Cooper K, Li Y, Li Z(2009) Use of coupling agents to improve the interface in absorbable polymer composites. US Patent 20,090,149,873
[15] Wernett PC(2009) Surface treated inorganic particle additive for increasing the toughness of polymers. WO Patent 2,009,077,860
[16] Rong MZ, Zhang MQ, Ruan WH(2006) Mater Sci Tech 22:787
[17] Masala O, Seshadri R(2004) Annu Rev Mater Res 34:41
[18] Chu SY, Yan TM, Chen SL(2000) Ceram Int 26:733
[19] Westin G, Ekstrand A, Nygren M, Sterlund RO, Merkelbach P(1994) J Mater Chem 4:615
[20] Tokumoto MS, Briois V, Santilli CV(2003) J Sol – Gel Sci Techol 26:547
[21] Kim JH, Choi WC, Kim HY, Kang Y, Park YK(2005) Powder Technol 153:166
[22] Damonte LC, Zelis LAM, Soucase BM, Fenollosa MAH(2004) Powder Technol 148:15
[23] Kahn ML, Monge M(2005) Adv Funct Mater 15:458
[24] Komarneni S, Bruno M, Mariani E(2000) Mater Res Bull 35:1843
[25] Zhao XY, Zheng BC, Li CZ, Gu HC(1998) Powder Technol 100:20
[26] Dai ZR, Pan ZW, Wang ZL(2003) Adv Funct Mater 13:9
[27] Padmavathy N, Vijayaraghavan R(2008) Sci Technol Adv Mater 9:035004/1
[28] Pillai SC, Kelly JM, McCormack DE, Ramesh R(2004) J Mater Chem 14:1572
[29] Ao WQ, Li JQ, Yang HM, Zeng XR, Ma XC(2006) Powder Technol 168:148
[30] Ismail AA, El – Midany A, Abdel – Aal EA, El – Shall H(2005) Mater Lett 59:1924
[31] Pinna N, Garnweitner G, Antonietti M, Niederberger M(2005) J Am Chem Soc 127:5608
[32] Baskoutas S, Giabouranis P, Yannopoulos SN, Dracopoulos V, Toth L, Chrissanthopoulos A, Bouropoulos N (2007) Thin Solid Films 515:8461
[33] Kundu TK, Kark N, Barik P, Saha S(2011) Int J Soft Comput Eng 1:19
[34] Dakhlaoui A, Jendoubi M, Smiri LS, Kanaev A, Jouini N(2009) J Cryst Growth 311:3989
[35] Drath BE, Martin S, Mogens C, Brummerstedt IB(2012) Particle size effects on the thermal conductivity of ZnO. AIP Conf Proc 1449:335 – 338
[36] Singh AK(2010) Adv Powder Technol 21:609
[37] Carrey J, Kahn ML, Sanchez S, Chaudret B, Respaud M(2007) Eur Phys J Appl Phys 40:71
[38] Garcia MA, Merino JM, Pinel EF, Quesada A, de la Venta J, Gonzalez MLR et al (2007) Nano Lett 7:1489
[39] Ton – That C, Philips MR, Foley M, Moody SJ, Stampfl APJ(2008) Appl Phys Lett 92:261916/1
[40] Chopra L, Major S, Pandya DK, Rastogi RS, Vankar VD(1983) Thin Solid Films 1021:1

[41] Jiang P,Zhou JJ,Fang HF,Wang CY,Wang ZL,Xie SS(2007)Adv Funct Mater 17:1303
[42] Chakrabarti S,Dutta BK(2004)J Hazard Mater 112:269
[43] Chen C,Liu J,Liu P,Yu B(2011)Adv Chem Eng Sci 1:9
[44] Tan TK,Khiew PS,Chiu WS,Radiman S,Abd - Shukor R,Huang NM et al(2011)World Acad Sci Eng Tech 79:791 -796
[45] Zhou J,Xu N,Wang ZL(2006)Adv Mater 18:2432
[46] Jones N,Ray B,Ranjit KT,Manna AC(2008)FEMS Microbiol Lett 279:71
[47] Jin T,Sun D,Su Y,Zhang H,Sue HJ(2009)J Food Sci 74:46
[48] Ugur SS,Sariisik M,Aktas AH,Ucar MC,Erden E(2010)Nanoscale Res Lett 5:1204
[49] Li J,Guo D,Wang X,Wang H,Jiang H,Chen B(2010)Nanoscale Res Lett 5:1063
[50] Jitputti J,Rattanavoravipa T,Chuangchote S,Pavasupree S,Suzuki Y,Yoshikawa S(2009)Catal Commun 10:378
[51] Mizukoshi Y,Makise Y,Shuto THJ,Tominaga A,Shironita S,Tanabe S(2007)Ultrason Sonochem 14:387
[52] Zhang Y,Zheng H,Liu G,Battaglia V(2009)Electrochim Acta 54:4079
[53] Li XL,Peng Q,Yi JX,Wang X,Li Y(2006)Chem Eur J 12:2383
[54] Zhang DB,Qi LM,Cheng HM,Ming JMA(2003)Chin Chem Lett 14:100
[55] Anwar NS,Kassim A,Lim HN,Zakarya SA,Huang NM(2010)Sains Malays 39:261
[56] Rahim S,Radiman S,Hamzah A(2012)Sains Malays 41:219
[57] Yang H,Zhang K,Shi R,Li X,Dong X,Yu Y(2006)J Alloys Compd 413:302
[58] Jagadale TC, Takale SP, Sonawane RS, Joshi HM, Patil SI, Kale BB, Ogale SB(2008 J Phys Chem C 112:14595
[59] Teleki A,Pratsinis SE,Kalyanasundaram K,Gouma PI(2006)Sensor Actuator B 119:683
[60] Parala H,Devi A,Bhakta R,Fischer RA(2002)J Mater Chem 12:1625
[61] Chen X,Mao SS(2007)Chem Rev 107:2891
[62] Zhao Y,Li C,Liu X,Gu F,Jiang H,Shao W,Zhang L,He Y(2007)Mater Lett 61:79
[63] Barnard AS,Erdin S,Lin Y,Zapol P,Halley JW(2006)Phys Rev B 73:205405/1
[64] Auvinen S,Alatalo M,Haario H,Jalava JP,Lamminmaki RJ(2011)J Phys Chem C 115:8484
[65] Hoang VV,Zung H,Trong NHB(2007)Eur Phys J D 44:515
[66] Shao W,Nabb D,Renevier N,Sherrington I,Fu Y,Luo J(2012)J Electrochem Soc 159:671 -676
[67] Carp O,Huisman CL,Reller A(2004)Prog Solid State Chem 32:33
[68] Lee KM,Hu CW,Chen HW,Ho KC(2008)Sol Energ Mater Sol Cells 92:1628
[69] Mohammadi MR,Fray DJ,Cordero - Cabrera MC(2007)Sensor Actuator B 124:74
[70] Wang YQ,Zhang HM,Wang RH(2007)Colloids Surf B 65:190
[71] Adesina AA(2004)Catal Surv Asia 8:265
[72] Chitose N,Ueta S,Yamamoto TA(2003)Chemosphere 50:1007
[73] Kabra K,Chaudhary R,Sawhney RL(2004)Ind Eng Chem Res 43:7683
[74] Kuhn KP,Cahberny IF,Massholder K,Stickler M,Benz VW,Sonntag HG,Erdinger L(2003)Chemosphere 53:71
[75] Choi JY,Kim KH,Choy KC,Oh KT,Kim KN(2007)J Biomed Mater Res B:Appl Biomater 80:353
[76] Jolivet JP,Chaneac C,Tronc E(2004)Chem Commun 2004(5):481

[77] Wan SR, Huang JS, Yan HS, Liu KL(2006) J Mater Chem 16:298
[78] Zhou ZH, Wang J, Liu X, Chan HSO(2001) J Mater Chem 11:1704
[79] Albornoz C, Jacobo SE(2006) J Magn Magn Mater 305:12
[80] Hou YL, Yu JF, Gao S(2003) J Mater Chem 13:1983
[81] Pascal C, Pascal JL, Favier F, Payen C(1999) Chem Mater 11:141
[82] Franzel L, Bertino MF, Huba ZJ, Carpenter EE(2012) Appl Surf Sci 261:332
[83] Vijayakumar R, Koltypin Y, Felner I, Gedanken A(2000) Mater Sci Eng A 286:101
[84] Sun S, Zeng H(2002) J Am Chem Soc 124:8204
[85] Wu W, He Q, Jiang C(2008) Nanoscale Res Lett 3:397
[86] Bandyopadhyay M, Bhattacharya J(2006) J Phys Condens Matter 18:11309
[87] Akbarzadeh A, Samiei M, Davaran S(2012) Nanoscale Res Lett 7:144
[88] Martchenko I, Dietsch H, Moitzi C, Schurtenberger P(2011) J Phys Chem B 115:14838
[89] Roca AG, Costo R, Rebolledo AF, Veintemillas – Verdaguer S, Tartaj P, Gonzalez – Carreno T, Morales MP, Serna CJ(2009) J Phys D 42:224002/1
[90] Chan DCF, Kirpotin DB, Bunn PA(1993) J Magn Magn Mater 122:374
[91] Babes L, Denizot B, Tanguy G, Le Jeune JJ, Jallet P(1999) J Colloid Interface Sci 212:474
[92] Chertok B, Moffat BA, David AE, Yu F, Berqemann C, Ross BD et al(2008) Biomaterials 29:487
[93] Khodabakhshi A, Amin MM, Mozaffari M(2011) Iran J Environ Health Sci Eng 8:189
[94] Tran N, Mir A, Mallik D, Sinha A, Nayar S, Webster TJ(2010) Int J Nanomedicine 5:277
[95] Sambandam A, Lee GJ, Wu J(2012) Ultrason Sonochem 19:682
[96] Darezereshki E, Bakhtiari F(2011) J Min Metal Sect B 47:73
[97] Borgohain K, Singh J, Rao M, Shripathi T(2000) Phys Rev B 61:11093
[98] El – Trass A, ElShamy H, El – Mehasseb I, El – Kemary M(2012) Appl Surf Sci 258:2997
[99] Kumar RV, Mastai Y, Diamant Y, Gedanken A(2000) Chem Mater 12:2301
[100] Lim Y, Choi J, Hanrath T(2012) J Nanomater 2012:4
[101] Yuan G, Jiang H, Lin C, Liao S(2007) J Cryst Growth 303:400
[102] Poizot P, Hung C, Nikiforov M, Bohannan E, Switzer J(2003) Electrochem Solid State Lett 6:C21
[103] Son D, You C, Ki T(2009) Appl Surf Sci 255:8794
[104] Wang H, Xu J, Zhu J, Chen H(2002) J Cryst Growth 244:88
[105] Kida T, Oka T, Nagano M, Ishiwata Y, Zheng X(2007) J Am Ceram Soc 90:107
[106] Saito G, Hosokai S, Tsubota M, Akiyama T(2011) J Appl Phys 110:023302
[107] Hong JI, Schadler LS, Siegel RW(2003) Appl Phys Lett 82:1956
[108] Hong JI, Winberg P, Schadler LS, Siegel RW(2005) Mater Lett 59:473
[109] Dang ZM, Fan LZ, Zhao SJ, Nan CW(2003) Mater Res Bull 38:499
[110] Tjong SC, Liang GD(2006) Mater Chem Phys 100:1
[111] Tjong SC, Liang GD, Bao SP(2006) J Appl Polym Sci 102:1436
[112] Wong M, Tsuji R, Nutt S, Su S – J(2010) Soft Matter 6:4482
[113] Zhao H, Li RKY(2006) Polymer 47:3207
[114] Miyauchi M, Li Y, Shimizu H(2008) Environ Sci Technol 42:4551
[115] Ou B, Li D, Liu Y(2009) Compos Sci Technol 69:421

[116] Li G - J, Fan S - R, Wang K, Ren X - L, Mu X - W(2010) Iran Polym J 19:115

[117] Chiu C - W, Lin C - A, Hong PD(2011) J Polym Res 18:367

[118] Knör N, Walter R, Haupert F(2011) J Thermoplast Compos Mater 24:185

[119] Zohrevand A, Ajji A, Mighri F(2014) Polym Eng Sci 54:874

[120] Kong I, Ahmad SH, Abdullah MH, Yusoff AN(2009) The effect of temperature on magnetic behavior of magnetite nanoparticles and its nanocomposites. AIP Conf Proc 1136:830 - 834

[121] Chung Y - C, Choi JW, Choi MW, Chun BC(2012) J Thermoplast Compos Mater 25:283

[122] Vunain E, Mishra AK, Krause RW(2013) J Inorg Organomet Polym 23:293

[123] Chae DW, Kim BC(2005) Polym Adv Technol 16:846

[124] Li JH, Hong RY, Li MY, Li HZ, Zheng Y, Ding J(2009) Prog Org Coat 64:504

[125] Seo J, Jeon G, Jang ES, Khan SB, Han H(2011) J Appl Polym Sci 122:1101

[126] Hejazi I, Hajalizadeh B, Seyfi J, Sadeghi GMM, Jafari S - H, Khonakdar HA(2014) Appl Surf Sci 293:116

[127] Song M, Pan C, Li J, Wang X, Gu Z(2006) Electroanalysis 18:1995

[128] Song M, Pan C, Chen C, Li J, Wang X, Gu Z(2008) Appl Surf Sci 255:610

[129] Nakayama N, Hayashi T(2007) Polym Degrad Stab 92:1255

[130] Buzarovska A(2013) Polym Plast Technol 52:280

[131] Mallakpour S, Barati A(2011) Prog Org Coat 71:391

[132] Yang TI, Brown RNC, Kempel LC, Kofinas P(2008) J Magn Magn Mater 320:2714

[133] Kaushik A, Khan R, Solanki PR, Pandey P, Alam J, Ahmad S, Malhotra BD(2008) Biosens Bioelectron 24:676

[134] Pisanello F, Paolis RD, Lorenzo D, Nitti S, Monti G, Fragouli D, Athanassiou A, Manna L, Tarricone L, Vittorio MD, Martiradonna L(2013) Microelectron Eng 111:46

[135] Hench LL, West JK(1990) Chem Rev 90:33

[136] Kickelbick G(2003) Prog Polym Sci 28:83

[137] Hsiue GH, Kuo WJ, Jeng RJ(2000) Polymer 41:2813

[138] Song KY, Crivello JV, Ghoshal R(2001) Chem Mater 13:1932

[139] Lu C, Yang B(2009) J Mater Chem 19:2884

[140] Wu CS(2004) J Appl Polym Sci 92:1749

[141] Du T, Song H, Ilegbusi OJ(2007) Mater Sci Eng C 27:414

[142] Gao H, Yorifuji D, Wakita J, Jiang Z - H, Ando S(2010) Polymer 51:3173

[143] Hu Q, Marand E(1999) Polymer 40:4833

[144] Wang SX, Wang M, Zhang LD(1999) J Mater Sci Lett 18:2009

[145] Liu Y, Lee JY(2003) J Appl Polym Sci 89:2815

[146] Yang BD, Yoon KH(2004) Synth Met 142:21

[147] Chiang PC, Whang WT(2003) Polymer 44:2249

[148] Chiang PC, Whang WT, Tsai MH, Wu SC(2004) Thin Solid Films 359:447

[149] Chen WC, Lee SJ, Liu JL(1999) J Mater Chem 9:2999

[150] Lee LH, Chen WC(2001) Chem Mater 13:1137

[151] Wang B, Wilkes GL, Mc Grath JE(1991) Macromolecules 24:3449

[152] Lu C, Cui Z, Guan C, Guan J, Yang B, Shen J(2003) Macromol Mater Eng 288:717

[153] Rao Y, Chen S(2008) Macromolecules 41:4838
[154] Yoshida M, Lal M, Deepark – Kumar N, Prasad PN(1997) J Mater Sci 32:4047
[155] Ziolo RF, Giannelis EP, Weinstein BA, Ohoro MP, Ganguly BN, Mehrotra V, Russell MW, Huffman DR (1992) Science 257:219
[156] Cao Z, Jiang WQ, Ye XZ, Gong XL(2008) J Magn Magn Mater 320:1499
[157] Zhang L, Li F, Chen Y, Wang X(2011) J Lumin 131:1701
[158] Park SS, Bernet N, Roche DLS, Hahn HT(2003) J Compos Mater 37:465
[159] Evora VMF, Shukla A(2003) Mater Sci Eng A 361:358
[160] Althues H, Simon P, Philipp F, Kaskel S(2006) J Nanosci Nanotechnol 6:409
[161] Anzlovar A, Orel ZC, Zigon M(2010) Eur Polym J 46:1216
[162] Li S, Toprak MS, Jo YS, Dobson J, Kim DK, Muhammed M(2007) Adv Mater 19:4347
[163] Wang ZG, Zu XT, Xiang X(2006) J Mater Sci 41:1973
[164] Bourgeat – Lami E(2002) J Nanosci Nanotechnol 2:1
[165] Liu P, Su Z(2006) J Macromol Sci B Phys 45:131
[166] Dzunuzovic E, Jeremic K, Nedeljkovic JM(2007) Eur Polym J 43:3719
[167] Demir MM, Castignolles P, Akbey U, Wegner G(2007) Macromolecules 40:4190
[168] Demir MM, Koynov K, Akbey U, Bubeck C, Park I, Lieberwirth I, Wegner G (2007) Macromolecules 40:1089
[169] Li S, Qin J, Fornara A, Toprak M, Muhammed M, Kim DK(2009) Nanotechnology 20:6
[170] Guo Z, Lei K, Li Y, Ng HW, Prikhodko S, Hahn HT(2008) Compos Sci Tech 68:1513
[171] Inkyo M, Tokunaga Y, Tahara T, Iwaki T, Iskandar F, Hogan CJ, Okuyama K(2008) Ind Eng Chem Res 47:2597
[172] Zou H, Wu S, Shen J(2008) Chem Rev 108:3893
[173] Ai Z, Sun G, Zhou Q, Xie C(2006) J Appl Polym Sci 102:1466
[174] Daniel JC, Schuppiser JL, Tricot M (1982) Magnetic polymer latex and preparation process. US Patent 4,358,388
[175] Charmot D, Vidil C (1994) Magnetizable composite microspheres of hydrophobic crosslinked polymer, process for preparing them and their application in biology. US Patent 5,356,713
[176] Dresco PA, Zaitsev VS, Gambino RJ, Chu B(1999) Langmuir 15:1945
[177] Wormuth K(2001) J Colloid Interface Sci 241:366
[178] Mazrouaal A, Badawi A, Mansour N, Fathy M, Elsabee M(2013) J Nano Electron Phys 5:04063
[179] Petchthanasombat C, Tiensing T, Sunintaboon P(2012) J Colloid Interface Sci 369:52 – 57
[180] Erdem B, Sudol ED, Dimonie VL, El – Asser MS(2000) J Polym Sci A Polym Chem 38:4419
[181] Erdem B, Sudol ED, Dimonie VL, El – Asser MS(2000) J Polym Sci A Polym Chem 38:4431
[182] Erdem B, Sudol ED, Dimonie VL, El – Asser MS(2000) J Polym Sci A Polym Chem 38:4441
[183] Zhang M, Gao G, Li CQ, Liu F(2004) Langmuir 20:1420
[184] Wu Y, Zhang Y, Xu J, Chen M, Wu L(2010) J Colloid Interface Sci 343:18
[185] Raml'rez LP, Landfester K(2003) Macromol Chem Phys 204:22
[186] Luo Y – D, Dai C – A, Chiu W – Y(2008) J Polym Sci A Polym Chem 46:1014
[187] Tang E, Dong S(2009) Colloid Polym Sci 287:1025

[188] Teo BM, Chen F, Hatton TA, Grieser F, Ashokkumar M(2009) Langmuir 25:2593
[189] Xu ZZ, Wang CC, Yang WL, Deng YH, Fu SK(2004) J Magn Magn Mater 277:136
[190] Chen Y, Qian Z, Zhang Z(2008) Colloids Surf A 312:209
[191] Lin C, Chiu W, Don T(2006) J Appl Polym Sci 100:3987
[192] Yang S, Liu H, Zhang Z(2008) J Polym Sci A Polym Chem 46:3900
[193] Flesch C, Delaite C, Dumas P, Bourgeat - Lami E, Duguet E(2004) J Polym Sci A Polym Chem 42:6011
[194] Takafuji M, Ide S, Ihara H, Xu Z(2004) Chem Mater 16:1977
[195] Tang E, Cheng G, Ma X, Pang X, Zhao Q(2006) Appl Surf Sci 252:5227
[196] Wang X, Song X, Lin M, Wang H, Zhao Y, Zhong W, Du Q(2007) Polymer 48:5834
[197] Sidorenko A, Minko S, Gafijchuk G, Voronov S(1999) Macromolecules 32:4539
[198] Shirai Y, Kawatsura K, Tsubokawa N(1999) Prog Org Coat 36:217
[199] Tang E, Cheng G, Ma X(2006) Powder Technol 161:209
[200] Fan X, Lin L, Messersmith PB(2006) Compos Sci Technol 66:1195
[201] Hong RY, Qian JZ, Cao JX(2006) Powder Technol 163:160
[202] Guo Z, Liang X, Pereira T, Scaffaro R, Thomas Hahn H(2007) Compos Sci Technol 67:2036
[203] Bach LG, Islam Md R, Kim JT, Seo SY, Lim KT(2012) Appl Surf Sci 258:2959
[204] Liu P, Wang T(2008) Curr Appl Phys 8:66
[205] Wang Y, Teng X, Wang J - S, Yang H(2003) Nano Lett 3:789
[206] Duan H, Kuang M, Wang D, Kurth DG, Moehwald H(2005) Angew Chem Int Ed 44:1717
[207] Ninjbadgar T, Yamamoto S, Fukuda T(2004) Solid State Sci 6:879
[208] Marutani E, Yamamoto S, Ninjbadgar T, Tsujii Y, Fukuda T, Takano M(2004) Polymer 45:2231
[209] Abbasian M, Aali NL, Shoja SE(2013) J Macromol Sci A Pure Appl Chem 50:966
[210] Gelbrich T, Feyen M, Schmidt A(2006) Macromolecules 39:3469
[211] Gelbrich T, Marten G, Schmidt A(2010) Polymer 51:2818
[212] Sato M, Kawata A, Morito S, Sato Y, Yamaguchi I(2008) Eur Polym J 44:3430
[213] Nam K, Tsutsumi Y, Yoshikawa C, Tanaka Y, Fukaya R, Kimura T, Kobayashi H, Hanawa T, Kishida A (2011) Bull Mater Sci 34:1289
[214] Caseri W(2009) Chem Eng Commun 196:549
[215] Li Y - Q, Fu S - Y, Mai Y - W(2006) Polymer 47:2127
[216] Ammala A, Hill AJ, Meakin P, Pas SJ, Turney TW(2002) J Nanopart Res 4:167
[217] Allen NS, Edge M, Ortega A, Sandoval G, Liauw CM, Verran J, Stratton J, McIntyre RB(2004) Polym Degrad Stab 85:927
[218] Christensen PA, Dilks A, Egerton TA(1999) J Mater Sci 34:5689
[219] Lu N, Lu X, Jin X, Lu C(2007) Polym Int 56:138
[220] Sun D, Sue H - J, Miyatake N(2008) J Phys Chem C 112:16002
[221] Guo L, Yang S, Yang C, Yu P, Wang J, Ge W, Wong GKL(2000) Appl Phys Lett 76:2901
[222] Zhang J, Liu H, Wang Z, Ming N, Li Z, Biris AS(2007) Adv Funct Mater 17:3897
[223] Wei SF, Lian JS, Jiang Q(2009) Appl Surf Sci 255:6978
[224] Singla ML, Shafeeq MM, Kumar M(2009) J Lumin 129:434
[225] Xiong HM, Zhao X, Chen JS(2001) J Phys Chem B 105:10169

[226] Abdullah M, Lenggoro IW, Okuyama K, Shi FG(2003) J Phys Chem B 107:1957
[227] Abdullah M, Morinoto T, Okuyama K(2003) Adv Funct Mater 13:800
[228] Sun DZ, Sue HJ(2009) Appl Phys Lett 94:253106
[229] Wang ZG, Zu XT, Zhu S, Xiang X, Fang LM, Wang LM(2006) Phys Lett B 350:252
[230] Vollath D, Szabo'DV, Schlabach S(2004) J Nanopart Res 6:181
[231] Wang ZG, Zu XT, Xiang X, Yu HJ(2006) J Nanopart Res 8:137
[232] Vollath D, Szabo'DV(2004) Adv Eng Mater 6:117
[233] Sohn BH, Cohen RE(1997) Chem Mater 9:264
[234] Zhan J, Tian G, Jiang L, Wu Z, Wu D, Yang X, Jin R(2008) Thin Solid Films 516:6315
[235] Nan A, Turcu R, Craciunescu I, Pana O, Schaft H, Liebscher J(2009) J Polym Sci A Polym Chem 47:5379
[236] Zhong W, Liu P, Shi HG, Xue DS(2010) Express Polym Lett 4:183
[237] Xu C, Ouyang C, Jia R, Li Y, Wang X(2009) J Appl Polym Sci 111:1763
[238] Bhatt AS, Bhat DK, Santosh MS(2011) J Appl Polym Sci 119:968
[239] Hashimoto M, Takadama H, Mizuno M, Kokubo T(2006) Mater Res Bull 41:515
[240] Haldorai Y, Shim JJ(2014) Polym Compos 35:327
[241] Camargo P, Satyanarayana K, Wypych F(2009) Mater Res 12:1
[242] Yang Y, Li YQ, Fu SY, Xiao HM(2008) J Phys Chem C 112:10553
[243] Xiong HM, Xu Y, Ren QG, Xia YY(2008) J Am Chem Soc 130:7522
[244] Haldorai Y, Shim JJ(2013) Compos Interfac 20:365
[245] Son DA, Park DH, Choi WK, Cho SH, Kim WT, Kim TW(2009) Nanotechnology 20:195203
[246] Sinha R, Ganesana M, Andreescu S(2010) Anal Chim Acta 661:195
[247] Haldorai Y, Shim JJ(2013) Int J Photoenergy 2013:245646
[248] Yuan C, Xu Y, Deng Y, Jiang N, He N, Dai L(2010) Nanotechnology 21:415501
[249] Pandey V, Mishra G, Verma SK, Wan M, Yadav RR(2012) Mater Sci Appl 3:664
[250] Zhu DM, Wang F, Han M, Li HB, Xu Z(2007) Chin J Inorg Chem 23:2128
[251] Singh H, Laibinis PE, Hatton TA(2005) Langmuir 21:11500
[252] Kim DK, Maria M, Wang FH, Jan K, Borje B, Zhang Y, Tsakalakos T, Muhammed M(2003) Chem Mater 15:4343
[253] Wang W, Zhang ZK(2007) J Dispers Sci Technol 28:557
[254] Ali A, AlSalhi MS, Atif Anees M, Ansari A, Israr MQ, Sadaf JR, Ahmed E, Nur O, Willander M(2003) J Phys Conf Ser 414:012024
[255] Wan Ngaha WS, Teonga LC, Hanafiah MAKM(2011) Carbohydr Polym 83:1446
[256] Vannier EA, Cohen - Jonathan S, Gautier J, Herve - Aubert K, Munnier E, Souce M, Legras P, Passirani C, Chourpa I(2012) Eur J Pharm Biopharm 81:498
[257] Liu Z, Yang H, Zhang H, Huang C, Li L(2012) Cryogenics 52:699

第 7 章 半导体/聚合物杂化材料

Sarita Kango, Susheel Kalia, Pankaj Thakur,
Bandna Kumari 和 Deepak Pathania

摘要:半导体纳米粒子由于其独特的尺寸和性质引起了人们较多的关注。由于将聚合物的优势特性与半导体纳米粒子独特的尺寸可调光学、电子、催化和其他特性相结合,半导体/聚合物杂化材料在纳米科学领域具有重要意义。将有机和无机组分的独特性质结合在一种材料中,导致这些半导体-聚合物杂化体可用于环境、光电子、生物医学和其他领域。大量方法被用于合成半导体/聚合物杂化材料。其中,熔融共混和原位聚合这两种方法被广泛用于半导体/聚合物纳米复合材料的合成中。本综述第一部分介绍半导体纳米粒子的合成、性质和应用,第二部分介绍通过熔融共混和原位聚合合成半导体/聚合物纳米复合材料。此外,本章还讨论了半导体/聚合物纳米复合材料的性能和部分应用。

关键词:生物医学应用;电子应用;环境应用;聚合物纳米复合材料;量子点;半导体纳米粒子

7.1 引　　言

由于具有独特的尺寸和性能,半导体纳米粒子在过去十年中引起了很大反响。大量的文献报道了关于纳米半导体粒子合成技术以及潜在应用[1-7]。人们已经合成出 ZnO、Fe_2O_3、SiO_2、MoS_2、CdS、HgS、GaP、Cd_3P_2、BiI_3、PbI_2 以及许多其他的半导体纳米粒子[8-14]。许多用于合成半导体纳米粒子的方法也被开发出来[15-22]。由于它们在发光器件、纳米激光器、光电探测器、太阳能电池和生物医学成像等方面的潜在应用,半导体纳米结构引起了人们的重视。荧光半导体纳米粒子与光学聚合物的组合形成了一类具有透明度和荧光特性的新材料[23-24]。半导体纳米晶体(NC)嵌入聚合物基体构成的复合结构,是目前很有前途的发光和光伏器件。有机和无机半导体分散在聚合物基体中形成了多功能纳米复合材料,通常被认为是非线性光学器件的元件,并被用于开发塑料太阳能电池[1-2]。

这些独特的物理特性,使纳米复合材料在诸如非线性光学、发光、电子、催化、电信放大器、太阳能转换和光电子等领域中存在潜在应用[25-27]。半导体纳米晶体也可用于生物标记。发光半导体纳米晶体已成功地嵌入薄膜聚合物基发光二极管中(LED),用作发光材料[28-29]。

本章分为两个部分:第一部分主要讨论合成半导体粒子的不同方法,以及粒子的一些特性和应用,第二部分主要涉及基于不同类型聚合物的半导体/聚合物纳米复合材料的合成,并讨论了半导体/聚合物纳米复合材料的性质和应用。

7.2 半导体纳米粒子

半导体纳米粒子具有与其尺寸和形状相关的电子和光学性质,使其成为非常引人注目的材料。半导体有两种类型:元素半导体和化合物半导体。Ⅳ族硅和锗(Ge)是元素半导体,其最外层具有四价电子。Si 和 Ge 都是间接带隙材料。化合物半导体包括Ⅲ-Ⅴ族和Ⅱ-Ⅵ族半导体。GaN、GaP、GaAs、InP 和 InAs 是Ⅲ-Ⅴ族半导体,而 ZnO、ZnS、CdS、CdSe 和 CdTe 是Ⅱ-Ⅵ族半导体。其他几种氧化物,如 TiO_2 和 WO_3 等也表现出半导体特性[30]。用磁性金属掺杂这些半导体纳米粒子,会形成另一类被称为稀释磁性半导体(DMS)的材料,其具有半导体特性以及磁性。在 DMS 中,晶格中的一部分阳离子被磁性离子取代,预计这些磁性掺杂物上的原子自旋将与晶格中的载流子相互作用,从而在材料中形成整体铁磁有序。因此,由于在半导体晶格中存在孤立的磁性离子,因此这些材料具有不寻常的磁特性。DMS 包括简单的氧化物如 SnO_2[31-33]、ZnO[34-36]以及 TiO_2[31,32]或者掺杂了几种过渡金属(Fe、Co、Ni、Mn)[31-32]的混合氧化物[39-40]或者稀土金属(Dy、Eu、Er)[33]。

7.2.1 半导体纳米粒子的合成

1. 溶胶-凝胶法

通过溶胶-凝胶法合成包括半导体纳米粒子在内的多种纳米粒子已见诸报道。该方法通常包含了体系的相转变,由液体“溶胶”(主要是胶体)到固体“凝胶”相[41]。凝胶的均匀性主要取决于试剂在溶剂中的溶解度、反应物的加入顺序、温度和溶液的 pH 值。对于纳米粒子的溶胶-凝胶合成和掺杂,通常使用有机醇盐、乙酸盐或乙酰丙酮化物以及无机盐如氯化物作为前驱体,以醇作为主要溶剂。该法能在低温下进行,适用大规模生产具有相对较窄尺寸分布的纳米粒子[42]。球形 ZnO 纳米粒子可以用三乙醇胺(TEA)作为表面活性剂,通过溶胶-凝胶法合成[43]。文献[44]指出,锐钛矿相 TiO_2 半导体纳米粒子,可以四异丙醇盐(TTIP)作为钛前驱体,在乙酸(AcOH)存在下,通过溶胶-凝胶低温法来合成。此外文献还研究了合成参数如AcOH与水的比例、溶胶形成时间、合成和焙烧温度等对TiO_2光催化活性的影响。

Sugimoto及其同事开发了一种新型的两步溶胶-凝胶工艺来大规模合成TiO_2纳米粒子。由于在该方法中,通过两个步骤合成氧化物粒子:①氢氧化物凝胶的形成以及②成核并生长成氧化物粒子。因此,它与传统的溶胶-凝胶法不同[45-52]。Lee等[53]使用两步溶胶-凝胶法,合成了形状可控的、形态和尺寸均一的锐钛矿型TiO_2纳米粒子。Sambasivam[54]等和Mălăeru[55]等分别采用溶胶-凝胶法合成了Er掺杂SnO_2和Ni掺杂ZnO DMS纳米粒子。采用溶胶-凝胶法,将$SnCl_2 \cdot 2H_2O$和聚乙二醇(PEG)在不同煅烧温度下,合成了四方相SnO_2纳米粒子。结果发现,粒子的粒径随着温度和PEG分子量的降低而降低。这些结果表明,在该方法中,煅烧温度和PEG的分子量在影响SnO_2纳米粒子的尺寸中起着重要作用[56]。

通过溶胶-凝胶法可合成嵌入SiO_2凝胶玻璃的InAs纳米晶体。Heqing等通过水解$Si(OC_2H_5)_4$、As_2O_3和$InCl_3 \cdot 4H_2O$的复合溶液合成凝胶,将凝胶在O_2氛围下450℃加热,接着在H_2氛围中从200℃加热至500℃,形成精细的立方InAs晶体。结果表明,随着热处理温度和InAs与SiO_2摩尔比的增加,纳米粒子的尺寸从6nm增加到29nm[57]。大量的其他文献还报道了许多关于溶胶-凝胶法合成半导体纳米粒子的研究[58-64]。

2. 水热法

采用水热法,反应在高蒸汽压(通常在0.3~4MPa范围内)和高温(通常在130~250℃范围内)的反应器或高压釜中的含水介质中进行[65]。该过程也被用于生长无位错的单晶粒子,并且与其他方法相比,过程中形成的晶粒具有更好的结晶度。Williams及其合作者首次报道了通过一锅水热法合成高温水中由柠檬酸盐稳定的CdSe纳米粒子。在200℃的基础实验条件下,Cd与Se的摩尔比为8:1,反应时间为1.5min,得到的纳米粒子表现了出量子限制效应,量子的产率为1.5%,但通过添加CdS壳,则可容易提升至约7%。作者声称,粒子大小随着反应时间、温度、稳定剂浓度和Cd与Se的比例的增加而增加,随着pH的增加而降低[66]。许多研究人员已经采用该方法合成了多种半导体纳米粒子,包括硫化铜[67]、CdTe[68]、ZnO[69]、SnO_2[70]、CdS以及CdS/ZnO[71]。在160℃下,通过水热技术,使用十二烷基硫酸钠(SDS)作为封端剂,合成了$Cd_{1-x}Fe_xSe$稀释磁性半导体纳米粒子(其中$x=0.00$、0.02、0.04、0.06、0.08、0.10)。图7-1为纯CdSe纳米粒子和6% Fe掺杂的CdSe纳米粒子的透射电子显微镜照片,照片表明,纯纳米粒子和掺杂纳米粒子均为球形,纯纳米粒子的平均粒径为14nm,6% Fe掺杂的纳米粒子平均粒径为10nm[72]。Lu[73]等在120℃下水热合成了粒径为30～50nm的球形InAs纳米晶体。该纳米晶体具有100meV蓝移带隙吸收和光振动模式的声子限制。对水热形成机理的研究表明，可以在较宽的pH范围内（−0.15～14）制得晶体InAs。许多其他研究也报道了通过水热法合成掺杂和未掺杂的半导体纳米粒子[74-83]。

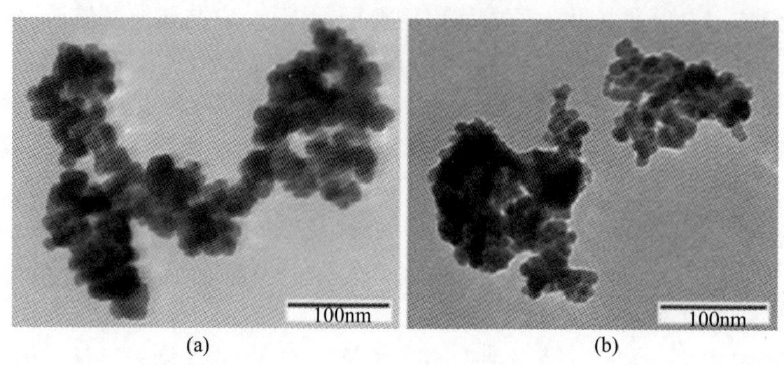

图7－1　(a)纯CdSe纳米粒子和(b)6% Fe掺杂的CdSe纳米粒子的TEM照片
（转载自文献[72]，2012年发表，Springer许可。）

3. 微乳液法

微乳液是热力学稳定的三组分体系：两种不混溶组分（通常为水和油）和导致形成透明溶液的降低水和油之间的界面张力的表面活性剂分子。油包水（W/O）微乳液是直径为5～25nm的水相纳米液滴且被一层表面活性剂包围，分散在连续烃相中。在这些胶束液滴中，组分存在动态交换，进一步促进了溶解在不同液滴中的反应物之间的反应。人们可以通过使用这种胶束交换在纳米液滴中进行各种各样的化学反应来合成尺寸可控的微晶。不同类型的微乳液，如油包水、水包油（O/W）和超临界CO_2包水（W/sc－CO_2），为人们所知[84]。

Petit等在阴离子双(2－乙基己基)磺基琥珀酸酯（AOT）和Triton X－100的反胶束中，采用十二烷基硫酸镉和镉AOT等功能表面活性剂合成了CdS纳米粒子。作者发现，粒子的平均直径取决于Cd^{2+}和S^{2-}的相对量，并且从AOT反胶束中制得的粒子比从Triton反胶束制得的粒子更小，更呈单分散性。胶体CdS可以在混合的钠AOT/镉AOT/异辛烷反胶束中制备[85]，使用该方法也可合成多种半导体纳米粒子，如CdS、PbS、CuS、Cu_2S和CdSe[86-89]。Wang等在微通道反应器系统内，将含Zn^{2+}的油包水微乳液与含NaOH的微乳液混合，合成了ZnO纳米粒子（图7－2）。在微通道反应系统中，反应包含三相：M（Zn^{2+}）液滴和M（NaOH）液滴分散在有机相中，如图7－3所示。微乳液为反应物提供了狭小空间，有利于可控反应和成核，避免形成大颗粒。作者在合成ZnO纳米粒子中

尝试使用三种 Zn^{2+} 源：$Zn(NO_3)_2$、$ZnSO_4$ 和 $ZnCl_2$。其中，$Zn(NO_3)_2$ 表现出最好的性能，可产生具有最小平均晶粒尺寸的 ZnO 粒子。作者还研究了 Zn^{2+} 浓度、反应温度和进料流速对 ZnO 纳米粒子平均粒径的影响，在最佳条件下，得到的 ZnO 纳米粒子的平均尺寸为 16nm[90]。

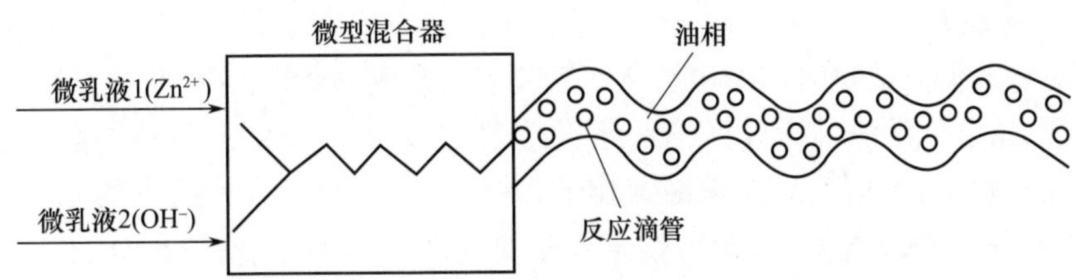

图 7-2　在微反应器中通过微乳液合成纳米粒子
（转载自文献[90]，2014 年发表，经 Elsevier 许可。）

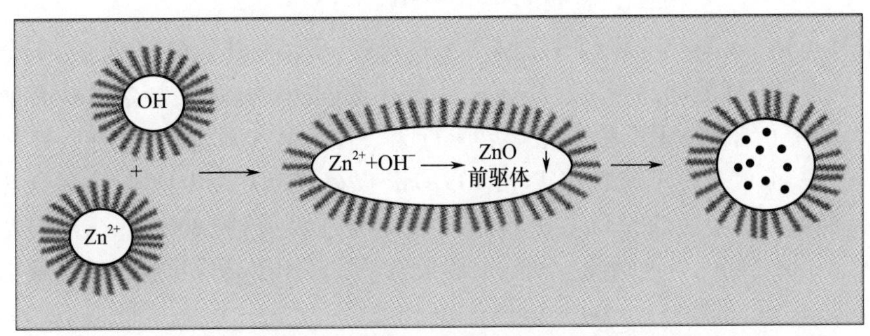

图 7-3　通过分散在油相中的微乳液合成 ZnO 前驱体
（转载自文献[90]，2014 年发表，经 Elsevier 许可。）

4. 化学沉淀

化学沉淀也是研究人员合成包括半导体纳米粒子在内的各种纳米粒子的重要方法之一。Kripal[91] 等采用硫代甘油作为封端剂，甲醇作为溶剂，通过简单共沉淀法合成了 ZnO 纳米粒子。其粉末样品分成两部分；一个室温放置，另一个在 300℃下退火 3h。文献[92]用简单的化学共沉淀法合成了纯 ZnO 纳米粒子和单独掺杂 5% 物质的量分数的 Ag、单独掺杂 5% 物质的量分数的 Co 和共掺杂（Ag、Co）的 ZnO 纳米粒子，并研究了它们的结构、形貌和光学性能以及抗菌性能。通过 X 射线衍射仪表征了晶体结构和晶粒尺寸，结果表明，所有合成的 ZnO 样品均具有六方结构，未掺杂的 ZnO、掺杂 5% Co 的 ZnO、掺杂 5% Ag 和 Ag、Co 共掺杂的 ZnO 纳米粒子的尺寸分别为 23nm、20nm、17nm 和 25nm[92]。Naje[93] 等通过化学沉淀法在 550℃下合成了 8 ~ 10nm 的四方金红石型 SnO_2 纳米粒子，通过共沉淀制备掺杂不同量的 Fe 离子的金红石型 TiO_2 纳米粉末，其中 Fe 离子的掺杂极大地影响了主体材料的光学性质。反射测量表明，用 Fe^{3+} 掺杂 TiO_2 会导致吸收阈值向可见光谱区域移动[94]。其他文献也报道了通过化学沉淀合成半导体纳米粒子[95-105]。

5. 其他方法

还有其他方法也可用于半导体纳米粒子的合成，如溶胶－凝胶自燃烧法、喷雾热解法、电化学法、固态复分解法和化学气溶胶法。Xiao 等[106]用溶胶－凝胶自燃烧法合成了钐掺杂 TiO_2 纳米粒子，并研究其在可见光照射下的光催化活性，结果表明 Sm^{3+} 掺杂的 TiO_2 纳米粒子具有较高的光催化活性。Didenko[107]等用化学气溶胶流动合成了高质量荧光 CdS、CdSe 和 CdTe 纳米粒子。Treece[108]等通过固态复分解合成了Ⅲ－Ⅴ族半导体的。一般反应式如下：

$$MX_3 + Na_3P_n \rightarrow MP_n + 3NaX$$

其中 M = Al、Ga、In；X = F、Cl、I；P_n = ⅤA 族元素 = P、As、Sb。该反应已用于合成Ⅲ－Ⅴ族半导体的结晶粉末。Hwang[109]等用萘磺酸钠还原法制备了 GaP 纳米粒子，研究了纳米粒子的锂电化学反应行为。在第一次放电反应期间，锂嵌入 Li_2GaP 中，形成了不可逆的 Li_nP_7 相。Li_2GaP 仅在 0.36V 以上稳定，之后分解成 Li_xGa 和电化学非活性的 Li_nP 相。总体而言，可逆容量（约 800mAh/g）来自 Li_xGa 和 Ga 相之间的可逆相变。文献中还报道了许多用于合成Ⅳ族（Si（二氧化硅包覆的）、Ge），Ⅲ族－Ⅴ（GaN、GaP、GaAs、InP 等）和Ⅱ－Ⅵ族（CdS、CdSe、ZnO、CdTe 等）半导体纳米粒子的方法，如硅烷燃烧法、超声波还原法、热分解法、气体－气溶胶法、相溶液反应法和捕集沉淀法[110-122]。

7.2.2 量子点

量子点是直径小于 10nm 的Ⅱ－Ⅳ族或Ⅲ－Ⅴ族的主族元素纳米级半导体粒子[123]。这些量子点于 1983 年被 Brus[124]首次描述为胶体悬浮液中的小半导体球体。由于具有纳米级尺寸，QD 受到强烈的量子限制，导致其具有独特的光学性质。因此，在过去的 20 年中，QD 的合成引起了人们大量的关注，并形成大量的报道[125]。人们提出了各种用于合成 QD 的方法。在这些方法中，胶体合成是用于生产溶液中悬浮的 QD 的最简单的方法。图 7－4 为 CdSe QD 的胶体合成。将镉化合物加热至 320℃ 并溶于有机溶剂中，将溶解在不同的有机溶剂中的一种室温硒化合物注入反应容器中，导致所得 CdSe 溶液过饱和。随着温度下降至 290℃ 左右，新晶核停止形成，晶体开始生长。经过一段时间的生长，将溶液冷却到 220℃，晶体停止生长，晶体的长度决定了 QD 的大小。往反应器中注入少量硫化锌,用以包覆 QD,防止它们与环境反应[126]。

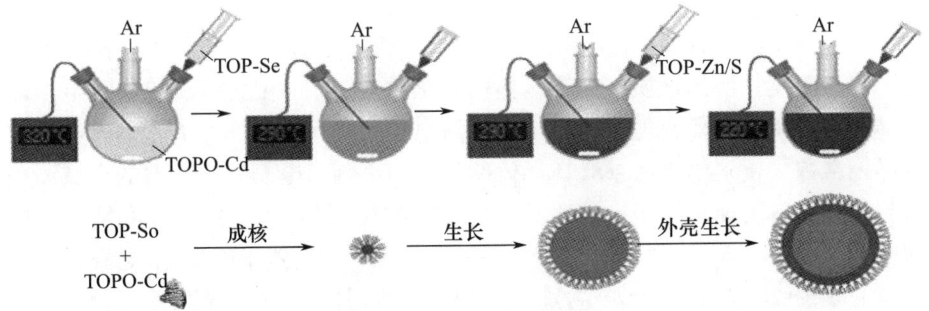

图 7-4 CdSe QD 的胶体合成(三正辛基膦(TOP),三辛基氧化膦(TOPO))
(转载自文献[126],2004 年发表,经 Elsevier 许可。)

Madler[127]等通过对 Zn/Si 前驱体进行喷雾燃烧,合成了稳定的、直径达 1.5nm 的 ZnO 纳米晶体。这些晶粒表现出量子尺寸效应:随着晶粒尺寸减小,光吸收蓝移,并且湿相制备的 ZnO QD 很好地遵循文献报道的粒径与光学能隙之间的关系。

高长径比硫化镉量子棒可以通过使用两种表面活性剂混合物(AOT 和两性离子磷脂 L-α-磷脂酰胆碱(卵磷脂)的混合物),在室温的油包水微乳液环境中合成。由等摩尔 AOT 和卵磷脂混合物的水包油微乳液中得到的这些高度针状粒子,其平均宽度为 4.1±0.6nm,长度范围为 50~150nm。相反,传统的球形 CdS QD 是由 AOT 油包水微乳液体系合成的,平均粒径为 5.0±0.6nm[128]。Cirillo[129]等报道了 CdSe/CdS 的核-壳 QD 的"闪电"合成。该新方法基于种子生长法,采用了过量羧酸,使 CdS 壳在纤锌矿 CdSe 核上进行各向同性和外延生长。该方法特别迅速且高效,在 3min 内使 CdS 壳可控生长的非常厚(在该研究中达到 6.7nm),这比先前报道的方法时间短得多(图 7-5)。其他关于半导体量子点的研究也已见诸报道[130-137]。

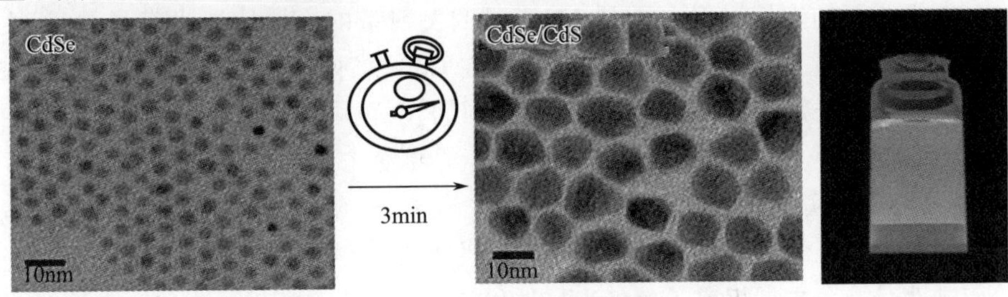

图 7-5 CdSe/CdS 核-壳 QDs 的快速合成
(转载自文献[129],2013 年发表,ACS 许可。)

7.2.3 半导体纳米粒子的性能

由于量子限制,半导体纳米粒子表现出依赖尺寸的独特光学和电子性能,这是不同于宏观物质的性质。大半导体晶体被认为是一个大的分子,并且半导体晶体的电子激发会形成电子-空穴对。该电子-空穴对的离域面积的大小通常比晶格常数大很多倍。将半导体晶体的尺寸缩小到与电子-空穴对的离域面积或与这些材料的玻尔激子半径所成的离域面积相当的尺寸时,可改变纳米晶体的电子结构。当粒子半径缩小到玻尔激子半径以下时,能带隙变宽,导致半导体晶体的激子吸收带发生蓝移。例如,在 CdS 半导体材料中,在晶体尺寸为 5~6nm 时,开始观察到激子吸收带的蓝移[138-141]。

此外,表面状态在纳米粒子中也起着非常重要的作用,这是因为它们具有大的表面积与体积比值,该比值随着粒径减小(表面效应)而增大。由于对于半导体纳米粒子,随着粒径减小,表面态激子的辐射或非辐射复合在其光学性质中占主导地位。因此,表面态激子的衰变将影响光电子器件材料的质量。超小型半导体晶体在文献中被称为纳米晶体,即具有量子尺寸效应的粒子或纳米粒子[141]。

由于半导体和纳米尺寸的能带结构,半导体纳米粒子或 QD 也表现出光致发光性质,如图 7-6 所示。QD 在价带(VB)和导带(CB)中都具有分立能级。当激发能 E_{ex} 高于带隙能 E_g 时,价带中的电子(图 7-6 中的实心圆)吸收能量并跳跃到导带,形成短寿命电子孔对或激子。然后,电子和空穴(图 7-6 中的空心圆)可以快速重新结合,发射出对应于带隙能量的光子,这就是带边发射。由于斯托克斯位移 ΔE,部分能量可能以非辐射方式释放,因此发射能量 E_{em0} 通常低于激发能量。当带隙中存在一些陷阱态时,在各种能量(E_{em1}、E_{em2}、E_{em3}、E_{em4})下会发生更多的可能的发射,其通常低于带隙发射能量 E_{em0}。发光可能由带边或近带边的跃迁引起[142]。

在 ZnS 壳的生长过程中,CdSe 纳米晶的发射带的光谱位置没有显著移动,这表明在激发态下,电子和空穴都被限制在 CdSe 核内。采用不同大小的 CdSe 纳米晶体来生长核-壳离子,会出现一系列的、颜色由蓝光到红光的胶体溶液,其发射谱带窄至 25~35nm(FWHM),室温光致发光量子产率高达 50%~70%(图 7-7)。事实上,ZnS 外延壳也可以生长在 CdSe 纳米棒的表面,得到具有偏振发射的高发光纳米晶体[143]。稀释的磁性半导体纳米粒子还表现出电子、光学和磁性性能。文献报道了各种半导体纳米粒子与尺寸相关的光学、电子和磁性能的系列研究[144-149]。

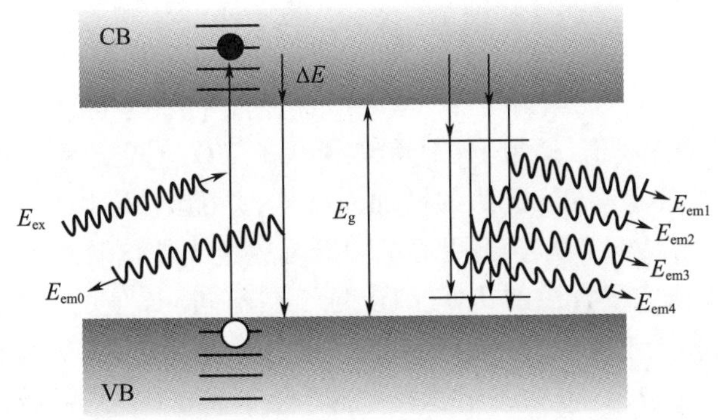

图 7-6　具有典型半导体能带结构的 QD 的激发和发射
(转载自文献[142],开源权限 2008。)

图 7-7　CdSe/ZnS 核-壳结构的胶体溶液发射颜色随粒子尺寸的变化。具有最小(约 1.7nm)CdSe 核的粒子发射蓝光,具有最大(约 5nm)核的粒子发射红光
(转载自文献[143],2004 年发表,John Wiley and Sons 许可。)

7.2.4　半导体纳米粒子的应用

半导体纳米粒子和 QD 广泛应用于各种领域,如发光生物标记[150-152],并已被证明可作为再生太阳能电池组件[153-155]、光学增益器件[24]和电致发光设备的器件[23,156-157]。DMS 可应用于自旋电子技术或自旋电子学[158-161]。自旋电子器件,如磁光器件开关、磁性传感器、自旋阀晶体管和自旋 LED,可通过在半导体中注入铁磁性 Mn、Ni、Co 和 Cr 来实现运转[162-165]。本节将对半导体纳米粒子或 QD 的一些应用进行解释。

1. 环境应用

Ⅱ-Ⅵ族半导体纳米粒子,如 TiO_2 和 ZnO,已成为水净化领域中具有前景的光催化剂[166-167],它们可以用作有机和无机污染物的氧化和还原催化剂。Chitose[168]等证明，在紫外线存在的条件下，通过添加 TiO_2 纳米粒子可大大提高有机废水中总有机碳的去除率。Yang[169]等研究了溶液 pH 值、H_2O_2 添加量、TiO_2 相组成和回收的 TiO_2 对紫外光照下 TiO_2 悬浮液中甲基橙的光催化降解的影响。结果表明，低 pH 值、适量 H_2O_2 和纯锐钛矿 TiO_2 有助于甲基橙溶液的光催化氧化。光降解度随溶液 pH 值的增加而降低，并随 H_2O_2 用量的不同而变化。纯锐钛矿 TiO_2 比双相 TiO_2 具有更好的甲基橙脱色光催化活性。

文献[170]研究了合成的 TiO_2 纳米粒子在不同 pH 值的水溶液中，对有毒汞(Ⅱ)的吸附和光催化还原。实验结果表明，pH 在 3.0~7.0 范围内，随着 pH 值的增加，水溶液中汞(Ⅱ)的去除率增加。经 30min UV 照射后，通过 TiO_2 纳米粒子可多去除 65% 汞(Ⅱ)。Daneshvar[171]和 Rahman[172]等以 ZnO 纳米粒子为光催化剂，有效地光催化降解偶氮染料酸性红 14 和罗丹明－B 染料。Devipriya 和 Yesodharan[173]利用半导体氧化物催化剂(ZnO 和 TiO_2)，以苯酚为底物，对水中的化学污染物进行光催化降解。作者研究了各种参数对水中苯酚降解的影响，如催化剂的特性、辐照时间、底物和催化剂浓度和 pH 值。结果表明，从活性和耐久性而言，TiO_2 远不如 ZnO，将 ZnO 与 TiO_2 混合不会显著影响其活性。鉴于该工艺具有以太阳辐射为能源处理含污染物废水方面的潜力，该工艺具有现实意义。Mahdavi[174]等使用一系列实验方法，包括 pH 值、竞争离子、吸附剂质量和接触时间，研究了新型纳米吸附剂(Fe_3O_4、ZnO 和 CuO)从水溶液中去除 Cd^{2+}、Cu^{2+}、Ni^{2+} 和 Pb^{2+} 的性能。在多组分溶液中，ZnO、CuO 和 Fe_3O_4 的最大吸收值(四种金属的总和)分别为 360.6mg/g、114.5mg/g 和 73.0mg/g。基于三种纳米粒子的平均金属去除量，单组分溶液中金属离子吸收值的顺序为 $Cd^{2+} > Pb^{2+} > Cu^{2+} > Ni^{2+}$；而在多组分溶液，其顺序为 $Pb^{2+} > Cu^{2+} > Cd^{2+} > Ni^{2+}$。其他研究报道了采用Ⅲ－Ⅴ族半导体纳米粒子对染料、酚类和苯甲酸进行光催化降解以及去除其他污染物(如重金属离子)的研究[175-183]。

2. 电子和光电应用

半导体纳米粒子由于其尺寸相关的电子和光学性质，成为了电子和光电子应用(如发光器件、光电或太阳能电池、气体传感器、液晶显示器、加热镜和表面声波器件[184-185])中富有前景的材料。氮化镓(GaN)基的半导体器件可用于在蓝色和绿色波长区域运行的发光二极管。GaN 基的 LED 与传统的平面 LED 相比，具有低能耗、长使用寿命和尺寸相对较小等优点，因而在全色显示面板和固态照明中引起了广泛关注[186]。由于光提取效率受包括高折射率(约 2.52)的 p 型 GaN(p－GAN)等多种因素限制，使得 GaN 基 LED 的全内反射角较低[187]。因此，人们采用了多种手段提高输出光功率，如表面织构化[188-189]、光子晶体[190-192]和使用金属氧化物纳米粒子[193-196]。

Jin[197]等在 p-GaN 表面上构造 Au 纳米粒子来增强 GaN 基 LED 的光输出功率。通过在悬浮碳纳米管(CNT)薄膜表面上沉积 Au 薄膜,将 Au-CNT 体系置于 p-GaN 表面,并对样品进行热退火,制备出准排列的 Au 纳米粒子阵列。Au 纳米粒子的尺寸和位置被碳纳米管骨架限制,且没有其他额外的残留 Au 分布在 p-GaN 基底表面。与传统的平面 LED 相比,在注入 100mA 电流后,含有 Au 纳米粒子的 LED 的光输出功率增加了 55.3%,且电学性质保持不变。

在没有有机支撑层的情况下,可制备出以市售 ZnO 纳米粒子为活性层的发光器件。将厚度为 500nm 的致密 ZnO 纳米粒子层旋涂在 ITO 涂层的石英衬底上。在蒸发顶部铝电极后,得到具有二极管状 I-V 特性的和可见光谱范围内显著电致发光的器件[198]。已有许多研究报道了将发光半导体纳米晶体制备成薄膜聚合物基 LED,用作发光材料的研究[13,14,199-201]。采用 CdSe/CdS 核壳纳米晶结合优化的层厚,在 $600cd/m^2$[199]的亮度下,可获得高达 0.22% 的外部量子效率,这接近 LED 应用的实际规格。近来,有研究报道了基于 InAs/ZnSe 核-壳纳米晶体、在近红外光谱区域具有约 0.5% 外部效率的发射器件[4]。另一种制备 LED 的策略是将水性硫醇封端的 CdTe 纳米晶体通过逐层组装技术[13]或集成到聚苯胺或聚吡咯半导体基质中[14,202]。

太阳能电池是一种探测器,它必须以最小的损耗将宽的入射光谱转换成电流。基于低成本多晶硅和纳米晶半导体材料的太阳能电池已经引起了科学和工业界的极大兴趣。早期的太阳能电池由大面积硅基 p-n 结组成,太阳能电池效率理论上最高为 33.7%[203,204]。砷化镓半导体也被用于太阳能电池。图 7-8 为 $Ga_{0.49}In_{0.51}P$(1.9eV)、$Ga_{0.99}In_{0.01}As$(1.4eV)和 Ge(0.7eV)构建的太阳能电池[205]示意图。最近,一种被称为 Grätzel 的现代版太阳能电池类型出现了。该类型的电池由宽带隙半导体(主要是多孔的纳米晶 TiO_2)与有机染料敏化形成,该有机染料吸收可见光并将电子注入 TiO_2 的导带中(Grätzel 型电池)[206]。半导体纳米粒子作为 Grätzel 型电池中的光吸收材料具有许多潜在的优点,能将电荷从纳米晶体转移到宽带隙半导体(TiO_2、ZnO、Ta_2O_5)的导带上[207-209],并且与可见光谱范围内的高消光系数[210]相结合,这使其在 Grätzel 型电池中的应用具有吸引力。

Omair[211]等研究了有机染料橙黄Ⅳ和伊红 Y 作为光敏剂对 ZnO 光电极染料敏化太阳能电池(DSSC)光伏参数的影响,并指出因为橙黄Ⅳ染料的摩尔消光系数较高,所以橙黄Ⅳ敏化电池比伊红 Y 敏化电池具有更好的性能。Lee[212]等采用电子传输和光学表征,研究了由锐钛矿 TiO_2 组成的 DSSC 的性能。他们通过对比合成 TiO_2 纳米粒子和市售 TiO_2 纳米粒子(P25),研究了粒径分布对 DSSC 性能的影响,发现与 P25 相比,合成纳米粒子比表面积更大、电解质渗透能力更强,且光学反射率更低,光电转化效率显著提高(32.5%)。因此,合成 TiO_2

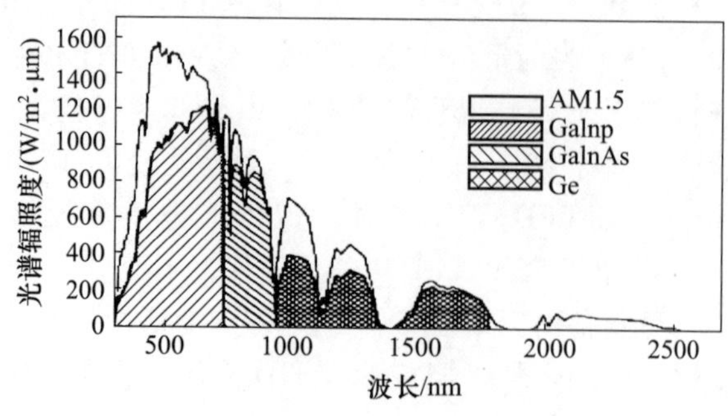

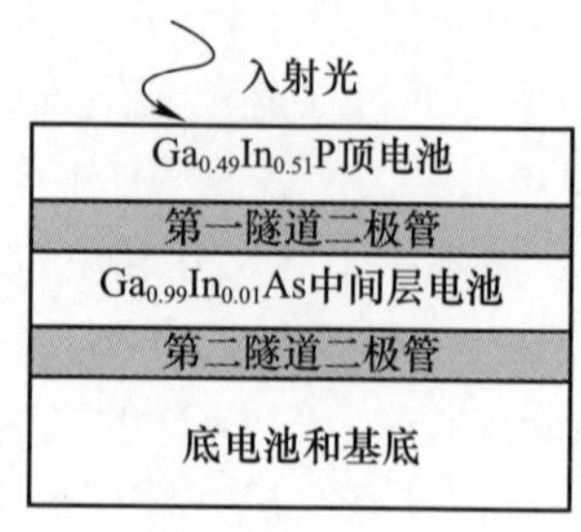

图 7-8 左图:太阳 AM1.5 光谱的光谱辐照度以及其中部分可用于 GaInP/GaInAs/Ge 三结太阳能电池的光谱;右图:太阳能电池的一般结构(转载自文献[205],2006 年发表,经 John Wiley and Sons 许可。)

纳米粒子的光电极提高了对染料敏化剂(N719)的吸附,促进了光生载流子的转移,降低了未利用的反射太阳光谱的比例。结果是在不使用散射层和共吸附剂时,DSSC 的能量转换效率能提高到 6.72%。作者还报道,合成纳米材料长径比的增大会导致载流子寿命的延长。此外,晶界密度的降低抑制了载流子的俘获和随后的电子-空穴对的复合。这些纳米材料为实现光转换装置的高效率提供了新的途径。

基于纳米粒子修饰的 ZnO 微盘传感器,具有高响应值、快速响应恢复、良好的选择性和在 420℃ 下对 1 ~ 4000ppm① 乙炔的长期稳定性,其高响应值($S=7.9$)甚至可以检测到 1ppm 的乙炔。这种分层结构有助于 ZnO 纳米粒子的固定,减少团聚结构,有助于在高温下获得优异的乙炔传感性能。图 7-9(a)和图 7-9(b)中的插图分别为制备好的传感器的结构和照片[213]。

3. 生物医学应用

半导体纳米粒子和 QD 已被广泛用于生物医学应用,如诊断、影像学、药物输送和肿瘤治疗。尺寸小于 10nm 的半导体纳米粒子,即 QD,已被证明具有生物相容性,并被广泛用作体内成像的集成功能的载体,作为其他药物载体、肿瘤细胞标记物、双峰分子成像、免疫分析和病毒感染检测等[214-219]。

Hanley[220] 等采用 ZnO 纳米粒子实现了优先杀死癌细胞,并激活了人类 T 细胞。他们发现,与正常细胞相比,ZnO 纳米粒子具有强大优势,其杀灭癌变 T 细胞的能力是正常细胞的约 28 ~ 35 倍。细胞的激活状态有助于提升纳米粒子毒性,原因是静息 T 细胞表现出相对抗性,通过 T 细胞受体和 CD28 共刺激途径

① 1ppm = 0.0001%。

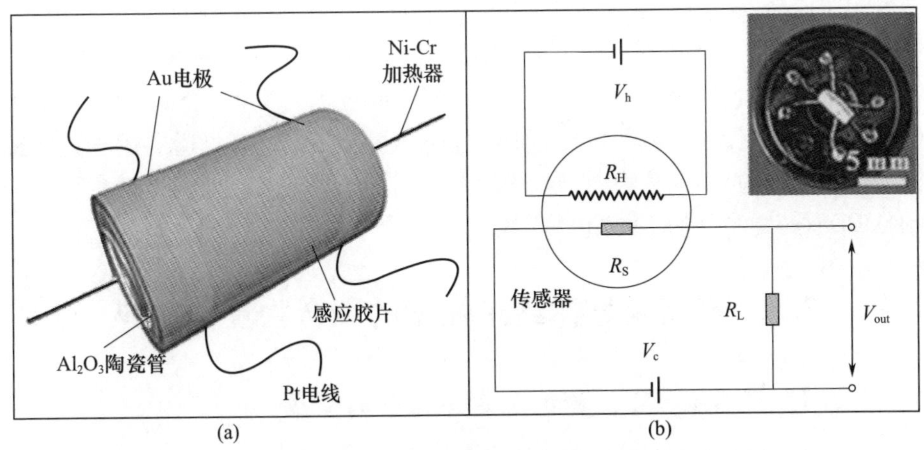

图 7-9 (a)气体传感器结构;(b)气体传感器的测量电路。照片:制备好的传感器。(转载自文献[213],2001 年发表,经 Elsevier 许可。)

刺激的细胞显示出更大的毒性,这与激活水平直接相关的。毒性来源于活性氧物质的产生,癌变 T 细胞产生比正常 T 细胞有更高的诱导水平。另外,纳米粒子还可诱导细胞凋亡,活性氧的抑制对纳米粒子诱导的细胞死亡有保护作用。这些结果表明,ZnO 纳米粒子在治疗癌症和/或治疗自身免疫系统疾病方面具有潜在应用价值。

Zhang 和 Sun[221] 研究了 TiO_2 纳米粒子对 Ls-174-t 人类结肠癌细胞的光催化杀伤作用。作者报道,培养的人类结肠癌细胞在体外被光激发的 TiO_2 纳米粒子有效杀灭。此外,他们发现高浓度的 TiO_2 会影响光催化杀灭效果。当 TiO_2 的浓度低于 200μg/mL 时,紫外线照射超过 30min 后,细胞的存活率仅略有下降,与单独的 UVA 照射几乎相同。但是,随着 TiO_2 浓度增加到 200μg/mL 以上,细胞的存活率迅速下降。这表明,细胞膜的破裂和细胞内重要成分的分解正在发生,加速了细胞死亡。TiO_2 纳米粒子对人结肠癌细胞的光催化杀伤作用表明,TiO_2 纳米粒子和光照射可用于癌症治疗。

Cervera[222] 等研究了纳米 TiO_2 载体中苯妥英的控制释放,苯妥英是一种用于治疗癫痫的抗惊厥药物。作者采用了含有 5%(质量分数)苯妥英的 TiO_2 载体,在 pH=7.2 的缓冲液中,以时间为函数,通过紫外-可见光(UV-vis)吸收光谱来研究苯妥英的释放动力学。作者还探讨了苯妥英释放速率和用于制备载体的 TiO_2 纳米材料的性质之间的关系。结果表明,载体能够释放苯妥英超过 45 天,并且释放动力学以两种方式为特征:初始快速释放和随后的缓慢释放。缓慢释放速率与时间无关,并且对纳米材料形态的依赖性弱。苯妥英的恒定释放速率在 0.017mg/天和 0.030mg/天之间，取决于纳米材料的性质。Zhang 和 Wang[223] 介绍了 QD 在分子传感和诊断应用上的使用。Baba 和 Nishida[224] 总结了在活细胞中使用 QD 进行单分子追踪的不同技术。Clift 和 Stone[225] 着眼于 QD 的生物相互作用及其与临床使用的相关性。Yong[226] 等报道了用于追踪靶向给药和治疗的 QD－药物纳米粒子制剂应用的近期发展。他们还讨论了用于制备 QD－药物制剂的不同“包装”方法。

7.3　含有半导体纳米粒子的聚合物复合材料

7.3.1　半导体/聚合物纳米复合材料的合成

近年来，半导体高分子纳米复合材料的发展已成为纳米科学和纳米技术的重要研究领域，这些纳米复合材料将聚合物的优点与半导体纳米粒子独特的尺寸可调光学、电子、催化和其他性质结合在一起[227－229]。有许多方法可用于生产含半导体纳米粒子的聚合物杂化材料。这里讨论了两种广泛使用的方法，即熔融共混和原位聚合，用于制备半导体/聚合物纳米复合材料。

1. 熔融共混

熔融共混是最简单和常规制备各种含无机纳米粒子（包括半导体纳米粒子）的聚合物杂化材料的方法。在熔融加工中，将无机纳米粒子分散到聚合物基体中，通过挤出得到聚合物纳米复合材料。图 7－10 为合成聚合物纳米复合材料的熔融共混示意图[230]。

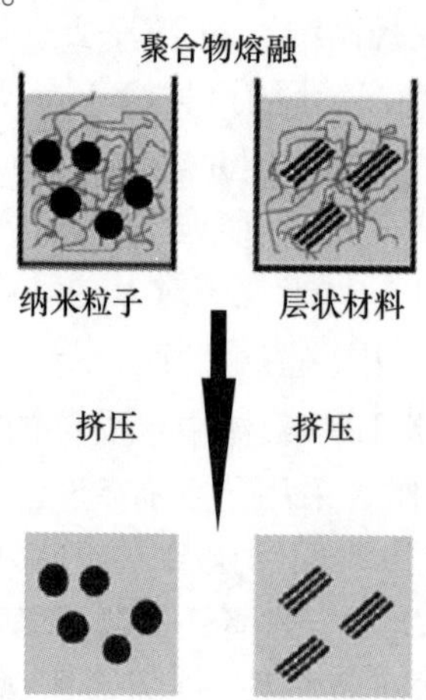

图 7－10　熔融共混法制备纳米复合材料
（转载自文献[230]，开源许可 2010。）

Hong[231]等采用这种简单的技术制备 ZnO - 低密度聚乙烯复合材料。ZnO 纳米粒子和支化低密度聚乙烯在高剪切混合器中熔融混合，用以制备改进耐热降解性能的聚合物纳米复合材料。他们还将亚微米 ZnO 粒子与低密度聚乙烯混合对比，并指出纳米粒子（ <100nm）的表面性质是纳米复合材料热稳定性增加的原因。Ma[232]等也采用熔融共混制备了硅烷改性 ZnO - 聚苯乙烯树脂纳米复合材料。ZnO 纳米粒子的加入使制备的纳米复合材料的弯曲模量、玻璃化转变温度和热降解温度增加，弯曲强度降低。文献[233]通过将 ZnO 量子点分散在聚甲基丙烯酸甲酯中，熔融共混制备了聚合物纳米复合材料，并通过差示扫描量热法和动态力学分析表征得到的纳米复合材料。玻璃化转变温度 T_g的线性增加表明体系的 T_g可用粒子间距离 h_p 的幂律来描述，其中渗滤指数 v 为 0.55 ~ 0.64。

文献[234]将全同立构聚丙烯和 TiO_2 熔融共混，制备了含有体积分数为 1% ~ 15%（质量分数为 4.6% ~ 45.5%）纳米粒子的纳米复合材料。采用了酸酐改性聚丙烯作为增容剂，研究了增容剂对 TiO_2 纳米粒子的分散性、复合材料的力学性能、热稳定性和结晶度的影响。扫描电子显微镜结果表明，粒子的分散性得到改善，显著影响了纳米复合材料的热稳定性和结晶结构；纳米复合材料的弹性模量和屈服强度降低，微机械分析显示，加入增容剂的纳米复合材料中，有机相和无机相之间的相互作用有所改善。在另一项研究[235]中，采用甲苯 - 2,4 - 二异氰酸酯预处理 TiO_2 纳米粒子，并与聚丙烯/聚酰胺 6 熔融共混。TiO_2 纳米粒子的表面官能化提高了 TiO_2 和聚合物基体之间的界面相互作用和相容性。含官能化 TiO_2 的纳米复合材料与含纯 TiO_2 的纳米复合材料或纯 PP/PA6 共混物相比，展现出更高的拉伸强度和冲击强度。它们还表现出对枯草芽孢杆菌、金黄色葡萄球菌和大肠杆菌的强抗菌活性。

文献[236]通过熔融共混技术，将 CdSe - CdS - ZnS 核 - 多壳 QD 直接分散在环氧聚合物基体中，制备了 CdSe - CdS - ZnS 核 - 多壳聚合物纳米复合材料。填充黄色发光 QD 的纳米复合材料比纯环氧聚合物更透明。纳米复合材料的发光由纯环氧树脂的蓝色区域向黄色区域转变。与纯环氧聚合物相比，制备的纳米复合材料也显示出更强的拉伸性能。其他数个研究也报告了采用熔融共混技术制备半导体 - 聚合物纳米复合材料[237-241]。

基于纳米粒子形成聚集体的强烈倾向，将半导体纳米粒子混到聚合物熔体中的熔融工艺可能决定所得复合材料的浊度（半透明度）[230]。为克服这个问题，原位聚合法被开发出来并得到广泛应用。

2. 原位聚合

在该方法中，半导体纳米粒子直接分散在聚合之前的单体溶液中。

Guan[242]等通过原位本体聚合,采用一锅法合成具有高 ZnS 纳米相含量的透明聚合物纳米复合材料。由于 ZnS 纳米粒子和聚合物基体之间的共价键合,ZnS 纳米粒子在聚合物基体中均匀分布。这种均匀分布改善了纳米复合材料的热稳定性和力学性能。由于受控的结构和 ZnS 含量,纳米复合材料还具有良好的透明度和可调节的折射率。

文献[243]在 2 – 巯基乙醇(ME)封端的 ZnS 纳米粒子的存在下,采用 2,2′ – 偶氮二异丁腈,引发 N,N – 二甲基丙烯酰胺、苯乙烯和二乙烯基苯的原位本体聚合,合成了透明 ZnS – 聚合物纳米复合材料。合成的纳米复合材料展现出良好的力学性能和优异热稳定性(245℃以下)。随着 ME 封端的 ZnS 纳米粒子质量分数增加到 30%,纳米复合材料的折射率从基体的 1.536 增加到 1.584,而 T_g 降低,这可能是因为纳米粒子的增塑作用。文献[244]中,通过甲基丙烯酸甲酯与表面改性的 TiO_2 纳米粒子的原位自由基聚合,合成了 TiO_2/PMMA 纳米复合材料。通过加入纳米粒子,复合材料的热稳定性得到显著提高。Evora 和 Shukla[245]通过原位聚合法,合成了聚酯 – TiO_2 纳米复合材料,并研究了复合材料准静态的断裂韧性、拉伸、压缩测试和动态断裂韧性。相对于准静态断裂韧性,纳米复合材料的断裂韧性和动态断裂韧性有所提高[245]。文献[246]采用原位聚合,合成了 TiO_2/聚对苯二甲酸乙二醇酯纳米复合材料,当 TiO_2 质量分数小于 2% 时,纳米粒子均匀分散在基体中。纳米粒子在低含量下能改善复合材料的模量、强度和断裂伸长率。Zapata[247]等采用原位聚合,合成质量分数 2% 和 8% 的 TiO_2 – 聚乙烯复合材料。纯聚乙烯相比,添加不同的纳米填料使得复合材料的结晶度略微增加,弹性模量增加达 15%。

文献[248]在不同含量的纳米 ZnO 存在下,通过苯胺单体原位氧化聚合,得到 ZnO 聚苯胺纳米复合材料,纳米 ZnO 分别在不存在和存在表面活性剂的情况下制备得到;采用双探针法研究了纳米 ZnO 浓度对纳米复合材料导电性的影响。结果表明,与纯聚苯胺相比,纳米复合材料的电导率随着纳米 ZnO 浓度的增加而增大。当聚苯胺基体中加入 60% 纳米 ZnO 时,可观察到最佳的电导率。文献[249]以溶解在甲苯中的 2,2′ – 偶氮二异丁腈作为引发剂,通过甲基丙烯酸甲酯与油酸改性 ZnO 纳米粒子的溶液自由基共聚,制备得到 ZnO/聚甲基丙烯酸甲酯纳米复合材料。UV – vis 分析显示,制备的纳米复合材料在紫外区域表现出高吸收,在可见光区域为低吸收。

文献[250]采用原位化学氧化聚合法,合成了含 SnO_2 空心球和聚噻吩的杂化材料。SnO_2 与聚噻吩之间具有强的协同相互作用,并且合成的纳米复合材料具有比纯聚噻吩更高的热稳定性。文献[251]通过将有机物接枝聚合到硅烷改性的铟锡氧化物(ITO)纳米粒子的表面上,合成了两种类型的 ITO/聚氨酯纳米复合材料,即光学活性的氧化铟锡/聚氨酯和外消旋氧化铟锡/聚氨酯纳米复合材料。聚氨酯成功地接枝到 ITO 表面而不破坏晶体结构。由于界面相互作用,与纯 ITO 纳米粒子相比,上述两种复合物都具有更低的红外发射率。此外,与外消旋 ITO/聚氨酯纳米复合材料相比,由于规则的二级结构和有机物与无机物之间更多的界面协同相互作用,光学活性 ITO/聚氨酯纳米复合材料表现出更低的红外发射率。图 7-11 为光学活性 ITO/聚氨酯纳米复合材料的合成方法,外消旋 ITO/聚氨酯纳米复合材料可用类似方法来合成。文献[252]在 WO_3 框架表面上,通过原位聚合被吸附的噻吩单体,制备了 WO_3/聚噻吩纳米复合材料。

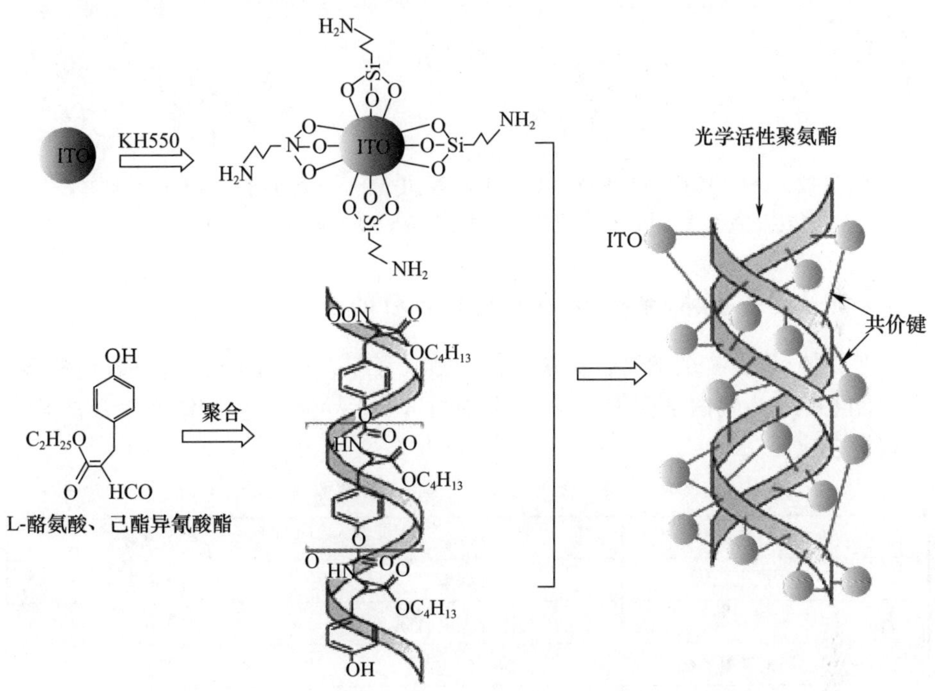

图 7-11　光学活性 ITO/聚氨酯纳米复合材料的制备过程
(注:转载自文献[251],2012 年发表,经 Elsevier 许可。)

数位研究人员采用了原位聚合技术合成 QD/聚合物纳米复合材料[253-255]。Lee[256]等通过原位自由基聚合,合成了高发光 CdSe-聚(甲基丙烯酸月桂酯)纳米复合材料。近来,基于微乳液聚合能够形成分散良好的纳米复合材料,研究人员将微乳液聚合用于无机材料的聚合物包覆[257]。Esteves[258]等直接在官能化 QD 表面,通过接枝聚合物链合成 QD/聚合物纳米复合材料,QD 表面含三烷基氧化膦(Y),通过含氯的原子转移自由基聚合为引发剂(Z-X)进行改性,形成官能化 QD(图 7-12)。作者采用了最近开发的电子转移(AGET)催化体系合成这些纳米复合材料[259,260]。微乳液中,采用 AGET ATRP 能避免使用常规的自由基引发剂,常规的引发剂会使 QD 降解并引发游离的聚合物链。Joumaa[261]等通过使用类似的微乳液法,成功地将单个 CdSe - ZnS/三辛基氧化膦(TOPO)纳米晶体包封在聚苯乙烯珠中。大量研究人员已使用原位聚合方法来合成各种半导体/聚合物纳米复合材料[262-268]。

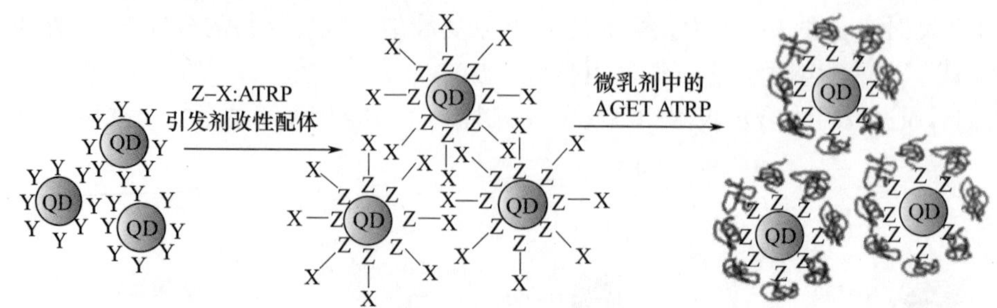

图 7-12 通过 AGET ATRP 在微乳液中制备 QD/聚合物纳米复合材料的合成路径
(转载自文献[258],2007 年发表,经 John Wiley and sons 许可。)

7.3.2 半导体/聚合物纳米复合材料的应用

半导体/聚合物纳米复合材料在各个领域有广泛的应用,包括环境、传感器、太阳能电池和生物医学应用。表 7-1 中列出了半导体/聚合物纳米复合材料的一些潜在应用。

表 7-1 半导体/聚合物纳米复合材料的一些潜在应用

纳米复合材料	应用	参考文献
TiO_2/高密度聚乙烯	骨修复	[269]
TiO_2/聚酰亚胺	气体分离复合膜	[270]
ZnO/Ag/低密度聚乙烯	橘子汁包装	[271]
ZnO/聚苯胺	化学气敏元件	[272]
TiO_2/聚乙烯	抗菌剂	[235]
CdSe 纳米晶/聚合物	选择性气敏元件	[273]
CdSe/聚合甲基丙烯酸甲酯	气体纳米传感器	[274]
SnO_2/聚噻吩	气敏元件	[275]
CdSe QD/PMMA	碳氢化合物传感器	[276]
ZnO/聚合物	抗癌药物载体	[277]
TiO_2/杂化聚合物	太阳能电池	[278]

7.4 小　　结

由于将聚合物和半导体纳米粒子的特性进行了组合，因此半导体/聚合物杂化物是一类重要材料。可采用许多方法，如熔融共混和原位聚合，以半导体纳米粒子合成半导体/聚合物杂化材料。半导体/聚合物杂化材料可应用于环境、光电子、生物医学及各个领域。

参考文献

[1] Henglein A(1982) J Phys Chem 86:2291

[2] Rossetii R, Nakahara S, Brus LE(1983) J Chem Phys 79:1086

[3] Tamborra M, Striccoli M, Comparelli R, Curri ML, Petrella A, Agostiano A(2004) Nanotechnology 15:5240

[4] Tessler N, Medvedev V, Kazes M, Kan S, Banin U(2002) Science 295:1506

[5] Klimov VL, Mikhailowsky AA, Xu S, Malko A, Hallingsworth JA, Leatherdole CA(2000) Science 290:340

[6] Battaglia D, Peng X(2002) Nano Lett 2:1027

[7] Abdulkhadar M, Thomas B(1995) Nanostruct Mater 5:289

[8] Lee GJ, Nam HJ, Hwangbo CK, Lim H, Cheong H, Kim HS, Yoon CS, Min SK, Han SH, Lee YP(2010) Jpn J Appl Phys 49:105001

[9] Lee GJ, Lee YP, Lim HH, Cha M, Kim SS, Cheong H, Min SK, Han SH(2010) J Korean Phys Soc 57:1624

[10] Kamat PV, Meisel D(eds)(1996) Semiconductor nanoclusters. Studies in surface science and catalysis. Elsevier, Amsterdam, p 103

[11] Weller H(1993) Angew Chem Int Ed Engl 32:41

[12] Weller H(1993) Adv Mater 5:88

[13] Gao MY, Lesser C, Kirstein S, Mohwald H, Rogach AL, Weller H(2000) Appl Phys 87:2297

[14] Gaponik NP, Talapin DV, Ro - Gach AL, Eychmuller A(2000) J Mater Chem 10:2163

[15] Pileni MP(1993) J Phys Chem 97:6961

[16] Pileni MP(1997) Langmuir 13:3266

[17] Korgel A, Monbouquette HG(1996) J Phys Chem 100:346

[18] Spanhel L, Hasse M, Weller H, Henglein A(1987) J Am Chem Soc 109:5649

[19] Vossmeyer T, Katsikas L, Giersig M, Popovic IG, Diesner K, Chemseddine A, Eychmuller A, Weller H (1994) J Phys Chem 98:7665

[20] Rockenberger J, Troger L, Kornowski A, Vossmeyer T, Eychmuller A, Feldhaus J, WellerW(1997) J Phys Chem B 101:2691

[21] Murray AB, Norris DJ, Bawendi MG(1993) J Am Chem Soc 115:8706

[22] Diaz B, Rivera M, Ni T, Rodriguez JC, Castillo - Blum SE, Nagesha D, Robles J, Alvarez - Fregoso OJ, Kotov NA(1999) J Phys Chem B 103:9854

[23] Colvin VL, Schlamp MC, Alivisato AP(1994) Nature 370:354

[24] Klimov VI, Mikhailovsky AA, Xu S, Malko A, Hollingsworth JA, Leatherdale CA, Eisler HJ, Bawendi MG (2000) Science 290:314
[25] Ozgur U, Alivov YI, Liu C, Teke A, Reshchikov MA, Dogan S, Avrutin V, Cho SJ, Morkoc H(2005) J Appl Phys 98:041301
[26] Djurisic AB, Leung YH(2006) Small 2:944
[27] Chan SW, Barille R, Nunzi JM, Tam KH, Leung YH, Chan WK, Djurisic AB(2006) Appl Phys B 84:351
[28] Voss T, Kudyk I, Wischmeier L, Gutowski J(2009) Phys Status Solidi B 246:311
[29] Cho S, Ma J, Kim Y, Sun Y, Wong GKL, Ketterson JB(1999) Appl Phys Lett 75:2761
[30] Williams JV(2008) Hydrothermal synthesis and characterization of cadmium selenidenanocrystals. Doctoral thesis, University of Michigan
[31] Gopinadhan K, Kashyap SC, Pandya DK, Chaudhary S(2007) J Appl Phys 102:113513
[32] Vadivel K, Arivazhagan V, Rajesh S(2011) Int J Sci Eng Res 2(4):43 – 47 http://www. ijser. org/Journal_April_2011_Edition. pdf
[33] Kant KM, Sethupathi K, Rao MSR(2004) Magnetic properties of 4f element doped SnO2. Paper presented at the international symposium of research students on materials science and engineering, Chennai, India, 20 – 22 Dec 2004
[34] Santi M, Jakkapon S, Chunpen T, Jutharatana K(2006) J Magn Magn Mater 301:422
[35] Lakshmi YK, Srinivas K, Sreedhar B, Raja MM, Vithal M, Reddy PV(2009) Mater Chem Phys 113:749
[36] Jiang Y, Wang W, Jing C, Cao C, Chu J(2011) Mater Sci Eng B 176:1301
[37] Li X, Wu S, Hu P, Xing X, Liu Y, Yu Y, Yang M, Lu J, Li S, Liu W(2009) J Appl Phys 106:043913(1)
[38] Gan' shina EA, Granovsky AB, Orlov AF, Perov NS, Vashuk MV(2009) J Magn Magn Mater 321:723
[39] Ianculescu A, Gheorghiu FP, Postolache P, Oprea O, Mitoseriu L(2010) J Alloys Compd 504:420
[40] Gingasu D, Oprea O, Mindru I, Culita DC, Patron L(2011) Digest J Nanomater Biostruct 6:1215
[41] Zhang K, Zhang X, Chen H, Chen X, Zheng L, Zhang J, Yang B(2004) Langmuir 20:11312
[42] Qin J(2007) Nanoparticles for multifunctional drug delivery systems. Licentiate thesis, The Royal Institute of Technology, Stockholm
[43] Vafaee M, SasaniGhamsari M(2007) Mater Lett 61:3265
[44] Behnajady MA, Eskandarloo H, Modirshahla N, Shokri M(2011) Photochem Photobiol 87:1002
[45] Sugimoto T, Okada K, Itoh HJ(1997) Colloid Interface Sci 193:140
[46] Sugimoto T, Okada K, Itoh HJ(1998) Dispers Sci Technol 19:143
[47] Sugimoto T, Zhou X, Muramatzu AJ(2002) Colloid Interface Sci 252:339
[48] Sugimoto T, Zhou XJ(2002) Colloid Interface Sci 252:347
[49] Sugimoto T, Zhou X, Muramatzu AJ(2003) Colloid Interface Sci 259:43
[50] Sugimoto T, Zhou X, Muramatsu AJ(2003) Colloid Interface Sci 259:53
[51] Kanie K, Sugimoto TJ(2003) Am Chem Soc 125:10518
[52] Kanie K, Sugimoto T(2004) Chem Commun 2004:1584
[53] Lee S, Cho I – S, Lee JH, Kim DH, Kim DW, Kim JY, Shin H, Lee J – K, Jung HS, Park N – G, Kim K, Ko MJ, Hong KS(2010) Chem Mater 22:1958
[54] Sambasivam S, Joseph DP, Jeong JH, Choi BC, Lim KT, Kim SS, Song TK(2011) J Nanoparticle Res 13:4623

[55] Ma˘la˘eru T, Neamt,u J, Morari C, Sbarcea G(2012) Rev Roum Chim 57:857

[56] Aziz M, Abbas SS, Wan Baharom WR(2013) Mater Lett 91:31

[57] Heqing Y, Banglao Z, Shouxin L, Yu F, Liangying Z, Xi Y(2001) Acta Chim Sinica 59:224

[58] Zhang L, Wang X(2011) Preparation of GaN powder by sol – gel and theoretcal calculation. In: Proceedings photonics and optoelectronics(SOPO) symposium, Wuhan, 16 – 18 May 2011, pp 1 – 4. doi: 10. 1109/SOPO. 2011. 5780494

[59] Liu YA, Xue CS, Zhuang HZ, Zhang XK, Tian DH, Wu YX, Sun LL, Ai YJ, Wang FX(2006) Acta Phys Chim Sin 22:657

[60] Samat NA, Nor RM(2013) Ceram Int 39:S545

[61] Kolekar TV, Bandgar SS, Shirguppikar SS, Ganachari VS(2013) Archiv Appl Sci Res 5:20

[62] Bhattacharjee B, Ganguli D, Iakoubovskii K, Stesmans A, Chaudhuri S(2002) Bull Mater Sci 25:175

[63] Rao AY, Enkateswara KV, Srinivasa SP(2012) Int Proc Chem Biol Environ 48:156

[64] Kondawar S, Mahore R, Dahegaonkar A, Agrawal S(2011) Adv Appl Sci Res 2:401

[65] Wu W, He Q, Jiang C(2008) Nanoscale Res Lett 3:397

[66] Williams JV, Adams CN, Kotov NA, Savage PE(2007) Ind Eng Chem Res 46:4358

[67] Lu Q, Gao F, Zhao D(2002) Nano Lett 2:725

[68] Yang R, Yan Y, Mu Y, Ji W, Li X, Zou MQ, Fei Q, Jin Q(2006) J Nanosci Nanotechnol 6:220

[69] Aneesh PM, Jayaraj MK(2010) Bull Mater Sci 33:227

[70] Gnanam S, Rajendran V(2010) Digest J Nanomater Biostruct 5(2):623 – 628 http://www. chalcogen. ro/623_Gnanam – urgent. pdf

[71] Yan C, Sun L, Fu X, Liao C(2002) Mat Res Soc Symp Proc 692:549

[72] Singh J, Verma NK(2012) J Supercond Nov Magn 25:2425

[73] Lu J, Wei S, Yu W, Zhang H, Qian Y(2004) Inorg Chem 43:4543

[74] Zhang X, Dai J, Ong H(2011) Open J Phys Chem 1:6

[75] Rashad MM, Rayan DA, El – Barawy K(2010) J Phys Conf Ser 200:072077. doi: 10. 1088/1742 – 6596/200/7/072077

[76] Tokeer A, Sarvari K, Kelsey C, Samuel LE(2013) J Mater Res 28:1245

[77] Ghosh K, Kahol PK, Bhamidipati S, Das N, Khanra S, Wanekaya A, Delong R(2012) AIP Conf Proc 1461:87

[78] Yong SM, Muralidharan P, Jo SH, Kim DK(2010) Mater Lett 64:1551

[79] Zhang L, Zhao J, Zheng J, Li L, Zhu Z(2011) Sensors Actuators B 158:144

[80] Ni YH, Wei XW, Hong JM, Ye Y(2005) Mater Sci Eng B Solid State Mater Adv Technol 121:42

[81] Chiu H – C, Yeh CS(2007) J Phys Chem C 111:7256

[82] Firooz AA, Mahjoub AR, Khodadadi AA(2011) World Acad Sci Eng Technol 5:04

[83] Jain K, Srivastava V, Chouksey A(2009) Indian J Eng Mater Sci 16:188

[84] Malik MA, Wani MY, Hashim MA(2012) Arabian J Chem 5:397

[85] Petit C, Ixon L, Pileni MP(1990) J Phys Chem 94:1598

[86] Eastoe J, Cox AR(1995) Colloid Surf A Physicochem Eng Asp 101:63

[87] Eastoe J, Warne M(1996) Curr Opin Colloid Interface Sci 1:800

[88] Robinson BH, Towey TF, Zourab S, Visser AJWG, Van Hoek A(1991) Colloid Surf 61:175

[89] Haram SK, Mahadeshwar AR, Dixit SG(1996) J Phys Chem 100:5868
[90] Wang Y, Zhang X, Wang A, Li X, Wang G, Zhao L(2014) Chem Eng J 235:191
[91] Kripal R, Gupta AK, Srivastava RK, Mishra SK(2011) Spectrochimica Acta Part A 79:1605
[92] Reddy BS, Reddy SV, Reddy NK, Kumari JP(2013) Res J Mater Sci 1:11
[93] Naje AN, Norry AS, Suhail AM(2013) Int J Innovative Res Sci Eng Technol 2:7068
[94] Abazovic ND, Mirenghi L, Jankovic IA, Bibic N, Sojic DV, Abramovic BF, Comor MI(2009) Nanoscale Res Lett 4:518
[95] Shwe LT, Win PP(2013) Preparation of CuO nanoparticles by precipitation method. Paper presented at international workshop on nanotechnology, Serpong, Indonesia, 2 – 5 Oct 2103. http://www.academia.edu/4929894/PREPARATION_OF_CuO_NANOPARTICLES_BY_PRECIPITATION_METHOD
[96] Rao BS, Kumar BR, Reddy VR, Rao TS(2011) Chalcogenide Lett 8:177
[97] Bandaranayake RJ, Smith M, Lin JY, Jiang HX, Sorensen CM(2002) IEEE Trans Magn 30:4930
[98] Chauhan R, Kumar A, Chaudhary RP(2010) J Chem Pharm Res 2:178
[99] Kumar SS, Venkateswarlu P, Rao VR, Rao GN(2013) Int Nano Lett 3:30(1)
[100] Shanthi S, Muthuselvi U(2012) Int J Chem Appl 4:39
[101] Dehbashi M, Aliahmad M(2012) Int J Phys Sci 7:5415
[102] Lanje AS, Sharma SJ, Pode RB, Ningthoujam RS(2010) Arch Appl Sci Res 2:127
[103] Mishra R, Bajpai PK(2010) J Int Acad Phys Sci 14:245
[104] Rahnam A, Gharagozlou M(2012) Opt Quant Electron 44:313
[105] Devi BSR, Raveendran R, Vaidyan AV(2007) Pharm J Phys 68:679
[106] Xiao Q, Si Z, Yu Z, Qiu G(2007) Mater Sci Eng B 137:189
[107] Didenko YT, Suslick KS(2005) J Am Chem Soc 127:12196
[108] Treece RE, Macala GS, Rao L, Franke D, Eckert H, Kaner RB(1993) Inorg Chem 32:2745
[109] Hwang H, Kim MG, Cho J(2007) J Phys Chem C 111:1186
[110] Fojtik A, Henglein A(1994) Chem Phys Lett 221:363
[111] Carpenter JP, Lukehart CM, Henderson DO, Mu R, Jones BD, Glosser R, Stock SR, Wittig JE, Zhu JG (1996) Chem Mater 8:1268
[112] Kornowski A, Giersig M, Vogel M, Chemseddine A, Weller H(1993) Adv Mater 5:634
[113] Heath JR, Shiang JJ, Alivisatos APJ(1994) Chem Phys 101:1607
[114] Jegier JA, McKernan S, Gladfelter WL(1998) Chem Mater 10:2041
[115] Micic OI, Sprague JR, Curtis CJ, Jones KM, Machol JL, Nozic A, Giessen JH, Fluegel B, Mohs G, Peyghambarian N(1995) J Phys Chem 99:7754
[116] Salata OV, Dobson PJ, Hull PJ, Hutchison JL(1994) Appl Phys Lett 65:189
[117] Sercel PC, Saunders WA, Atwater HA, Vahala KJ, Flagan RC(1992) Appl Phys Lett 61:696
[118] Kher SS, Wells RL(1994) Chem Mater 6:2056
[119] Olshavsky MA, Goldstein AN, Alivisatos APJ(1990) Am Chem Soc 112:9438
[120] Trindade T, O'Brien P(1996) Adv Mater 8:161
[121] Trindade T, O'Brien P, Zhang X(1997) Chem Mater 9:523
[122] Yu S, Wu Y, Yang J, Han Z, Xie Y, Qian Y, Liu X(1998) Chem Mater 10:2309
[123] Mansur HS(2010) Wiley Interdiscip Rev Nanomed Nanobiotechnol 2:113

[124] Brus L(1983)J Chem Phys 79:5566
[125] Gaponik N,Rogach AL(2010)Phys Chem Chem Phys 12:8685
[126] Bailey RE,Smith AM,Nie S(2004)Physica E 25:1
[127] Madler L,Stark WJ,Pratsinisa SE(2002)J Appl Phys 92:6537
[128] Simmons BA,Li S,John VT,McPherson GL,Bose A,Zhou W,He J(2002)Nano Lett 2:263
[129] Cirillo M,Aubert T,Gomes R,Van Deun R,Emplit P,Biermann A,Lange H,Thomsen C,Brainis E,Hens Z(2014)Chem Mater 26:1154
[130] Greenberg MR,Smolyakov GA,Jiang Y - B,Boyle TJ,Osinski M(2006)Synthesis and characterization of in - containing colloidal quantum dots. In:Proceedings of SPIE 6096,Colloidal quantum dots for biomedical applications,60960D. doi:10. 1117/12. 663315
[131] Du Y,Zhou X,Liu Y,Wang X(2012)J Nanosci Nanotechnol 12:8487
[132] Forleo A, Francioso L, Capone S, Siciliano P, Lommens P, Hens Z(2010) Sensors Actuators B Chem 146:111
[133] Vrik HS,Sharma P(2010)J Nano Res 10:69
[134] Yu WW(2008)Expert Opin Biol Ther 8:1571
[135] Ribeiro RT,Dias JMM,Pereira GA,Freitas DV,Monteiro M,Cabral Filho PE,Raele RA,Fontes A,Navarro M,Santos BS(2013)Green Chem 15:1061
[136] Nordell KJ,Boatman EM,Lisensky GC(2005)J Chem Educ 82:1697
[137] Sai LM,Kong XY(2011)Nanoscale Res Lett 6(1):399
[138] Efros AL,Fiz ALF(1982)Tekh Poluprovodn 16:1209
[139] Brus LE(1984)J Chem Phys 80:4403
[140] Henglein A(1989)Chem Rev 89:1861
[141] Khairutdinov RF(1998)Russ Chem Rev 67:109
[142] Li H(2008)Synthesis and characterization of aqueous quantum dots for biomedical applications. Doctoral thesis,Drexel University
[143] Rogach AL, Talapin DV, Weller H(2004) Semiconductor nanoparticles. In: Caruso F(ed) Colloids and colloids assemblies: synthesis, modification, organization and utilization of colloid particles. Wiley, New York,pp 52 - 95
[144] Ramos LE,Degoli E,Cantele G,Ossicini S,Ninno D,Furthmuller J,Bechstedt F(2007)J Phys Condens Matter 19:466211(1)
[145] Furdyna JK,Samarth N(1987)J Appl Phys 61:3526
[146] Garcia MA,Merino JM,Pinel EF,Quesada A,de la Venta J,Rul'z Gonza'lez ML,Castro GR,Crespo P,Llopis J,Gonza'lez - Calbet JM,Hernando A(2007)Nano Lett 7:1489
[147] Sivasubramanian V,Arora AK,Premila M,Sundar CS,Sastry VS(2006)Phys E 31:93
[148] Son DI,No YS,Kim SY,Oh DH,Kim WT,Kim TW(2009)J Korean Phys Soc 55:1973
[149] Hamizi NA,Johan MR(2012)Int J Electrochem Sci 7:8458
[150] Chan WCW,Nie S(1998)Science 281:2016
[151] Gao X,Nie S(2003)Trends Biotechnol 21:371
[152] Bruchez M,Moronne JM,Gin P,Weiss S,Alivisatos AP(2013)Science 281:2013
[153] Zaban A,Micic OI,Gregg BA,Nozik AJ(1998)Langmuir 14:3153

[154] Plass R, Pelet S, Krueger J, Graetzel M, Bach U(2002) J Phys Chem B 106:7578
[155] Huynh WU, Dittmer JJ, Alivisatos AP(2002) Science 295:2425
[156] Dabbousi BO, Bawendi MG, Onitsuka O, Rubner MF(1995) Appl Phys Lett 66:1316
[157] Coe S, Woo WK, Bawendi MG, Bulovic V(2002) Nature 420:800
[158] Wolf SA, Awschalom DD, Buhrman RA, Daughton JM, von Molna'r S, Roukes ML, Chthelkanova AY, Treger DM(2001) Science 294:1488
[159] Awschalom DD, Flatte ME, Samarth N(2002) Sci Am 286:66
[160] Engel HA, Recher P, Loss D(2001) Solid State Commun 119:229
[161] Ferrand D, Wasiela A, Tatarenko S, Cibert J, Richter G, Grabs P, Schmidt G, Molenkamp LW, Diet T (2001) Solid State Commun 119:237
[162] Ip K, Frazier RM, Heo YW, Norton DP, Abernathy CR, Pearton SJ(2003) J Vac Sci Technol B 21:1476
[163] Liu C, Yun F, Morkoc H(2005) J Mat Sci Mater Electron 16:555
[164] Polyakov AY, Govorkov AV, Smirnov NB, Pashkova NV, Pearton SJ, Overberg ME, Abernathy CR, Norton DP, Zavada JM, Wilson RG(2003) Solid - State Electron 47:1523
[165] Roberts BK, Pakhomov AB, Shutthanandas VS, Krishnan KM(2005) J Appl Phys 97(1):10D310
[166] Adesina AA(2004) Catal Surv Asia 8:265
[167] Chakrabarti S, Dutta BK(2004) J Hazard Mater B 112:269
[168] Chitose N, Ueta S, Yamamoto TA(2003) Chemosphere 50:1007
[169] Yang H, Zhang K, Shi R, Li X, Dong X, Yu Y(2006) J Alloys Compd 413:302
[170] Dou B, Chen H(2011) Desalination 269:260
[171] Daneshvar N, Salari D, Khataee AR(2004) J Photochem Photobiol A Chem 162:317
[172] Rahman QI, Ahmad M, Misra SK, Lohani M(2013) Mater Lett 91:170
[173] Devipriya SP, Yesodharan S(2010) J Environ Biol 31:247
[174] Mahdavi S, Jalali M, Afkhami A(2012) J Nanoparticle Res 14:846(1)
[175] Kansal SK, Ali AH, Kapoor S(2010) Desalination 259:147
[176] Santana - Aranda MA, Mora'n - Pineda M, Herna'ndez J, Castillo S(2005) Superficies y Vacl'o 18(1): 46 - 49
[177] Pardeshi SK, Patil AB(2008) Sol Energy 82:700
[178] Benhebal H, Chaib M, Salmon T, Greens J, Leonard A, Lambert SD, Crine M, Heinrichs B(2013) Alexandria Eng J 52:517
[179] Sharma S, Ameta R, Malkani RK, Ameta SC(2011) Maced J Chem Chem Eng 30:229
[180] Pathania D, Sarita S, Rathore BS(2011) Chalcogenide Lett 8:396
[181] Pathania D, Sarita, Singh P, Pathania S(2014) Desalin Water Treat 52:3497 - 3503
[182] Loryuenyong V, Jarunsak N, Chuangchai T, Buasri A(2014) Adv Mater Sci Eng 2014:348427(1)
[183] Singh N, Singh SP, Gupta V, Yadav HK, Ahuja T, Tripathy SS, Rashmi(2013) Environ Progr Sustain Energy 32:1023 - 1029
[184] Chopra L, Major S, Pandya DK, Rastogi RS, Vankar VD(1983) Thin Solid Films 1021:1
[185] Nirmal M et al(1996) Nature 383:802
[186] Wierer J, David A, Megens M(2009) Nat Photonics 3:163
[187] Jin Y, Li Q, Zhu Z(2012) Opt Express 20:15818

[188] Zhang H, Zhu J, Jin G(2013) Opt Express 21:13492
[189] Fu X, Zhang B, Zhang GY(2011) Opt Express 19:1104
[190] Chan C-H, Lee CC, Chen C-C(2007) Appl Phys Lett 90:242106
[191] Cho C-Y, Kang S-E, Kim KS(2010) Appl Phys Lett 96:18110
[192] Zhou W, Min G, Song Z(2010) Nanotechnology 21:205304
[193] Chiu CH, Yu P, Chang CH(2009) Opt Express 23(17):21250
[194] Yoon K-M, Yang K-Y, Byeon K-J(2010) Solid-State Electron 54:484
[195] Tsai C-F, Su Y-K, Lin C-L(2009) IEEE Photon Technol Lett 21:996
[196] Kim KS, Kim S-M, Jeong H(2010) Adv Funct Mater 20:1076
[197] Jin Y, Li Q, Li G, Chen M, Liu J, Zou Y, Jiang K, Fan S(2014) Nanoscale Res Lett 9:7(1)
[198] Neshataeva E, Kummell T, Ebbers A, Bacher G(2008) Elect Lett 44:1485
[199] Schlamp MC, Peng X, Alivisatos AP(1997) J Appl Phys 82:5837
[200] Matioussi H, Radzilowski LH, Dabbousi BO, Thomas EL, Bawendi MG, Rubner MF(1998) J Appl Phys 83:7965
[201] Colvin VL, Schlamp MC, Allvi-Satos AP(1994) Nature 370:354
[202] Gaponik NP, Talapin DV, Ro-Gach A(1999) Phys Chem Chem Phys 1:1787
[203] Shockley W, Queisser HJ(1961) J Appl Phys 32:510
[204] Barnham KW, Duggan G(1990) J Appl Phys 67:3490
[205] Dimroth F(2006) Phys Stat Sol(C) 3:373
[206] O'regan B, Gra¨tzel M(1991) Nature 353:737
[207] Hotchandani S, Kamat PV(1992) J Phys Chem 96:6834
[208] Vogel R, Hoyer P, Weller H(1994) Phys Chem 98:3183
[209] Vogel R, Poh K, Weller H(1990) Chem Phys Lett 174:241
[210] Bruchez MP, Moronne M, Gin P, Weiss S, Alivisatos AP(1998) Science 281:2013
[211] Omair NAA, Reda SM, Hajri FML(2014) Adv Nanopart 3:31
[212] Lee S, Cho I-S, Lee JH, Kim DH, Kim DW, Kim JY, Shin H, Lee JK, Jung OHS, Park N-G, Kim K, Ko MJ, Hong KS(2010) Chem Mater 22:1958
[213] Zhang L, Zhao J, Zheng J, Li L, Zhua Z(2011) Sensors Actuators B 158:144
[214] Qi L, Gao X(2008) Expert Opin Drug Deliv 5:263
[215] Pandurangan DK, Mounika KS(2012) Int J Pharm Pharm Sci 4:24-31
[216] Zrazhevskiyn P, Gao X(2009) Nano Today 4:414
[217] Vengala P, Dasari A, Yeruva N(2012) Int J Pharm Technol 4:2055
[218] Mukherjee S, Das U(2011) Int J Pharm Sci Rev Res 7:59
[219] Mishra P, Vyas G, Harsoliya MS, Pathan JK, Raghuvanshi D, Sharma P et al(2011) Int J Pharm Pharm Sci Res 1:42
[220] Hanley C, Layne J, Punnoose A, Reddy KM, Coombs I, Coombs A, Feris K, Wingett D(2008) Nanotechnology 19:295103(1)
[221] Zhang A-I, Sun YP(2004) World J Gastroenterol 10:3191
[222] Cervera BEH, Azcorra SAG, Gattorno GR, Lopez T, Islas EQ, Oskam G(2009) Sci Adv Mater 1:63
[223] Zhang Y, Wang T-H(2012) Theranostics 2:631

[224] Baba K, Nishida K(2012) Theranostics 2:655

[225] Clift MJD, Stone V(2012) Theranostics 2:668

[226] Yong K - T, Wang Y, Roy I et al(2012) Theranostics 2:681

[227] Balazs AC, Emrick T, Russell TP(2006) Science 314:1107

[228] Huynh WU, Dittmer JJ, Alivisatos AP(2002) Science 295:2425

[229] Godovsky DY(2000) Biopolymers/Pva Hydrogels/Anionic Polymerisation Nanocomposites 153:163 - 205

[230] Li S, Lin MM, Toprak MS, Kim DK, Muhammed M(2010) Nano Rev 1:5214(1)

[231] Hong JI, Cho KS, Chung CI, Schadler LS, Siegel RW(2002) J Mater Res 17:940

[232] Ma CCM, Chen YJ, Kuan HC(2006) J Appl Polym Sci 100:508

[233] Wong M, Tsuji R, Nutt S, Sue H - J(2010) Soft Matter 6:4482

[234] Zohrevand A, Ajji A, Mighri F(2013) Polym Eng Sci 54:874

[235] Ou B, Li D, Liu Q, Zhou Z, Xiao Q(2012) Polym Plast Technol 51:849

[236] Mohan S, Oluwafemi OS, Songca SP, Osibote OA, George SC, Kalarikkal N, Thomas S(2014) New J Chem 38:155

[237] Wacharawichanant S, Thongbunyoung N, Churdchoo P, Sookjai T(2010) Sci J UBU 1:21

[238] Miyauchi M, Li Y, Shimizu H(2008) Environ Sci Technol 42:4551

[239] Tuan VM, Jeong DW, Yoon HJ, Kang SY, Giang NV, Hoang T, Thinh TI, Kim MY(2014) Int J Polym Sci 2014:758351(1)

[240] Redhwi HH, Siddiqui MN, Andrady AL, Hussain S(2013) J Nanomater 2013:654716(1)

[241] Murariu M, Doumbia A, Bonnaud L, Dechief AL, Paint Y, Ferreira M, Campagne C, Devaux E, Dubois P (2011) Biomacromolecules 12:1762

[242] Guan C, Lu CL, Cheng YR, Song SY, Yang BA(2009) J Mater Chem 19:617

[243] Cheng Y, Lu C, Lin Z, Liu Y, Guan C, Lu H, Yang B(2008) J Mater Chem 18:4062

[244] Dzunuzovic E, Jeremic K, Nedeljkovic JM(2007) Eur Polym J 43:3719

[245] Evora VMF, Shukla A(2003) Mater Sci Eng A 361:358

[246] Kaleel SHA, Bahuleyan BK, Masihullah J, Al - Harthi M(2011) J Nanomater 2011:964353(1)

[247] Zapata PA, Palza H, Delgado K, Rabagliati FM(2012) J Polym Sci Part A: Polym Chem 50:4055

[248] Sharma D, Kaith BS, Rajput J(2014) Sci World J 2014:904513(1)

[249] Liu P, Su Z(2006) J Macromol Sci Part B: Phys 45:131

[250] Xu M, Zhang J, Wang S, Guo X, Xia H, Wang Y, Zhang S, Huang W, Wu S(2010) Sensors Actuators B Chem 146:8

[251] Yang Y, Zhou Y, Ge J, Yang X(2012) Mater Res Bull 47:2264

[252] Bai S, Zhang K, Sun J, Zhang D, Luo R, Li D, Liu C(2014) Sensors Actuators B Chem 197:142

[253] O' Brien P, Cummins SS, Darcy D, Dearden A, Masala O, Pickett NL, Ryleya S, Sutherland AJ(2003) Chem Commun 2003:2532

[254] Skaff H, Ilker MF, Coughlin EB, Emrick T(2002) J Am Chem Soc 124:5729

[255] Guo W, Li JJ, Wang A, Peng X(2003) J Am Chem Soc 125:3901

[256] Lee J, Sundar VC, Heine JR, Bawendi MG, Jensen KF(2000) Adv Mater 12:1102

[257] Landfester K(2001) Macromol Rapid Commun 22:896

[258] Esteves ACC, Bombalski L, Trindade T, Matyjaszewski K, Barros - Timmons A(2007) Small 3:1230

[259] Jakubowski W, Matyjaszewski K(2005) Macromolecules 38:4139
[260] Min K, Gao H, Matyjaszewski K(2005) J Am Chem Soc 127:3825
[261] Joumaa N, Lansalot M, ThJretz A, Elaissari A, Sukhanova A, Artemyev M, Nabiev I, Cohen JHM(2006) Langmuir 22:1810
[262] Vassiltsova OV, Jayez DA, Zhao Z, Carpenter MA, Petrukhina MA(2010) J Nanosci Nanotechnol 10:1635
[263] Liu SH, Qian XF, Yuan JY, Yin J, He R, Zhu ZK(2003) Mater Res Bull 38:1359
[264] Zhu J, Wei S, Zhang L, Mao Y, Ryu J, Mavinakuli P, Karki AM, Young DP, Guo Z(2010) J Phys Chem C 114:16335
[265] Althues H, Palkoits R, Rumplecker A, Simon P, Sigle W, Bredol M, Kynast U, Kaskel S(2006) Chem Mater 18:1068
[266] Kondawar S, Mahore R, Dahegaonkar A, Sikha A(2011) Adv Appl Sci Res 2:401
[267] Anzlovar A, Kogej K, Orel ZC, Zigon M(2011) eXpress Polym Lett 5:604
[268] Uygun A, Turkoglu O, Sen S, Ersoy E, Yavuz AG, Batir GG(2009) Curr Appl Phys 9:866
[269] Hashimoto M, Takadama H, Mizuno M, Kokubo T(2006) Mater Res Bull 41:515
[270] Camargo P, Satyanarayana K, Wypych F(2009) Mater Res 12:1
[271] Emamifar A, Kadivar M, Shahedi M, Solaimanianzad S(2011) Food Control 22:408
[272] Kondawar SB, Patil PT, Agrawal SP(2014) Adv Mater Lett 5:389
[273] Potyrailo RA, Leach AM, Cheryl MS(2012) Comb Sci 14:170
[274] Potyrailo RA, Leach AM(2006) Appl Phys Lett 88:134110(1)
[275] Xu M, Zhang J, Wang S, Guo X, Xia H, Wang Y, Zhang S, Huang W, Wu S(2010) Sensors Actuators B Chem 146:8
[276] Zhao Z, Arrandale M, Vassiltsova OV, Petrukhina MA, Carpenter MA(2009) Sensors Actuators B Chem 141:26
[277] Zhang ZY, Xu YD, Ma YY, Qiu LL, Wang Y, Kong JL, Xiong HM(2013) Angew Chem Int Ed 52:4127
[278] Shankar K, Mor GK, Prakasam HE, Varghese OK, Grimes CA(2007) Langmuir 23:12445

第8章　形状记忆无机/聚合物杂化纳米复合材料

Radu Reit, Benjamin Lund 和 Walter Voit

摘要:形状记忆聚合物(SMP)在过去的几十年中一直是研究的重点。从由平面聚合物片材构成的临时固定的三维形状,到今天所见的、用作柔软的生物医学植入体和自展开铰链的SMP,这类智能材料已成功用于解决各种生物、电气和机械问题。然而,这些网络的性能受SMP有机属性所限制。为改善它们的性能,世界各地的研究人员都在研究如何将无机复合材料的理想性能传递给这些聚合物网络。随着形状记忆聚合物复合材料领域的发展,研究人员对材料增强进行了独特的量化,通过受控的材料界面相互作用,不同填料的填充量使材料得到了增强。具体来说,不同形状和尺寸的纳米填料的加入,相对于微观和宏观复合材料,在相同的填充分数下,内部界面面积增大,并赋予这些新兴纳米复合材料有趣的力学、光学、电学、热和磁性能。这类新材料,在本综述中被称为形状记忆无机/聚合物纳米复合材料(SMPINC),控制聚合物网络和纳米填料的内部环境,使智能聚合物与其周围环境之间形成了许多新的相互作用。本章,我们将向读者介绍制备这些复合材料的方法,以及填料对所得复合材料的生物、电磁和机械性能的影响。

关键词:无机纳米复合材料;形状记忆聚合物;智能复合材料;刺激-响应性材料

8.1　引　言

在过去的十年里,随着刺激-响应性材料的使用越来越多,针对形状记忆聚合物的研究有了很大的进展。随着外部输入(通常以热能的形式)的施加,智能材料可以从暂时固定的、复杂的形状恢复到最初固定的、整体稳定的形状。最近针对SMP的研究表明,这些体系可通过各种方式在这些或更多的中间状态之间转变,不仅可使用热刺激,还可使用一系列其他刺激,如pH、电磁辐射、压力梯度的变化,以及其他方法,这些方法仅受限于当前研究人员的想象力、自然法则和国会研究预算[1-9]。Meng 和 Li 在 2013 年对这些刺激－响应性材料进行了详细的总结,以一种容易理解的视觉方式来描述许多网络的形成机制(图 8－1)[6]。然而,仅仅依靠有机网络结构,严重限制了研究人员在任何特定时间从这些智能材料中挑出的特性;为了真正推动这些材料的性能极限,新一轮的 SMP 必须进入主流研究领域。

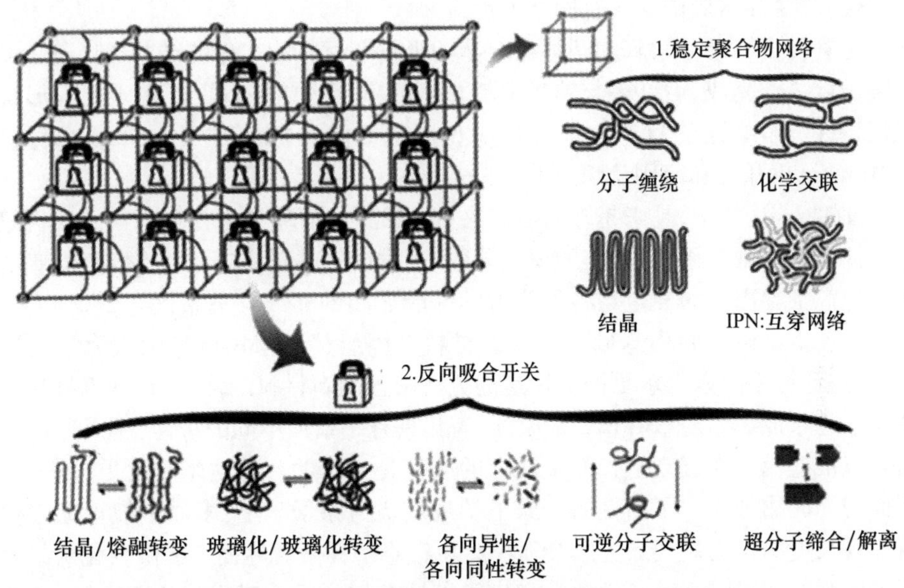

图 8－1　聚合物网络中的形状记忆效应机理

(转载自 Meng 和 Li 的成果[6],2013 年发表,开源许可。)

这一轮以 SMP 复合材料(SMPC)的形式出现了。有了 SMPC,研究人员已经能够可靠地调整智能网络的机械、光学、电气和生物特性,解决当今工业面临的许多材料问题。通过加入许多不同类型的填料(如石墨烯、碳纳米管和金属纳米粒子),研究人员能够向人们展示出具有高度奇特性质和活化方法的 SMPC。先前的许多研究已经描述了 SMPC 与各种有机和无机填料的性质[10-15]。一些综述也集中于介绍智能复合材料的单个亚型,如离子聚合物[16]、多孔 SMP[17] 或多面体低聚硅氧烷(POSS)复合材料[18]。这些综合性标题很好地描述了当前在形状记忆特性复合材料领域的研究。由于 SMP 和 SMPC 的研究领域已经开始在多个方向发展,因此现在需要致力于讨论专门研究较窄的领域,并投入额外的时间和精力到与智能材料的特定子类相关的特定现象上。在过去的 20 年中,研究人员一直在不断扩大聚合物网络中填料的尺寸范围。由于聚合物与纳米材料①的内界面面积呈指数级增加，因此在相同的填充分数下，纳米复合材料相较于微观和宏观复合材料，表现出了极大的优越性。为了在合成热塑性或热固性塑料之前将纳米复合材料适当分散在液体单体溶液中的方法，以及通过挤出、共混和混合将纳米材料适当分散到熔融热塑性树脂中的方法，研究人员已经做了大量的工作。其他分级方案涉及巧妙的插层法，在该法中，将其他聚合物体系插入纳米粒子的无机晶格中，以改变插层粒子、棒或薄膜的反应性或功能表面，从而改变其与周围聚合物网络的反应。

尽管许多有助于解释和凸显聚合物纳米复合材料的工作已经在形状记忆聚合物领域之外完成，但许多与纳米填料相容的聚合物体系可设计用于展现形状记忆特性。本综述的目的为填补目前在形状记忆无机/聚合物纳米复合材料(SMPINC)在开发和应用认识上的空白。

在过去10年中，越来越多的研究人员开始专门研究纳米复合材料的形状记忆特性。他们观察到，在最佳的填充分数下，材料的可恢复应力和可恢复应变增加。他们推导出了填充量与各种热力学性能之间的非线性关系，但是这些工作很大程度上是以实验为基础的。随着材料基因组计划(MGI)等国家力量的投入，通过计算手段以寻求更好更快速的方法来预测新材料的性质，在计算材料领域已经趋于成熟。对SMPINC来说，因为其具有一系列不同的特性，所以这些材料难以被建模。在宏观上，200%以上的应变是常见的。在纳米尺度上，分子链层面的界面物理决定了新性质。原子学观点认为原子学上，多原子模拟无法获得宏观尺度的行为规模。连续介质模型也很难解释微观界面上细微变化引起的巨大宏观变化影响。分子动力学和量子模型在如此短的时间和长度范围上，黏弹性行为变得难以精确建模。例如，就作者所知，目前还没有一个团队能够准确预测表面化学的变化、填充分数、纳米材料的几何形状和加工方法的变化将如何具体改变SMPINC的恢复应力或形状固定性的先验模型。因此，这一领域的出现是由实验人员推动的，他们主要通过反复试验，观察了不同纳米材料(特别是表面改性的纳米黏土)在不同填充密度、粒径和插层方式下对形状记忆聚合物体系的影响。我们向建模界和该领域的顶尖实验者提出挑战，希望他们找到根据不断增加的实验证据开发和改进这一关键领域的模型方法，这将成为医疗、国防和航空航天领域新功能材料的创造引擎。

在本综述中，我们收集了一些最近(2012—2014年)尚未精心整理的实验工作成果，并回顾了2012年之前针对SMPINC实验工作的里程碑式成就和其他优秀综述。目标受众是那些寻求建立跨学科团队以应对未来10年一些关键物质

① 译者注：原文为复合材料，结合上下文，此处应指纳米粒子或纳米填料。

挑战的研究人员，他们可利用这些趣闻（即在极其复杂的参数空间中发现的实验证据）来寻找新的方法，用来预测、创造、表征、重新开发和调度基于智能材料的无机纳米复合材料。

更具体地说，作者的目的是量化通过添加少量无机填料，使 SMP 完全保持，甚至增强形状记忆效应，同时向该网络结构中添加新性质的过程。世界各地的研究小组已经探讨了无机纳米粒子对常规聚合物网络的影响[19]，以及这些粒子的表面改性是如何影响复合材料性能的[20]。但是，对于 SMPINC 进行的局限但重要的、最新的技术研究的总结仍未成文。通过本次尝试，希望读者能够熟悉 SMPINC 的现状和正进行的研究类型，以及这些杂化智能材料在不久的将来可能存在的商业用途。更重要的是，希望这种针对性叙述能成为行动号召，号召来自不同领域的研究人员联合起来寻找比当前试错法更好的模型，促进这一重要领域的发展。

为了使读者了解情况，并为 SMPINC 的比较提供基准，8.2 节简要介绍了形状记忆聚合物 - 有机复合材料的最新进展，重点介绍了石墨烯、碳纳米管和炭黑等碳纳米材料。

8.3 节概述了 SMPINC 的相关力学性能，并重点介绍了过去 20 年来帮助推动该领域的关键工作的数据点。在过去两年中，其他综述中未深入涉及的部分，在本节中做了更严格的检讨。想要解决建筑、航空航天、骨科和其他机械驱动应用领域中新出现的结构材料问题的团队应关注这一个领域。

8.4 节介绍了经过分析和生物相容性测试的 SMPINC。研究人员如果不太关心复合材料的纯强度和最终力学性能，而是专注于形状变化可以在体内提供有趣功能的方式，那么就应该把重点放在这方面。最令人在意的是，材料的化学表面以及复合材料如何与身体各个部位的生物组织相互作用。对于形状变化、模量变化材料，研究人员正在探索最大限度发挥其功能的方法，研究人员通常不将纳米复合材料作为结构增强材料，而是关注作为化学改性剂来控制细胞如何与材料相互作用，蛋白质如何吸附在材料表面，以及人体免疫和炎症反应如何通过掺入特定的纳米粒子来介导。这一个领域研究正从两个方向着手：一方面，材料领域的研究人员正试图将纳米复合材料推向医疗领域，以解决问题并寻找新的资金来源，以此继续他们的研究议程。这些科学家在某种意义上是问题不可知论者，但他们在纳米材料与聚合物的相互作用方面有专长，并希望广泛应用这些技术。这些研究人员倾向于详细了解材料的局限性，但往往不太熟悉使用这些复合材料造成的生理影响。另一方面，临床医生正在寻求将 SPMINC 技术应用于非常具体的问题，如人体内的疾病状态或路径，这些人通常是材料不可知论者，只关注开发出的材料能否解决手头的具体问题。这种将技术推动和拉动的平衡为解决医疗领域的关键问题提供了一个令人信服的环境。作者鼓励计算建模者一起将最好的材料、正确的复合材料、最佳填充量和最合适的化学改性表面与正确的生物医学问题联系起来,这些问题的解决方案可以挽救和改善无数人的生命。

同样,8.5 节旨在促进材料科学家和计算建模者与材料、电气、机械和生物工程师一起努力,寻求利用 SMPINC 能够提供的独特的电气、光学和磁性。该部分概述了相关的、基于波的现象,在这种现象中,这些复合材料的性能通常优于其他材料。这一个领域早期的工作集中在纳米磁铁矿和使用感应场远程触发形状恢复的应用,如变形飞机机翼。最近的研究试图平衡电活性和热性质或光诱导现象与复杂体系的机械要求。

8.6 节和小结为作者的微不足道的尝试,即围绕该爆炸式增长的领域形成指南和体系,以期帮助来自多个不同学科的研究人员为这一个激动人心的研究领域做出贡献。

8.2 SMP 有机复合材料

尽管本综述的重点是利用无机填料,大幅度提高 SMP 的机械、电磁和生物特性,但需要注意到的是,许多相同的性能已经通过使用有机填料进行了探索。界面物理和复合材料力学的许多相关信息可从这些领域的主要研究人员那里收集到。此外,近 20 年来,围绕碳纳米材料的资助环境因多种原因而变得很好,因此许多顶尖的研究小组都通过研究和分析这类复合材料来推动他们更大的研究项目。本部分将介绍这些有机复合材料(重点介绍有机纳米复合材料)及其独特的性能,以便读者能够了解并充分比较使用有机或无机填料的 SMPC 发展方向。

在碳纳米管(CNT)和石墨烯粒子的研究热潮中,人们发现了用于 SMPC 的最有吸引力的碳基填料。碳质材料允许进行大量的机械、电气加工,这可使相同的基本填料骨架拥有 SMPC 的光学特性。2007 年,Miaudet 等展示了由于 CNT 填料的加入而产生的宽的玻璃转变温度[21]。在 2010 年,Lu 等用炭黑填料和碳纤维填料对苯乙烯基形状记忆聚合物树脂进行了改性,该树脂来源于俄亥俄州的 Cornerstone Research Group[22]。Nji 和 Li 开发了一种基于有机抗冲击材料的三维机织增强 SMP 复合材料[23-24]和一种基于生物模拟技术的 SMP 复合材料。2012 年,Kohlmeyer 等研究了由 SMP 和单壁碳纳米管(SWCNT)构成的复合材料[25]。2013 年,Tridech 等开发了用于探索碳纤维/聚合物纳米复合材料主动刚度控制的体系[26]。

2013 年，Fonseca 等指出，热塑性聚氨酯（TPU）SMP 可以通过加入 CNT 来调节网络的热力学性能。在该研究中，作者发现，当 CNT 质量分数仅为 0.5% 时，SMP 的玻璃化转变温度 T_g和降解温度 T_d显著升高，分别由 $-25℃$和 307.5℃上升到 $-16℃$和 360℃[27]。这种力学性能的改善还表现在当温度超过 T_g时，SMP 具有更快的形状恢复（图 8－2），作者认为，TPU 的软段成核提高了网状结构的总结晶度。在一项类似的研究中，哈尔滨工业大学的研究人员展示了加入多壁碳纳米管（MWCNT）量达 0.81%（质量分数）的环氧树脂热固性材料，并对其力学性能进行了分析。在该研究中观察到，在玻璃化转变过程中（$T_g = 100℃$），复合材料的压缩模量有显著差异[28]。研究人员指出，变形温度与 CNT 增强网络的效率有关；在玻璃态和橡胶态（温度分别为 $T = 25℃$和 $T = 150℃$）中，CNT 的加入对力学性能没有显著影响。许多其他针对 CNT/SMP 复合材料的研究已着眼于 CNT 对聚环氧乙烷（PEO）[29]、聚醚砜[30]和聚偶氮－吡啶基聚氨酯的增强作用[31]，并已经形成含聚氨酯和埃洛石的 SMP 复合材料[32]。

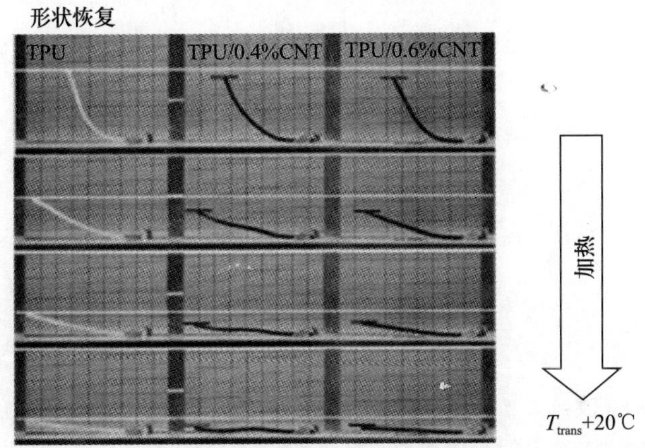

图 8－2　随着 CNT 填充百分比的增加，热塑性聚氨酯（TPU）SMP 形状恢复更快（转载自 Fonseca 等的成果[27]，2013 年发表，Elsevier 许可。）

对于氧化石墨烯复合材料，研究人员发现，含有还原的和表面功能化的氧化石墨烯，聚合物的各种电性能和热性能增加。2012 年，Yoonessi 等人发现，石墨烯/聚酰亚胺纳米复合材料的模量提高（添加 4% 石墨烯，模量高达 2.5 倍的变化），热降解的起始温度提高（添加 8%，T_d达到 545℃；而不添加石墨烯时，T_d为 504℃）[33]。在该研究中，作者还对石墨烯进行了酰亚胺化改性，研究将石墨烯与主链相结合的复合材料的性能（图 8－3）。经过改性，除了先前所述的起始热降解与对添加百分比的依赖关系外，在最终网络的热行为中没有观察到明显的变化。另一研究组将石墨烯加入聚氨酯 SMP 中,发现随着石墨烯的加入,复合材料的电导率显著提高,从纯聚合物的 1.96×10^{-12} S/cm 上升至 2.84×10^{-3} S/cm(石墨烯添加量为 2% (质量分数))[34]。这些,以及使用石墨烯填料的其他创新用途还有许多,例如 UCLA 的研究人员用干燥的还原氧化石墨烯焊接 Ag 纳米线,应用于聚合物发光二极管(PLED)[35],发现石墨烯可导致强劲的 SMP 网络,该网络能够结合所选有机填料的某些特性,同时保持与 SMP 相同的智能材料特性。

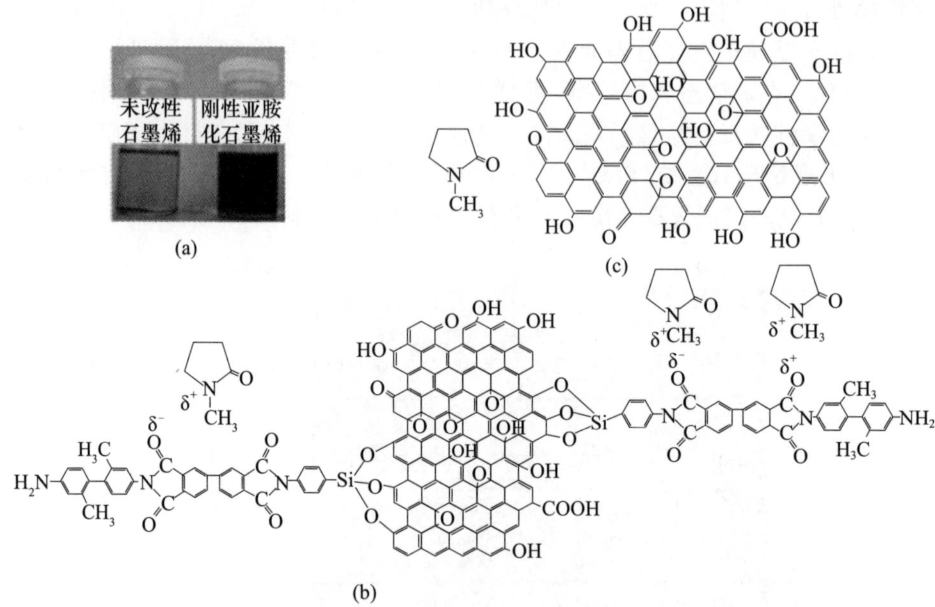

图 8-3 (a)未改性石墨烯在 N-甲基-2-吡咯烷酮(NMP)中的分散效果(左图)与刚性亚胺化石墨烯在 NMP 中的分散效果(右图)(60 天后);(b)刚性亚胺表面改性剂共价键合到石墨烯的结构示意图;(c)氧化石墨烯和 NMP
(转载自 Yoonessi 等[33],2012 年发表,ACS 许可。)

除了石墨烯和 CNT 填料,以及将其加入聚合物中所发现的、令人振奋的特性外,研究人员也将其他类型的纤维加入 SMP 网络中。在 Iyengar 等描述的环氧-胺体系中,加入 0.2% (质量分数)的聚甲基丙烯酸甲酯(PMMA)纤维,提高了环氧树脂的拉伸强度和弹性模量,同时最小限度地降低了网络应变恢复的百分比[36]。同样,纤维基 SMPC 的另一个主要研究领域是将碳纳米纤维与氮化硼结合起来,作为碳纳米纸用于 SMP 网络的焦耳加热。在这两种情况下,研究人员观察到,在 80s 的加热周期内,环氧-胺体系的形状恢复速度更快,碳纳米纤维填充的环氧树脂的内部温度最高达到87℃,碳纳米纤维/氮化硼复合材料达到185℃[37-38]。其他纤维复合材料被用在可展开的卫星上,作为太阳能电池板骨架的关节[39]。

如本节所述,有机SMP复合材料因其可增强力学、电气和热性能而被广泛使用。由于被推测具有自修复应用[24],以及湿气活化网络[40-41]和其他热电驱动网络应用[42,43],有机SMPC能够灵活适应细分问题所带来的挑战。然而,本综述重点介绍的是将各种无机填料添加到SMP网络中,以解决目前由于有机填料的物理限制和成本限制而无法解决的问题。

8.3 SMPINC的高机械强度

8.3.1 动机与领域的融合

1932年,Chang和Read首次阐明了形状记忆效应,那时他们正在探索AuCd与其他有趣材料之间的弹性特性[44]。在随后80年中,针对该效应的研究频率不断提高,成果显著,具体可详细参考早期的研究[2,3,10,14-15,45]。形状记忆聚合物和形状记忆聚合物体系则重现于20世纪90年代末,在21世纪初出版了几部开创性的著作之后,形状记忆聚合物纳米复合材料得到了迅速的发展。

2000年,Alexandre和Dubois描述了一种新型材料——层状硅酸盐/聚合物纳米复合材料的制备、加工和性能[46]。图8-4为材料的命名规则示意图,由上述研究中改编而来。尽管该研究没有明确描述无机纳米复合材料中的形状记忆效应,但该工作提出了合成、生产和测试复杂聚合物纳米复合材料的方法,这些方法从那时候起就对该领域起到了促进作用。该团队总结了大量聚合物纳米复合材料,包括了聚合物体系和填料:石墨、金属硫族化合物、碳氧化物、金属磷酸盐,层状双金属氢氧化物、黏土和层状硅酸盐(如蒙脱石(MMT)、锂蒙脱石、皂石、氟云母、氟代锂蒙脱石、蛭石、高岭土和麦羟硅钠石)。在该研究中,纳米复合材料被定义为聚合物基体中,分散粒子至少有一维尺寸在纳米范围内的材料。

根据纳米粒子、纳米填料或纳米材料的维度,纳米复合材料可分为3个主要领域:

三维纳米复合材料:纳米粒子填料的三维尺寸都在纳米尺度上。这些填料也被称为等维纳米粒子。例如,原位溶胶-凝胶法获得的二氧化硅、分散在聚合物中的半导体纳米簇,以及由聚合物围绕纳米结构聚合得到的体系。

二维纳米复合材料:纳米材料的两个维度在纳米尺度上。填料包括诸如碳纳米管、纤维素晶须、金属晶须和棒状黏土填料之类的材料。

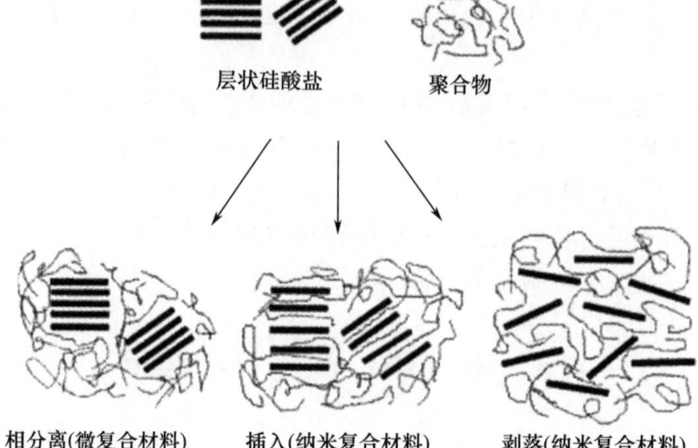

图 8-4 早前关于无机纳米黏土/聚合物复合材料的工作,有助于定义该领域的相关术语。图中表明了相分离的、插层的和剥离的纳米复合材料之间的差异,当填料为薄片或棒状材料时,差异尤为显著

(转载自 Alexandre 和 Dubois 的成果[46],2000 年发表,Elsevier 许可。)

一维纳米复合材料:纳米材料的一个维度在纳米尺度上。例如,薄膜、薄片和板状材料。层状岩土/聚合物纳米复合材料属于这一类。

对于聚合物基体,Alexandre 和 Dubois 讨论了一系列与纳米复合材料兼容的聚合物体系,包括表 8-1 所列的聚合物基体(改编自 Alexandre 和 Dubois 的成果[46])。

表 8-1 聚合物纳米复合材料中的聚合物基体

文献[46]中所述的聚合物基体	简称
氨基月桂酸	ALA
聚磷酸铵	APP
苄基二甲胺	BDMA
三氟化硼甲胺	BTFA
双酚 A 型二缩水甘油醚	DGEBA
乙烯乙酸乙烯酯共聚物	EVA
高密度聚乙烯	HDPE
羟丙基甲基纤维素	HPMC
甲基铝氧烷	MAO
丁腈橡胶	NBR
甲基纳迪克酸酐	NMA

续表

文献[46]中所述的聚合物基体	简称
聚丙烯酸	PAA
聚丙烯腈	PAN
聚苯胺	PANI
聚丁二烯	PBD
聚 ε - 己内酯	PCL
聚二甲基二烯丙基铵	PDDA
聚二甲基硅氧烷	PDMS
聚环氧乙烷	PEO
聚酰亚胺	PI
聚丙交酯	PLA
聚甲基丙烯酸甲酯	PMMA
聚丙烯	PP
马来酸酐改性的聚丙烯	PP - MA
羟基改性的聚丙烯	PP - OH
聚对苯撑乙烯	PPV
聚苯乙烯	PS
聚(3 - 溴代苯乙烯)	PS3Br
聚醋酸乙烯酯	PVA
聚乙烯基环己烷	PVCH
聚乙烯醇	PVOH
聚(2 - 乙烯基吡啶)	PVP
聚乙烯吡咯烷酮	PVPyr
聚对二甲苯基亚砜	PXDMS
对称(苯乙烯 - 丁二烯 - 苯乙烯)嵌段共聚物	SBS

尽管没有明确记载所有这些纳米复合材料的形状记忆特性,但是许多材料已经被证明具有形状记忆特性,并且从 2000 年开始,对聚合物纳米复合材料的研究至今仍与该领域及正在进行的研究相关。

另外,通过聚合物热力学的详细研究,SMP 领域重新焕发了活力,这些研究已应用于解决医疗和航天领域的新问题。2002 年,Lendlein 及同事基于大量体系和应用,描述了用于生物医学设备的 SMP[47-49]。随着形状记忆聚合物得到的关注,这个新的发现促使新一代研究人员在前人的想法和方法上,寻求将新技术、新材料和新复合材料纳入形状记忆材料的方法。在接下来的10年里,研究人员将具有恢复机制的SMP推向多种生物医学应用,包括自锁式支架如尿管支架[50]、自封缝合线[48]、展开支架[51-53]、缓慢插入皮层的内电极[54]、卷绕神经套电极[55]、治疗动脉瘤的自开泡沫[56-57],以及自动释放药物载体。在生物医学应用中,材料的力学行为各式各样,8.3.2节将对此进行更详细的探讨。最近,智能复合材料正试图取代纯SMP,原因是它们在高应力下具有更强的形状恢复能力,其基础材料具有更好的结构完整性。

8.3.2 SMPINC的出现

2002年,Gall等开发了(可能是)第一个SMPINC材料,他们描述了该纳米复合材料显著的形状记忆特性。这些材料是基于碳化硅(SiC)填料的环氧树脂,可在加热时恢复大的应变。他们使用了平均直径为300nm的碳化硅纳米粒子,填充率高达40%。该体系采用了复合材料技术开发公司(CTD)的专有树脂DP-7,是一种热固性环氧树脂。在掺入20% SiC填料时,T_g从约800℃降至约700℃。研究小组发现,加入SiC填料后,SMPINC的约束恢复或恢复强度提高,最高可提升40%[58]。2004年,Gall等拓展了这项工作,以确定这些复合材料中的内部应力储存机制[59],而在该相同团队中,此次由Liu等领导,则深入研究了SMP复合材料的热力学[60]。

随着SMP无机复合材料领域的发展,Cho和Lee(同样是在2004年)观察了二氧化硅对聚氨酯形状记忆效应的影响[61]。他们将不同数量的四乙氧基硅烷加入SMP中,并观察其力学性能的变化。有趣的是,结果表明聚氨酯中硬段的数量在30%~50%的变化对力学性能的影响要比二氧化硅的含量大得多。当高填充二氧化硅时,断裂应力开始下降,填充10%二氧化硅时,断裂应力在2kgf/mm^2(约19.6MPa)以上,而在填充量为30%时,断裂应力小于1.0kgf/mm^2(约9.8MPa)。在此填充范围内,聚氨酯的模量基本不变,而硬段含量带来的模量变化较大,由30%硬段聚氨酯的15MPa模量变为50%硬段聚氨酯的5~6kgf/mm^{2}模量(约49~58MPa)。这表明,对于低含量到中含量填充时,聚合物网络的调控在决定性能中起更大的作用。

同一时期,在空军研究实验室中,由Rich Vaia领导的一个前瞻研究小组基于对碳纳米管复合材料的研究,加入对SMP特性的研讨[62]。这可能是基于Vaia的博士论文,在该论文中,他开发了熔融聚合物插层过程的晶格模型[63-64]。Vaia的大量工作在SMP复合材料领域中尤为重要,它阐明了利用各向异性纳米复合材料形成大恢复应力的新机制,这种大恢复应力在纯树脂中是不可能的存在。此外,报告还指出,空军愿意在这一新兴领域进行投资,而在过去10年中,这一领域在很大程度上得到了汽车业的支持。这些结果通过展示先前无法达到的恢复应力、力学强度和形状记忆特性的参数空间，持续推动了研究用于航空航天应用的大型结构部署的新机制。

2005 年，由科罗拉多大学博尔德分校的 Gall 和 CTD 的 Steven Arzberger 领导的一个小组报道了基于 CTD 专有 TEMBO 形状记忆聚合物的弹性记忆复合材料的应用。这类聚合物基体是环氧树脂或氰酸酯树脂，具有低脱气和高应变失效，并用碳纤维、玻璃纤维、Kelvar 纤维、传统填料和纳米增强材料进行补强。这些材料是为可展开的空间应用（如变形飞机机翼）而开发的，具有非常严格的应用需求和要求。这些材料被认为可作用于可展开天线、可展开的光学系统和其他可展开系统，被用作铰链、可展开的卫星面板、太阳能电池板和挠性卫星吊杆[65]。将 TEMBO 纳米复合体系与传统的微复合体系进行比较可知：使用纳米填料使得界面表面积增加（增加 1000 倍），并且材料的缺陷减少。

其他小组采用各种方法来提高 SMPINC 的机械强度[66]。Ohkki 等探究了玻璃纤维 SMP 复合材料，当温度低于 T_g 时，复合材料的拉伸应力几近为 90MPa，当温度为 20℃（高于 T_g = 45℃），应力约 9MPa 时，应变达到 225%。有趣的是，所研究的 DiAPLEX 材料（MM4510）为热塑性聚氨酯，在用 10%（质量分数）的玻璃纤维填充时，永久循环应变会出现较大变化，但在 20% 和 30% 的填充量①下似乎稳定下来，这使得连续循环不再导致进一步的永久性应变，如图 8 - 5 所示[66]。

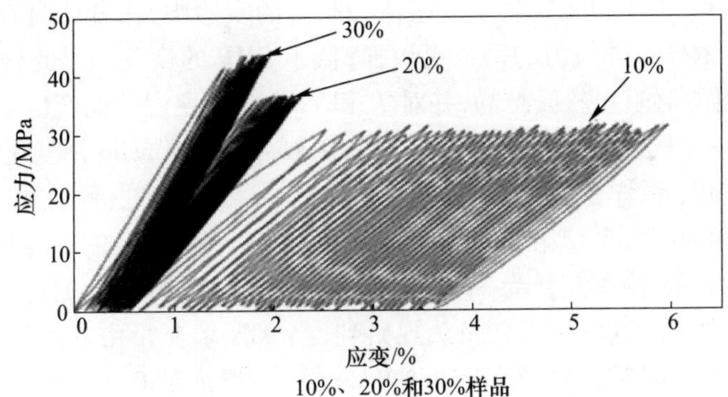

图 8 - 5 热塑性聚氨酯基的玻璃纤维/SMP 复合材料的应力 - 应变响应图（当填充 10% 玻璃纤维时，材料发生永久变形，而 20% 和 30% 的填充量则有助于稳定网络结构并使复合材料在连续循环负载下具有较小的永久变形（转载自 Ohki 等的成果[66]，2004 发表，Elsevier 许可。）

① 译者注：原文有误，为应变。

2006 年，佐治亚理工学院的 C. P. Wong 研究小组开发了一种钽填充 SMP 复合材料，其力学性能和射线特性都非常好[67]。3% 钽填料(325 目或 40 ~ 50μm 粒子)对材料的力学性能影响很小。作者指出，填料的加入使 T_g增加了 3℃(由动态力学分析和差示扫描量热法检测)，玻璃态模量从 1400MPa 增加到 1710MPa，标准偏差为 120MPa。可得，玻璃态的硬度略有增加，但填充钽后橡胶态模量没有相应的变化。有趣的是，含有无机(但非纳米)填料的复合材料，当达到起始 T_g时，恢复应力略有升高，但当达到 T_g以及高于 T_g时，恢复应力较低。

在 SMPC 体系中，常用的填料为 Cloisite 30B。该蒙脱土黏土材料由南方黏土制品公司生产，粒径分布为 90%(干重)，小于 13μm，50% 小于 6μm，10% 小于 2μm[68]。这种分类使 Cloisite 30B 在某种意义上是纳米黏土，但实际上仍然是一种微米黏土。Schulz 等给出的 TEM 图像显示，在 Cloisite 30B 中有 500nm 的粒子[68]。然而，Cloisite 30B 是由直径约为 120nm、厚度为 3nm 的片状层构成[69]。在正确的预处理条件下，这些片层可在不同的尺寸范围内，以不同的均匀性和成功率填充到聚合物网络中。

2007 年，阿克伦大学的 Cao 和 Jana 将 Cloisite 30B 黏土粒子加入到 SMP 聚氨酯中[70]。该聚氨酯是由结晶聚酯多元醇芳族二异氰酸酯和聚 ε - 己内酯二元醇为原料合成的。聚合物体系中异氰酸酯的过量分率与 Cloisite 30B 季铵盐上的侧链醇基($—CH_2CH_2OH$)之间形成了巧妙的平衡。研究观察到，与未填充相比，填充后在 100℃(T_m + 50℃(约))时的橡胶态模量增加了近一个数量级，从 4 ~ 5MPa 增加到 20MPa 以上。在精心制备的实验中，作者证明，在高黏土含量(5%)时，诱导拉伸应力的松弛更快，降低了 SMP 的恢复力。此外，他们还证明，黏土填料能够阻止软段结晶，并对 T_g和 T_m之间的室温性能产生不利影响。

2007 年，德国克劳斯塔尔工业大学的 Razzaq 和 Frormann 用氮化铝(AlN)填充聚氨酯 SMP，并详细研究了其力学性能[71]。AlN 有三种粒度分布：①在 200nm 和 350nm 之间，②在 800nm 和 1.8μm 之间，以及③在 2.3μm 和 4.5μm 之间。SEM 显示，当填充量为 30% 和 40%(质量分数)时，AlN 能够在聚氨酯纳米复合材料中分散良好。研究团队观察到，当 AlN 填充量由 0 增加到 40% 时，T_g由 55℃降低到 45℃，热导率从 0.2W/(m · K)增加到 0.4W/(m · K)。最重要的是，该团队发现，纯聚合物具有 95% 以上的形状恢复率，当填充 30% AlN 时，其下降为 85%，当填充 40% AlN 时，形状回复率低于 75%。在 50% 的预应变下，纯聚合物能够固定约 42% 的应变，而含 40% AlN 的 SMPINC 可以固定几近 45%。这种固定性的增加尽管可能并不直观，但可通过高填充下 AlN 网络的互联性来解释：在定型过程中或在应变下冷却 SMP 到 T_g或 T_m，并在应力撤除后进行的定型(冷)过程中，AlN 网络的互联性阻碍了软段的运动。

2007 年，Rezanejad 和 Kokabi 开发了一种具有形状记忆性能的低密度聚乙烯（LDPE）/纳米黏土复合材料[72]。尽管所有的 SMP 不一定依赖于如熔融加工的 LDPE 的两相结构，但是该项工作可外推用于各种 SMP 体系。该小组使用有机改性的 Cloisite 15A 纳米黏土作为填料，当添加 8% 的纳米黏土时，E'和 E''同时增加了 300%。虽然纯聚合物体系的形状恢复率接近 100%，但是 8% 填充量的样品在 50 和 100% 的预应变条件下，恢复几乎达到 80%。然而，恢复应力明显提高，由纯 LDPE 的 1MPa，提高到 50% 预应变时的 3MPa 左右和 100% 预应变时大于 3MPa。

2007 年，Kim、Jun 和 Jeong 设计了一个复杂的复合材料[73]。这个来自韩国蔚山大学的团队使用了一个含有聚乙二醇（PEG）段的大分子偶氮引发剂，该段被插层在钠基蒙脱土（Na－MMT）层间中。进一步利用该引发剂去制备含聚甲基丙烯酸乙酯（PEMA）的复合材料。大分子偶氮引发剂是 4，4′－偶氮二（4－氰基戊酸）的缩合物，并被小心地用于插层黏土。该小组对 PEMA 相对于黏土的分子链段移动性特别关注，发现随着黏土用量的增加，PEMA 的移动性降低。材料中 Na－MMT 的质量分数高达 9%。动态力学热分析表明，在 25℃ 弯曲时，9% 填充量的复合材料的玻璃态（弹性）模量从纯 PEMA 的 7GPa 提高到 10GPa 以上，橡胶态模量从 4MPa 左右提高到 20MPa 以上。作者观察了样品的循环拉伸行为，结果表明，在 1%～5% 的填充范围内，样品的永久应变出现最小值。在高温（160℃）下，复数黏度随频率的变化更接近线性，在低频下的黏度增加幅度更大，对于 160℃ 时的剪切模量 G'也是如此。研究小组最终证明，少量的黏土填料可以帮助稳定热塑性 SMP，如 PEMA，给它们更好的循环寿命和更大的恢复应力。

2009 年，Hu 等研究了以凹凸棒石黏土 $(Mg,Al)_2Si_4O_{10}(OH)\cdot 4(H_2O)$ 为填料的聚氨酯 SMP。与先前工作中所介绍的 Na－MMT 和 Cloisite 填料相比，这些填料分散为棒状形貌，棒的直径为 20～50μm，长度为几微米，长径比为 40～100。将填料与三菱 MM5520 热塑性聚氨酯树脂进行共混，研究小组指出，经过处理的黏土填料/聚氨酯，硬度从 100MPa 提高到 160MPa，而未处理填料/聚氨酯的硬度则降低到 20MPa 以下。有趣的是，作者描述了热处理过程的三个阶段：在 100℃ 时，凹凸棒石粉失去水分，这是因为它含有自由水；在 200℃ 时，沸石管被破坏，这与吸湿水和沸石水的损失相吻合；在 450℃ 以上，羟基逐渐减少。这项工作提供了一个很有说服力的案例，在混合前应仔细分析填料，从而可以适当优化得到的复合材料的热力学性能。

在 21 世纪的第一个 10 年即将结束时，该领域发展已经开始成熟，从而开始出现优秀的论述，强调了有机和无机形状记忆聚合物复合材料在生物医学、机械、热学、光学、电子和磁学性质方面的重要进展。本篇综述选取了 20 世纪 90 年代末和 21 世纪初的几篇重要著作，并提取了其中的力学研究部分作为近期工作的参考框架，但是对于 1950 年代到 2006 年，以及 2006 年～2007 年间 SMP 复合材料更详细的研究，则留给了其他综述（如 Ratna 和 Karger – Kocsis 的综合性著作[14]）。在 2010 年，Meng 和 Hu 提供了另一种述评，重点放在有机和无机 SMP 共混物[10]，而 Huang 等则介绍了最近在 SMP 复合材料领域的先进技术[1]。

8.3.3 2010—2014 年：SMPINC 的界面化学导致热力学的提高

过去 4 年①，SMPINC 的针对性研究发生了爆炸性进展，研究人员主要寻求精确控制界面力，并以可伸缩的方式将化学物质连接起来。这个十年始于新兴化学领域的一项出色研究。2010 年，Xu 和 Song 将以多面体低聚倍半硅氧烷（POSS）为核制成的 SMP 复合材料与用缩醛保护的有机核制成的复合材料进行比较。用 PLA 臂在 POSS 立方体的所有 8 个顶点处，对笼形 POSS 进行了功能化处理，使其能功能化到 SMP 网络中。在笼形 POSS 芯上使用更长的 PLA 臂，可产生更高的可恢复应变，但是其在 T_g 以上的橡胶态平台上稳定性较低。POSS 复合材料的 T_g 由 DSC 测定，其范围由 42.8℃（短臂 PLA 功能化的 POSS）上升到 48.4℃（长臂 PLA 功能化的 POSS）。这些测量值比用 1Hz 的 DMA 测得的 $\tan\delta$ 峰低约 10℃。短臂 PLA（M_n 约为 7328，^{1}HNMR）接枝的聚合物 – POSS 复合材料的玻璃态模量为 2.0270 ± 0.0383GPa，中间臂长 PLA（M_n 约为 13576，^{1}HNMR）接枝的，模量为 2.2868 ± 0.0627GPa，长臂 PLA（M_n 约为 25788，^{1}HNMR）接枝的，模量为 2.2347 ± 0.0171GPa。有趣的是，基于 POSS 的生物可降解形状记忆聚合物复合材料能更有效地减少限制网络链的过度全局纠缠[142]，从而提高它们参与形状记忆效应的能力。这些材料为复合材料应用在局部疗法中开辟了可能性，这些复合材料在体温下具有机械强度，但随着聚酯支架的断裂而消失。

2011 年，Ratna 研究了黏土/聚环氧乙烷（PEO）纳米复合材料[74]，并于 2013 年继续创新，将 PEO 黏土纳米复合材料与 MWCNT 结合，构建有机 – 无机杂化复合材料[29]。2012 年，Ali 等以棕榈油多元醇为前驱体合成环境友好型聚氨酯，利用纳米黏土 Cloisite 30B 进行补强，构建高强度复合材料。研究表明，活性纳米黏土粒子的存在限制了聚氨酯的结晶，填充量超过 5% 后，开始影响超支化聚氨酯的形状固定性和形状恢复率[75]。Cuevas 等探讨了玻璃纤维增强 SMP 的热力学性能[76]。2012 年，George 领导团队测定了自愈合聚合物纳米复合材料的热力学性能[77]。在修复陶瓷裂纹中的微、纳米损伤方面出现的一些有趣的工

① 译者注：2015 年以前。

作应引起 SMP 无机纳米复合材料领域的兴趣[78]。

2012 年 Han 等开发了一种新型方法，利用锌离子在水凝胶中触发三重形状记忆效应[79]。该团队合成了聚(丙烯腈 - co - 2 - 甲基丙烯酰氧乙基磷酸胆碱)[P(AN - co - MPC)]水凝胶。SMP 纳米复合材料领域可从诸如此类的方法中得到设计方案。作者利用 $ZnCl_2$ 溶液①中的 Zn 粒子触发了三重形状记忆聚合物的力学性能的变化。锌离子能够选择性地与腈的一对电子相互作用，导致腈 - 腈分子间相互作用的离解，该相互作用如图 8 - 6 所示[79]。锌离子对材料的机械性能和形状记忆性能有着巨大的影响。对于其中某个 P(AN - co - MPC)，其弹性模量由水溶液中的 7.36MPa 增大至 37.57MPa(30% $ZnCl_2$ 溶液)，在 50% $ZnCl_2$ 溶液中则降至 0.053MPa。人们可以设想下一代的 SMP 纳米复合材料，它们将采用类似该现象的巧妙方法来实现。

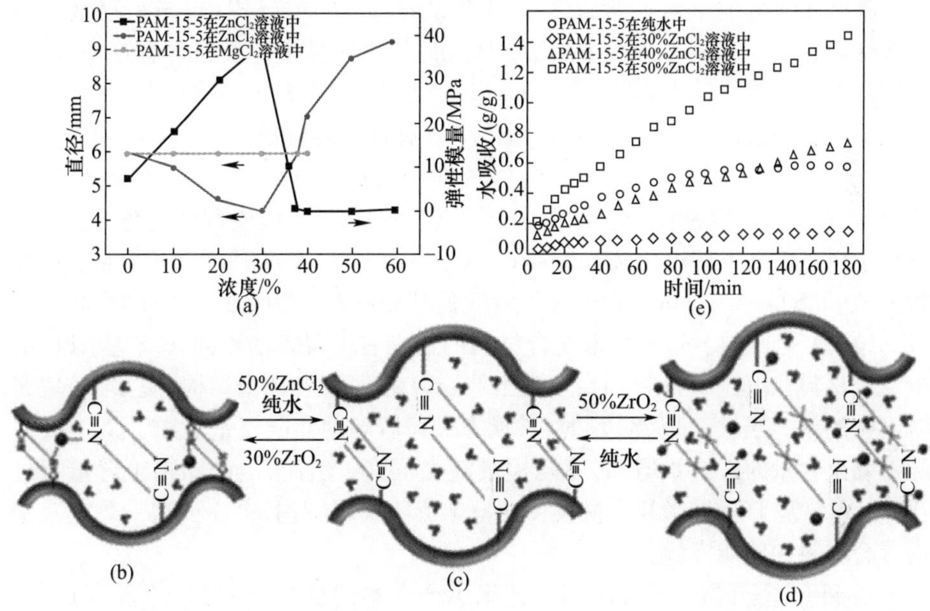

图 8 - 6　一个精心设计的聚合物对 $ZnCl_2$ 溶液的反应触发了 Zn 粒子进入网络并与侧链复合，形成 CN—CN 偶极子对((b) ~ (d))。该现象显著影响着力学性能如膨胀(a)和水吸收(e)，为聚合物纳米复合材料的创新工程提供了一种潜在的方法(转载自 Han 等的成果[79]，2012 年发表，经 JohnWiley and Sons 许可。)

2004 年，Utracki 汇编了一本综合性的书籍，该书籍对含黏土的聚合物纳米

① 译者注：原文为 ZnCl，文献为 $ZnCl_2$。

复合材料的热力学、聚合物力学和复合力学进行了全面的描述[69]。2012 年，Gao 领导的 *Woodhead Publishing* 发表了一篇关于聚合物纳米复合材料进展综述[80]。该书第 11 章详细介绍了在热塑性聚氨酯纳米复合材料的制造和表征方面取得的进展，包括热塑性弹性体、苯乙烯嵌段共聚物、热塑性烯烃、热塑性硫化胶和共聚弹性体[81]。该工作描述了由气相二氧化硅、笼形 POSS、纳米磁铁矿、SWCNT 和 MWCNT 组成的纳米复合材料。该综述汇编了热塑性聚氨酯纳米复合材料领域的几个主要来源，对读者有很好的参考价值。

纳米黏土在可调 T_g 的聚合物中的应用引起了人们极大的研究兴趣。LeBaron 等研究表明，纳米黏土 Laponite RD 在聚醚基热塑性聚氨酯(TPU)中的团聚倾向比二甲基脱氢脂季铵盐离子改性的 Cloisite 20A 更大[82]。Padmanabhan 指出，含羟基的季铵盐改性 MMT 与聚酯 - TPU 的亲和力明显优于 Cloisite 30B，这是由聚酯多元醇的亲水性所致[83]。此外，Padmanabhan 还提出，与短羟基烷基链改性的黏土如 Cloisite 30B 相比，MMT/OH 体系中黏土外表面含有羟基，形成氢键的键合位点。Korley 等人和 Edwards 观察到，在 TPU 基体中，Closter 30B 与插层/剥离的硅酸盐层状物在 TPU 基体中具有良好的分散性[84]。事实上，当加入 5% 改性 Cloisite 30B 时，聚氨酯的拉伸强度提高了 152.48%。Edwards 在 2007 年昆士兰大学的博士论文中，发现了有关纳米黏土改性剂的有趣现象[85]。他用十六烷基三甲基溴化铵(cLS)和 1%、3%、5% 和 7%(质量分数)的十二胺盐酸盐(dLS)对 Laponite RDS(含焦磷酸盐基塑解剂)进行改性，并以此制备了 TPU 纳米复合材料。这些纳米复合材料的性能有着很大的不同，cLS 基 TPU 纳米复合材料在填充量为 1% 时，呈现出部分剥离、插层和团聚结构，但在 5% 填充时发生团聚。当填充量为 1% 时，玻璃态和橡胶态的储能模量增加了 200%，但随着黏土含量的进一步增加，储能模量随之下降。然而，当已知黏土含量超过 7% 时，dLS 基 TPU 纳米复合材料在均呈球形团簇状结构，提高了这一黏土范围内复合材料的储能模量。

Quadrini 等开发了一种固态工艺来生产含不同量的纳米黏土(高达 10%)的环氧泡沫[86]。他们证明，低填料含量的纳米复合材料泡沫具有优异的形状记忆性能，并可在发泡过程中改变固体前驱体来控制孔隙率。

Tan 等研究了一系列 MMT 聚氨酯 - 环氧树脂复合材料的形状记忆聚合物性能[87]。该团队得出结论，拉伸强度在 3% 填充量时达到最大值，而断裂伸长率的最大值出现在含 2% 填充量 MMT 时。

Tarablsi 等在光聚合双官能团丙烯酸酯中填充了 1% 和 2% 磁铁矿插层的 MMT[88]。研究小组指出，聚合物纳米复合材料通常是通过原位聚合法、溶胶 - 凝胶法或熔融共混法来制备的。他们提到了几项同时混有黏土和氧化铁纳米粒子的研究，但他们声称，他们是第一个将 UV 固化树脂同时与黏土和氧化铁填料混用的研究小组。他们先将①铁(Ⅲ)离子与 MMT 层间的钠离子交换，②形成针铁矿，接着将③针铁矿通过热固相转变，制备了磁铁矿插层的 MMT($\gamma-Fe_2O_3$-MMT)。接着，在紫外光固化前，将该新制备的纳米粒子加入到可光聚合的体系中，该体系包含了 1,6-己二醇二丙烯酸酯(HDDA)和聚乙二醇(PEG 400)二丙烯酸酯。结果表明，在 1Hz、20μm 位移振幅的 DMA 下，含 2% 复合填料的 100μm 厚膜的橡胶态模量(25℃)有所提高，从 32MPa 提高到 53MPa，玻璃态模量由约 3GPa 增加到 4GPa 左右，T_g 基本不变(-7℃)。作者不建议采用这种工艺来固化较厚试样，但立体光刻或聚喷工艺的新兴 3D 打印技术有着高通量，可通过紫外光连续固化这种复合材料的薄层。

2013 年，Chiu 等研究了黏土/聚合物杂化材料中的多层插层手段，并描述了黏土层间中有机物的自组装[89]。该综述并未明确关注于形状记忆聚合物，但在该项出色而全面的工作中，可找到许多相关的、复杂的界面物理和化学表面改性以及许多巧妙的处理方法。作者为 2000 年至 2011 年的工作绘制了一个引人注目的时间表，详细介绍了在此期间聚合物复合材料领域的许多有趣进展。

来自得克萨斯农工大学的 Zhang、Petersen 和 Grunlan 研究了基于无机/有机形状记忆聚合物泡沫的新材料[90]。他们描述了这些泡沫在需要扩散性和渗透性领域的潜在用途，例如治疗动脉瘤的栓塞海绵和组织工程支架。该研究小组利用盐熔法，合成了 PCL 和 PDMS 的共聚物，并用其制备了 SMP 泡沫，该发泡材料的孔径大小为 400~500μm，泡孔高度连通。该法使得 SMP 具有低密度和独特的抗压强度。该方法可作为制备多孔 SMP 纳米复合材料的有趣模板。

Zhang 等介绍了一种利用微胶囊和小分子催化剂在聚合物体系中触发自愈合的方法[91]。胶囊中填充了未反应单体，当产生裂纹或变形时，单体流出接触到催化剂，即可实现自愈合。Zhang 的团队继续将该体系与编织材料结合制备成复合材料。我们认为，该领域反应了新型 SMPINC 与自愈合特性之间富有创意的交叉点。2013 年，Basit 等制备了具有双向和多功能的层状形状记忆聚合物复合材料[92]。尽管他们的层压板不是纳米层压，但在准静态、动态和循环环境下，一系列的力测量、恢复应力和恢复应变为研究 SMPINC 性能的研究人员提供了一个令人信服的路标。Jumahat 等观察到，纳米黏土含量超过 3% 时对环氧树脂的断裂韧性有不利影响[93]。2013 年，Li 等研究了 ZnO 改性聚氨酯复合材料的水(增塑)-触发的形状记忆效应。同年，2013 年，Wu 等开发了接枝了聚甲基丙烯酸链的聚氨酯，在无机黏土复合材料中形成长的渗流网络。Senses 和

Akcora 研究了聚合物纳米复合材料中一种不同的、有趣的硬化机理，即通过反应性聚合物来控制化学调节剂，用以影响复合材料界面物理性或改变体系的交联作用[94]。两人用原子转移自由基聚合处理 PMMA，实现了 1.03 的多分散性指数，并测量了 13nm 二氧化硅纳米粒子的加入效果。他们仔细研究了在形变作用下粒子－聚合物相互作用，以探索适合的力学行为。

Xu 等开发了一种 TiO_2 基水凝胶纳米复合材料，该材料以二氧化钛纳米粒子为交联剂，具有优异的力学性能、良好的水稳定性和水活化的形状记忆效应[95]。该水凝胶是在 TiO_2 胶体溶液中，通过丙烯酸（AA）和 N，N－二甲基丙烯酰胺（DMAA）的原位自由基共聚而成。研究发现，含 10% TiO_2 交联剂的水凝胶在失效前，会膨胀和承受超过 1100% 的应变。20% 的 TiO_2 使失效应变降至 855%，30% 的 TiO_2 则使应变进一步降至 172%，40% 的 TiO_2 则使应变小于 90%。在这 4 个样品中，模量分别从 19.96kPa 提高到 52.69kPa、64.70kPa 和 85.87kPa。拉伸强度在填充 20% 时达到峰值，40% 时急剧下降。

Kang 等研究了钛合金与形状记忆聚合物纳米复合材料之间的黏接性能[96]。研究表明，用硅烷偶联剂对钛合金进行表面改性，可提高黏接强度。他们采用 5% 聚四氢呋喃二醇－b－聚环氧乙烷和 2% 碳纳米管对 SMP 进行增韧，并重新对表面改性的钛合金表面进行了表征，结果表明，与非增韧相比，SMP 的黏结力提高了 113.5%。作者利用高分辨电子显微镜和 X 射线能谱技术，通过研究黏结断裂表面的失效痕迹，阐明了黏附机理。

2014 年，Stribeck 等通过微束小角度 X 射线散射，研究了注射成型 PP/MMT 复合材料的性能[97]。他们专注于研究沿注射成型纳米复合材料棒材半径的梯度效应，对于将新兴的聚合物纳米复合材料研究转化为实际应用，这一分析至关重要。为制备样品，研究小组将剥离的蒙脱土与 PP 熔融共混。研究人员观察了纯 PP 中的半晶区，并确定了相邻晶层之间的平均距离为 12nm。这份文献为那些不熟悉测量的人提供了对小角 X 射线散射（SAXS）谱图的详细解释。图 8－7为该文章中的图，用于研究纯 PP 和 PP/MMT 复合材料的不同的 SAXS 谱图，同时观察复合材料的表面以及穿过复合材料棒材的半径观察其芯核：对于纯 PP 棒材，其所有类型的扫描都是一致的（n－扫描，如图 8－7 所示）；然而，对于复合材料来说，PP 散射和 MMT 散射在棒材的表面为离散的，但在纳米复合材料棒内只观察到 MMT 的离散散射。这就引发了一场关于初级结晶晶畴和二次结晶晶畴演变的有趣讨论，并得出结论：复合材料的 PP 基体一定表现出较差的力学性能。事实上，这项工作提供了一个有趣的方法，即使用 SAXS 对半结晶复合材料的力学性能进行预测。

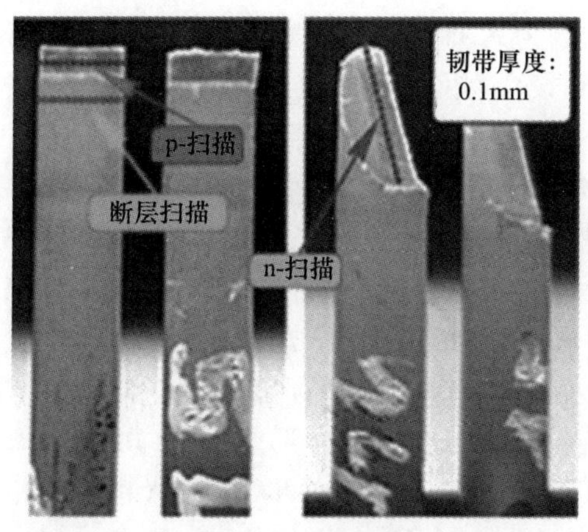

图 8-7　采用小角 X 射线散射技术,对蒙脱土填料聚丙烯纳米复合材料进行了独特的表征。不同类型的扫描显示:p-扫描:穿过纵横网的平行扫描;n-扫描:穿过斜网的正常扫描;tomo-扫描:断层扫描。这些方法对理解 SMPINC 中的形态现象有着巨大的前景（转载自 Stribeck 等的成果[97],2014 年发表,开源许可。）

8.4　SMPINC 的生物相容性

在设计含有多种无机填料的复杂 SMPINC 时,其主要挑战之一是预测这些材料引入到生物系统中的生物响应。从前,在体内不具备预期表面功能的材料在免疫反应和植入部位周围疤痕的形成方面表现不佳。对于急用材料,这可能不会造成危险,原因是有机体只会短暂地接触到潜在的有毒副产品。然而,当 SMPINC 不得不扮演慢性或永久性假体或植入物的角色时,材料的生物相容性就变得非常重要。通过引入各种无机纳米粒子,如磷酸盐和金属纳米粒子,研究人员已经能够极大地改变 SMPINC 与生物对应物之间的相互作用。Meng 和 Li,Madbouly 和 Mather,对无机填料在生物相容性 SMP 中的一些初步结果和后续复合材料的性能进行了很好的评述[6,13]。为深入分析填料比例与后续力学性能之间关系的理论依据,Kazakeviciut-Makovska 和 Steeb 提出了一种预测纳米粒子加入后弹性模量变化的模型[98]。总之,这些资料是对生物相容性 SMPINC 及其基于所选无机填料的新特性的极好介绍。在本节中,我们将探讨这些填料的最新用途,以提高生物力学性能,调节 SMPINC 的可降解性,最重要的是抑制聚合物网络的潜在细胞毒性。

8.4.1　增强生物相容性

对于大多数 SMPINC 来说,在生物环境中使用无机填料使其具有独特的复合特性是被禁止的，因为无机填料具有细胞毒性。然而，最近研究人员已将生物相容性无机物添加到聚合物网络中，以获得更多的生物友好特性。例如，当研究人员将类骨矿物羟基磷灰石（HA）加入到聚 D，L－丙交酯（PDLLA）网络中时，他们不仅验证了 SMPINC 具有充分的生物相容性，还展现出一种网络结构，其形状恢复率能显著提高到 99.5%，以上结果取决于 HA 与 PDLLA 的比例[99－100]。HA 还被用于生长因子递送系统，其中加入的 HA 在化学交联聚 ε－己内酯（ε－PCL）的智能网络中形成均匀的孔径[101]。图 8－8 中展示的过程表明，该智能网络可作为可压缩植入物，以最小化插入所需的伤口部位。结果表明，与单纯的多孔支架和未处理的对照组相比，负载骨形成蛋白（BMP）的支架在骨密度、骨小梁厚度和数量上均明显增加。为了进一步了解 HA 的生物相容性及其作为骨再生促进剂在聚合物复合材料中的应用，Pierchowska 和 BLazewicz 就该主题撰写了一本优秀的图书[102]。

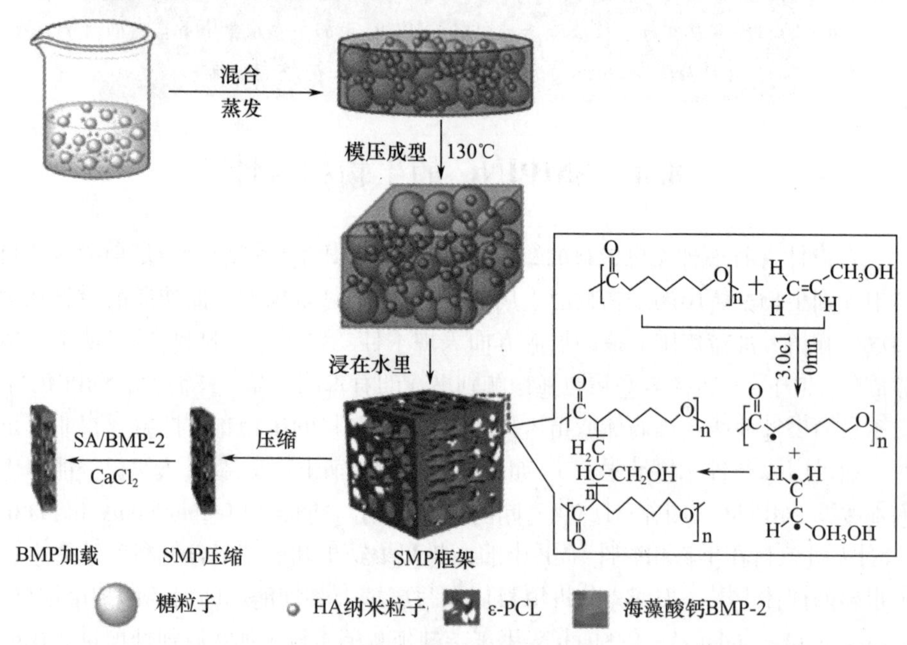

图 8－8 兔下颌骨缺损植入前，含骨形成蛋白 2（BMP－2）的多孔交联聚 ε－己内酯（ε－PCL）网络的制备、负载及形态固定；HA 羟基磷灰石（转载自 Liu 等的成果[101]，2014 年发表，ACS 许可。）

Guo 和同事们将目光从 HA 和传统低力学性能的 HA 基 SMPINC 转向了另一种常见的矿物——勃姆石，他们向基体中加入八面体配位氧化铝（AlO_6）的纳米片。研究表明，L929 小鼠成纤细胞在体外的存活率没有任何下降，而拉伸强度和最终橡胶态模量都有明显的提高[103]。值得注意的是，这些聚合物的降解速度也表现出随着勃姆石纳米片填充量的增加而增加，在 60 天内损失的质量比纯聚癸二酸丙烯酯高出 300%。有个类似的研究：将 β－三钙微粒加入 PDLLA 网络中，研究了组分降解产物的体外细胞毒性作用。在该研究中，Zheng 和他的同事证明，SMPINC 不仅能够在降解 56 天后保持稳定的环境 pH 值（β－三钙/PDLLA 复合材料的比值从 3：1 到 1：1，其 pH 值从 7.1 上升至 7.3，而纯 PDLLA 降解的 pH 值为 6.6），而且随着网络的降解，形状恢复率也会增加[104]。与这些 PDLLA 网络相比，在填充 Fe_2O_3 纳米粒子时似乎会对 PCL－SMPINC 的力学性能产生负面影响。为了证明这一点，Yu 等展示了磁铁矿填充的交联 PCL 网络的恢复率下降。在磷酸盐缓冲溶液中放置 14 周后，网络的总恢复时间和凝胶率显著降低，表明磁铁矿填充率的增加与力学性能降低有显著的关系[105]。

8.4.2 更强的生物聚合物

提高生物相容性 SMPINC 的力学性能对寻求机械坚固装置的研究人员非常重要。最近，研究人员已经证明了生物相容性网络能广泛改善机械性能，从提高拉伸强度到获得更高的热稳定性。2013 年，Saralegi 等通过将甲壳素纳米晶引入聚氨酯网络，实现了半晶形状记忆聚合物网络中硬段成核的调整[106]。通过这种方法，网络的生物相容性得以保留，同时增加了整个系统的刚度。在一项类似的研究中，研究人员证明了黏土微团聚体增强的淀粉共混物中的形状记忆效应。通过增加体系中 MMT 的含量（高达总质量的 10%），共混物的弹性模量几乎增加 3 倍[107]。在一项研究中，研究人员将氮化硼纳米管（BNNT）添加到聚丙交酯和 PCL 的共聚物中，研究了它们对复合材料机械强度和生物相容性的影响。加入 5% BNNT 后，弹性模量惊人地增加了 1370%，除此之外，这些复合材料也提高了成骨细胞前体的活力，最终结果是 5% BNNT/PCL 纳米复合材料向成骨细胞分化的速度增加[108]。

无毒金属纳米粒子也越来越多地被添加用于补强 SMPINC，同时为形状记忆网络引入有趣的特性。Kalita 和 Das 等将 Fe_3O_4 纳米粒子添加到超支化的聚氨酯网络中，使生物相容形状记忆聚合物中呈现出均匀的磁性粒子网络，并在纳米粒子填充的基础上增加了恢复力（图 8－9），加快了形状恢复速度[109－111]。有趣的是，当该聚合物网络的降解产物在金黄色葡萄球菌 MTCC96 和肺炎 Klebsiella 菌培养液中流动时，呈现出了抗菌性能。这种磁响应性聚合物作为远程可部署的生物医学植入体，具有智能材料和细菌监护的优点，有着巨大的发展前景。

其他采用 TiO_2 金属纳米粒子的复合材料已被证明可用于 SMPINC 力学性能的改进。Lu 和他的同事们证明，当 TiO_2 添加量仅为 5% 时，TiO_2/聚 L－丙交酯－co－ε－己内酯纳米复合材料的拉伸强度提高 113%，断裂伸长率提高 11%[112]。除了这些力学性能外，TiO_2 纳米粒子还能使形状记忆聚合物体系具有一定的热稳定性。2014 年，Seyedjamali 和 Pirisedigh 发现，向聚醚酰亚胺基体中加入 3% L－半胱氨酸功能化的 TiO_2 纳米粒子，可使复合材料的降解起始温度 T_d 提高 100℃以上，稳定了网络并使降解温度从约 400℃的提高到 525℃以上[113]。对于 TiO_2/聚苯乙烯 SMPINC，Wang 等采用 UV 辐射诱导聚合物产生形状记忆性能，利用纳米粒子的光电特性，远程精确地将聚合物被约束的形状释放[114]。在 Rodriguez 等的研究中，将 4% 的细钨粉加入到聚氨酯发泡 SMP 中，形成一个机械稳健的网络。除了断裂拉伸强度和应变增加了近 2 倍外，该 SMPINC 还显示出辐射屏蔽性，这是聚合物生物医学植入体所必需的[115]。

使用多面体低聚硅氧烷（POSS）是生物相容性 SMPINC 的另一个重要研究领域。在最近的研究中，这些笼形 POSS 主要用作 PCL 链的锚定点，以制备具有多种性能的有机硅 SMPINC，包括三重形态 POSS/PCL 网络[116]、动态微尺度表面特征[117]、超软网络后转变[118]以及具有形状记忆特性的双峰取向 POSS/PCL 板层[119]。关于 POSS 基复合材料的许多其他研究可在先前提到的，Madbouly 和 Lendlein[13]的一篇综述中找到，其中对填料类型和浓度的影响进行了更深入的探讨。

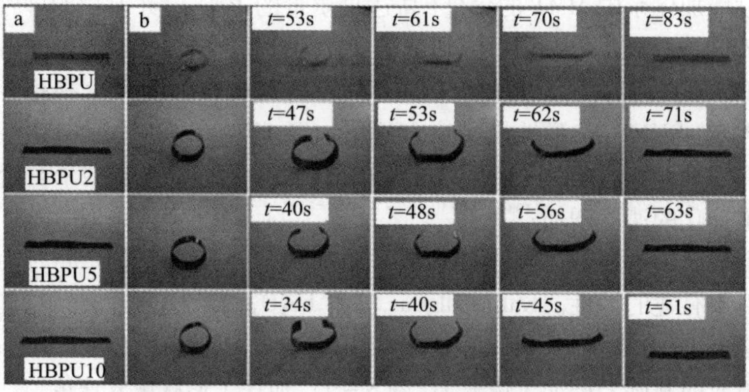

图 8－9　生物相容性超支化聚氨酯（HBPU）SMP 的恢复应力随 Fe_3O_4 填充量的增加（0%、2%、5% 和 10%）而增大。照片为初始形状为 a，变形形状为 b，以及经过不同恢复时间后的形状（转载自 Kalita 和 Karak 的成果[109]，2013 年发表，经 Springer 许可。）

8.5 具有电磁特性的 SMPINC

SMPINC 作为一种调控这些新型驱动材料电磁性能的手段，人们也进行的研究，研究主要集中在感应加热对 SMP 的非接触激活上。通常，SMP 系统被局部加热（通过对流或传导），从而通过聚合物的转变并激活其储存的形状来驱动聚合物。尽管这适用于大多数体系，但是一些例外情况，包括远程可部署的生物医学装置和植入体，必须使用远程激活并控制局部加热。Buckley 列举了远程驱动的一些优点，如下所述[120]。

(1) 消除电源转换线（提供简化设计并消除故障点；可作为无创植入体）；

(2) 可能实现更复杂形状的设备，并使设备保持均匀加热（与激光加热相比）；

(3) 可能实现样品的部分选择性加热（允许新的设计变量和新的设备类型）；

(4) 远程启动意味可能实现延迟启动（例如，对于组织支架）。

这种远程激活可以通过填充磁性微米粒子或纳米粒子来实现，并将能量通过粒子传递给基体来实现感应加热 SMP。这种加热利用强的交变磁场来实现，即通过热损失机制（包括磁滞损耗、涡流损耗和反常损耗）来实现磁热效应[121]。在工程系统中，磁性粒子的弛豫所产生的热能足以驱动 SMPINC 并通过它的转变发生形状恢复。

8.5.1 磁铁矿填充 SMPINC

虽然有关铁磁流体和铁凝胶的研究已经开始探索磁刺激驱动的 SMP，但在 2006 年，Mohr 等发表了关于这一主题的开创性工作[122]。利用磁热效应（利用交变磁场产生热损失），他们证明了该机制可用来激活形状记忆聚合物，通过它们的转变温度来释放储存的形状（图 8－10）。Lendlein 利用二氧化硅包覆的氧化铁（Ⅲ）磁性纳米粒子，实现了对聚氨酯与聚对二噁啉－PCL 的多嵌段共聚物的共混物的驱动。2007 年，Wedenfeller 和他的同事拓展了该项工作，研究了含 10%～40%（体积分数）磁铁矿颗粒（9μm）的注射成型聚氨酯，探究了粒子含量对材料性能的影响。实验发现，储能模量有明显变化，尤其是在 20℃时（T_g 以上）[71]。这些磁性微粒在聚合物基体中的渗滤阈值为 30%。复合材料的 T_g 随填充量的增加略有下降，而热稳定性则基本不受影响。Wedenfeller 进一步研究了填充量对体系电性能的影响以及这些微米磁铁矿粒子有效地实现热量加热和形状激活的能力[123]。Wedenfeller 发现，在高填充量下，复合材料的电阻率降低了4个数量级，热导率系数提高了0.40W/(m·K)。2009年，Lendlein和他的同事扩展了他们前期的研究，探索了磁热的能力，以达到形状激活所需的特定温度[121]。他们探讨了比吸收率、粒子分布和含量、聚合物基体、样品几何形状和环境性质等因素的影响。2009年，Gall等对交联作用和粒子含量对聚合物基体的热力学性能和形状记忆性能的影响进行了系统地研究[124]。他们发现，粒子浓度的增加对T_g的影响不大，但会导致交联密度降低，从而使橡胶态模量显着降低。此外，对于低交联体系，高粒子含量在形状恢复过程中会造成很大程度的塑性变形。2008年，Liou等对丙烯酸酯体系进行了研究，发现分散在聚(MMA－co－MAA－co－BA)基体中的纳米磁性粒子对聚合物的应力－应变关系有显著的影响[125]。此外，2014年，Moslehet研究了磁性纳米粒子的填充量对聚氨酯/PCL共混物力学性能的影响[126]。

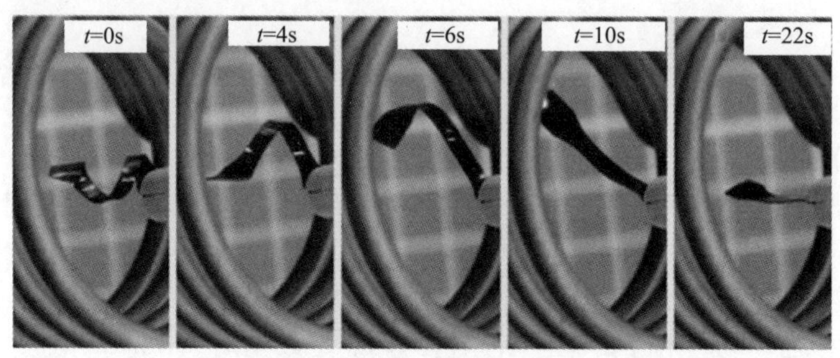

图8－10　利用磁热驱动的形变过程。通过施加交变磁场，固定的软螺旋形状转变成总体最小的平面形状
（转载自Mohr等的成果[122]，2006年发表，经美国国家科学院许可。）

8.5.2　温控网络

虽然磁热是一种很好的方法，SMPINC可被彻底激活，但它的极端局部加热对于敏感环境而言，是潜在威胁。为使磁热有用，约束和调节潜在热能积聚和传递的机制需要整合到任何系统中。2006年，Buckley等研究了SPMINC系统中居里－温控感应加热的概念[120]。居里温度，即铁磁材料变成顺磁性的温度，并因此失去其通过磁滞损耗机制感应加热的能力。Buckley等证明，居里温度控制在42℃以下时(该温度以上组织可能会受到影响)，可避免组织损伤，减轻对反馈控制的需求。通过填充10% 50μm的铁氧体锌铁磁粒子，磁场方当温度达到42℃时，磁场强度可达12.2MHz，以此验证了上述论述。然而，围绕这些体系的生物相容性仍然存在风险，在体内使用之前必须仔细研究。

8.5.3 粒子涂层效应

粒子的填充量和表面化学对任何填料增强基体或提高基体的能力有显著影响。例如,如果粒子的表面化学性质与基体不相容,则粒子倾向于团聚并析出体系。此外,如果填充量过低或过高,由于数量或渗滤量不足,粒子将无法有效地发挥作用。因此,有必要对粒子填充量和表面化学进行详细的研究。2006 年,Schmidt 将 PCL 壳包覆于磁性粒子上,研究其对分散于基体的磁性纳米粒子的相容性的影响[67]。这样做是为了通过改善粒子和基体的相互作用,防止团聚,从而保证复合材料的均匀性。Schmidt 发现,ε-己内酯低聚物、二甲基丙烯酸酯和丙烯酸丁酯的共聚物能有效地分散 2%~12%(质量分数)的纳米粒子(直径 11nm),并实现了 SMP 复合材料的活化(43℃)。2011 年,Yang 等进一步探讨了乙酰丙酮包覆的磁铁矿粒子对聚降冰片基体的影响[127]。它们的转变温度为 51℃,形状恢复时间为 186s。2012 年,Williams 等指出,由于基体与填料之间的不相容,环氧树脂基体中的磁性纳米粒子趋于团聚[128]。用油酸(20%)对环氧基体进行改性,可提高经酸改性的磁铁矿粒子的分散性(至少可分散 8% 纳米粒子),在磁场作用下温度可提高 25℃。

8.5.4 光活化 SMPINC

SMPINC 除了可以磁化外,还可以被其他外场激活,如光、热等。2013 年,Xiao 等使用激光、金纳米棒和纳米球来驱动 SMP[129](如图 8-11 所示)。在相当低的纳米粒子填充下(0.1%)可实现热激活,并由低功率激光远程触发。在相同的激活条件下,金纳米棒(0.1%)比纳米球(1.0%)具有更高的灵敏度,产生的热能明显高于纳米球。通过局域表面等离子体共振(LSPR)增强磁性纳米粒子的光热效应来实现加热。2014 年,Mezzenga 指出,光可用于控制形状记忆复合材料的磁性能,影响磁性记忆和形状激活效果[130]。

8.5.5 电活化体系

尽管磁性 SMP 体系的电性能已经被人们所探究,但这通常被视为次要问题。然而,2012 年,Fu 等证明,CNT 纳米复合材料在聚苯乙烯基体中的焦耳加热能够实现形状变化,同时赋予 SMP 电活性[131]。其电性能强烈依赖 CNT 含量、测试频率和温度。

填充有电磁活性粒子的 SMPINC 具有许多有用的性能,包括远程激活、可控加热和可变电子性能。尽管这一领域仍存在重大挑战,尤其是在更奇特体系的生物相容性方面,但电磁 SMPINC 仍然是特定应用的强有力竞争者,并为研究提供了一个丰硕的领域。

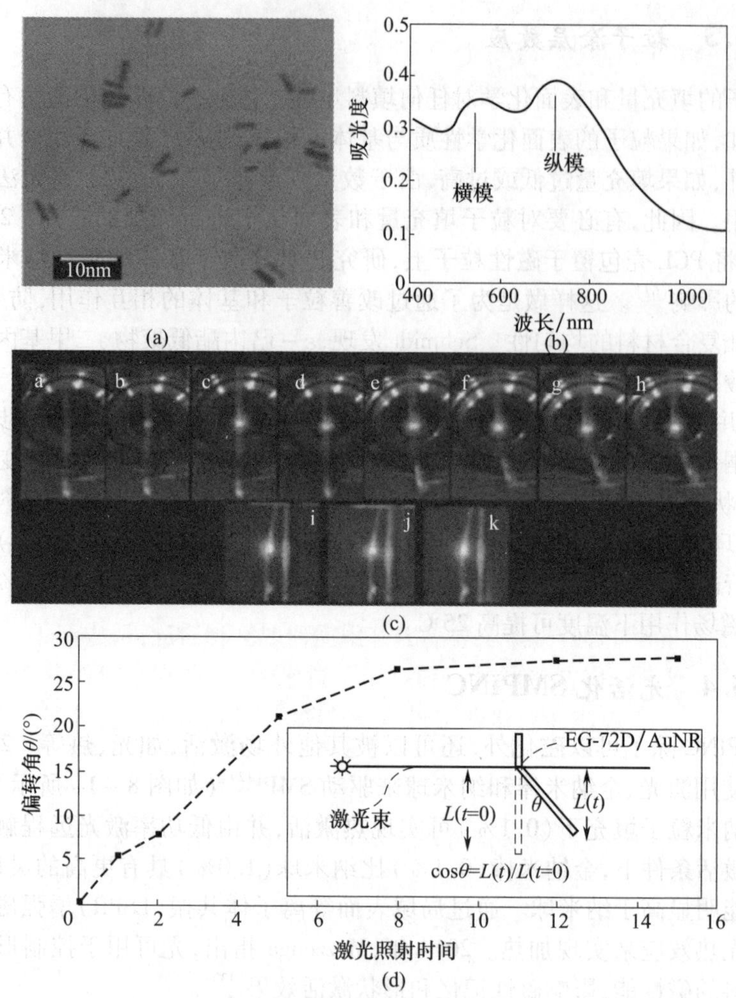

图 8-11　利用金纳米棒光热激活的形状记忆效应:(a)粒子形貌,(b)光谱图以及(c)、(d)程序设定的材料对激光辐照的时变响应

(转载自 Xiao 等的成果[129],2013 年发表,经 John Wiley and Sons 许可。)

8.6 小　结

尽管已经有很多关于各种无机纳米填料对形状记忆网络固有特性的影响的研究,但对于探索和阐明 SMPINC 的结构－性能关系、合成和大规模制造的新方法,无论是在基础研究层面还是在应用研究层面,仍有很大的研究空间。在研究了这些复合材料在石油和天然气工业中的当前应用[132]，如智能织物[133]及更多[134-135]后，SMPINC 有着明显的未开发潜力。

然而，这些材料未来应用的成功并不在于世界各地顶尖材料研究人员所进行的创造性实验。相反，这一领域必须着眼于更合理的材料设计和充分理解当填充无机填料时所观察到的界面现象。虽然 SMPINC 的合理设计是通过理解填充比例、树脂选择和其他可调变量对聚合物性能的影响而得到的，但从组分预测材料性能方面仍有许多需要理解的问题。

克服这种猜测-检查方式的一种方法是使用计算模型，可在实验进入实验室之前，部分预测材料性能。在材料科学领域，这种集中的头脑风暴并非闻所未闻：自 2011 年 6 月启动材料基因组以来，工业界、学术界和联邦机构已投入数亿美元，用于创建新的研究所和致力于跨学科研究，促进材料的发现和开发[136]。就像哈佛和 IBM 合作发布了用于开源分析的、数百万个计算衍生的有机分子模型[137]，SMPINC 和复合材料也可以从上述开源计算模型中受益，减轻实验工作量。

随着 SMPINC 的出现，研究人员在原生形状记忆网络中遇到的一些挑战已被克服。从远程驱动[124,138]到导电网络[42,139-141]，以及所有提高生物内相容性的方法[99-100]，SMPINC 已经证明了无机粒子加入到各种形状记忆聚合物网络中的价值。在赋予形状记忆聚合物附加功能的新领域中，研究人员正继续在制备对外部刺激做出反应的智能材料方面进行创新。采用这些体系，利用这些对环境敏感且快速反应的新材料，在不久的将来，工业面临的许多障碍将可以克服。然而，如果研究人员拥抱原子和中尺度计算和建模时代，在更基本的层面上理解复合材料-性能之间的关系，那么在这个领域可能会有更快的发展。通过这种方法，在未来十年内，形状记忆领域将会有一系列重大进展，特别是在航空航天、个性化医疗和能量收集等领域。

参考文献

[1] Huang W et al(2010) Thermo - moisture responsive polyurethane shape - memory polymer and composites: a review. J Mater Chem 20(17):3367 - 3381

[2] Liu C, Qin H, Mather P(2007) Review of progress in shape - memory polymers. J Mater Chem 17(16): 1543 - 1558

[3] Lu H, Huang W, Yao Y(2013) Review of chemo - responsive shape change/memory polymers. Pigment Resin Technol 42(4):237 - 246

[4] Mather PT, Luo X, Rousseau IA(2009) Shape memory polymer research. Annu Rev Mater Res 39:445 - 471

[5] Behl M, Zotzmann J, Lendlein A(2010) Shape - memory polymers and shape - changing polymers. In:

Lendlein A (ed) Shape – memory polymers. Advances in Polymer Science, vol 226. Springer, Berlin, pp 1 – 40

[6] Meng H, Li G(2013) A review of stimuli – responsive shape memory polymer composites. Polymer 54(9): 2199 – 2221

[7] Xie T(2011) Recent advances in polymer shape memory. Polymer 52(22):4985 – 5000

[8] Santhosh Kumar K, Biju R, Reghunadhan Nair C(2013) Progress in shape memory epoxy resins. React Funct Polym 73(2):421 – 430

[9] Anis A et al(2013) Developments in shape memory polymeric materials. Polym Plast Technol Eng 52(15): 1574 – 1589

[10] Meng Q, Hu J(2009) A review of shape memory polymer composites and blends. ComposA Appl Sci Manuf 40(11):1661 – 1672

[11] Leng J, Lan X, Du S(2010) Shape – memory polymer composites. In: Leng J, Du S(eds) Shape – memory polymers and multifunctional composites. CRC, Boca Raton, p 203

[12] Leng J et al(2011) Shape – memory polymers and their composites: stimulus methods and applications. Prog Mater Sci 56(7):1077 – 1135

[13] Madbouly SA, Lendlein A(2010) Shape – memory polymer composites. In: Lendlein A(ed) Shape – memory polymers. Advances in Polymer Science, vol 226. Springer, Berlin, pp 41 – 95

[14] Ratna D, Karger – Kocsis J(2008) Recent advances in shape memory polymers and composites: a review. J Mater Sci 43(1):254 – 269

[15] Wei Z, Sandstroro¨m R, Miyazaki S(1998) Shape – memory materials and hybrid composites for smart systems: part I shape – memory materials. J Mater Sci 33(15):3743 – 3762

[16] Zhang L, Brostowitz NR, Cavicchi KA, Weiss RA (2014) Perspective: ionomer research and applications. Macromol React Eng 8:81 – 99

[17] Silverstein MS(2014) PolyHIPEs: recent advances in emulsion – templated porous polymers. Prog Polym Sci 39(1):199 – 234

[18] Zhang W, Mu¨ller AH(2013) Architecture, self – assembly and properties of well – defined hybrid polymers based on polyhedral oligomeric silsequioxane(POSS). Prog Polym Sci 38(8):1121 – 1162

[19] Park D – H et al(2013) Polymer – inorganic supramolecular nanohybrids for red, white, green, and blue applications. Prog Polym Sci 38(10):1442 – 1486

[20] Kango S et al(2013) Surface modification of inorganic nanoparticles for development of organic – inorganic nanocomposites—a review. Prog Polym Sci 38(8):1232 – 1261

[21] Miaudet P et al(2007) Shape and temperature memory of nanocomposites with broadened glass transition. Science 318(5854):1294 – 1296

[22] Lu H et al(2010) Mechanical and shape – memory behavior of shape – memory polymer composites with hybrid fillers. Polymer Int 59(6):766 – 771

[23] Nji J, Li G(2010) A self – healing 3D woven fabric reinforced shape memory polymer composite for impact mitigation. Smart Mater Struct 19(3):035007

[24] Nji J, Li G(2010) A biomimic shape memory polymer based self – healing particulate composite. Polymer 51 (25):6021 – 6029

[25] Kohlmeyer RR, Lor M, Chen J(2012) Remote, local, and chemical programming of healable multishape

memory polymer nanocomposites. Nano Lett 12(6):2757 –2762

[26] Tridech C et al(2013) High performance composites with active stiffness control. ACS Appl Mater Interfaces 5(18):9111 –9119

[27] Fonseca M et al(2013) Shape memory polyurethanes reinforced with carbon nanotubes. Compos Struct 99: 105 – 111

[28] Li H et al (2013) The reinforcement efficiency of carbon nanotubes/shape memory polymer nanocomposites. Compos B Eng 44(1):508 –516

[29] Ratna D, Jagtap SB, Abraham T(2013) Nanocomposites of poly(ethylene oxide) and multiwall carbon nanotube prepared using an organic salt – assisted dispersion technique. Polymer Eng Sci 53(3):555 –563

[30] Yang J – P et al(2012) Cryogenic mechanical behaviors of carbon nanotube reinforced composites based on modified epoxy by poly(ethersulfone). Compos B Eng 43(1):22 –26

[31] Kausar A, Hussain ST(2013) Effect of modified filler surfaces and filler tethered polymer chains on morphology and physical properties of poly(azo – pyridy carbon nanotube nanocomposites. J Plast Film Sheeting 30:181 –204. doi:10. 1177/8756087913493633

[32] Jiang L et al (2014) Simultaneous reinforcement and toughening of polyurethane composites with carbon nanotube/halloysite nanotube hybrids. Compos Sci Technol 91:98 – 103

[33] Yoonessi M et al(2012) Graphene polyimide nanocomposites; thermal, mechanical, and high – temperature shape memory effects. ACS Nano 6(9):7644 –7655

[34] Choi JT et al(2012) Shape memory polyurethane nanocomposites with functionalized graphene. Smart Mater Struct 21(7):075017

[35] Liang J et al(2014) Silver nanowire percolation network soldered with graphene oxide at room temperature and its application for fully stretchable polymer light – emitting diodes. ACS Nano 8:1590

[36] Iyengar PK et al(2013) Polymethyl methacrylate nanofiber – reinforced epoxy composite for shape – memory applications. High Perform Polymer 25(8):1000 – 1006

[37] Lu H, Huang WM, Leng J(2014) Functionally graded and self – assembled carbon nanofiber and boron nitride in nanopaper for electrical actuation of shape memory nanocomposites. Compos B Eng 62:1 –4

[38] Lu H, Lei M, Leng J(2014) Significantly improving electro – activated shape recovery performance of shape memory nanocomposite by self – assembled carbon nanofiber and hexagonal boron nitride. J Appl Polym Sci 131:40506

[39] Hollaway L(2011) Thermoplastic – carbon fiber composites could aid solar – based power generation: possible support system for solar power satellites. J Compos Construct 15(2):239 –247

[40] Wu T, O'Kelly K, Chen B(2014) Poly(vinyl alcohol) particle – reinforced elastomer composites with water – active shape – memory effects. Eur Polym J 53:230 –237

[41] Yang B et al(2005) Qualitative separation of the effects of carbon nano – powder and moisture on the glass transition temperature of polyurethane shape memory polymer. Scr Mater 53(1):105 – 107

[42] Dorigato A et al(2013) Electrically conductive epoxy nanocomposites containing carbonaceous fillers and in – situ generated silver nanoparticles. Express Polym Lett 7(8):673

[43] Garle A et al(2012) Thermoresponsive semicrystalline poly(ε – caprolactone) networks: exploiting cross – linking with cinnamoyl moieties to design polymers with tunable shape memory. ACS Appl Mater Interfaces 4 (2):645 –657

[44] Chang L, Read T(1951) Behavior of the elastic properties of AuCd. Trans Met Soc AIME 189:47

[45] Sillion B(2002) Shape memory polymers. Actual Chim 3:182 – 188

[46] Alexandre M, Dubois P(2000) Polymer – layered silicate nanocomposites: preparation, properties and uses of a new class of materials. Mater Sci Eng R Rep 28(1 – 2):1 – 63

[47] Lendlein A, Schmidt AM, Langer R(2001) AB – polymer networks based on oligo(varepsiloncaprolactone) segments showing shape – memory properties. Proc Natl Acad Sci USA 98(3):842 – 847

[48] Lendlein A, Langer R(2002) Biodegradable, elastic shape – memory polymers for potential biomedical applications. Science 296(5573):1673 – 1676

[49] Lendlein A, Kelch S(2002) Shape – memory polymers. Angew Chem Int Ed 41:2034

[50] Voit W, Ware T, Gall K(2011) Shape memory polymers and process for preparing. WO Patent 2,011,049,879

[51] Wischke C, Lendlein A(2010) Shape – memory polymers as drug carriers—a multifunctional system. Pharm Res 27(4):527 – 529

[52] Yakacki CM et al(2007) Unconstrained recovery characterization of shape – memory polymer networks for cardiovascular applications. Biomaterials 28(14):2255 – 2263

[53] Gall K et al(2005) Thermomechanics of the shape memory effect in polymers for biomedical applications. J Biomed Mater Res A 73A(3):339 – 348

[54] Sharp AA et al(2006) Toward a self – deploying shape memory polymer neuronal electrode. J Neural Eng 3(4):L23

[55] Ware T et al(2012) Three – dimensional flexible electronics enabled by shape memory polymer substrates for responsive neural interfaces. Macromol Mater Eng 297

[56] Baer G et al(2007) Shape – memory behavior of thermally stimulated polyurethane for medical applications. J Appl Polym Sci 103(6):3882 – 3892

[57] Small IVW et al(2010) Biomedical applications of thermally activated shape memory polymers. J Mater Chem 20(17):3356 – 3366

[58] Gall K et al(2002) Shape memory polymer nanocomposites. Acta Mater 50(20):5115 – 5126

[59] Gall K et al(2004) Internal stress storage in shape memory polymer nanocomposites. Appl Phys Lett 85(2):290 – 292

[60] Liu Y et al(2004) Thermomechanics of shape memory polymer nanocomposites. Mech Mater 36(10):929 – 940

[61] Cho JW, Lee SH(2004) Influence of silica on shape memory effect and mechanical properties of polyurethane – silica hybrids. Eur Polym J 40:1343 – 1348

[62] Koerner H et al(2004) Remotely actuated polymer nanocomposites stress – recovery of carbon – nanotube – filled thermoplastic elastomers. Nat Mater 3(2):115 – 120

[63] Krishnamoorti R, Vaia RA, Giannelis EP(1996) Structure and dynamics of polymer – layered silicate nanocomposites. Chem Mater 8(8):1728 – 1734

[64] Vaia RA et al(1997) Relaxations of confined chains in polymer nanocomposites: glass transition properties of poly(ethylene oxide) intercalated in montmorillonite. J Polym Sci B 35(1):59 – 67

[65] Arzberger SC et al(2005) Elastic memory composites(EMC) for deployable industrial and commercial applications. In: White EV(ed) Proceedings of the SPIE 5762: Smart structures and materials 2005: Industrial

and commercial applications of smart structures technologies. International Society for Optics and Photonics, Bellingham. doi:10.1117/12.600583

[66] Ohki T et al (2004) Mechanical and shape memory behavior of composites with shape memory polymer. Compos A Appl Sci Manuf 35(9):1065 – 1073

[67] Schmidt AM(2006) Electromagnetic activation of shape memory polymer networks containing magnetic nanoparticles. Macromol Rapid Commun 27(14):1168 – 1172

[68] Schulz MJ, Kelkar AD, Sundaresan MJ(eds) (2004) Nanoengineering of structural, functional and smart materials, CRC, Boca Raton

[69] Utracki LA (2004) Clay – containing polymeric nanocomposites, vol 1. Smithers Rapra Technology, Shawbury, UK

[70] Cao F, Jana SC(2007) Nanoclay – tethered shape memory polyurethane nanocomposites. Polymer 48(13): 3790 – 3800

[71] Razzaq MY, Frormann L(2007) Thermomechanical studies of aluminum nitride filled shape memory polymer composites. Polym Compos 28(3):287 – 293

[72] Rezanejad S, Kokabi M(2007) Shape memory and mechanical properties of cross – linked polyethylene/clay nanocomposites. Eur Polym J 43(7):2856 – 2865

[73] Kim MS, Jun JK, Jeong HM(2008) Shape memory and physical properties of poly(ethyl methacrylate)/Na – MMT nanocomposites prepared by macroazoinitiator intercalated in Na – MMT. Compos Sci Technol 68(7): 1919 – 1926

[74] Ratna D(2011) Processing and characterization of poly(ethylene oxide)/clay nanocomposites. J Polymer Eng 31(4):323 – 327

[75] Ali ES, Zubir SA, Ahmad S(2012) Clay reinforced hyperbranched polyurethane nanocomposites based on palm oil polyol as shape memory materials. Adv Mater Res 548:115 – 118

[76] Cuevas J et al(2012) Shape memory composites based on glass – fibre – reinforced poly(ethylene) – like polymers. Smart Mater Struct 21(3):035004

[77] George G(2012) Self – healing supramolecular polymer nanocomposites. PhD thesis, Deakin University, Melbourne

[78] Greil P(2012) Generic principles of crack – healing ceramics. J Adv Ceram 1(4):249 – 267

[79] Han Y et al(2012) Zinc ion uniquely induced triple shape memory effect of dipole – dipole reinforced ultra – high strength hydrogels. Macromol Rapid Commun 33(3):225 – 231

[80] Gao F(ed) (2012) Advances in polymer nanocomposites: types and applications. Woodhead, Cambridge

[81] Martin DJ, Osman AF, Andriani Y, Edwards GA(2012) Thermoplastic polyurethane(TPU) – based polymer nanocomposites. In: Gao F(ed) Advances in polymer nanocomposites: types and applications. Woodhead, Cambridge, pp 321 – 350

[82] LeBaron PC, Wang Z, Pinnavaia TJ(1999) Polymer – layered silicate nanocomposites: an overview. Appl Clay Sci 15(1):11 – 29

[83] Padmanabhan K(2001) Mechanical properties of nanostructured materials. Mater Sci EngA 304:200 – 205

[84] James Korley LT et al (2006) Preferential association of segment blocks in polyurethane nanocomposites. Macromolecules 39(20):7030 – 7036

[85] Edwards GA(2007) Optimisation of organically modified layered silicate based nanofillers for thermoplastic

polyurethanes. PhD thesis. University of Queensland, Brisbane

[86] Quadrini F, Santo L, Squeo EA (2012) Solid – state foaming of nano – clay – filled thermoset foams with shape memory properties. Polym Plast Technol Eng 51(6):560 – 567

[87] Tan H et al(2012) Effect of clay modification on the morphological, mechanical, and thermal properties of epoxy/polypropylene/montmorillonite shape memory materials. In: Proceedings of the SPIE 8409: Third international conference on smart materials and nanotechnology in engineering. International Society for Optics and Photonics, Bellingham. doi:10.1117/12.923306

[88] Tarablsi B et al(2012) Maghemite intercalated montmorillonite as new nanofillers for photopolymers. Nanomaterials 2(4):413 – 427

[89] Chiu C – W, Huang T – K, Wang Y – C, Alamani BG, Lin J – J(2013) Intercalation strategies in clay/polymer hybrids. Prog Polym Sci 39:443 – 485

[90] Zhang D, Petersen KM, Grunlan MA(2012) Inorganic – organic shape memory polymer(SMP) foams with highly tunable properties. ACS Appl Mater Interfaces 5(1):186 – 191

[91] Zhang M, Rong M(2012) Design and synthesis of self – healing polymers. Sci China Chem 55(5):648 – 676

[92] Basit A et al(2013) Thermally activated composite with two – way and multi – shape memory effects. Materials 6(9):4031 – 4045

[93] Jumahat A et al(2013) Fracture toughness of nanomodified – epoxy systems. Appl Mech Mater 393: 206 – 211

[94] Senses E, Akcora P (2013) An interface – driven stiffening mechanism in polymer nanocomposites. Macromolecules 46(5):1868 – 1874

[95] Xu B et al(2013) Nanocomposite hydrogels with high strength cross – linked by titania. RSC Adv 3(20): 7233 – 7236

[96] Kang JH et al(2014) Enhanced adhesive strength between shape memory polymer nanocomposite and titanium alloy. Compos Sci Technol 96:23

[97] Stribeck N et al(2014) Studying nanostructure gradients in injection – molded polypropylene/montmorillonite composites by microbeam small – angle X – ray scattering. Sci Tech Adv Mater 15(1):015004

[98] Kazakevic˘i ute · – Makovska R, Steeb H(2013) Hierarchical architecture and modeling of bio – inspired mechanically adaptive polymer nanocomposites. In: Altenbach H, Forest S, Krivtsov A(eds) Generalized continua as models for materials. Advanced structured materials, vol 22. Springer, Berlin, pp 199 – 215

[99] Zheng X et al (2006) Shape memory properties of poly (D, L – lactide)/hydroxyapatite composites. Biomaterials 27(24):4288 – 4295

[100] Du K, Gan Z(2014) Shape memory behavior of HA – g – PDLLA nanocomposites prepared via in – situ polymerization. J Mater Chem B 2:3340

[101] Liu X et al(2014) Delivery of growth factors using a smart porous nanocomposite scaffold to repair a mandibular bone defect. Biomacromolecules 15:1019

[102] Pielichowska K, Blazewicz S(2010) Bioactive polymer/hydroxyapatite(nano) composites for bone tissue regeneration. In: Abe A, Dusek K, Kobayashi S(eds) Biopolymers. Springer, Berlin, pp 97 – 207

[103] Guo W et al(2012) Stronger and faster degradable biobased poly(propylene sebacate) as shape memory polymer by incorporating boehmite nanoplatelets. ACS Appl Mater Interfaces 4(8):4006 – 4014

[104] Zheng X et al(2008) Effect of In vitro degradation of poly(D,L – lactide)/β – tricalcium composite on its shape – memory properties. J Biomed Mater Res B Appl Biomater 86B(1):170 – 180

[105] Yu X et al(2009) Influence of in vitro degradation of a biodegradable nanocomposite on its shape memory effect. J Phys Chem C 113(41):17630 – 17635

[106] Saralegi A et al(2013) Shape – memory bionanocomposites based on chitin nanocrystals and thermoplastic polyurethane with a highly crystalline soft segment. Biomacromolecules 14(12):4475 – 4482

[107] Coativy G et al(2013) Shape memory starch – clay bionanocomposites. Carbohydr Polym. doi:10. 1016/j. carbpol. 2013. 12. 024

[108] Lahiri D et al(2010) Boron nitride nanotube reinforced polylactide – polycaprolactone copolymer composite: Mechanical properties and cytocompatibility with osteoblasts and macrophages in vitro. Acta Biomater 6(9):3524 – 3533

[109] Kalita H, Karak N(2013) Hyperbranched polyurethane/Fe3O4 thermosetting nanocomposites as shape memory materials. Polym Bull 70(11):2953 – 2965

[110] Das B et al(2013) Bio – based hyperbranched polyurethane/Fe3O4 nanocomposites: smart antibacterial biomaterials for biomedical devices and implants. Biomed Mater 8(3):035003

[111] Kalita H, Karak N(2013) Bio – based hyperbranched polyurethane/Fe3O4 nanocomposites as shape memory materials. Polymer Adv Technol 24(9):819 – 823

[112] Lu X – L et al(2013) Preparation and shape memory properties of TiO2/PLCL biodegradable polymer nanocomposites. Trans Nonferr Metal Soc China 23(1):120 – 127

[113] Seyedjamali H, Pirisedigh A(2014) L – cysteine – induced fabrication of spherical titania nanoparticles within poly(ether – imide) matrix. Amino Acids 46:1321 – 1331

[114] Wang W, Liu Y, Leng J(2013) Influence of the ultraviolet irradiation on the properties of TiO2 – polystyrene shape memory nanocomposites. In: Proceedings of the SPIE 8793: Fourth international conference on smart materials and nanotechnology in engineering. International Society for Optics and Photonics, Bellingham. doi:10. 1117/12. 2027860

[115] Rodriguez JN et al(2012) Opacification of shape memory polymer foam designed for treatment of intracranial aneurysms. Ann Biomed Eng 40(4):883 – 897

[116] Bothe M et al(2012) Triple – shape properties of star – shaped POSS – polycaprolactone polyurethane networks. Soft Matter 8(4):965 – 972

[117] Ishida K et al(2012) Soft bacterial polyester – based shape memory nanocomposites featuring reconfigurable nanostructure. J Polym Sci B 50(6):387 – 393

[118] Xu J, Shi W, Pang W(2006) Synthesis and shape memory effects of Si – O – Si cross – linked hybrid polyurethanes. Polymer 47(1):457 – 465

[119] Alvarado – Tenorio B, Romo – Uribe A, Mather PT(2012) Stress – induced bimodal ordering in POSS/PCL biodegradable shape memory nanocomposites. MRS Proc 1450:3 – 23. doi:10. 1557/opl. 2012. 1327

[120] Buckley PR et al(2006) Inductively heated shape memory polymer for the magnetic actuation of medical devices. IEEE Trans Biomed Eng 53(10):2075 – 2083

[121] Weigel T, Mohr R, Lendlein A(2009) Investigation of parameters to achieve temperatures required to initiate the shape – memory effect of magnetic nanocomposites by inductive heating. Smart Mater Struct 18(2):025011

[122] Mohr R et al(2006)Initiation of shape – memory effect by inductive heating of magnetic nanoparticles in thermoplastic polymers. Proc Natl Acad Sci USA 103(10):3540 – 3545

[123] Razzaq MY et al(2007)Thermal, electrical and magnetic studies of magnetite filled polyurethane shape memory polymers. Mater Sci Eng A 444(1):227 – 235

[124] Yakacki CM et al(2009)Shape – memory polymer networks with Fe3O4 nanoparticles for remote activation. J Appl Polym Sci 112(5):3166 – 3176

[125] Nguyen T et al (2011) Characterisation of mechanical properties of magnetite – polymer composite films. Strain 47(s1):e467 – e473

[126] Mosleh Y et al(2014)TPU/PCL/nanomagnetite ternary shape memory composites: studies on their thermal, dynamic – mechanical, rheological and electrical properties. Iranian Polym J 23(2):137 – 145

[127] Yang D et al(2012)Electromagnetic activation of a shape memory copolymer matrix incorporating ferromagnetic nanoparticles. Polym Int 61(1):38 – 42

[128] Puig J et al(2012)Superparamagnetic nanocomposites based on the dispersion of oleic acidstabilized magnetite nanoparticles in a diglycidylether of bisphenol a – based epoxy matrix: magnetic hyperthermia and shape memory. J Phys Chem C 116(24):13421 – 13428

[129] Xiao Z et al(2013)Shape matters: a gold nanoparticle enabled shape memory polymer triggered by laser irradiation. Part Part Syst Char 30(4):338 – 345

[130] Haberl JM et al(2014)Light – controlled actuation, transduction, and modulation of magnetic strength in polymer nanocomposites. Adv Funct Mater 24:3179

[131] Xu B et al(2012)Electro – responsive polystyrene shape memory polymer nanocomposites. Nanosci Nanotechnol Lett 4(8):814 – 820

[132] Matteo C et al(2012)Current and future nanotech applications in the oil industry. Am J Appl Sci 9(6):784

[133] Mofarah SS, Moghaddam S(2013)Application of smart polymers in fabrics. J AmSci9(4s):282

[134] Akhras G(2012)Smart and nano systems – applications for NDE and perspectives. In: Proceedings of the 4th international CANDU in – service inspection workshop and NDT in Canada 2012 conference. e – J Nondestruct Test 17(09):13118

[135] Carrell J et al(2013)Shape memory polymer nanocomposites for application of multiple – field active disassembly: experiment and simulation. Environ Sci Technol 47(22):13053 – 13059

[136] Holdren JP(2011)Materials genome initiative for global competitiveness. Executive Office of the President, National Science and Technology Council, Washington, p 18

[137] Hachmann J et al(2011)The Harvard clean energy project: large – scale computational screening and design of organic photovoltaics on the world community grid. J Phys Chem Lett 2(17):2241 – 2251

[138] Hawkins AM, Puleo DA, Hilt JZ(2012)Magnetic nanocomposites for remote controlled\responsive therapy and in vivo tracking. In: Bhattacharyya D, Scha¨fer T, Wickramasinghe SR, Daunert S(eds)Responsive membranes and materials. Wiley, Chichester, p 211

[139] Jung YC, Goo NS, Cho JW(2004)Electrically conducting shape memory polymer composites for electroactive actuator. In: Bar – Chen Y(ed)Proceedings of the SPIE 5385: Smart structures and materials 2004: Electroactive polymer actuators and devices. International Society for Optics and Photonics, Bellingham. doi:10. 1117/12. 540228

[140] Kim SH et al(2013) Conductive functional biscrolled polymer and carbon nanotube yarns. RSC Adv 3 (46):24028 - 24033

[141] Perets YS et al(2014) The effect of boron nitride on electrical conductivity of nanocarbonpolymer composites. J Mater Sci 49(5):2098 - 2105

[142] Xu J, Song J(2010) High performance shape memory polymer networks based on rigid nanoparticle cores. Proc Natl Acad Sci 107(17):7652 - 7657

第9章 自组装制备低维纳米结构杂化材料的纳米制造前沿进展

Amir Fahmi

摘要：通过自组装杂化模式进行纳米尺度加工，可形成精准可控的结构，其自组装杂化是设计性能良好的工程功能材料的重要手段。本章介绍了基于杂化材料定向自组装制备一维(1D)纳米结构的不同概念。这些概念描述了不同类型的自组装有机相如何驱动无机分子进行单向组装。有机基质被用于控制生成的无机纳米粒子的尺寸和尺寸分布。一维结构的形成取决于无机/有机杂化材料的化学成分性质、湿化学介质的 pH 值、界面相互作用类型等。通过各向异性程度和不同类型无机纳米粒子在有机基质中的排列，得到了所设计的一维结构的集合性质。这种经济的方法可扩展到制造各种具有独特集合电子特性和光学特性的低维杂化纳米结构，从而在催化、仿生技术、纳米电子学、光子学和光电子学中形成广泛的应用。

关键词：杂化纳米纤维，原位制备，纳米制造，纳米粒子，自组装。

9.1 引　言

通过精确控制将无机纳米粒子组装成明确的纳米结构以设计集合性能，是制造下一代小型化设备的主要挑战。自组装技术是纳米制造领域中一种经济的工具，可用于获得不同维度和长度尺度的、高度有序的纳米结构[1]。最近，自组装技术因其独特的内在特性，被用于制备功能性一维纳米材料。例如，在一维纳米结构家族中，有机、有机金属和无机/有机杂化纳米结构之所以特别吸引人，不仅是因为它们的化学可调特性，还因为它们可以作为纳米器件中的构建块，提供独特的电子传输和光学活性等功能特性，这在电子、光学、传感和生物医学设备中是必不可少的。

高度各向异性的一维纳米结构是由紧密堆积的纳米粒子组成，可利用线性大分子或超分子模板来制备,如聚电解质[2-3]、碳纳米管[2,5]、DNA[6-9]、肽纳米纤维[10-11]、微管蛋白[12-13]、噬菌体和烟草花叶病毒棒[14,15]等。此外,由于纳米粒子表面化学的不均匀性和极性,纳米粒子与本征电偶极子自发排列,形成各向异性的金属纳米粒子链,从而形成一维阵列[16]。这些以多步为主,且无缺陷的方法,近来被用于获得具有非均匀金属纳米粒子分布的纳米结构。

本章概括了制备低维纳米结构的不同概念,该纳米结构是以自组装有机基质为模板制备的密集有序无机纳米粒子构成。这些简单的湿化学方法用于在pH 值为中性和室温下,在溶液中形成超分子杂化构建快的功能性单向纳米结构。本章首先对单向结构的纳米制造进行了介绍,该结构是基于预编程的无机/有机构建块的不同类型杂化材料,通过自组装制备而成。随后的讨论中,概括了引导各种有机基质结构化成型的驱动力,在结构形成的同时,还控制了单向结构内无机部分的尺寸和大小分布。我们主要用我们最近工作中的纳米结构杂化材料来演示这些概念,这些杂化材料是由三种不同类型的自组装有机基质(嵌段共聚物、类弹性蛋白聚合物(ELP)和短的商用表面活性剂)模板化而得到的各种无机结构。最后,我们讨论了关键参数和更精细的合成方法,以使我们能够更好地控制生产和加工技术,从而形成具有独特集合性能的、更复杂的结构。

9.1.1 无机/有机构建块

将有机和无机材料结合,形成杂化构建块,用来制备功能性纳米结构材料,这是一个独特的概念,具有创造新型先进材料的潜力。虽然有机分子带来了柔性并促进自组装过程,但是无机部分贡献了独特的物理性质,包括磁化、荧光和等离子体共振。例如,聚合物包覆的无机纳米粒子,其中无机纳米粒了被官能化的聚合物链包围,聚合物链为控制无机纳米粒子向更高维度的排列提供了主要动力[17]。更稳健的方法是通过原位法在聚合物基质内制备无机纳米粒子模板,这样可以更好地控制生成的无机纳米粒子尺寸和粒度分布,从而提高所设计的功能材料的最终集合性能[18-20]。

9.1.2 自组装和纳米结构

自组装是指通过最小化系统的自由能平衡,将预先存在的构建块无序体系,通过自发地和可逆地组装成更高度有序状态的过程[21]。通过自组装过程将杂化构建块组装成结构明确的纳米结构,这取决于控制构建块的形状和表面性能的能力。该自组装通过设计构建块表面化学来实现,这有利于构建块自发形成更高级的复杂结构,该过程由多尺度作用力驱动[22]。

自组装有两大类:静态和动态自组装。静态和动态自组装过程可再细分为共组装、分级自组装和定向自组装。如图 9-1 所示,共组装是指一个系统内部不同构建块同时自组装,形成协同结构。相比之下,分级自组装的特点是构建块在多个长度尺度上组装,使第一个构建块形成用于更高级组装的构建块。该过程可由几个复杂的顺序构成,用以创建功能性结构。定向组装是在设计步骤中通过选择性外力来控制构建块的排列[23]。

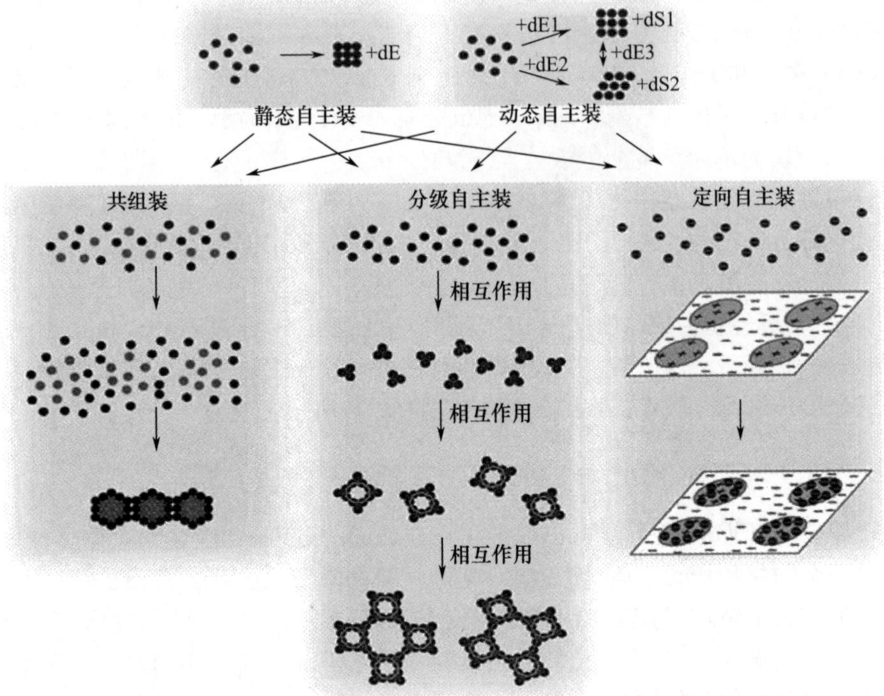

图 9-1 静态和动态自组装以及它们与共组装、分级组装和定向组装的关系
(转载经 Ozin 许可[24],2009 年发表,Elsevier 开源。)

以下部分主要来自我们最近的研究,展示了自组装作为纳米制造工具在杂化构建块的不同示例中的用途。这些不同类型的自组装,旨在设计不同长度尺度的功能纳米结构。这些杂化结构的驱动力和功能与各向异性形态的程度有关,这反映了不同程度的相互作用和复杂的自组装。

9.2 基于嵌段共聚物和无机纳米粒子的功能性一维杂化材料

溶液中的嵌段共聚物可以自组装成各种结构。当嵌段共聚物溶解在"选择性溶剂”时会形成胶束,所谓的选择性溶剂是指对于嵌段聚合物其中一嵌段为良溶剂,但对于其他嵌段为不良溶剂,形成的胶束是常见的自组装结构。当共聚物其中的一个嵌段与无机部分键合时,会形成胶束。无机部分位于胶束的核芯内,并且包覆有共聚物的其他嵌段薄壳。例如,Taton 的小组制备了基于两亲聚苯乙烯 - block - 聚丙烯酸(PS - b - PAA)和 Au 纳米粒子单向结构的杂化胶束(图 9 - 2)[24]。

通过向封装的 Au 纳米粒子的悬浮液中加入额外的添加剂如盐、酸或阳离子碳二亚胺,即可形成的一维结构[25]。相反,Wiesner 等提出了另一方法,用特定体积分数的配体稳定的金属纳米粒子与自组装的聚(聚酰亚胺 - block - 甲基丙烯酸二甲基氨基乙酯)(PI - b - PDMAEMA)嵌段共聚物连接,形成杂化单向纳米结构[26]。

互补策略,是基于嵌段共聚物模板的无机纳米粒子在二元溶剂介质中,自组装形成致密的单向结构的方法。例如,Fahmi 等提出了一个简单的方法,即水作为触发剂,引发甲苯包水的乳液中聚苯乙烯 - block - 4 - 乙烯基吡啶(PS - b - P4VP)的形态发生变化,以此为模板合成金纳米粒子(图 9 - 3)。从非极性溶剂开始,构建核 - 壳结构,其中极性 P4VP 嵌段为 Au 纳米粒子的模板,接着通过添加部分极性溶剂,使粒子生长成一维纳米结构[27]。

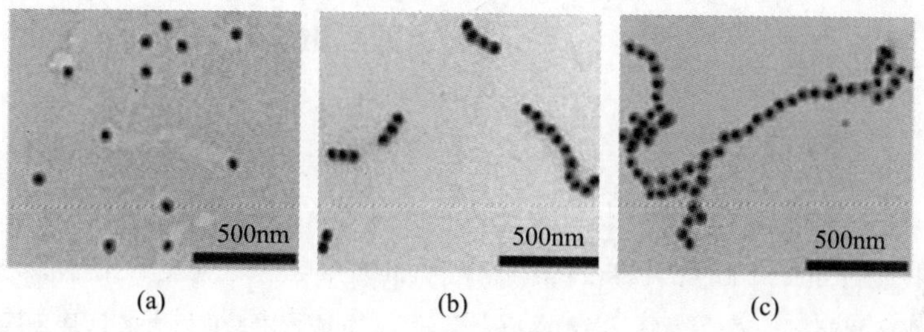

图 9 - 2　聚苯乙烯 - block - 聚丙烯酸封装的 Au 纳米粒子从球形向单向结构转变的 TEM 图(转载并许可自 Kang 等[25],2005 发表,经 ACS 允许。)

Winnik 小组提出了另一种方法,通过静电相互作用,定向构建了高度各向异性的混合柱状胶束。该法利用聚二茂铁基二甲基硅烷 - block - 聚 2 - 乙烯基吡啶(PFS - b - P2VP)的选择性模式,制备了以带正电荷的 PFS 为核和以季铵化 P2VP 为壳的离散柱状共胶束。随后,由 PFS 嵌段块的外延结晶所驱动,PFS - b - P2VP 组装到带正电胶束的两端。这导致了离散嵌段共胶束的产生,其中中心嵌段带正电荷,端嵌段无电荷。随后,在共胶束溶液中加入带负电荷的 Au 纳米粒子或 PbS 量子点,使带负电荷的纳米粒子通过静电相互作用选择性地结合到共胶束的正电荷中心嵌段上[28]。

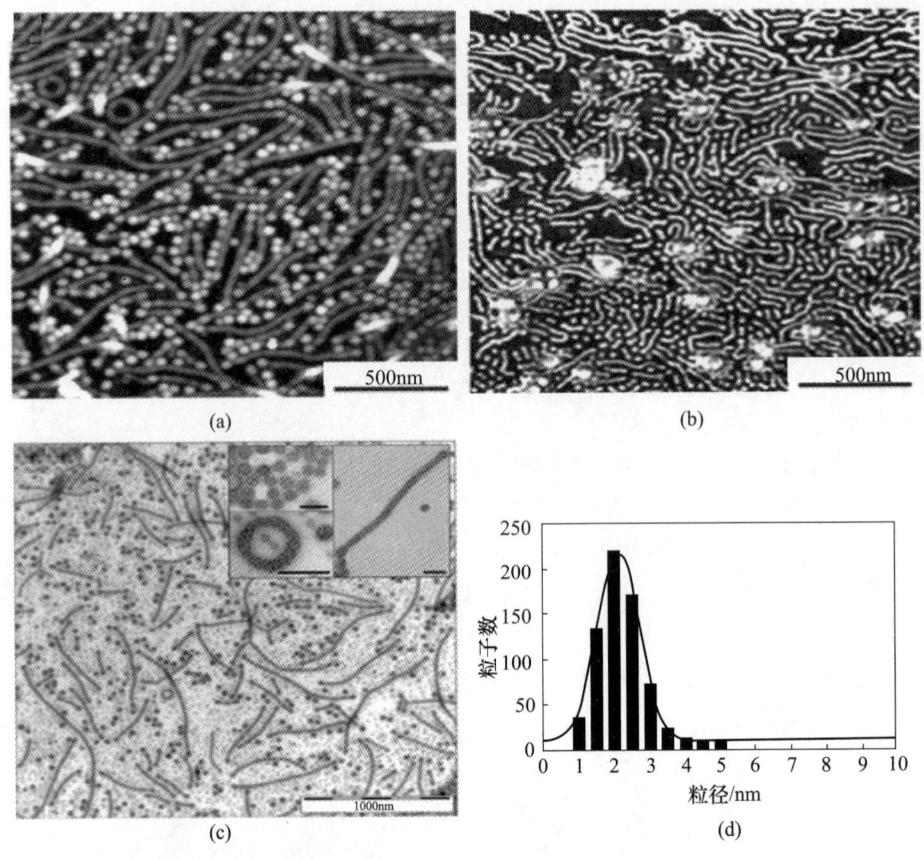

图 9-3 (a)自组装的球形、棒状和环状 PS206-b-P4VP($HAuCl_4$)$_{197}$的纳米物体 AFM 形貌图;(b)PS206-b-P4VP(Au)$_{197}$的 AFM 相位图;当还原剂加入到溶液中形成金属纳米物时,形态被保留;(c)金属纳米物的 TEM 显微照片(金纳米粒子为黑点)。照片为包括球、棒和环在内的单一形态;比例尺为 150nm;(d)直接根据 TEM 测量确定的粒径分布图,Gaussian 拟合后,平均粒径为 2.3nm,标准差为 0.6nm

(转载并许可自 Pietsch 等[27],2008 年发表,经 Elsevier 允许。)

9.3 以类弹性蛋白聚合物模板的硒化镉杂化纳米纤维

利用生物分子的自组装,将无机纳米粒子组装成结构明确的纳米结构,为材料科学和生物学领域的融合提供了有趣的途径[29]。在自组装生物分子结构中模板化无机纳米粒子,优势在于其化学多样性,这有助于限定杂化纳米结构,同时保持生物分子的完整功能[30]。生物分子目前用于控制半导体纳米粒子的成核和生长[31]。此外,它们还能引导(通过自组装)纳米粒子的空间排列,可用于生物传感、生物成像和人工受体识别中[32-33]。然而,在生物应用中,使用生物共轭纳米晶体的巨大挑战之一是制备具有高长径比的,适合生物环境的,明确的杂化一维纳米结构。显然,有必要开发新的合成策略和技术,用于开发高水溶性、生物相容性的材料,并使这些材料具有耐光漂白和在宽温度范围和中等 pH 下具有高光学效率[30-33]。

在这方面,Fahmi 等报道了用自组装类弹性蛋白聚合物(ELP)$[(VPGVG)_2(VPGEG)(VPGVG)_2]_{15}$在室温水溶液中制备半导体硒化镉(CdSe)纳米纤维的独特方法。生物分子控制着 CdSe 纳米粒子的尺寸和尺寸分布,并引导结构形成杂化纳米纤维[34]。

ELPs 是基于短肽重复序列的聚合物,其重复单位的数目在两个和几百个单片段间变化。这种结构提供了多样性和对分子结构良好的控制性,这使 ELP 在已知聚合物中独一无二。最常见的 ELP 基于重复单位 GVGVP,其中 G 代表甘氨酸,V 代表 L – valine,P 代表 L – 脯氨酸。对应的聚合物$(GVGVP)_n$被广泛认为是 ELP 的标准模型[35]。然而,为了控制立体化学,必须调整序列的重复度和长度,这对 ELP 的结构和物理性能都有影响。近年来,多肽序列被用作金属和半导体纳米粒子的支架材料,用于制备高度结晶的纳米纤维[36]。此外,自组装结构的形成依赖多种驱动力,如极性物质间以及疏水链段之间的静电和偶极作用、非极性链段之间的范德瓦耳斯力作用以及疏水链段和亲水链段的水合过程之间的竞争作用。

9.3.1 ELP – CdSe 纳米纤维的制备和表征

文献报道,ELP$[(VPGVG)_2(VPGEG)(VPGVG)_2]_{15}$可被用作 CdSe QDs 的稳定剂和结构导向剂[37]。在室温水溶液中,采用一种简单的湿化学法(图 9 – 3),可制备 ELP 稳定的 CdSe QD 胶体溶液。理论上,可将 Cd(Ⅱ)前驱体与 ELP 的谷氨酸基团络合,然后在水介质中用新制备的 NaHSe 进行硒化,最后在静电(库仑)作用下生成杂化纳米纤维。这些团聚的杂化纳米纤维由 ELP/CdSe 核 – 壳构建块组成,其中 CdSe 核被 ELP 的异质壳包围,该异质壳由 ELP 链中带荷电的(极性)链段和疏水的(非极性)链段构成。在周围的极性介质中,杂化构建块中疏水链段聚集形成纳米纤维。相反,ELP 链亲水(极性/离子化)序列的水化作用抵消了这些构象变化(图 9 – 3)。由于沿 ELP 链的电荷分布受 pH 值的强烈影响,因此,只有在自然的 pH 值(7.2)这样适宜条件下,才可形成纳米纤维。这个概念展示了一种简单的自组装方法,可在生物环境中生成易溶于水的 CdSe 纳米粒子。在中性 pH 值下,纳米纤维基于 CdSe QD 组成的核 – 壳构建块的一维组装,其由非均匀带电的多肽壳(图 9-4)稳定[37]。

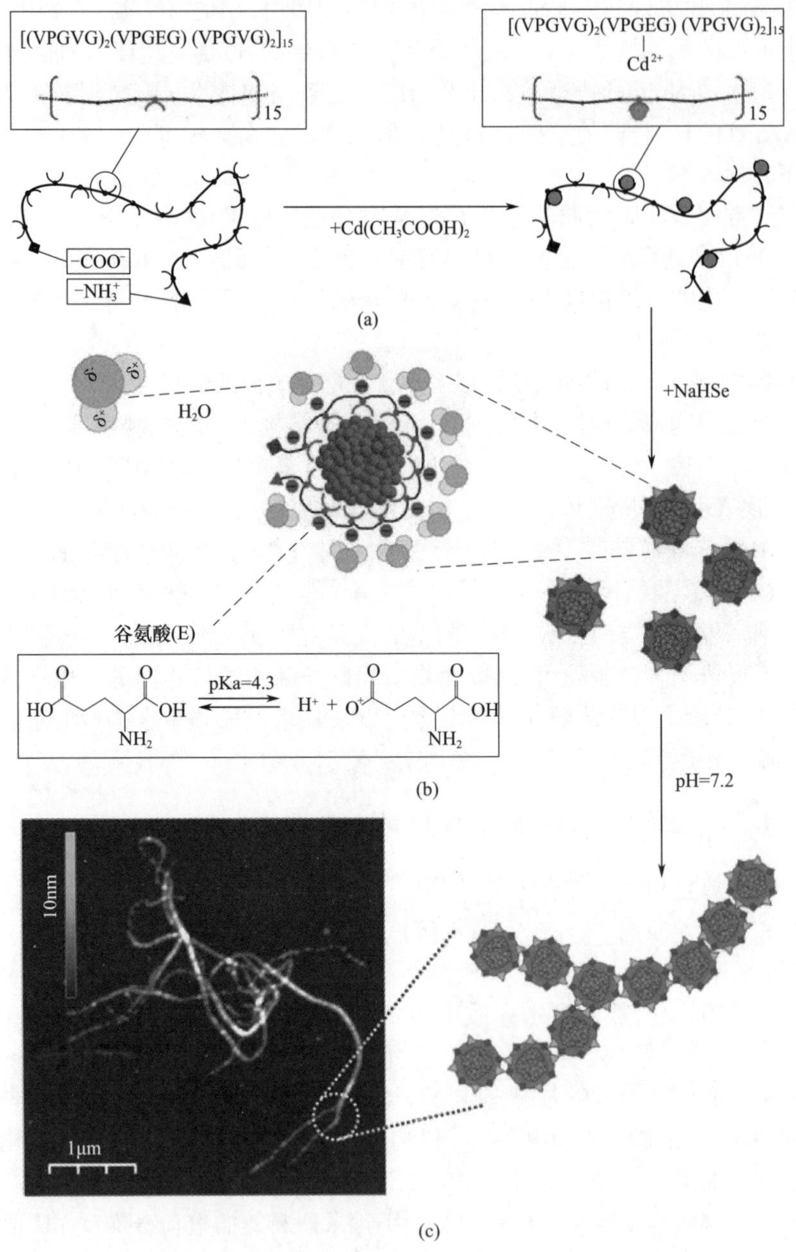

图 9-4 原位法制备 ELP-CdSe 纳米粒子自组装纳米纤维

(转载并许可自 Fahmi 等[34],2010 年发表,经 Wiley-VCH 许可。)

Zuckerman 小组开发了另一种自组装概念，为蛋白质和无机纳米粒子提供纳米线性模板。例如，他们展示了一种在二价金属离子存在下组装修饰肽的可逆分子工具，生成的纳米纤维可被添加强金属螯合剂如 EDTA 分解[38]。

将 ELP - CdSe 纳米纤维沉积到固体基底上，采用原子力显微镜（AFM）来表征它们的形态。图 9 - 5(b) 为沉积在 Si/SiO_2 基底上的 ELP - CdSe 纳米纤维的 AFM 高度图像。纳米纤维的长度为数微米，可观察到不同的形态，包括 Y 形、伸直和卷曲纤维。图 9 - 5(b) 中的照片为单个拉伸的 ELP - CdSe 纳米纤维的放大图像，纤维具有窄的直径分布 6 ~ 8nm 和 500nm 到几微米之间的长度。事实上，各种自组装生物分子结构已被用作构建杂化纳米纤维的超分子模板。例如，Stupp 小组证明了杂化超分子生物材料与无机材料自组装的不同原理，以精确控制杂化材料的形状和尺寸，可应用于非线性光学和立体选择性催化[39-41]。为了研究 CdSe 纳米粒子在纤维形成中的作用，文献[42]在天然氧化 Si 衬底上沉积了纯 ELP 薄膜。图 9 - 5(a) 为薄膜的 AFM 图，该膜为纳米多孔薄膜，但没有观察到纤维，这表明没有 CdSe 纳米粒子，ELP 不会形成一维聚集体。

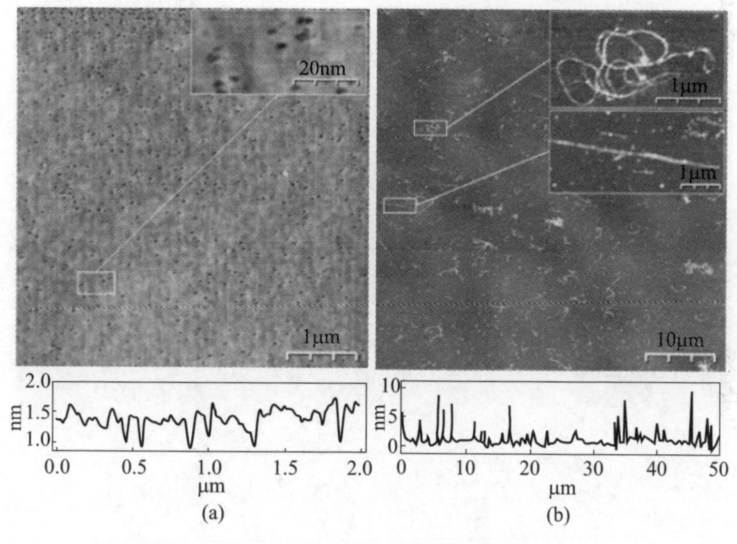

图 9 - 5　AFM 高度图像

(a) 沉积在 Si/SiO_2 上的 ELP 薄膜；(b) 沉积在 Si/SiO_2 上的 ELP - CdSe 纳米纤维；照片为图像的放大区域

（转载并许可自 Reguera 等[42]，2004 年发表，经 ACS 许可。）

图 9 - 6 中的透射电子显微镜照片展示了以 ELP 壳稳定的、CdSe 纳米粒子为核（黑点）的核 - 壳结构（图 9 - 6(a)）。图 9 - 6(b) 中的高分辨（HR）- TEM

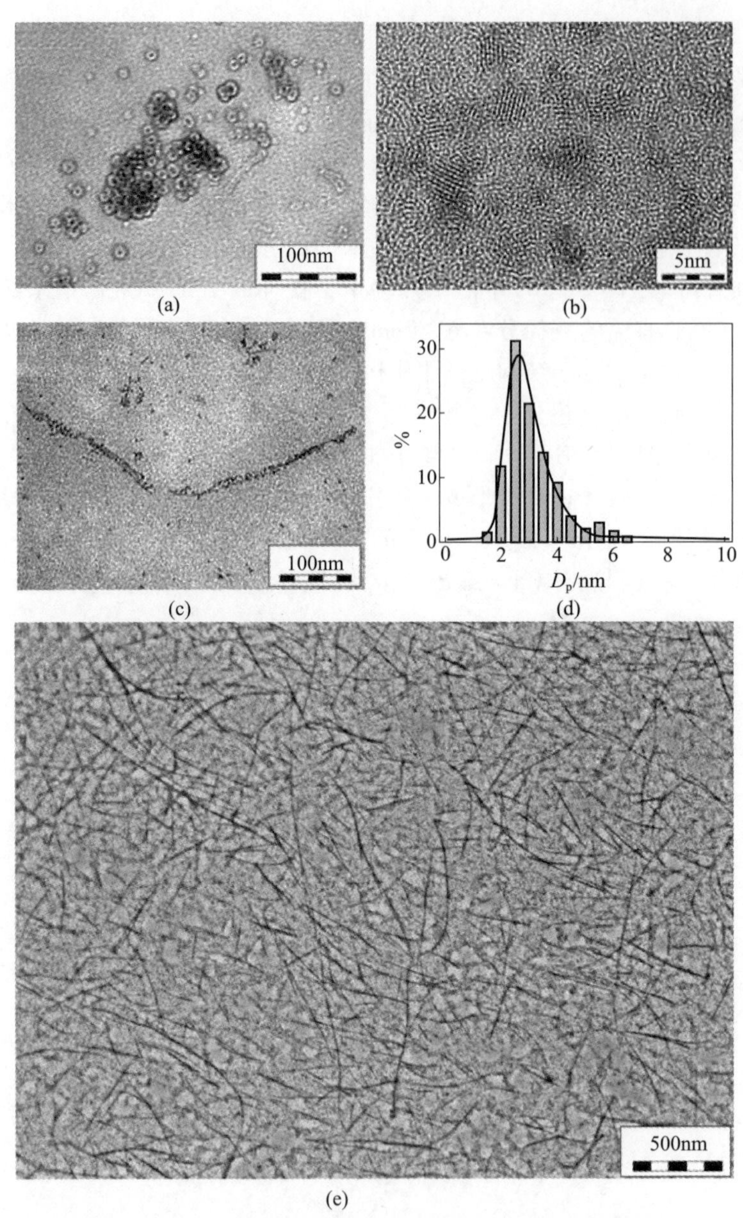

图 9-6 (a)用 ELP 稳定的 CdSe 纳米粒子的核-壳结构的 TEM 显微照片;(b)在 ELP 基质内合成的 CdSe 纳米粒子的 HR-TEM 显微照片;(c)单根 ELP-CdSe 纤维的 TEM 显微照片,CdSe 纳米粒子在 ELP 基质内表现为黑斑;(d)CdSe 粒径的直方图,为高斯拟合,平均粒径为 4.2nm 和标准偏差为 0.53nm;(e)ELP-CdSe 纳米纤维的 TEM 显微照片

(转载并许可自 Fahmi 等[34],2010 年发表,经 Wiley-VCH 许可。)

显微照片显示出条纹结构，证实了半导体核呈结晶状态。此外，还对 CdSe 纳米粒子的多分散性进行了评估，结果表明，CdSe 纳米粒子的分布范围较窄。图 9-6(d)显示了高斯拟合的直方图，估计出平均粒径为 2.4nm，标准差为 0.53nm。另外，如图 9-6(c)所示，微调结构参数如 pH 值，是将核-壳构建块组装成单向结构的有效工具。如图 9-6(e)所示，ELP-CdSe 纳米纤维的直径和长度均匀，可达几微米。事实上，ELP 是具有"可编程"氨基酸序列的小分子，通过各种官能团稳定 CdSe 无机纳米粒子。这些官能团对外界参数很敏感，可用于调整结构的形成[43]。9.3.2 节将讨论关键参数，如 pH 值，并研究了带电荷的构建块对 CdSe 纳米纤维形成的影响。

9.3.2 pH 值/酸度的影响

众所周知，沿 ELP 链调节电荷分布是控制纳米纤维形成的有效方法。在 pH=3 的酸性介质中，谷氨酸发生质子化，形成 ELP-CdSe 的非极性壳，导致了随机聚集体的形成(图 9-7(a))[44]。将 pH 值略微增加至 4.8，谷氨酸部分去质子化，这诱导 ELP 壳呈极性，并使 ELP-CdSe 纳米粒子的聚集降低，形成花边状结构(图 9-7(b))。在中等 pH=7 下，发生单向结构的成核，如图 9-7(c)所示。这是因为 ELP 壳中的羧基总电荷升高，从而形成非均相的表面性质，这在水介质中有助于非极性序列的聚集，稳定纳米纤维[45]。相反，在较高的 pH=10条件下，电荷密度增加，导致 ELP 壳发生强烈水合作用，破坏纳米纤维的形成，如图 9-6(d)所示。这种机制表明，在纤维形成过程中，pH 值与氨基酸构象之间存在很强的相关性[46]。

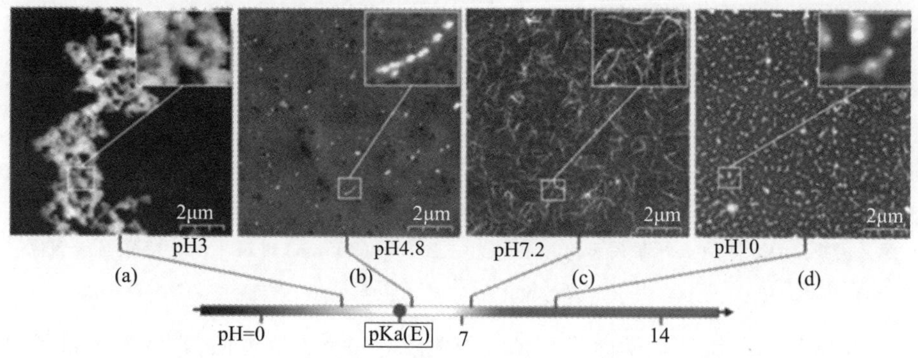

图 9-7 AFM 高度图，显示了 pH 值对自组装 ELP-CdSe 纳米结构形态的影响
(a)随机聚集体；(b)花边状结构；(c)纤维的单向结构成核；(d)纳米纤维降解
(转载并许可自 Fahmi 等[34]，2010 年发表，经 Wiley-VCH 许可。)

9.3.3 电性能和光性能研究

测量杂化纳米纤维的物理性质对于揭示纳米纤维功能的效率是至关重要的。纳米纤维中设计构建块的形成,是为了利用 CdSe 纳米粒子在生物应用中的独特荧光特性。在有毒的半导体纳米粒子上包覆 ELP 外壳,就可用于生物应用。图 9-8 为纳米纤维内的 CdSe 纳米粒子的 UV-vis 吸收和光致发光发射光谱。在 548nm 处观察到一个吸收带,光致发光发射光谱(激发波长 350nm)显示了一个对称的窄发射带(FWHM = 44),这表明 ELP 基质中 CdSe QD 具有窄的尺寸分布[47]。这些结果证明,纳米纤维中 CdSe QD 的波函数重叠不足以改变非一维结构的 ELP-CdSe 纳米粒子的荧光性质。此外,对于粒径小于 10nm 的 CdSe 纳米粒子(如图 9-5(b)所示),亮黄色溶液在 548nm 处具有独特的紫外-可见吸收带。580nm 处更宽的发射带表明,与三辛基氧化膦/三辛基膦(TOPO/TOP)稳定的近单分散 QD 纳米粒子相比,CdSe QD 的量子产率较低[48]。

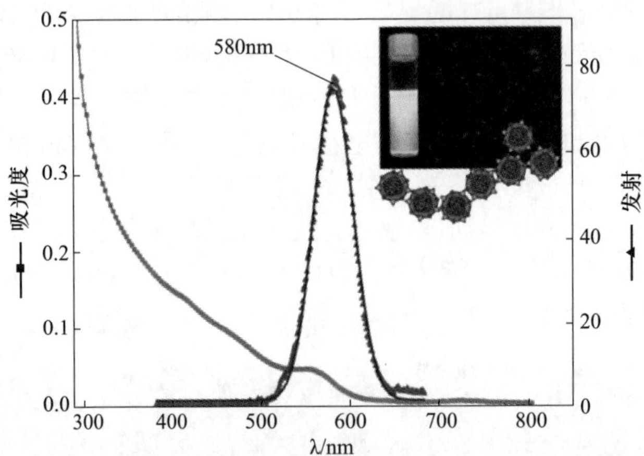

图 9-8 ELP 稳定的 CdSe 纳米粒子的紫外-可见吸收光谱(灰线)和 PL 发射光谱(黑线)。发射光谱的高斯拟合结果(虚线)可以看出:580nm 处有最大吸收峰,FWHM(半峰宽)为 44m,说明发射带宽相对较窄,呈现量子点的典型特征。照片是 EL-CdSe 纳米纤雅的水溶液在紫外光照射时(365nm)的照片以及荧光显微图像(经 Fahmi 等[34]许可转载。)

CdSe 纳米纤维的电学性质是光电子性质的一个重要方面,它依赖于量子限制效应。文献[49]用静电力显微镜(EFM)测量 CdSe QD 的介电行为,以探索生成的纳米纤维在不同应用中的运用。EFM 探针和 CdSe 纳米粒子之间的库伦作用与 ELP 基质不同,这些不同以悬臂梁振动的相移形式反映出来[34]。这种相移解决了静电作用力的差异,如图 9-9 所示。将图 9-9(b)的 EFM 图像与

图 9 -9(a)中的 AFM 图相比较,证实了纳米纤维中,离散的 CdSe 纳米粒子是由 ELP 壳隔离的,并形成排列。

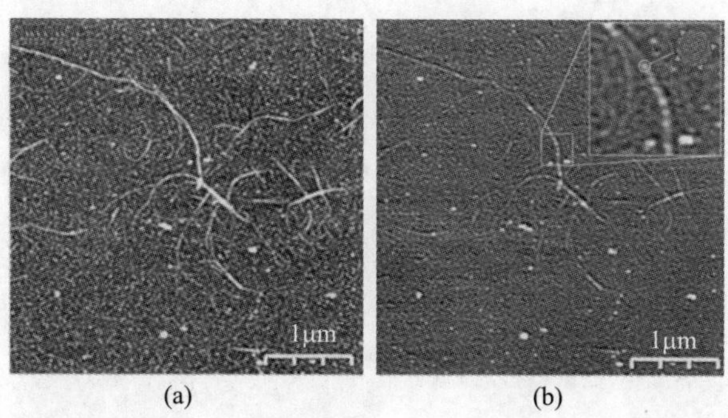

图 9 -9 (a)在 Si/SiO_2 基底上沉积的 ELP - CdSe 纳米纤维的 AFM 高度图;(b)静电力显微镜(EFM)相图(b),(b)中的插图为单个纳米纤维的放大截面,纤维内可见 CdSe 纳米粒子(转载并许可自 Fahmi 等[34],2010 年发表,经 Wiley - VCH 许可。)

为了确定 EFM 结果,用氧等离子体蚀刻将生物分子基质去除,从而展示纳米纤维内 CdSe 纳米粒子之间的长度。这是决定纳米纤维在电子和光电子应用中关键特性的关键步骤。图 9 - 10 中的 AFM 图像显示,CdSe 纳米粒子的离散排列模拟了原始纳米纤维的轮廓,粒子的平均间距约为 85nm。总体而言,ELP 不仅可以用于控制 QD 纳米粒子的尺寸和粒径分布,而且可以用来引导 CdSe 纳米粒子在单向纳米结构中的组装。为了将杂化纳米纤维应用于生物成像和生物传感等生物医学应用,有必要对杂化纳米纤维和 CdSe 纳米粒子进行细胞毒性测试,以揭示 ELP 包覆 CdSe 纳米粒子的功能。

9.3.4 细胞毒性和细胞增殖

我们以 B14 成纤细胞作为对象,研究了杂化纳米纤维的细胞毒性及其对细胞增殖的影响。使用这类细胞的原因是,这类细胞具有相对较短的细胞周期,以及它们对促凋亡刺激的敏感性[32]。如图 9 - 11(a)所示,基于 ELP - CdSe 构建块的杂化纳米纤维,在浓度高达 2mg/mL 时对 B14 细胞不显示任何细胞毒性,而添加未包覆的 CdSe 纳米粒子,细胞活力显著下降。图 9 - 11(b)所示的初步研究结果为未改性粒子和 ELP - CdSe 纳米粒子两者对 B14 细胞增殖速率的影响。另外,B14 细胞形态实验证实,ELP - CdSe 杂化纳米纤维对细胞数目、形状或大小没有明显的影响(图 9 - 11(c))。然而,在对照细胞和用 ELP - CdSe 处理的细胞的长时间培养中(72h),在培养基没有变化的情况下,观察到少量细胞发生凋亡。在对照细胞中加入 ELP - CdSe 处理后,这个小比例的凋亡细胞没有明显

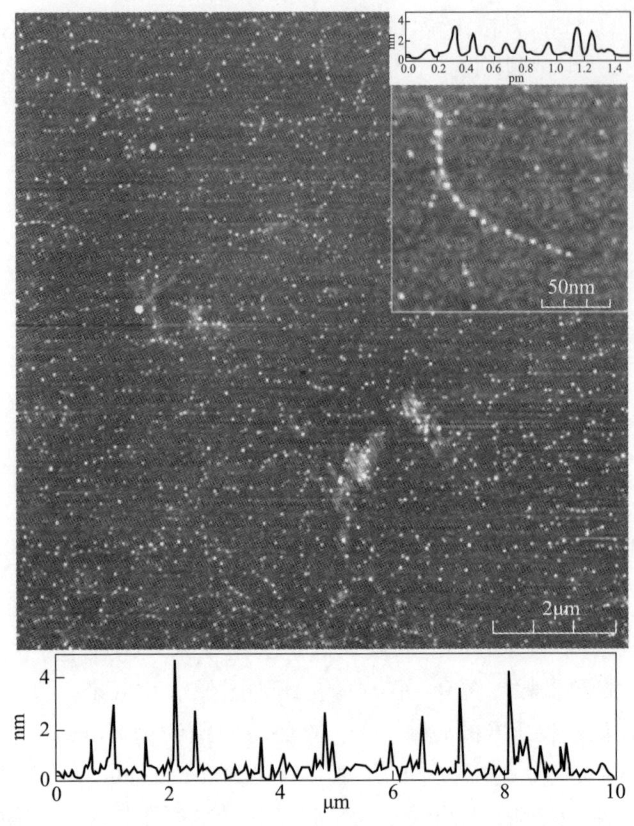

图 9-10 ELP-CdSe 纳米纤维氧等离子体刻蚀后得到的 CdSe 量子点的 AFM 高度图和相应的横截面。照片为模拟原始 ELP-CdSe 纳米纤维轮廓的 CdSe 量子点的放大图像（转载并许可自 Fahmi 等[34]，2010 年发表，经 Wiley-VCH 许可。）

差异（图 9-11(d)）。因此，我们可以假设，用 ELP-CdSe 处理的小比例凋亡细胞不会诱导凋亡性细胞死亡。

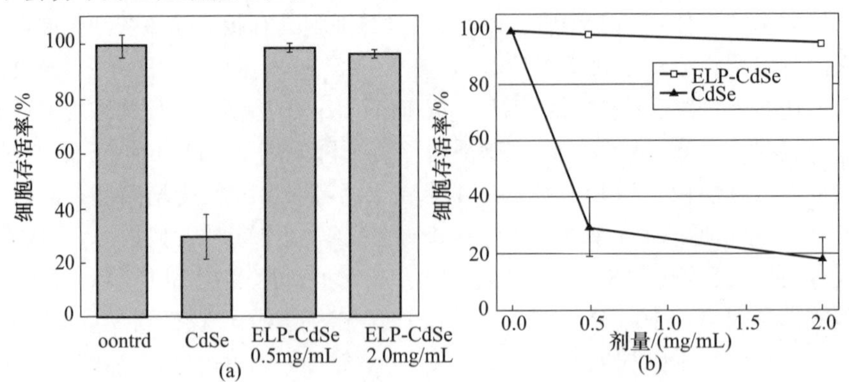

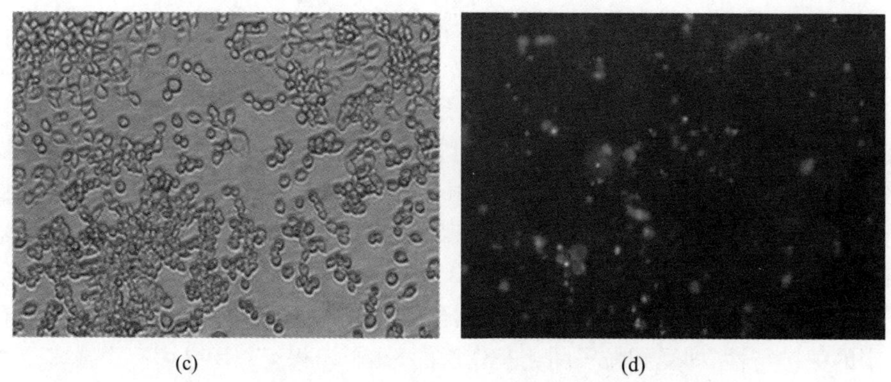

图 9-11　ELP-CdSe 纳米粒子在 B14 细胞中的细胞毒性

(a)用未改性 CdSe 和不同浓度的 ELP-CdSe 纳米粒子处理后的细胞活力；(b)粒子浓度对 B14 细胞增殖的影响，用 2mg/mL ELP-CdSe 处理 72h 后 B14 细胞的(c)光学；(d)荧光显微图。

本节讨论了各种各样自组装的合成大分子，如嵌段共聚物和类弹性蛋白聚合物，作为模板诱导不同类型的无机纳米粒子组装成各向异性一维纳米结构。在下一节中，我们介绍了一种简单且经济的方法，即通过自组装短的商用表面活性剂将 Au 纳米粒子组装成一维结构。

9.4　短巯基表面活性剂模板的金纳米粒子自组装杂化纳米纤维

由于其尺寸依赖的光学性能，Au 纳米粒子是构建高维度功能结构的独特构建块。特别是，一维结构中紧密排列的 Au 纳米粒子具有表面等离子体激元耦合特性，可用作亚波长等离子体波导，广泛应用于生物纳米技术、光子学和光电子等[50-53]。

在 1951 年 Turkevich 的早期工作中，他采用柠檬酸还原水中的 Au 前驱体四氢合金酸($HAuCl_4$)，合成了 Au 纳米粒子[54]。Brust 和 Schiffrin 介绍了另一个有趣的方法，他们使用巯基配体来稳定生成的 Au 纳米粒子[55]。Au 纳米粒子的大小可以通过改变硫醇与金的比例来控制，其中 Au 纳米粒子的功能化可通过常规有机方法在非水溶剂中实现[56-57]。最近，发现通过巯基乙醇(MEA)或巯基乙酸对吸附的柠檬酸根离子进行部分配体交换，可将柠檬酸修饰的 Au 纳米粒子构建块组装成纳米纤维[58,20]。这种柠檬酸修饰的 Au 纳米粒子构建块的自组装是纳米粒子表面配位体各向异性组织所形成的电偶极矩的结果[46]。

小分子如表面活性剂通常是廉价的分子，经常用于将无机纳米粒子封装，定向组装成结构明确的一维纳米结构。该组装过程已经通过利用明确的非共价相互作用,如氢键、范德瓦耳斯力、疏水/疏溶作用、电荷转移配位键和静电/离子相互作用作为驱动力在超分子化学中实现[59-61]。对于球形纳米粒子构建块,在水性和非水性介质中,原位合成的纳米粒子的自组装允许纳米粒子表面的配体具有高度各向异性。这有助于实现单向排列,这是制备一维纳米结构所必需的[20]。例如,Stellaci 等研究了稳定的 Au 纳米粒子上配体的各向异性。位于粒子两极的配体通过分子间的相互作用来稳定,从而驱动构建块生成一维纳米结构[62]。

一般来说,纳米粒子受模板诱导,自组装成结构明确的一维纳米结构,具有特定的关键特性,即受到粒子间相互作用的影响,该相互作用是由一个或多个驱动力组成,如氢键、范德瓦耳斯力相互作用或静电力。例如,Wang 和他的同事们证明,带负电荷的巯基乙酸封端的纳米粒子比带有侧链附着的纳米粒子经受着更弱的静电排斥,以此驱动形成一维排列[63]。还值得一提的是,由于纳米级粒子具有很高的自聚集倾向,因此限制了自组装控制纳米粒子在溶液中的排列。因而,在单向纳米结构的情况下,在溶液中实现小于 5nm 的不带电的纳米粒子的自组装是很难的[61]。

在 9.4.1 节中,我们将研究如何使用杂化硫醇构建块,通过经济高效的一步自组装过程,将原位合成的 Au 纳米粒子组装成一维纳米结构。此外,还研究了关键参数,如摩尔比、pH 值、温度和溶剂对一维结构形成的影响[47]。

9.4.1 原位合成 Au 纳米粒子的自发自组装

先在二甲基甲酰胺(DMF)中制备 1mg/mL 的硫醇配体溶液,再将 Au 前驱体 $HAuCl_4$(硫醇配体的 0.2 当量)加入到溶液中并搅拌过夜。选择极性 DMF 是因为它能有效地溶解金前驱体和配体。无机前驱体在溶液中解离,生成 $[AuCl_4]^-$ 复合物,随后与硫醇分子反应。最后通过添加还原剂(溶于水的 $NaBH_4$),将 Au^{3+} 还原为 Au^0,得到 Au 纳米粒子,使溶液从淡黄色变为深红色[47]。

9.4.2 制备基于 Au 纳米粒子的纳米纤维

Au 纳米粒子的自组装形成纳米纤维,通常分两步进行:合成 Au 纳米粒子,进行配体交换以诱导自组装。在本部分中,我们提出了一种新方法,通过原位方法合成纳米纤维。我们采用一锅化学法,将短的表面活性剂稳定的 Au 纳米粒子自组装成结构明确的一维纳米结构。

该方法依赖硫醇存在下在单相系统中 Au 纳米粒子的合成。由于官能团的性质、烷基骨架的长度和引入的支化结构,硫醇单体的选择对纤维的形成是至关重要的。本章使用线性短羟基封端硫醇 2 - 巯基乙醇(MEA)来制备纳米纤维。羟基的存在有望通过氢键的形成促成自组装。使用 MEA 作为配体,形成的纳米纤维具有高长径比。图 9 - 12(a)中的 AFM 图展示了直径约 70nm、高度为 2 ~ 4nm 的一维纳米纤维。然而,当用 $NaBH_4$在溶液中还原金前驱体后,溶液中产生了大量聚集体,如图 9 - 12(b)所示。这些聚集体可能是由于 Au 粒子与周围溶剂之间的特定相互作用遭到破坏,导致一维阵列从线性折叠成球状。为了确定一维纳米结构是否由 Au 纳米粒子以明确间距自组装形成,采用 20min 氧等离子体处理,去除了有机硫醇配体,仅将金属 Au 纳米粒子留在固体基底上。等离子体蚀刻后样品的 AFM 高度图揭示了粒子排列在单向纳米结构内(图 9 - 12(c)白色箭头),从而能支撑以 Au 纳米粒子为构建块自组装形成纳米纤维的理论。

用透射电子显微镜确定 Au 纳米粒子的大小及分布。由于与有机配体相比纳米粒子具有更高的密度,因此观察到的纳米粒子为黑点。TEM 照片展示了由 Au 纳米粒子组成的长纳米纤维的形成(图 9 - 13(a))。纳米粒子的平均直径为 1.5nm(图 9 - 13(b))。采用 HR - TEM 来表征粒子的晶体结构,如图 9 - 13(c)所示。在 HR - TEM 上,观察到的特征条纹证明了粒子的单晶性。线性纤维中,粒子的间距估计为 2 ~ 4nm。然而,在溶液中通过 $NaBH_4$还原 Au 前驱体后,封端的 Au 纳米粒子倾向于聚集,并形成大粒子,如图 9 - 12(d)所示。TEM 的结果与 AFM 的结果一致。

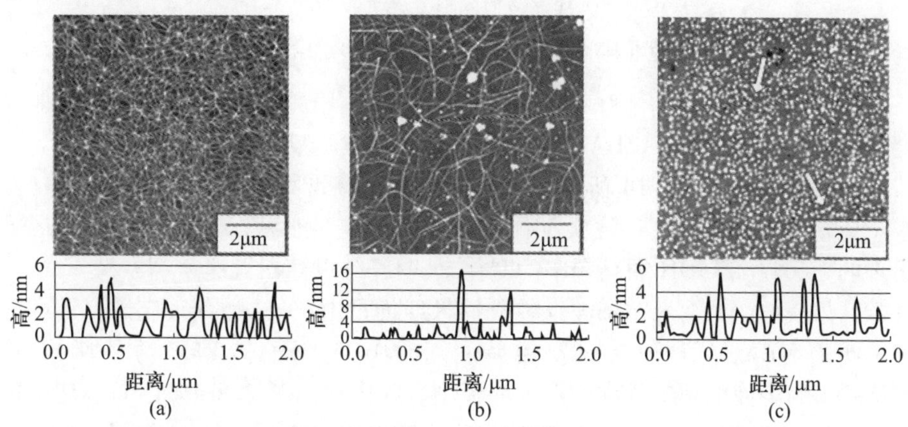

图 9 - 12　(a)$MEA/HAuCl_4$(摩尔比 5 : 1)的 AFM 高度图和表面轮廓;(b)$NaBH_4$还原后,$MEA/HAuCl_4$(5 : 1)的 AFM 高度图像和表面轮廓;(c)氧等离子蚀刻后的 $MEA/HAuCl_4$(5 : 1)的 AFM 高度图和表面轮廓,白色箭头表示单向纳米结构内粒子的排列
(转载并许可自 Walter 等[47],2012 年发表,经 Langmuir 开源许可。)

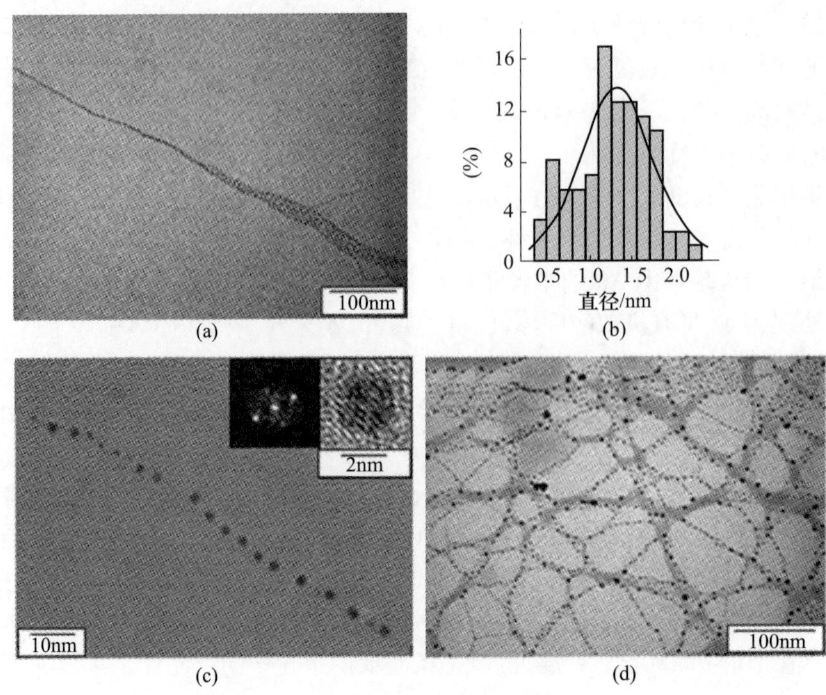

图 9-13 (a)从 MEA/$HAuCl_4$(摩尔比 5∶1)获得的金纳米粒子的 TEM 照片;(b)金纳米粒子的尺寸分布;(c)金纳米粒子的高分辨率 TEM 照片,照片为晶体结构;(d)$NaBH_4$还原后的金纳米粒子的 TEM 照片

(转载并许可自 Walter 等[47],2012 年发表,ACS 开源许可。)

为了更好地理解纳米纤维形成过程中相互作用的性质,在还原 Au 前驱体之前,对纯 MEA 和 MEA/$HAuCl_4$体系进行了衰减全反射傅里叶变换红外光谱(FTIR)分析。如图 9-14 所示,在加入金前驱体后,2554.3cm 处的吸收峰(对应于巯基的振动)消失,这证实了体系中 Au—S 键的形成。此外,在 3648cm 处出现的新吸收峰为 OH 振动频率的变化,表明纤维中存在氢键[62-63]。

结果表明,Au 纳米粒子被组装成纳米纤维是由于氢键的形成,该氢键由粒子一侧的 MEA 分子构成,以及由另一侧的 MEA 分子和 DMF 分子所构成。图 9-15 为溶液中纳米纤维的形成的模型。我们提出了 S—H 基团与溶液中的 Au 前驱体相互作用机制。加入 MEA 后,金配合物聚集形成以金属为核心的 Au 纳米簇,Au 核芯被硫醇配体壳包覆。向金前驱体中加入五倍过量的硫醇,使 Au 纳米簇表面的配体饱和。Au 纳米簇可通过在 MEA 单体上的羟基之间形成氢键而自组装。我们认为,MEA 的羟基与 DMF 分子的氮原子之间形成氢键的竞争性,是 Au 纳米簇被引导组装到纳米纤维中的原因。因此,控制这两种相互作用

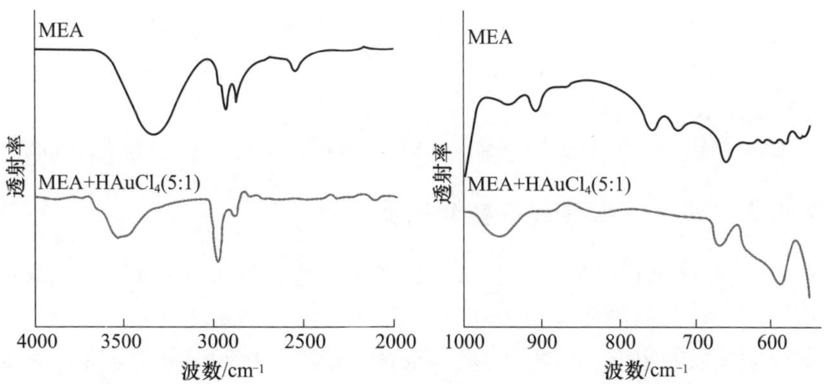

图 9-14 纯 MEA 和 MEA/$HAuCl_4$(摩尔比为 5∶1)杂化材料的红外光谱

(转载并许可自 Walter 等[47],2012 年发表,Langmuir 开源许可。)

对于形成单向一维结构是至关重要的。用 TEM 和 AFM 观察等离子蚀刻后的纳米纤维,发现离散的 Au 纳米粒子具有恒定的粒子间距。当然,当氧化 MEA 形成二硫键时,二硫键嵌入粒子之间,使观察到间距中存在一些不规则性。该二硫化物与两个 MEA 封端的 Au 纳米粒子的羟基形成氢键并增加 Au 纳米粒子之间的间距。当一个 Au 纳米粒子参与两个以上的粒子间相互作用时,纤维发生分叉。

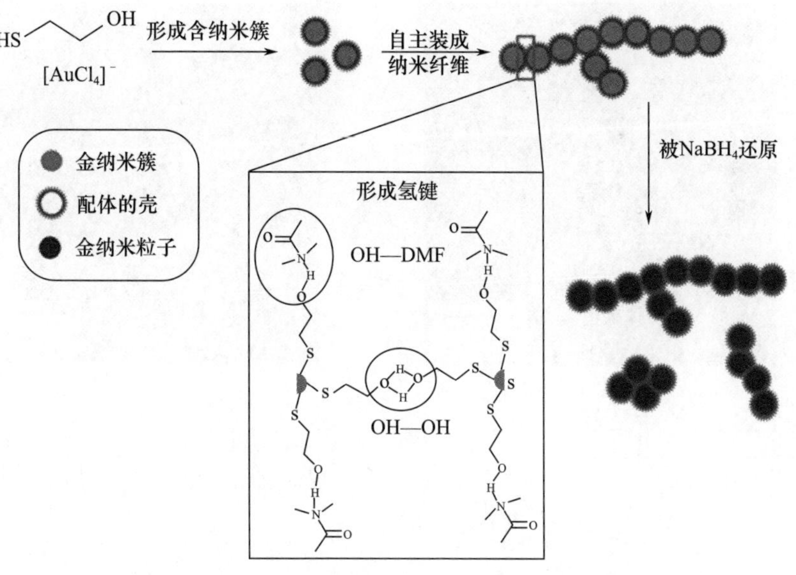

图 9-15 Au 纳米粒子在 DMF 中线性排列形成纳米纤维的模型

(转载并许可自 Walter 等[47],2012 年发表,Langmuir 开源许可。)

由于纳米纤维的拆卸只需通过向体系中加水即可实现,水会破坏封端 Au 纳米粒子之间的特定氢键。因此,改变互补官能团或巯基配体的结构会破坏纳米纤维的形成。这表明参数窗口很窄,可对其进行调整,以引导 Au 纳米粒子构建块自组装成单向结构。在下一节中,我们将研究影响纳米纤维形态的参数和条件。

9.4.3 影响纤维形成参数的研究

众所周知,纳米粒子的自组装可通过多种类型的驱动力和相互作用来控制,如氢键、静电作用、范德瓦耳斯力相互作用、化学键和/或这些力的组合[60]。这些力受很多参数的影响,如粒子的表面电荷、配体的化学结构和系统的温度等。在上述模型(图 9 - 15)中,单向结构的形成一方面归因于配体羟基之间氢键的形成,另一方面也因为配体羟基与溶剂之间氢键的形成。为验证该模型,我们研究了硫醇与 Au 前驱体的摩尔比、温度、pH 值和溶剂对纳米纤维形成的影响。

1. 硫醇与 Au 前驱体摩尔比的影响

硫醇和 Au 前驱体的摩尔比是重要的参数,这里采用了等摩尔比(1∶1)和高达 50 倍过量的硫醇(50∶1)制备的样品来研究。图 9 - 15 为旋涂在硅衬底上的硫醇/$HAuCl_4$溶液的 AFM 图。当使用等摩尔比的硫醇与 Au 前驱体时,没有观察到纤维(图 9 - 16(a)),而增加硫醇高达过量的 20 倍时,在气 - 固界面形成了不同厚度和密度的纳米纤维(图 9 - 15(b) ~ (d))。

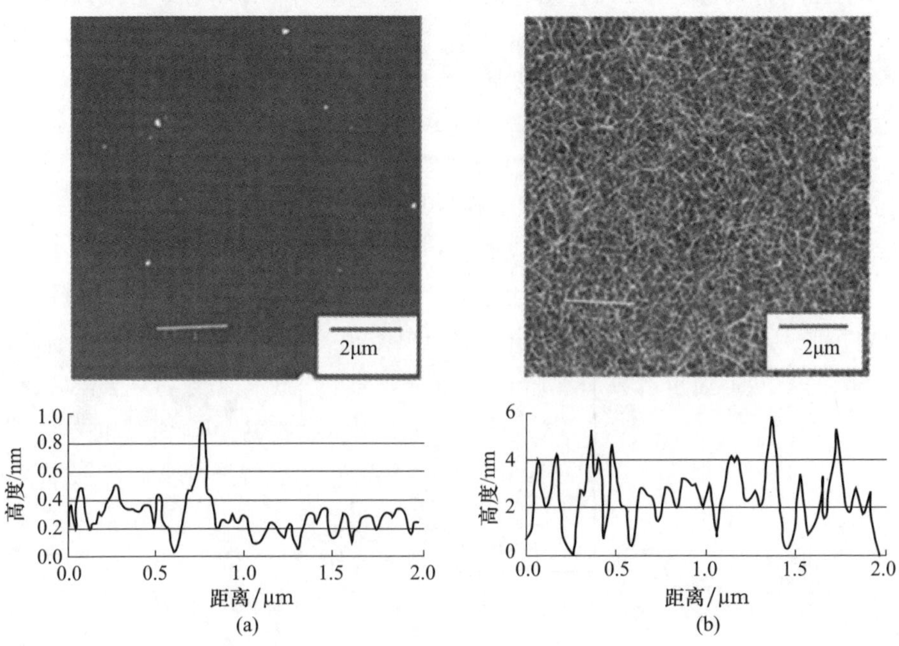

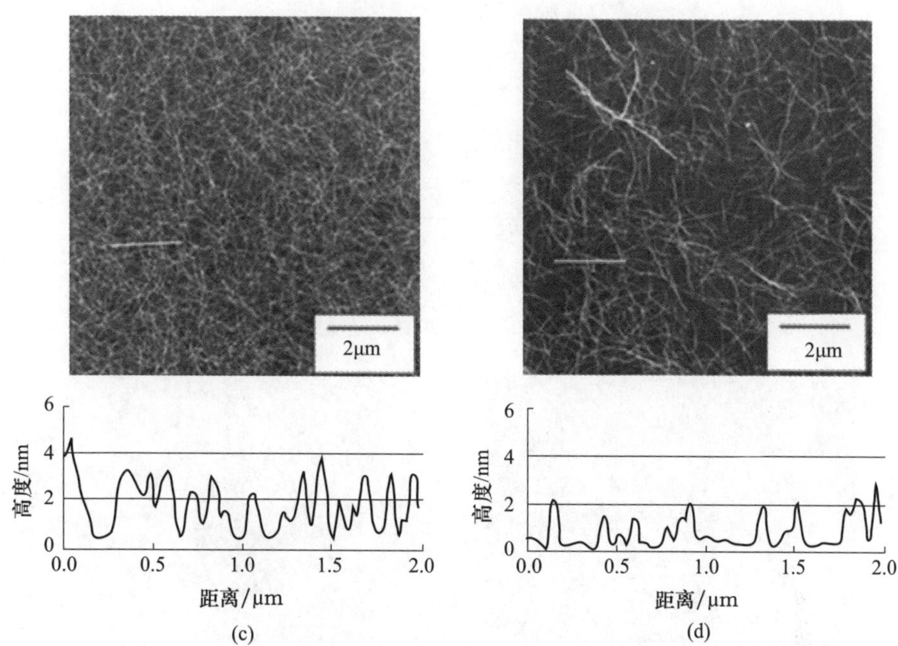

图 9-16　不同硫醇/Au 前驱体比例的硫醇/$HAuCl_4$溶液的 AFM 高度图和表面轮廓图(a)1∶1,(b)3∶1,(c)10∶1,(d)20∶1

(转载并许可自 Walter 等[47],2012 年发表,Langmuir 开源许可。)

增加硫醇浓度,甚至增加到 50 倍于 Au 前驱体时,纳米纤维的形成中断了。显然,纳米纤维的厚度与硫醇和金前驱体之间的摩尔比无关。例如,硫醇与金前驱体的摩尔比为 3∶1,5∶1,10∶1 或 20∶1 时,观察到的纤维厚度皆为 50~100nm。低浓度的 MEA 时,MEA 分子在金表面上的吸附量很少,MEA 分子可以在金表面形成邻位交叉构象 G[64]。相反,在较高浓度的 MEA 中,大量 MEA 分子被吸附在金表面上,形成线性反式构象 T,如图 9-17 所示。这使羟基更容易形成氢键[64]。

2. 温度的影响

温度是影响纳米纤维生成的重要参数,原因是其会影响杂化构建块之间氢键的形成。将纳米纤维溶液加热至 50℃,直接旋涂成纳米纤维薄膜,将加热后的溶液冷却 24h 后旋涂成膜,对两者进行 AFM 测量(图 9-18)。将纳米纤维 50℃加热 1h,可观察到粒子链之间存在大量的纳米点(图 9-18(a))。相反,冷却后,圆点消失,可观察到厚达 200nm 的纳米纤维(图 9-18(b))。将纳米纤维溶液的温度提高到 100℃,保温 1h,冷却前后 AFM 得到的都是光滑的表面。在此温度下,固体衬底上没有观察到纳米纤维或点。

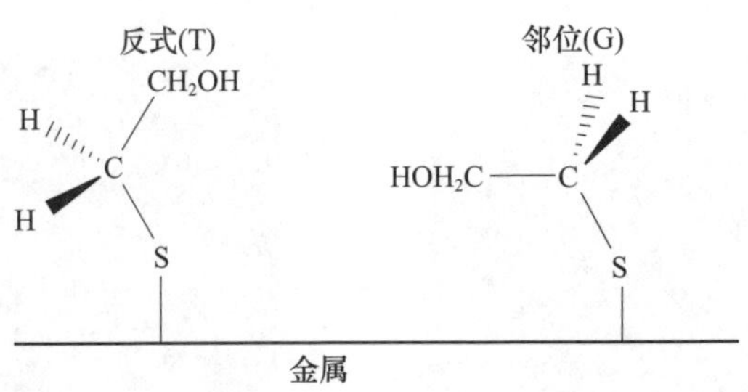

图 9-17　如 Kudelski 所述的 MEA 的反式和邻位交叉构象

（转载并许可自 Kudelski[64]，2003 年发表，ACS 允许。）

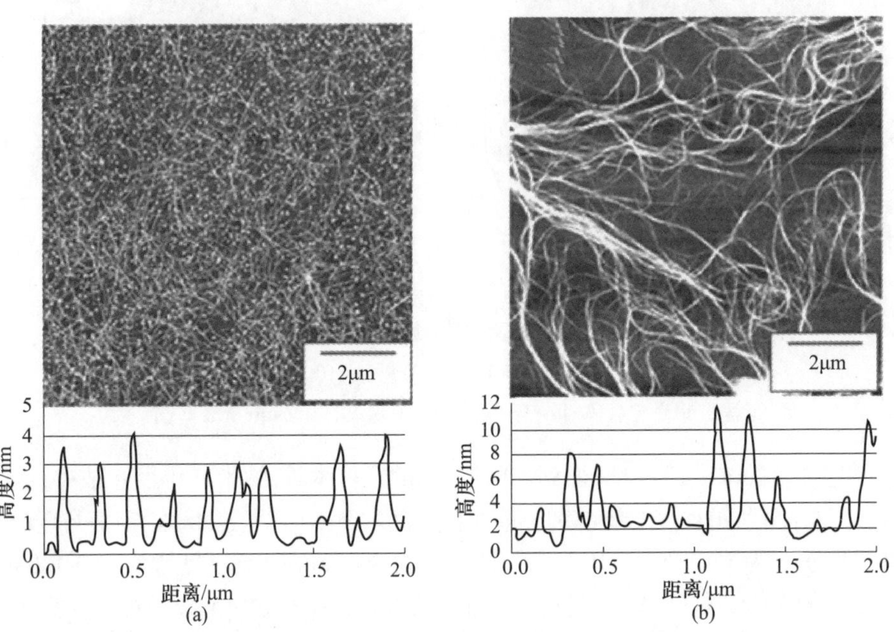

图 9-18　硫醇/$HAuCl_4$（摩尔比为 5∶1）的 AFM 高度图和表面轮廓

（a）50℃ 加热 1h（a）和（b）加热冷却后

（转载并许可自 Walter 等[47]，2012 年发表，ACS 开源许可。）

为了总结温度对纳米纤维的影响，50℃加热溶液所带来足够的能量，足以将纳米纤维部分地破坏成纳米点/小片段，这是因为加热破坏了将杂化构建块（纳米粒子）维系在一起的氢键。冷却后，通过新构建的氢键，纳米点/小碎片之间发生团聚，形成更厚的纳米纤维。相反，将溶液加热至 100℃，给体系带来足够的能量，破坏了杂化构建块的组装。这些结果表明，较高的温度不仅会通过破坏氢键来干扰纳米纤维的形成，而且会改变杂化构建块的结构，从而抑制单向形态的形成。拉曼光谱证实，在较高的温度下，吸附在金表面的 MEA 可促进 C—S

键的氧化裂解,从而生成硫醇化纳米粒子[63]。为了验证这一假设,对 MEA/$HAuCl_4$体系在 100℃加热 1h 前后进行了红外光谱分析(图 9-19)。

溶液加热后,3648cm^{-1}处的吸收峰消失(对应于氢键的形成),证实了氢键的断裂。该研究进一步证实了杂化构建块 Au 纳米粒子之间存在氢键,并指出纳米纤维的厚度可通过改变纳米纤维溶液的温度来调整。

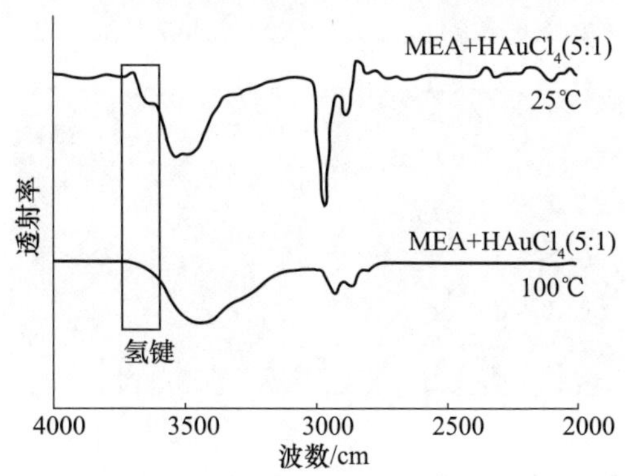

图 9-19 MEA/$HAuCl_4$体系在 100℃加热 1h 前(顶部曲线)、后(底部曲线)的 FTIR 光谱

(转载并许可自 Walter 等[47],2012 年发表,Langmuir 开源许可。)

3. pH 值的影响

本小结研究了纳米纤维溶液的 pH 值。尽管 DMF 溶液的 pH 值不能用 pH 计精确测定,但我们发现在 DMF 溶液中硫醇和 Au 前驱体(摩尔比为 5∶1)的 pH 为 2.2。初始溶液的相对酸度来源于金前驱体离解成 H^+和$[AuCl_4]^-$。AFM 表征是在 pH 值为 7、10 和 14 的溶液中进行的,通过加入 NaOH 水溶液来实现 pH 调节。图 9-20 表明,杂化纳米纤维仅在 pH=2.2 的酸性介质中稳定。通过加入 NaOH 水溶液来增大溶液的 pH 值时,纳米纤维被破坏。这似乎是因为 MEA 的羟基部分去质子化,导致不均匀的电荷分布。这在带负电荷的构建块之间引起了静电排斥,导致了纳米纤维的分解。这些结果证实,通过调节 pH 值改变杂化构建块的表面电荷可显著影响纳米纤维的形成。有趣的是,这个过程是不可逆的,原因是降低溶液的 pH 值回到它的初始值,纳米纤维没有重新形成。一种解释是,向体系中引入水会与构建块间氢键的形成产生竞争,阻止构建块排列形成纳米纤维。

4. 溶剂的影响

这里研究了不同溶剂对纤维稳定性的影响。将 MEA 溶解在 DMF 的替代物,如乙醇、水和二甲基亚砜(DMSO)等不同溶剂中。在水和乙醇中,Au 前驱体的加入会产生沉淀,这说明短的表面活性剂对 Au 纳米粒子的稳定效果不佳。在 DMSO 中,金前驱体加入后会形成团聚(图 9-21)。DMF 和 DMSO 的一个显

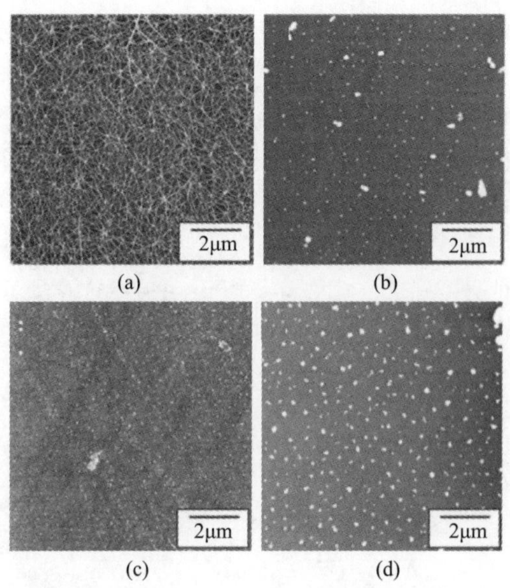

图 9-20　不同 pH 值下硫醇/$HAuCl_4$体系(摩尔比为 5∶1)的 AFM 高度图像
(a)pH = 2.2;(b)pH = 7;(c)pH = 10;(d)pH = 14
(转载并许可自 Walter 等[47],2012 年发表,Langmuir 开源许可。)

著区别是,DMF 中氮原子上存在一对孤电子。这有助于该极性溶剂与构建块之间氢键的形成,从而引导杂化构建块自组装形成纳米纤维。DMF 与配体羟基之间氢键的形成也阻止了纳米粒子的团聚。相反,在 DMSO 作为溶剂的情况下,MEA 的羟基相互作用,从而形成团聚(图 9-21)。

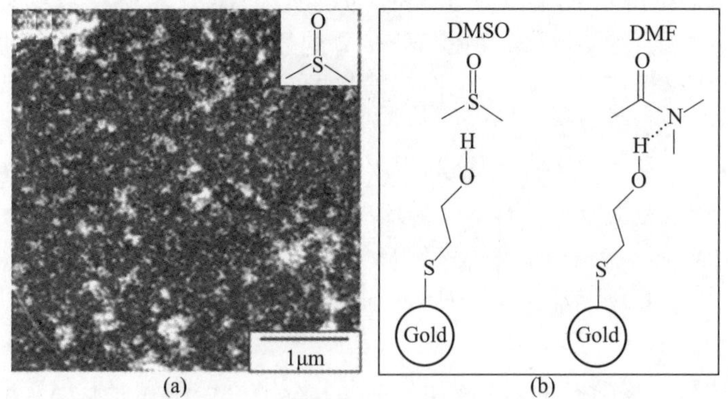

图 9-21　(a)DMSO 中 MEA/$HAuCl_4$(摩尔比为 5∶1)的 AFM 高度图像;
(b)MEA 和 DMSO 之间不存在氢键以及 MEA 和 DMF 之间形成氢键的示意图
(转载并许可自 Walter 等[47],2012 年发表,Langmuir 开源许可。)

9.5 小　　结

本章介绍了基于线性有机基质模板原位导体和半导体无机纳米粒子的低维(一维)纳米结构的简单及经济的制备方法。纳米粒子用简单的湿化学方法制备。例如,在嵌段共聚物和巯基乙醇存在下,通过还原金前驱体 $HAuCl_4$,可以形成一维杂化金纳米结构。另一个例子是合成 CdSe 杂化纳米纤维,首先是 Cd(Ⅱ)前驱体与类弹性蛋白聚合物中的氨基酸官能团络合,其次在水介质中用新制备的 NaHSe 进行硒化。本章描述上述过程,并展示了杂化构建块自发地自组装为具有良好粒子间距的单向纳米结构。此外,还讨论了主导形成一维结构的驱动力,发现它们是氢键、范德瓦耳斯力和静电力等非共价相互作用的单一力或组合力。当然,这些相互作用主要取决于杂化构建块的性质和构建出的一维结构的长度。

这些方法可用于制备各种功能性一维纳米结构,该结构是由基于不同类型的模板化金属纳米粒子、磁性纳米粒子和半导体纳米粒子的杂化构建块所构成。毫无疑问,这些类型的自组装功能性一维结构将被整合到下一代小型化设备中。然而,在这些纳米制造技术工业化之前,必须克服许多困难。例如,通过控制一维纳米结构中的无机纳米粒子的尺寸和之间的距离来控制材料的生长,是获得集合物理性质的关键步骤。另外,在不同尺寸和长度尺度上,控制所生成的一维纳米结构的排列和长度,是整合多尺度结构的关键。此外,通过理论模型和半经验模型对物理性质的精确预测和定制仍然是主要困难。调整杂化纳米结构器件的大规模生产参数,实现其高效功能性,对于纳米电子学、光电子学、催化、纳米医学和过滤等广泛的应用而言,是至关重要的。

参 考 文 献

[1] Fahmi A,Pietsch T,Mandoza C(2009)Mater Today 12:44

[2] Schatz G(2010)JPhys Chem Lett 1:2980 – 2981. doi:10.1021/jz101284n

[3] Kalekar AM,Sharma KKK,Lehoux A,Audonnet F,Remita H,Saha A,Sharma GK(2013)Langmuir 29(36):11431 – 11439

[4] Taton TA,Mirkin CA,Letsinger RL(2000)Science 289:1757 – 1760

[5] Willner I,Willner B(2010)Nano Lett 10(10):3805 – 3815

[6] Wang H,Wang D,Peng Z,Tang W,Li N,Liu F(2013)Chem Commun 49:5568 – 5570

[7] Ma Z,Chen W,Schuster GB(2012)Chem Mater 24(20):3916 – 3922

[8] Wang Y,Mirkin CA,Park S(2009)ACS Nano 3(5):1049 – 1056

[9] Wirth GF, Ha¨hnel G, Csa'ki A, Jahr N, Stranik O, Paa W, Fritzsche W (2011) Nano Lett 11 (4): 1505 - 1511

[10] Kaur P, Maeda Y, Mutter AC, Matsunaga T, Xu Y, Matsui H (2010) Angew Chem Int Ed 49 (45): 8375 - 8378

[11] Ling S, Lin C, Adamcik J, Wang S, Shao Z, Chen X, Mezzenga R(2014) ACS MacroLett 3(2):146 - 152

[12] Mironava T, Hadjiargyrou M, Simon M, Jurukovski V, Rafailovich MH (2010) Nanotoxicology 4 (1): 120 - 137

[13] Xu J, Teslaa T, Wu T - H, Chiou P, Teitell MA, Weiss S(2012) Nano Lett 12(11):5669 - 5672

[14] Khan AA, Fox EK, Go'rzny ML, Nikulina E, Brougham DF, Wege C(2013) Langmuir 29(7):2094 - 2098

[15] Lee JH, Domaille DW, Cha JN(2012) ACS Nano 6(6):5621 5626

[16] Xu F, Fahmi A, Zhao Y, XiaY ZY(2012) Nanoscale 4:7031

[17] Mann S(2009) Nat Mater 8:781 - 792

[18] Cozzoli PD, Fanizza E, Curri ML, Laubc D, Agostiano A(2005) Chem Commun 2005:942 - 944

[19] Sudeep PK, Emrick T(2009) ACS Nano 3(10):2870 - 2875

[20] Lin S, Li M, Dujardin E, Girard C, Mann S(2005) Adv Mater 17:2553 - 2559

[21] Gro¨schel AH, Walther A, Lo¨bling TI, Schacher FH, Schmalz H, Mu¨ller AHE (2013) Nature 503: 247 - 251

[22] Cademartiri L, Ozin GA(2009) Concepts of nanochemistry. Wiley - VCH, Weinheim

[23] Whitesides GM, Grzybowski B(2002) Science 295:2418

[24] Ozin GA, Hou K, Lotsch BV, Cademartiri L, Puzzo DP, Scotognella F, Ghadimi A, Thomson J(2009) Mater Today 12(5):12 - 23

[25] Kang Y, Erickson KJ, Taton TA(2005) J Am Chem Soc 127:13800 - 13801

[26] Li Z, Sai H, Warren SC, Kamperman M, Arora H, Gruner SM, Wiesner U (2009) Chem Mater 21 (23): 5578 - 5584

[27] Pietsch T, Gindy N, Fahmi A(2008) Polymer 49(4):914 - 921

[28] Wang H, Patil AJ, Liu K, Petrov S, Mann S, Winnik MA et al(2009) Adv Mater 21:1805 - 1808

[29] Rosi NL, Mirkin CA(2005) Chem Rev 105:1547 - 1562

[30] Gottlieb D, Morin SA, Jin S, Raines RT(2008) J Mater Chem 18:3865 - 3870

[31] Niemeyer CM(2003) Angew Chem Int Ed 42(47):5796 - 5800

[32] Selvan ST, Thatt T, Tan Y, Yi DK, Jana NR(2010) Langmuir 26(14):11631 - 11641

[33] Hoffmann C, Mazari E, Gosse C, Bonnemay L, Hostachy S, Gautier J, Gueroui Z(2013) ACS Nano 7(11): 9647 - 9654

[34] Fahmi A, Pietsch T, Bryszewska M, Rodrl'guez - Cabello JC, Chyla AK, Arias FJ, Rodrigo MA, Gindy N (2010) Adv Funct Mater 20:1011

[35] Vanrella RH, Rinco'na AC, Alonsob M, Rebotob V, Molina - Martineza IT, Rodr RC, Cabelloc G(2005) J Control Release 102:113 - 122

[36] Nath N, Hyun J, Ma H, Chilkoti A(2004) Surf Sci 570:98 - 110

[37] Aili D, Enander K, Baltzer L, Liedberg B(2007) Biochem Soc Trans 35:532 - 534

[38] Lee BC, Zuckermann RN(2010) Chem Commun 46:1634 - 1636

[39] Palmer LC, Stupp SI(2008) Acc Chem Res 41(12):1674 - 1684

[40] Khan S, Sur S, Dankers PYW, da Silva RMP, Boekhoven J, Poor TA, Stupp SI(2014) Bioconjug Chem 25 (4):707 – 717

[41] Aida T, Meijer EW, Stupp SI(2012) Science 335(6070):813 – 817

[42] Reguera J, Fahmi A, Moriarty P, Girotti A, Rodriguez – Cabello JC(2004) J Am Chem Soc 126:13212 – 13213

[43] Kumar S, Aswal VK, Callow P(2014) Langmuir 30(6):1588 – 1598

[44] Hartgerink JD, Beniash E, Stupp SI(2005) Science 294(5547):1684 – 1688

[45] Spanier JE et al(2006) Nano Lett 6:735 – 739

[46] Li M, Johnson S, Guo H, Dujardin E, Mann S(2011) Adv Funct Mater 21(5):851 – 859

[47] Walter MV, Cheval N, Liszka O, Malkoch M, Fahmi A(2012) Langmuir 28(14):5947 – 5955

[48] Talapin DV, Rogach AL, Kornowski A, Haase M, Weller H(2001) Nano Lett 1(4):207 – 211

[49] Zhou X, Dayeh SA, Wang D, Yu ET(2007) Appl Phys Lett 90:233118

[50] Lau CY, Duan H, Wang F, He CB, Low HY, Yang JKW(2011) Langmuir 27(7):3355 – 3360

[51] Pissuwan D, Niidome T, Cortie MB(2011) J Control Release 149(1):65 – 71

[52] Cohen – Karni T, Jeong KJ, Tsui JH, Reznor G, Mustata M, Wanunu M, Graham A, Marks C, Bell DC, Langer R, Kohane DS(2012) Nano Lett 12(10):5403 – 5406

[53] Dhandayuthapani B, Mallampati R, Sriramulu D, Dsouza RF, Valiyaveettil S(2014) ACS Sustain Chem Eng 2(4):1014 – 1021

[54] Turkevich J, Stevenson PC, Hillier J(1951) Discuss Faraday Soc 11:55 – 75

[55] Brust M, Walker M, Bethell D, Schiffrin DJ, Whyman R(1994) J Chem Soc Chem Commun 1994(7):801 – 802

[56] Stoeva S, Zaikovski V, Prasad BLV, Stoimenov P, Sorensen C, Klabunde K(2005) Langmuir 21:10280 – 10283

[57] Chen S, Murray RW(1998) Langmuir 15(3):682 – 689

[58] Fung ZH, K – H HJ, Chan CT, Wang D(2008) J Phys Chem C 112(43):16830 – 16839

[59] Llusar M, Sanchez C(2008) Chem Mater 20:782 – 820

[60] Grzelczak M, Vermant J, Furst EM, Liz – Marzan LM(2010) ACS Nano 4(7):3591 – 3605

[61] Lee J, Zhou H, Lee J(2011) J Mater Chem 21(42):16935 – 16942

[62] DeVries GA, Brunnbauer M, Hu Y, Jackson AM, Long B, Neltner BT, Uzun O, Wunsch BH, Stellacci F (2007) Science 315:358 – 361

[63] Zhang H, Wang D(2008) Angew Chem Int Ed 47(21):3984 – 3987

[64] Kudelski A(2003) Langmuir 19(9):3805 – 3813

内 容 简 介

本书综合了近年来世界各地工业界、学术界的杰出研究人员在无机/有机杂化纳米材料的研究成果，希望能够使读者对该领域的研究现状以及发展趋势有一个深刻的了解。本书主要包含 9 章，第 1 章为无机纳米粒子在聚合物基体中的分散：问题和解决方案，第 2 章为纤维状黏土基纳米复合材料的最新进展，第 3 章静电纺丝制备纳米杂化材料，第 4 章陶瓷/聚合物纳米杂化材料，第 5 章黏土/聚合物网络组成的软纳米杂化材料，第 6 章金属氧化物/聚合物杂化纳米复合材料的制备，第 7 章半导体/聚合物杂化材料，第 8 章无机/形状记忆聚合物杂化纳米复合材料和第 9 章自组装制备低维纳米结构杂化材料的前沿进展。

本书适合作为材料专业本科生、研究生、研究人员、工程师的教学和参考用书。